高等学校“十三五”规划教材

矩阵理论[illegible]应用

（第三版）

黄有度　朱士信　殷　明　编著

合肥工業大學出版社

内容提要

矩阵理论是数学的一个重要分支，同时在工程学科中有极其重要的应用．本书较为全面、系统地介绍了矩阵理论及其应用．全书共分为六章，内容包括线性空间与线性变换、矩阵特征值与约当标准形、矩阵的范数与幂级数、矩阵函数及其应用、矩阵分解、矩阵特征值的估计与广义逆矩阵等．为了便于读者学习，在各章后面还配有一定数量的习题，并在书末附有对各章习题较详细的解答．本书内容丰富，简明易懂，且对内容的深度与广度进行了很好的结合．

本书可作为理工科院校研究生和数学专业高年级本科生的教材，也可作为有关专业的教师及工程技术人员的参考书．

图书在版编目(CIP)数据

矩阵理论及其应用/黄有度，朱士信，殷明编著．—3 版．合肥：合肥工业大学出版社，2020.10

ISBN 978-7-5650-4989-7

Ⅰ.①矩… Ⅱ.①黄…②朱…③殷… Ⅲ.①矩阵论—高等学校—教材 Ⅳ.①0151.21

中国版本图书馆 CIP 数据核字(2020)第 203349 号

矩阵理论及其应用(第三版)

黄有度 朱士信 殷 明 编著　　　　责任编辑 汤礼广

出　版	合肥工业大学出版社	版　次	2020 年 10 月第 3 版
地　址	合肥市屯溪路 193 号	印　次	2020 年 10 月第 4 次印刷
邮　编	230009	开　本	710 毫米×1000 毫米 1/16
电　话	理工编辑部：0551-62903087	印　张	14.5
	市场营销部：0551-62903198	字　数	221 千字
网　址	www.hfutpress.com.cn	印　刷	安徽联众印刷有限公司
E-mail	hfutpress@163.com	发　行	全国新华书店

ISBN 978-7-5650-4989-7　　　　定价：38.00 元

第三版前言

本书第二版自出版以来，受到读者广泛好评，但在使用过程中，我们发现书中仍存在一些问题以及需要改进的地方. 为此，我们对本书进行了适当的修订.

这次修订的内容主要有如下几点：

(1) 修改及增加了部分例题；

(2) 增加了多项式的一些基础知识；

(3) 对有些定义的表述（如欧式空间、酉空间等）重新进行了修订；

(4) 更正了一些印刷错误，修订了部分术语.

本书为合肥工业大学研究生精品教材建设项目教材. 本书的此次修订获得了合肥工业大学研究生精品教材建设项目（2018YJC04）的资助，在此，对合肥工业大学研究生院和合肥工业大学数学学院等部门的大力支持和帮助表示感谢.

合肥工业大学数学学院李平老师直接参与了本次修订工作，倪郁东、开晓山、常山、史三英、许莹等老师提出了许多宝贵和合理化的修改建议，对他们的辛勤付出一并表示感谢.

编著者

第二版前言

本书自2013年出版以来，先后被许多学校选为研究生和本科生的教材或参考书. 在多年使用过程中，广大师生陆续地发现书书仍存在一些错误以及需要完善的地方，为此，在本书再版过程中，我们结合自己的教学经验，并吸收了读者的合理化建议，对第一版进行了适当修订.

这次修订的主要内容有以下几点：

(1) 更正了一些印刷错误；

(2) 为了和现在的代数教材保持相对应，把原来的行向量全部改为列向量；

(3) 对一些定义及定理重新进行了修订，如正交补空间及相关的证明等；

(4) 增加了部分内容，如线性子空间中的基扩充引理等.

尽管我们对本书进行了认真修订，但再版后的本书仍然不可能十分完美，因此欢迎读者继续提供修改建议，以便我们对本书进行不断完善.

编著者

第一版前言

矩阵理论是数学学科的重要分支，在科学技术的许多领域——从自然科学、工程技术到经济管理、社会科学——都有重要的应用. 现代科学技术，特别是计算机和计算技术的迅猛发展，为矩阵理论的研究和应用开辟了更加广阔的前景. 因此，对许多专业的研究生来说，矩阵理论不仅是一门重要的基础课，而且对研究生学习其他课程和将来从事科研工作都有很大的帮助.

由于矩阵理论应用领域广泛，介绍矩阵理论的教材一般都不可能做到涉及很具体的应用方法，因此对矩阵理论这门课程，学习者往往会产生抽象、难懂的感觉. 所以在编写本书的过程中，我们针对当前研究生教育的实际情况，在兼顾内容的深度与广度的同时，力求做到深入浅出、简明易懂. 另外，为了便于学习者学习，我们在每一章末尾还配有一定数量的习题，并且在书后还附有习题的参考答案，不过我们希望学习者应尽量独立完成对习题的解答，否则练习的效果会大打折扣.

矩阵理论以线性代数为基础，因此要求学习者先牢固掌握和熟练运用线性代数的基本概念及计算方法.

本书分为六章. 第一章介绍线性空间和线性变换，它是同线性代数的衔接点，本章内容已在线性代数中作了简单介绍，此处再进行复习、补充和提高．第二章介绍矩阵特征值与约当标准形，引入了多项式矩阵及其标准形、一般矩阵的约当标准形的概念和计算．第三章介绍矩阵的范数与幂级数，引入了向量、矩阵的范数，并介绍了矩阵幂级数及其收敛性的判断方法．第四章介绍矩阵函数及其应用，它是前面各章的抽象理论与实际应用之间的接口．第五章是关于矩阵分解的内容，介绍了几种常用的分解矩阵的方法．第六章是关于矩阵特征值的估计与广义逆矩阵的内容，介绍了矩阵特征值的估计方法，并引入了广义逆矩阵的概念．

本书在编写过程中得到了合肥工业大学研究生院和数学学院等部门的领导和同事们的大力支持与帮助，在此对他们表示衷心的感谢．

限于编著者的水平，书中难免存在不妥之处，望读者批评指正．

编著者

目　录

第一章　线性空间与线性变换

本章将把向量空间的概念推广到线性空间，并讨论线性空间的一些性质.

第一节　线性空间

一、线性空间

在线性代数中已给出了向量与向量空间的概念.

n 个数构成的有序数组称为 **n 维向量**，由实数构成的向量称为**实向量**，所有 n 维实向量的集合记为 $\mathbf{R}^n$. 向量与向量之间定义了加法运算，数和向量之间定义了数乘运算. 加法运算和数乘运算满足下面将提到的一些特定规律.

若 V 是 n 维向量的非空集合，且对向量的加法和数乘运算封闭，即运算的结果仍属于该集合，则称 V 为**向量空间**.

向量空间的定义虽然简短，但是其中含有很多的内涵. 在向量空间中进行加法运算时，参加运算的是向量空间中的两个元素，即两个向量. 但是进行数乘运算时，需要有一个数来和向量进行数乘运算，这个数不是向量空间中的元素，因此向量空间必须得到一个数集的支持，以便进行数乘运算. 由于向量运算的需要，这个数集必须对加、减、乘、除这四种运算封闭(作除法时除数不为零).

对加、减、乘、除运算封闭的包含非零元素的数集称为**数域**. 例如有理数域 $\mathbf{Q}$、实数域 $\mathbf{R}$、复数域 $\mathbf{C}$ 等. 由此定义可知，任何数域中都包含 0 和 1.

由此可见，向量空间 V 必须伴随有一个数域 P. 显然，实向量空间伴随的是实数域 $\mathbf{R}$，复向量空间伴随的是复数域 $\mathbf{C}$.

现在，把向量空间的概念推广到一般集合上.

定义 1　设 V 是一个非空集合，P 是一个数域. 在 V 中定义了一种二元运算，称为**加法**，即对 V 中任意两个元素 $\boldsymbol{x}$，$\boldsymbol{y}$，都有 V 中唯一的一个元素 $\boldsymbol{z}$ 与它们对应，称为 $\boldsymbol{x}$ 与 $\boldsymbol{y}$ 的和，记为 $\boldsymbol{z}=\boldsymbol{x}+\boldsymbol{y}$. 在数域 P 与集合 V 的元素间定义了一种运

算,称为**数乘**,即对 P 中任一数 λ 和 V 中任一元素 $\boldsymbol{x}$,都有 V 中唯一的一个元素 $\boldsymbol{y}$ 与它们对应,称为 λ 和 $\boldsymbol{x}$ 的**数积**,记为 $\boldsymbol{y}=\lambda\boldsymbol{x}$. 而且,当加法和数乘运算满足以下 8 条规则($\forall \boldsymbol{x},\boldsymbol{y},\boldsymbol{z}\in V,\forall\lambda,\mu\in P$)时:

(1)$\boldsymbol{x}+\boldsymbol{y}=\boldsymbol{y}+\boldsymbol{x}$(加法的交换律);

(2)$(\boldsymbol{x}+\boldsymbol{y})+\boldsymbol{z}=\boldsymbol{x}+(\boldsymbol{y}+\boldsymbol{z})$(加法的结合律);

(3)V 中有一个元素 $\boldsymbol{0}$,对 V 中任何元素 $\boldsymbol{x}$,有 $\boldsymbol{x}+\boldsymbol{0}=\boldsymbol{x}$($\boldsymbol{0}$ 称为 V 的**零元素**);

(4) 对 V 中每个元素 $\boldsymbol{x}$,存在 V 中的元素 $\boldsymbol{y}$,使 $\boldsymbol{x}+\boldsymbol{y}=\boldsymbol{0}$($\boldsymbol{y}$ 称为 $\boldsymbol{x}$ 的**负元素**,记为 $-\boldsymbol{x}$);

(5)$1\boldsymbol{x}=\boldsymbol{x}$;

(6)$\lambda(\mu\boldsymbol{x})=(\lambda\mu)\boldsymbol{x}=\mu(\lambda\boldsymbol{x})$(数乘的结合律);

(7)$(\lambda+\mu)\boldsymbol{x}=\lambda\boldsymbol{x}+\mu\boldsymbol{x}$(数乘对加法的分配律);

(8)$\lambda(\boldsymbol{x}+\boldsymbol{y})=\lambda\boldsymbol{x}+\lambda\boldsymbol{y}$(数乘对加法的分配律);

则称 V 为数域 P 上的**线性空间**.

加法运算和数乘运算称为**线性运算**.

线性空间中的元素也称为向量. 当然,这里的向量已不一定是有序数组了.

例 1 显然,向量空间 $P^n=\{\boldsymbol{x}\mid\boldsymbol{x}=(x_1,x_2,\cdots,x_n)^{\mathrm{T}},x_1,x_2,\cdots,x_n\in P\}$

按照通常的向量加法及数乘运算,即对于 $\boldsymbol{x}=(x_1,x_2,\cdots,x_n)^{\mathrm{T}}$,

$$\boldsymbol{y}=(y_1,y_2,\cdots,y_n)^{\mathrm{T}}\in P^n,\lambda\in P,$$

$$\boldsymbol{x}+\boldsymbol{y}=(x_1+y_1,x_2+y_2,\cdots,x_n+y_n)^{\mathrm{T}},$$

$$\lambda\boldsymbol{x}=(\lambda x_1,\lambda x_2,\cdots,\lambda x_n)^{\mathrm{T}},$$

构成数域 P 上的线性空间. 特别地,若 $P=\mathbf{R}$ 时,$P^n=\mathbf{R}^n$,若 $P=\mathbf{C}$ 时,$P^n=\mathbf{C}^n$.

例 2 $V=\{\boldsymbol{A}\mid\boldsymbol{A}=(a_{ij})_{m\times n},a_{ij}\in P\}$,对于 $\boldsymbol{A}=(a_{ij})_{m\times n},\boldsymbol{B}=(b_{ij})_{m\times n}\in V$ 及 $\lambda\in P$,定义加法运算和数乘运算如下:

$$\boldsymbol{A}+\boldsymbol{B}=(a_{ij}+b_{ij})_{m\times n},\lambda\boldsymbol{A}=(ka_{ij})_{m\times n},$$

显然,V 是数域 P 上的线性空间,把这种线性空间称为矩阵空间. 记为 $P^{m\times n}$.

特别地,若 $P=\mathbf{R}$ 时,$P^{m\times n}=\mathbf{R}^{m\times n}$,若 $P=\mathbf{C}$ 时,$P^{m\times n}=\mathbf{C}^{m\times n}$.

例 3 $V=\{f(t)\mid f(t)=a_0+a_1t+a_2t^2+\cdots+a_{n-1}t^{n-1},a_i(i=1,2,\cdots,n-1)\in P\}$,对于 $f(t)=a_0+a_1t+a_2t^2+\cdots+a_{n-1}t^{n-1},g(t)=b_0+b_1t+b_2t^2+\cdots+b_{n-1}t^{n-1}\in V$ 及 $k\in P$,定义加法运算和数乘运算如下:

$$f(t)+g(t)=a_0+b_0+(a_1+b_1)t+(a_2+b_2)t^2+\cdots+(a_{n-1}+b_{n-1})t^{n-1},$$

$$kf(t)=ka_0+ka_1t+ka_2t^2+\cdots+ka_{n-1}t^{n-1}.$$

易证,V 是数域 P 上的线性空间,称此线性空间称为多项式空间,记为 $P[t]_n$. 若无“次数小于 n”的限制,也构成线性空间,记为 $P[t]$.

例 4　定义在区间$[a,b]$上的所有实值连续函数构成的集合,按函数的加法和数乘,构成实数域 $\mathbf{R}$ 上的线性空间 $C[a,b]$.

以上四例的验证请读者完成.

例 5　记全体正实数组成的集合为 $\mathbf{R}^+$,在 $\mathbf{R}^+$ 上定义“加法 $\oplus$”和“数乘 $\otimes$”分别为如下:$x\oplus y=xy,\lambda\odot x=x^\lambda$,其中 $x,y\in\mathbf{R}^+,\lambda\in\mathbf{R}$. 证明 $\mathbf{R}^+$ 在如上的加法和数乘下构成实数域 $\mathbf{R}$ 上线性空间.

证　易见 $\mathbf{R}^+$ 对加法与数乘运算封闭,且对任意的 $x,y,z\in\mathbf{R}^+,\lambda,\mu\in\mathbf{R}$,有

(ⅰ)$x\oplus y=xy=yx=y\oplus x$;

(ⅱ)$(x\oplus y)\oplus z=xyz=x\oplus(y\oplus z)$;

(ⅲ)存在零元素 1 使得 $x\oplus 1=x$;

(ⅳ)对于元素 x,存在负元素为 $1/x$ 使得 $x\oplus\dfrac{1}{x}=x\cdot\dfrac{1}{x}=1$;

(ⅴ)$1\odot x=x^1=x$;

(ⅵ)$\lambda\odot(\mu\odot x)=\lambda\odot x^\mu=x^{\lambda\mu}=(\lambda\mu)\odot x$;

(ⅶ)$(\lambda+\mu)\odot x=x^{\lambda+\mu}=x^\lambda\cdot x^\mu=\lambda\odot x\oplus\mu\odot x$;

(ⅷ)$\lambda\odot(x\oplus y)=(xy)^\lambda=x^\lambda y^\lambda=x^\lambda\oplus y^\lambda=\lambda\odot x\oplus\lambda\odot y$.

故 $\mathbf{R}^+$ 是 $\mathbf{R}$ 上的线性空间.

此例说明,线性空间中的“加法”与“数乘”和一般的加法和数乘可能完全是两回事.

易证线性空间有如下性质:

定理 1　(1) 线性空间 V 中零元素是唯一的;

(2) 任一元素的负元素也是唯一的;

(3) 零和任何向量的数积为零向量;

(4) 任何数与零向量的数积为零向量;

(5) -1 和任何向量的数积即为该向量的负向量.

证明　仅证明(1)(2),其他请读者自行证明.

(1) 设存在两个零元素 $\mathbf{0}_1$ 和 $\mathbf{0}_2$,则由于 $\mathbf{0}_1$ 和 $\mathbf{0}_2$ 均为零元素,按零元律有

$$\mathbf{0}_1+\mathbf{0}_2=\mathbf{0}_1=\mathbf{0}_2+\mathbf{0}_1=\mathbf{0}_2,$$

所以

$$\mathbf{0}_1=\mathbf{0}_2,$$

即 $\mathbf{0}_1$ 和 $\mathbf{0}_2$ 相同,与假设相矛盾,故只有一个零元素.

(2) 假设任意 $\boldsymbol{x}\in V$,存在两个负元素 $\boldsymbol{y}$ 和 $\boldsymbol{z}$,则根据负元律有

$$\boldsymbol{x}+\boldsymbol{y}=\mathbf{0}=\boldsymbol{x}+\boldsymbol{z},$$

$$\boldsymbol{y}=\boldsymbol{y}+\mathbf{0}=\boldsymbol{y}+(\boldsymbol{x}+\boldsymbol{z})=(\boldsymbol{y}+\boldsymbol{x})+\boldsymbol{z}=\mathbf{0}+\boldsymbol{z}=\boldsymbol{z},$$

即 $\boldsymbol{y}$ 和 $\boldsymbol{z}$ 相同,故负元素唯一.

二、线性空间的基和维数

与向量空间中的向量一样,线性空间中的向量也有线性相关和线性无关等有关概念.

线性空间中若干个向量经数乘后再求和,称为这些向量的**线性组合**.一个向量等于一组向量的线性组合,则说该向量可由这组向量线性表示.

设 $\boldsymbol{x}_1,\boldsymbol{x}_2,\cdots,\boldsymbol{x}_r$ 为数域 P 上线性空间 V 中的一组向量,若 P 中有不全为零的一组数 $\lambda_1,\lambda_2,\cdots,\lambda_r$ 与 $\boldsymbol{x}_1,\boldsymbol{x}_2,\cdots,\boldsymbol{x}_r$ 构成的线性组合成为零向量:

$$\lambda_1\boldsymbol{x}_1+\lambda_2\boldsymbol{x}_2+\cdots+\lambda_r\boldsymbol{x}_r=\mathbf{0},$$

则称向量组 $\boldsymbol{x}_1,\boldsymbol{x}_2,\cdots,\boldsymbol{x}_r$ 线性相关.若满足上式的一组数不存在,或者说要使上式成立,必须使所有的 λ_k 都为零,则称向量组 $\boldsymbol{x}_1,\boldsymbol{x}_2,\cdots,\boldsymbol{x}_r$ 线性无关.

例 6 证明 $\mathbf{R}^{2\times 2}$ 中向量组 $\boldsymbol{E}_{11}=\begin{pmatrix}1&0\\0&0\end{pmatrix},\boldsymbol{E}_{12}=\begin{pmatrix}0&1\\0&0\end{pmatrix},\boldsymbol{E}_{21}=\begin{pmatrix}0&0\\1&0\end{pmatrix},\boldsymbol{E}_{22}=\begin{pmatrix}0&0\\0&1\end{pmatrix}$ 线性无关.

证明 设 $\lambda_1\boldsymbol{E}_{11}+\lambda_2\boldsymbol{E}_{12}+\lambda_3\boldsymbol{E}_{21}+\lambda_4\boldsymbol{E}_{22}=\boldsymbol{O}$,即

$$\begin{pmatrix}\lambda_1&\lambda_2\\\lambda_3&\lambda_4\end{pmatrix}=\begin{pmatrix}0&0\\0&0\end{pmatrix},$$

所以

$$\lambda_1=\lambda_2=\lambda_3=\lambda_4=0,$$

于是 $\boldsymbol{E}_{11},\boldsymbol{E}_{12},\boldsymbol{E}_{21},\boldsymbol{E}_{22}$ 线性无关.

定义 2 设线性空间 V 中有 n 个向量 $\boldsymbol{x}_1,\boldsymbol{x}_2,\cdots,\boldsymbol{x}_n$ 满足：

(1) $\boldsymbol{x}_1,\boldsymbol{x}_2,\cdots,\boldsymbol{x}_n$ 线性无关；

(2) V 中任何向量都可由 $\boldsymbol{x}_1,\boldsymbol{x}_2,\cdots,\boldsymbol{x}_n$ 线性表示，

则 $\boldsymbol{x}_1,\boldsymbol{x}_2,\cdots,\boldsymbol{x}_n$ 称为 V 的**一组基**，n 称为 V 的**维数**. V 的维数记为 $\dim(V)$，这里 $\dim(V)=n$.

当 V 的维数为有限时，V 称为**有限维线性空间**，否则称为**无限维线性空间**. 在前面所给的线性空间例子中，$P[x]$ 和 $C[a,b]$ 为无限维线性空间，其余的是有限维线性空间. 本书只讨论有限维线性空间.

实际上，线性空间的一组基即为线性空间的一个最大线性无关组；反之，任何一个最大线性无关组都是一组基(留作习题). 由此可见，一个线性空间可以有无穷多组基.

在例 5 所给的线性空间中，任何不等于 1 的正数都可以作为基(注意：此空间的零元素为 1). 例如，取 $a(a>0,a\neq 1)$，则对任何 $x\in\mathbf{R}^+$，取 $\lambda=\log_a x$，有 $\lambda\otimes a=a^\lambda=a^{\log_a x}=x$，即 x 可由 a 线性表示，故 a 为一组基，即此线性空间是 1 维的.

由例 6 可知 $\boldsymbol{E}_{11}=\begin{pmatrix}1&0\\0&0\end{pmatrix},\boldsymbol{E}_{12}=\begin{pmatrix}0&1\\0&0\end{pmatrix},\boldsymbol{E}_{21}=\begin{pmatrix}0&0\\1&0\end{pmatrix},\boldsymbol{E}_{22}=\begin{pmatrix}0&0\\0&1\end{pmatrix}$ 线性无关，显然 $\mathbf{R}^{2\times 2}$ 中的任意向量可由该向量组线性表示，从而该向量组为一组基，因此 $\mathbf{R}^{2\times 2}$ 为 4 维空间.

定义 3 设 $\boldsymbol{x}_1,\boldsymbol{x}_2,\cdots,\boldsymbol{x}_n$ 为 V 的一组基，对 V 中任一向量 $\boldsymbol{y}$，必存在一组数 $\lambda_1,\lambda_2,\cdots,\lambda_n$，使

$$\boldsymbol{y}=\lambda_1\boldsymbol{x}_1+\lambda_2\boldsymbol{x}_2+\cdots+\lambda_n\boldsymbol{x}_n,$$

此时 $\boldsymbol{y}$ 可记为

$$\boldsymbol{y}=(\boldsymbol{x}_1,\boldsymbol{x}_2,\cdots,\boldsymbol{x}_n)\begin{pmatrix}\lambda_1\\\lambda_2\\\vdots\\\lambda_n\end{pmatrix},$$

称 $(\lambda_1,\lambda_2,\cdots,\lambda_n)^{\mathrm{T}}$ 为 $\boldsymbol{y}$ 在基 $\boldsymbol{x}_1,\boldsymbol{x}_2,\cdots,\boldsymbol{x}_n$ 下的坐标.

由基的线性无关性可得，任何向量在给定基下的坐标是唯一的.

例 7 设线性空间 $\mathbf{R}[x]_n=\{a_0+a_1x+a_2x^2+\cdots+a_{n-1}x^{n-1} \mid a_i\in\mathbf{R}\}$.

(1) 证明:$1,x,x^2,\cdots,x^{n-1}$ 是线性空间 $\mathbf{R}[x]_n$ 中的一组基,从而 $\mathbf{R}[x]_n$ 的维数为 n.

(2) 求 $\mathbf{R}[x]_n$ 中向量 $\boldsymbol{\xi}=a_0+a_1x+a_2x^2+\cdots+a_{n-1}x^{n-1}$ 在基 $1,x,x^2,\cdots,x^{n-1}$ 下的坐标.

证明 (1) 先证向量组 $1,x,x^2,\cdots,x^{n-1}$ 是线性无关的.设

$$k_0+k_1x+k_2x^2+\cdots+k_{n-1}x^{n-1}=0,$$

要使上式对任意 x 都成立,可得 $k_0=k_1=k_2=\cdots=k_{n-1}=0$,所以 $1,x,x^2,\cdots,x^{n-1}$ 线性无关.又因为 $\mathbf{R}[x]_n$ 中的任意向量 $a_0+a_1x+a_2x^2+\cdots+a_{n-1}x^{n-1}$ 可由 $1,x,x^2,\cdots,x^{n-1}$ 线性表示,故 $1,x,x^2,\cdots,x^{n-1}$ 是线性空间 $\mathbf{R}[x]_n$ 中的一组基,从而 $\mathbf{R}[x]_n$ 的维数为 n.

(2) 由(1)知 $\boldsymbol{\xi}=a_0+a_1x+a_2x^2+\cdots+a_{n-1}x^{n-1}$ 在基 $1,x,x^2,\cdots,x^{n-1}$ 下的坐标为 $(a_0,a_1,\cdots,a_{n-1})^{\mathrm{T}}$.

例 8 求 $\mathbf{R}^{m\times n}$ 的维数及一组基,并求 $\boldsymbol{A}=(a_{ij})_{m\times n}\in\mathbf{R}^{m\times n}$ 在该基下的坐标.

解

$$\text{令 } \boldsymbol{E}_{ij}=\begin{pmatrix} & & & 0 & & & \\ & & & \vdots & & & \\ & & & 0 & & & \\ 0 & \cdots & 0 & 1 & 0 & \cdots & 0 \\ & & & 0 & & & \\ & & & \vdots & & & \\ & & & 0 & & & \end{pmatrix} \text{第 } i \text{ 行} \quad (i=1,2,\cdots,m;j=1,2,\cdots,n),$$

第 j 列

由例 6 的证明可知 $\boldsymbol{E}_{ij}\ (i=1,2,\cdots,m;j=1,2,\cdots,n)$ 线性无关,又因为任意的 $\boldsymbol{A}=(a_{ij})_{m\times n}\in\mathbf{R}^{m\times n}$ 可表示为 $\boldsymbol{A}=(a_{ij})_{m\times n}=a_{11}\boldsymbol{E}_{11}+a_{12}\boldsymbol{E}_{12}+\cdots+a_{1n}\boldsymbol{E}_{1n}+\cdots+a_{m1}\boldsymbol{E}_{m1}+a_{m2}\boldsymbol{E}_{m2}+\cdots+a_{mn}\boldsymbol{E}_{mn}$,则 $\boldsymbol{E}_{ij}\ (i=1,2,\cdots,m;j=1,2,\cdots,n)$ 为线性空间 $\mathbf{R}^{m\times n}$ 的一组基,$\dim\mathbf{R}^{m\times n}=mn$,且 $\boldsymbol{A}=(a_{ij})_{m\times n}$ 在该基下的坐标为 $(a_{11},a_{12},\cdots,a_{1n},\cdots,a_{m1},a_{m2},\cdots,a_{mn})^{\mathrm{T}}$.

例 9　已知 $\mathbf{R}^{2\times 2}$ 空间中的一组基为 $\boldsymbol{A}_1=\begin{pmatrix}1&1\\1&1\end{pmatrix}$，$\boldsymbol{A}_2=\begin{pmatrix}1&1\\1&0\end{pmatrix}$，$\boldsymbol{A}_3=\begin{pmatrix}1&1\\0&1\end{pmatrix}$，$\boldsymbol{A}_4=\begin{pmatrix}1&0\\1&1\end{pmatrix}$，求向量 $\boldsymbol{B}=\begin{pmatrix}1&2\\1&0\end{pmatrix}$ 在该组基下的坐标.

解　设 $\boldsymbol{B}=k_1\boldsymbol{A}_1+k_2\boldsymbol{A}_2+k_3\boldsymbol{A}_3+k_4\boldsymbol{A}_4$，代入得方程组

$$\begin{cases}k_1+k_2+k_3+k_4=1,\\k_1+k_2+k_3=2,\\k_1+k_2+k_4=1,\\k_1+k_3+k_4=0,\end{cases}$$

解得 $k_1=1,k_2=1,k_3=0,k_4=-1$，所以 $\boldsymbol{B}$ 在该组基下的坐标为 $(1,\ 1,\ 0,\ -1)^{\mathrm{T}}$.

三、基变换和坐标变换

由于线性空间可以有不同的基，而一个向量在不同的基下一般有不同的坐标，下面讨论同一向量在不同基下的坐标间的关系.

设 $\boldsymbol{x}_1,\boldsymbol{x}_2,\cdots,\boldsymbol{x}_n$ 和 $\boldsymbol{y}_1,\boldsymbol{y}_2,\cdots,\boldsymbol{y}_n$ 为线性空间 V 的两组基，则后一组基的每个基向量用前一组基唯一线性表示为

$$\begin{cases}\boldsymbol{y}_1=p_{11}\boldsymbol{x}_1+p_{21}\boldsymbol{x}_2+\cdots+p_{n1}\boldsymbol{x}_n,\\\boldsymbol{y}_2=p_{12}\boldsymbol{x}_1+p_{22}\boldsymbol{x}_2+\cdots+p_{n2}\boldsymbol{x}_n,\\\qquad\vdots\\\boldsymbol{y}_n=p_{1n}\boldsymbol{x}_1+p_{2n}\boldsymbol{x}_2+\cdots+p_{nn}\boldsymbol{x}_n,\end{cases}\tag{1-1}$$

写成矩阵形式为

$$(\boldsymbol{y}_1,\boldsymbol{y}_2,\cdots,\boldsymbol{y}_n)=(\boldsymbol{x}_1,\boldsymbol{x}_2,\cdots,\boldsymbol{x}_n)\begin{pmatrix}p_{11}&p_{12}&\cdots&p_{1n}\\p_{21}&p_{22}&\cdots&p_{2n}\\\vdots&\vdots&&\vdots\\p_{n1}&p_{n2}&\cdots&p_{nn}\end{pmatrix},$$

令 $\boldsymbol{P}=(p_{ij})_{n\times n}$，得

$$(\boldsymbol{y}_1,\boldsymbol{y}_2,\cdots,\boldsymbol{y}_n)=(\boldsymbol{x}_1,\boldsymbol{x}_2,\cdots,\boldsymbol{x}_n)\boldsymbol{P},\tag{1-2}$$

称 $\boldsymbol{P}$ 为从基 $\boldsymbol{x}_1,\boldsymbol{x}_2,\cdots,\boldsymbol{x}_n$ 到基 $\boldsymbol{y}_1,\boldsymbol{y}_2,\cdots,\boldsymbol{y}_n$ 的**过渡矩阵**. 式(1-1)或式(1-2)称

为**基变换公式**.易知一组基到另一组基的过渡矩阵是可逆的.

设一个向量在基 $\boldsymbol{x}_1,\boldsymbol{x}_2,\cdots,\boldsymbol{x}_n$ 和基 $\boldsymbol{y}_1,\boldsymbol{y}_2,\cdots,\boldsymbol{y}_n$ 下的坐标分别为 $(\lambda_1,\lambda_2,\cdots,\lambda_n)^{\mathrm{T}}$ 和 $(\mu_1,\mu_2,\cdots,\mu_n)^{\mathrm{T}}$,则有

$$(\boldsymbol{x}_1,\boldsymbol{x}_2,\cdots,\boldsymbol{x}_n)\begin{pmatrix}\lambda_1\\\lambda_2\\\vdots\\\lambda_n\end{pmatrix}=(\boldsymbol{y}_1,\boldsymbol{y}_2,\cdots,\boldsymbol{y}_n)\begin{pmatrix}\mu_1\\\mu_2\\\vdots\\\mu_n\end{pmatrix}=(\boldsymbol{x}_1,\boldsymbol{x}_2,\cdots,\boldsymbol{x}_n)\boldsymbol{P}\begin{pmatrix}\mu_1\\\mu_2\\\vdots\\\mu_n\end{pmatrix},$$

由坐标的唯一性,知

$$\begin{pmatrix}\lambda_1\\\lambda_2\\\vdots\\\lambda_n\end{pmatrix}=\boldsymbol{P}\begin{pmatrix}\mu_1\\\mu_2\\\vdots\\\mu_n\end{pmatrix},\quad\begin{pmatrix}\mu_1\\\mu_2\\\vdots\\\mu_n\end{pmatrix}=\boldsymbol{P}^{-1}\begin{pmatrix}\lambda_1\\\lambda_2\\\vdots\\\lambda_n\end{pmatrix},\tag{1-3}$$

这就是同一向量在不同基下的坐标间的关系.式(1-3)称为**坐标变换公式**.

例 10　已知 $P[x]_3$ 中的两组基:$\boldsymbol{\alpha}_1=1,\boldsymbol{\alpha}_2=x,\boldsymbol{\alpha}_3=x^2$ 和 $\boldsymbol{\beta}_1=1,\boldsymbol{\beta}_2=x-x_0,\boldsymbol{\beta}_3=(x-x_0)^2$,求前一组基到后一组基的过渡矩阵,并求 $\boldsymbol{q}=3-x^2$ 在后一组基下的坐标.

解　由 $\boldsymbol{\beta}_1=\boldsymbol{\alpha}_1,\boldsymbol{\beta}_2=-x_0\boldsymbol{\alpha}_1+\boldsymbol{\alpha}_2,\boldsymbol{\beta}_3=x_0^2\boldsymbol{\alpha}_1-2x_0\boldsymbol{\alpha}_2+\boldsymbol{\alpha}_3$,可知

$$(\boldsymbol{\beta}_1,\boldsymbol{\beta}_2,\boldsymbol{\beta}_3)=(\boldsymbol{\alpha}_1,\boldsymbol{\alpha}_2,\boldsymbol{\alpha}_3)\begin{pmatrix}1&-x_0&x_0^2\\0&1&-2x_0\\0&0&1\end{pmatrix},$$

则过渡矩阵为

$$\boldsymbol{P}=\begin{pmatrix}1&-x_0&x_0^2\\0&1&-2x_0\\0&0&1\end{pmatrix},$$

易见 $\boldsymbol{q}$ 在前一组基下的坐标为

$$\begin{pmatrix}\lambda_1\\\lambda_2\\\lambda_3\end{pmatrix}=\begin{pmatrix}3\\0\\-1\end{pmatrix},$$

故在后一组基下的坐标为

$$\begin{pmatrix}\mu_1\\ \mu_2\\ \mu_3\end{pmatrix}=\boldsymbol{P}^{-1}\begin{pmatrix}\lambda_1\\ \lambda_2\\ \lambda_3\end{pmatrix}=\begin{pmatrix}1 & -x_0 & x_0^2\\ 0 & 1 & -2x_0\\ 0 & 0 & 1\end{pmatrix}^{-1}\begin{pmatrix}3\\ 0\\ -1\end{pmatrix}=\begin{pmatrix}1 & x_0 & x_0^2\\ 0 & 1 & 2x_0\\ 0 & 0 & 1\end{pmatrix}\begin{pmatrix}3\\ 0\\ -1\end{pmatrix}=\begin{pmatrix}3-x_0^2\\ -2x_0\\ -1\end{pmatrix},$$

即 $\boldsymbol{q}=3-x^2=(3-x_0^2)\boldsymbol{\beta}_1-2x_0\boldsymbol{\beta}_2-\boldsymbol{\beta}_3$.

例 11　已知 $\mathbf{R}^4$ 中的两组基:$\boldsymbol{\alpha}_1=(1,1,2,1)^{\mathrm{T}},\boldsymbol{\alpha}_2=(0,2,1,2)^{\mathrm{T}},\boldsymbol{\alpha}_3=(0,0,3,1)^{\mathrm{T}}$, $\boldsymbol{\alpha}_4=(0,0,0,4)^{\mathrm{T}}$ 和 $\boldsymbol{\beta}_1=(1,0,0,0)^{\mathrm{T}},\boldsymbol{\beta}_2=(1,2,0,0)^{\mathrm{T}},\boldsymbol{\beta}_3=(0,0,1,1)^{\mathrm{T}},\boldsymbol{\beta}_4=(0,0,-1,1)^{\mathrm{T}}$,求前一组基到后一组基的过渡矩阵 $\boldsymbol{P}$.

解　由已知得

$$(\boldsymbol{\beta}_1,\boldsymbol{\beta}_2,\boldsymbol{\beta}_3,\boldsymbol{\beta}_4)=(\boldsymbol{\alpha}_1,\boldsymbol{\alpha}_2,\boldsymbol{\alpha}_3,\boldsymbol{\alpha}_4)\boldsymbol{P},$$

则

$$\boldsymbol{P}=(\boldsymbol{\alpha}_1,\boldsymbol{\alpha}_2,\boldsymbol{\alpha}_3,\boldsymbol{\alpha}_4)^{-1}(\boldsymbol{\beta}_1,\boldsymbol{\beta}_2,\boldsymbol{\beta}_3,\boldsymbol{\beta}_4)$$

$$=\begin{pmatrix}1 & 0 & 0 & 0\\ 1 & 2 & 0 & 0\\ 2 & 1 & 3 & 0\\ 1 & 2 & 1 & 4\end{pmatrix}^{-1}\begin{pmatrix}1 & 1 & 0 & 0\\ 0 & 2 & 0 & 0\\ 0 & 0 & 1 & -1\\ 0 & 0 & 1 & 1\end{pmatrix}=\frac{1}{24}\begin{pmatrix}24 & 0 & 0 & 0\\ -12 & 12 & 0 & 0\\ -12 & -4 & 8 & 0\\ 3 & -5 & -2 & 6\end{pmatrix}\begin{pmatrix}1 & 1 & 0 & 0\\ 0 & 2 & 0 & 0\\ 0 & 0 & 1 & -1\\ 0 & 0 & 1 & 1\end{pmatrix}$$

$$=\frac{1}{24}\begin{pmatrix}24 & 24 & 0 & 0\\ -12 & 12 & 0 & 0\\ -12 & -20 & 8 & -8\\ 3 & -7 & 4 & 8\end{pmatrix}.$$

例 12　矩阵空间 $V=\{\mathbf{A}\mid\mathbf{A}=(a_{ij})_{2\times2},a_{ij}\in\mathbf{R}\}$ 的两组基如下:

$$(\text{I})\boldsymbol{B}_1=\begin{pmatrix}1 & 0\\ 0 & 1\end{pmatrix},\boldsymbol{B}_2=\begin{pmatrix}1 & 0\\ 0 & -1\end{pmatrix},\boldsymbol{B}_3=\begin{pmatrix}0 & 1\\ 1 & 0\end{pmatrix},\boldsymbol{B}_4=\begin{pmatrix}0 & 1\\ -1 & 0\end{pmatrix};$$

$$(\text{II})\boldsymbol{C}_1=\begin{pmatrix}1 & 1\\ 1 & 1\end{pmatrix},\boldsymbol{C}_2=\begin{pmatrix}1 & 1\\ 1 & 0\end{pmatrix},\boldsymbol{C}_3=\begin{pmatrix}1 & 1\\ 0 & 0\end{pmatrix},\boldsymbol{C}_4=\begin{pmatrix}1 & 0\\ 0 & 0\end{pmatrix}.$$

(1) 求由从基(Ⅰ)到基(Ⅱ)的过渡矩阵;

(2) 求两组基(Ⅰ)(Ⅱ)的坐标变换公式.

解 采用中介法求过渡矩阵.

取基(Ⅲ)为$\boldsymbol{E}_{11}=\begin{pmatrix}1&0\\0&0\end{pmatrix}$,$\boldsymbol{E}_{12}=\begin{pmatrix}0&1\\0&0\end{pmatrix}$,$\boldsymbol{E}_{21}=\begin{pmatrix}0&0\\1&0\end{pmatrix}$,$\boldsymbol{E}_{22}=\begin{pmatrix}0&0\\0&1\end{pmatrix}$,由基(Ⅲ)到基(Ⅰ)的过渡矩阵为

$$\boldsymbol{P}_1=\begin{pmatrix}1&1&0&0\\0&0&1&1\\0&0&1&-1\\1&-1&0&0\end{pmatrix},$$

即

$$(\boldsymbol{B}_1,\boldsymbol{B}_2,\boldsymbol{B}_3,\boldsymbol{B}_4)=(\boldsymbol{E}_{11},\boldsymbol{E}_{12},\boldsymbol{E}_{21},\boldsymbol{E}_{22})\boldsymbol{P}_1,$$

由基(Ⅲ)到基(Ⅱ)的过渡矩阵为

$$\boldsymbol{P}_2=\begin{pmatrix}1&1&1&1\\1&1&1&0\\1&1&0&0\\1&0&0&0\end{pmatrix},$$

即

$$(\boldsymbol{C}_1,\boldsymbol{C}_2,\boldsymbol{C}_3,\boldsymbol{C}_4)=(\boldsymbol{E}_{11},\boldsymbol{E}_{12},\boldsymbol{E}_{21},\boldsymbol{E}_{22})\boldsymbol{P}_2,$$

所以有

$$(\boldsymbol{C}_1,\boldsymbol{C}_2,\boldsymbol{C}_3,\boldsymbol{C}_4)=(\boldsymbol{B}_1,\boldsymbol{B}_2,\boldsymbol{B}_3,\boldsymbol{B}_4)\boldsymbol{P}_1^{-1}\boldsymbol{P}_2,$$

于是基(Ⅰ)到基(Ⅱ)的过渡矩阵为

$$\boldsymbol{P}=\boldsymbol{P}_1^{-1}\boldsymbol{P}_2=\frac{1}{2}\begin{pmatrix}2&1&1&1\\0&1&1&1\\2&2&1&0\\0&0&1&0\end{pmatrix}.$$

(2) 设向量 $\boldsymbol{A}$ 在基(Ⅰ)和基(Ⅱ)下的坐标分别为$(\xi_1,\xi_2,\xi_3,\xi_4)^{\mathrm{T}}$,$(\eta_1,\eta_2,\eta_3,\eta_4)^{\mathrm{T}}$,则可得坐标变换公式为

$$\begin{pmatrix}\xi_1\\ \xi_2\\ \xi_3\\ \xi_4\end{pmatrix}=\boldsymbol{P}\begin{pmatrix}\eta_1\\ \eta_2\\ \eta_3\\ \eta_4\end{pmatrix}=\frac{1}{2}\begin{pmatrix}2\eta_1+\eta_2+\eta_3+\eta_4\\ \eta_2+\eta_3+\eta_4\\ 2\eta_1+2\eta_2+\eta_3\\ \eta_3\end{pmatrix}.$$

四、线性空间的同构

在数值计算中,多项式往往用其系数向量来代替;图像处理中,像素的色彩值甚至整幅图像也可用向量来表示.这实际上是借助一个线性空间来研究另一个线性空间.这种代换的可能性在于两种线性空间具有相同的代数结构,即所谓同构.

定义 4　设 V 与 V' 都是数域 P 上的线性空间,若 V 与 V' 的元素之间有一个一一对应:

$$\boldsymbol{x}\leftrightarrow\boldsymbol{x}'(\boldsymbol{x}\in V,\boldsymbol{x}'\in V'),$$

且当 $\boldsymbol{x}\leftrightarrow\boldsymbol{x}',\boldsymbol{y}\leftrightarrow\boldsymbol{y}'$ 时,有

$$\boldsymbol{x}+\boldsymbol{y}\leftrightarrow\boldsymbol{x}'+\boldsymbol{y}',k\boldsymbol{x}\leftrightarrow k\boldsymbol{x}'(k\in P),$$

则称线性空间 V 与 V' 是**同构**的,且称它们元素间的一一对应为**同构对应**.

若有一种二元关系"～"满足:

(1) 反身性:$A\sim A$;

(2) 对称性:$A\sim B\Rightarrow B\sim A$;

(3) 传递性:$A\sim B$ 且 $B\sim C\Rightarrow A\sim C$,

则称此种关系为**等价关系**.

例如,数的相等、三角形的相似、矩阵的相似等都是等价关系.线性空间的同构关系是等价关系.

定理 2　数域 P 上的 n 维线性空间 V 与向量空间 P^n 同构.

证明　在 V 中取定一组基$\boldsymbol{x}_1,\boldsymbol{x}_2,\cdots,\boldsymbol{x}_n$,$V$ 中的任何向量 $\boldsymbol{x}$ 在这组基下有唯一的坐标$(\lambda_1,\lambda_2,\cdots,\lambda_n)^{\mathrm{T}}$,即

$$\boldsymbol{x}=\lambda_1\boldsymbol{x}_1+\lambda_2\boldsymbol{x}_2+\cdots+\lambda_n\boldsymbol{x}_n=(\boldsymbol{x}_1,\boldsymbol{x}_2,\cdots,\boldsymbol{x}_n)\begin{pmatrix}\lambda_1\\\lambda_2\\\vdots\\\lambda_n\end{pmatrix},$$

建立 V 与 P^n 间的对应关系：

$$\boldsymbol{x}\leftrightarrow\begin{pmatrix}\lambda_1\\\lambda_2\\\vdots\\\lambda_n\end{pmatrix},$$

这种关系是一一对应的,而且,若

$$\boldsymbol{x}\leftrightarrow\begin{pmatrix}\lambda_1\\\lambda_2\\\vdots\\\lambda_n\end{pmatrix},\boldsymbol{y}\leftrightarrow\begin{pmatrix}\mu_1\\\mu_2\\\vdots\\\mu_n\end{pmatrix},$$

有

$$\boldsymbol{x}+\boldsymbol{y}=(\lambda_1+\mu_1)\boldsymbol{x}_1+(\lambda_2+\mu_2)\boldsymbol{x}_2+\cdots+(\lambda_n+\mu_n)\boldsymbol{x}_n\leftrightarrow\begin{pmatrix}\lambda_1+\mu_1\\\lambda_2+\mu_2\\\vdots\\\lambda_n+\mu_n\end{pmatrix}=\begin{pmatrix}\lambda_1\\\lambda_2\\\vdots\\\lambda_n\end{pmatrix}+\begin{pmatrix}\mu_1\\\mu_2\\\vdots\\\mu_n\end{pmatrix},$$

$$k\boldsymbol{x}=k\lambda_1\boldsymbol{x}_1+k\lambda_2\boldsymbol{x}_2+\cdots+k\lambda_n\boldsymbol{x}_n\leftrightarrow\begin{pmatrix}k\lambda_1\\k\lambda_2\\\vdots\\k\lambda_n\end{pmatrix}=k\begin{pmatrix}\lambda_1\\\lambda_2\\\vdots\\\lambda_n\end{pmatrix},$$

因此,V 与 P^n 同构. 证毕.

由此定理以及同构是等价关系可得以下推论：

推论 数域 P 上所有维数相同的有限维线性空间都同构.

线性空间元素间的同构对应有如下性质：

(1) 零元素对应零元素；

(2) 负元素对应负元素；

(3) 同构对应保持线性相关性和线性无关性；

(4) 同构的有限维线性空间的维数相同.

综合上面的讨论，即得以下定理：

定理 3　数域 P 上两个有限维线性空间同构的充要条件是它们有相同的维数.

同构的线性空间具有相同的代数结构，因此在研究某一较复杂或较抽象的线性空间时，可用一个与其维数相同但较简单、较具体的线性空间来代替. 特别地，可以用熟知的普通向量空间来代替. 这也是研究同构的实际意义之所在.

例 13　求 $\mathbf{R}^{2\times2}$ 中向量组 $\boldsymbol{A}_1=\begin{pmatrix}1&-1\\0&1\end{pmatrix}$，$\boldsymbol{A}_2=\begin{pmatrix}2&-2\\0&2\end{pmatrix}$，$\boldsymbol{A}_3=\begin{pmatrix}1&1\\1&0\end{pmatrix}$，$\boldsymbol{A}_4=\begin{pmatrix}2&0\\1&1\end{pmatrix}$ 的极大无关组和秩.

解　取 $\mathbf{R}^{2\times2}$ 中一组基 $\boldsymbol{E}_{11},\boldsymbol{E}_{12},\boldsymbol{E}_{21},\boldsymbol{E}_{22}$，则 $\boldsymbol{A}_1,\boldsymbol{A}_2,\boldsymbol{A}_3,\boldsymbol{A}_4$ 在该组基下的坐标分别为 $\boldsymbol{\alpha}_1=(1,-1,0,1)^{\mathrm{T}}$，$\boldsymbol{\alpha}_2=(2,-2,0,2)^{\mathrm{T}}$，$\boldsymbol{\alpha}_3=(1,1,1,0)^{\mathrm{T}}$，$\boldsymbol{\alpha}_4=(2,0,1,1)^{\mathrm{T}}$，可求得向量组 $\boldsymbol{\alpha}_1,\boldsymbol{\alpha}_2,\boldsymbol{\alpha}_3,\boldsymbol{\alpha}_4$ 的秩为2，且 $\boldsymbol{\alpha}_1,\boldsymbol{\alpha}_3$ 是向量组 $\boldsymbol{\alpha}_1,\boldsymbol{\alpha}_2,\boldsymbol{\alpha}_3,\boldsymbol{\alpha}_4$ 的极大无关组. 故向量组 $\boldsymbol{A}_1,\boldsymbol{A}_2,\boldsymbol{A}_3,\boldsymbol{A}_4$ 的秩为 2，且 $\boldsymbol{A}_1,\boldsymbol{A}_3$ 是向量组 $\boldsymbol{A}_1,\boldsymbol{A}_2,\boldsymbol{A}_3,\boldsymbol{A}_4$ 的一个极大无关组.

第二节　线性子空间

一、线性子空间

定义 1　设 V 是数域 P 上的线性空间，W 为 V 的一个非空子集，如果 W 对 V 中的加法和数乘也构成 P 上的线性空间，则称 W 为 V 的一个**线性子空间**，简称**子空间**.

由于线性空间中的加法和数乘已满足线性空间定义中的 8 条规则，当然在其任何子集中这 8 条规则也仍然得到满足，因此确定线性空间的非空子集是否是其子空间，只要判断线性空间的加法和数乘是否也是此子集的加法和数乘，即此子集是否对加法和数乘封闭即可.

定理 1 线性空间V的非空子集W为V的子空间的充要条件是:W对V中的线性运算封闭.

若W是V的一个子空间,则W的一组基是V的一个线性无关向量组,其所含向量个数不会超过V的维数,即有

$$\dim(W) \leqslant \dim(V).$$

显然,V本身是V的子空间.另外,只含V的零向量$\mathbf{0}$的集合$\{\mathbf{0}\}$也是V的子空间,称为**零子空间**.零子空间中没有基,其维数为零.V和$\{\mathbf{0}\}$称为V的**平凡子空间**,其他子空间称为**非平凡子空间**.

例 1 $P[x]_{n-1}$是$P[x]_n$的子空间($n>0$).

例 2 $\{(0,y,z)^{\mathrm{T}} \mid y,z \in \mathbf{R}\}$为$\mathbf{R}^3$的子空间.

例 3 设$\boldsymbol{x}_1,\boldsymbol{x}_2,\cdots,\boldsymbol{x}_r$为数域$P$上线性空间$V$的一组向量,它们的所有线性组合构成的集合$\{\lambda_1\boldsymbol{x}_1+\lambda_2\boldsymbol{x}_2+\cdots+\lambda_r\boldsymbol{x}_r \mid \lambda_k \in P, k=1,2,\cdots,r\}$为$V$的一个子空间,称为由$\boldsymbol{x}_1,\boldsymbol{x}_2,\cdots,\boldsymbol{x}_r$生成的子空间,记为$\mathrm{Span}\{\boldsymbol{x}_1,\boldsymbol{x}_2,\cdots,\boldsymbol{x}_r\}$.$\boldsymbol{x}_1,\boldsymbol{x}_2,\cdots,\boldsymbol{x}_r$的一个最大线性无关组可作为$\mathrm{Span}\{\boldsymbol{x}_1,\boldsymbol{x}_2,\cdots,\boldsymbol{x}_r\}$的一组基,$\mathrm{Span}\{\boldsymbol{x}_1,\boldsymbol{x}_2,\cdots,\boldsymbol{x}_r\}$的维数为向量组$\boldsymbol{x}_1,\boldsymbol{x}_2,\cdots,\boldsymbol{x}_r$的秩.一个线性空间可视为由其任一组基所生成的线性空间.

例 4 实齐次线性方程组$\boldsymbol{A}_{m\times n}\boldsymbol{x}=\mathbf{0}$所有解向量的集合构成$\mathbf{R}^n$的子空间,称为此方程组的解空间,方程组的基础解系即为解空间的基.

例 5 给定$\mathbf{R}^{2\times 2}=\{\boldsymbol{A}=(a_{ij})_{2\times 2} \mid a_{ij}\in\mathbf{R}\}$(即数域$\mathbf{R}$上的二阶实方阵按通常矩阵的加法与数乘构成的线性空间)的子集:

$$V=\{\boldsymbol{A}=(a_{ij})_{2\times 2} \mid a_{11}+a_{22}=0, a_{ij}\in\mathbf{R}\}.$$

(1) 证明V是$\mathbf{R}^{2\times 2}$的子空间;

(2) 求V的维数与基.

解 (1) 显然$\boldsymbol{O}_{2\times 2}\in V$,说明$V$非空.设$\boldsymbol{A}=(a_{ij})_{2\times 2}$,$\boldsymbol{B}=(b_{ij})_{2\times 2}\in V$,则$a_{11}+a_{22}=0$,$b_{11}+b_{22}=0$,因为$\boldsymbol{A}+\boldsymbol{B}=(a_{ij}+b_{ij})_{2\times 2}$,$(a_{11}+b_{11})+(a_{22}+b_{22})=0$,$k\boldsymbol{A}=k(a_{ij})_{2\times 2}$,$ka_{11}+ka_{22}=0$,所以$\boldsymbol{A}+\boldsymbol{B}\in V$,$k\boldsymbol{A}\in V$,所以$V$是$\mathbf{R}^{2\times 2}$的子空间.

(2) 设$\boldsymbol{A}=(x_{ij})_{2\times 2}\in V$,由题意得$x_{11}+x_{22}=0$,易知该方程组解空间的一组基为$(1,0,0,-1)^{\mathrm{T}}$,$(0,1,1,0)^{\mathrm{T}}$,$(0,0,1,0)^{\mathrm{T}}$,由同构的性质,可知$\boldsymbol{A}_1=\begin{pmatrix}1&0\\0&-1\end{pmatrix}$,$\boldsymbol{A}_2=\begin{pmatrix}0&1\\1&0\end{pmatrix}$,$\boldsymbol{A}_3=\begin{pmatrix}0&0\\1&0\end{pmatrix}$为$V$中的一组基,从而$\dim V=3$.

定理2　设V_1,V_2为数域P上线性空间V的子空间，则V_1,V_2的交$V_1\cap V_2$也是V的子空间.

证明　V_1,V_2都包含零元素，这也是V的零元素，故$V_1\cap V_2$非空. 若$\boldsymbol{x}$，$\boldsymbol{y}\in V_1\cap V_2$，则$\boldsymbol{x},\boldsymbol{y}\in V_1$，$\boldsymbol{x},\boldsymbol{y}\in V_2$. 由于$V_1,V_2$都对线性运算封闭，故$\boldsymbol{x}+\boldsymbol{y}\in V_1$，$\lambda\boldsymbol{x}\in V_1$，$\boldsymbol{x}+\boldsymbol{y}\in V_2$，$\lambda\boldsymbol{x}\in V_2(\forall\lambda\in P)$，因此有$\boldsymbol{x}+\boldsymbol{y}\in V_1\cap V_2$，$\lambda\boldsymbol{x}\in V_1\cap V_2$. $V_1\cap V_2$对V中的线性运算封闭，故为V的子空间. 证毕.

例6　设V_1为$\boldsymbol{A}_{m\times n}\boldsymbol{x}=\boldsymbol{0}$的解空间，$V_2$为$\boldsymbol{B}_{h\times n}\boldsymbol{x}=\boldsymbol{0}$的解空间，则$V_1\cap V_2$为$\begin{pmatrix}\boldsymbol{A}_{m\times n}\\ \boldsymbol{B}_{h\times n}\end{pmatrix}\boldsymbol{x}=\boldsymbol{0}$的解空间.

定理3　设V_1,V_2为数域P上线性空间V的子空间，则V_1,V_2的和$V_1+V_2=\{\boldsymbol{x}_1+\boldsymbol{x}_2\mid \boldsymbol{x}_1\in V_1,\boldsymbol{x}_2\in V_2\}$也是$V$的子空间.

证明　由$\boldsymbol{0}=\boldsymbol{0}+\boldsymbol{0}$可知$\boldsymbol{0}\in V_1+V_2$，故$V_1+V_2$非空. 若$\boldsymbol{x},\boldsymbol{y}\in V_1+V_2$，有$\boldsymbol{x}=\boldsymbol{x}_1+\boldsymbol{x}_2$，$\boldsymbol{y}=\boldsymbol{y}_1+\boldsymbol{y}_2$，其中$\boldsymbol{x}_1,\boldsymbol{y}_1\in V_1$，$\boldsymbol{x}_2,\boldsymbol{y}_2\in V_2$，因此$\boldsymbol{x}_1+\boldsymbol{y}_1\in V_1$，$\boldsymbol{x}_2+\boldsymbol{y}_2\in V_2$，$\boldsymbol{x}+\boldsymbol{y}=(\boldsymbol{x}_1+\boldsymbol{x}_2)+(\boldsymbol{y}_1+\boldsymbol{y}_2)=(\boldsymbol{x}_1+\boldsymbol{y}_1)+(\boldsymbol{x}_2+\boldsymbol{y}_2)\in V_1+V_2$. 同理可证$\lambda\boldsymbol{x}\in V_1+V_2$. 所以$V_1+V_2$对$V$的线性运算封闭，是$V$的子空间. 证毕.

例如，$\mathrm{Span}\{\boldsymbol{x}_1,\boldsymbol{x}_2,\cdots,\boldsymbol{x}_r\}+\mathrm{Span}\{\boldsymbol{y}_1,\boldsymbol{y}_2,\cdots,\boldsymbol{y}_s\}=\mathrm{Span}\{\boldsymbol{x}_1,\boldsymbol{x}_2,\cdots,\boldsymbol{x}_r,\boldsymbol{y}_1,\boldsymbol{y}_2,\cdots,\boldsymbol{y}_s\}$.

例7　设$\boldsymbol{x}_1=(2,-1,0,1)^{\mathrm{T}}$，$\boldsymbol{x}_2=(1,-1,3,7)^{\mathrm{T}}$，$\boldsymbol{y}_1=(1,2,1,0)^{\mathrm{T}}$，$\boldsymbol{y}_2=(-1,1,1,1)^{\mathrm{T}}$，$V_1=\mathrm{Span}\{\boldsymbol{x}_1,\boldsymbol{x}_2\}$，$V_2=\mathrm{Span}\{\boldsymbol{y}_1,\boldsymbol{y}_2\}$，求$V_1+V_2$，$V_1\cap V_2$及它们的一组基.

解　$V_1+V_2=\mathrm{Span}\{\boldsymbol{x}_1,\boldsymbol{x}_2,\boldsymbol{y}_1,\boldsymbol{y}_2\}$，$\boldsymbol{x}_1,\boldsymbol{x}_2,\boldsymbol{y}_1$为$\boldsymbol{x}_1,\boldsymbol{x}_2,\boldsymbol{y}_1,\boldsymbol{y}_2$的一个最大线性无关组，所以$\boldsymbol{x}_1,\boldsymbol{x}_2,\boldsymbol{y}_1$是$V_1+V_2$的一组基.

再讨论$V_1\cap V_2$，设$\boldsymbol{x}\in V_1\cap V_2$，则有$\lambda_1,\lambda_2,\mu_1,\mu_2$，使$\boldsymbol{x}=\lambda_1\boldsymbol{x}_1+\lambda_2\boldsymbol{x}_2=\mu_1\boldsymbol{y}_1+\mu_2\boldsymbol{y}_2$，由此可得齐次线性方程组$\lambda_1\boldsymbol{x}_1+\lambda_2\boldsymbol{x}_2-\mu_1\boldsymbol{y}_1-\mu_2\boldsymbol{y}_2=\boldsymbol{0}$，即

$$\begin{pmatrix}2&1&-1&1\\-1&-1&-2&-1\\0&3&-1&-1\\1&7&0&-1\end{pmatrix}\begin{pmatrix}\lambda_1\\ \lambda_2\\ \mu_1\\ \mu_2\end{pmatrix}=\begin{pmatrix}0\\0\\0\\0\end{pmatrix},$$

此方程组的基础解系只含一个解向量$(3,-1,1,-4)^{\mathrm{T}}$，所以$(\lambda_1,\lambda_2,\mu_1,\mu_2)=c(3,-1,1,-4)^{\mathrm{T}}$，$c$为非零常数，$\boldsymbol{x}=\lambda_1\boldsymbol{x}_1+\lambda_2\boldsymbol{x}_2=\mu_1\boldsymbol{y}_1+\mu_2\boldsymbol{y}_2=c(5,-2,-3,$

$-4)^{\mathrm{T}}$,即$V_1\cap V_2$的所有元素都是$(5,-2,-3,-4)^{\mathrm{T}}$的线性组合,故$V_1\cap V_2$的基只包含一个向量,为$(5,-2,-3,-4)^{\mathrm{T}}$.

定理 4 $\mathrm{Span}\{\boldsymbol{x}_1,\boldsymbol{x}_2,\cdots,\boldsymbol{x}_r\}=\mathrm{Span}\{\boldsymbol{y}_1,\boldsymbol{y}_2,\cdots,\boldsymbol{y}_s\}$的充要条件是向量组$\boldsymbol{x}_1,\boldsymbol{x}_2,\cdots,\boldsymbol{x}_r$和$\boldsymbol{y}_1,\boldsymbol{y}_2,\cdots,\boldsymbol{y}_s$等价,即这两个向量组可相互线性表示.

证明留作习题.

二、维数公式

为引入、证明维数公式,先给出下面的引理.

引理 设V是数域P上的n维线性空间,$\boldsymbol{x}_1,\boldsymbol{x}_2,\cdots,\boldsymbol{x}_r$为$V$中线性无关的向量组($r\leqslant n$),则可把此向量组扩充为$V$的一组基.

证 若$r=n$,则$\boldsymbol{x}_1,\boldsymbol{x}_2,\cdots,\boldsymbol{x}_r$已经是$V$的一组基.若$r<n$,则$\boldsymbol{x}_1,\boldsymbol{x}_2,\cdots,\boldsymbol{x}_r$不可能线性表示$V$中所有元素,任取一个$\boldsymbol{x}_1,\boldsymbol{x}_2,\cdots,\boldsymbol{x}_r$不能线性表示的元素,记作$\boldsymbol{x}_{r+1}$. $\boldsymbol{x}_1,\boldsymbol{x}_2,\cdots,\boldsymbol{x}_r,\boldsymbol{x}_{r+1}$必定线性无关.若非如此,必有不全为零的数$\lambda_1,\lambda_2,\cdots,\lambda_r,\lambda_{r+1}$,使得

$$\lambda_1\boldsymbol{x}_1+\lambda_2\boldsymbol{x}_2+\cdots+\lambda_r\boldsymbol{x}_r+\lambda_{r+1}\boldsymbol{x}_{r+1}=\mathbf{0},$$

如果$\lambda_{r+1}=0$,可得$\boldsymbol{x}_1,\boldsymbol{x}_2,\cdots,\boldsymbol{x}_r$线性相关;如果$\lambda_{r+1}\neq 0$,则$\boldsymbol{x}_{r+1}$可由$\boldsymbol{x}_1,\boldsymbol{x}_2,\cdots,\boldsymbol{x}_r$线性表示,这都会产生矛盾.若$r+1<n$,按照上述方法,又能取$\boldsymbol{x}_{r+2}$,使$\boldsymbol{x}_1,\boldsymbol{x}_2,\cdots,\boldsymbol{x}_r,\boldsymbol{x}_{r+1},\boldsymbol{x}_{r+2}$线性无关,这样可一直做下去,直到有$n$个线性无关的向量$\boldsymbol{x}_1,\boldsymbol{x}_2,\cdots,\boldsymbol{x}_r,\boldsymbol{x}_{r+1},\cdots,\boldsymbol{x}_n$,这就是$V$的一组基.

定理 5(维数公式) V_1,V_2是线性空间V的子空间,则

$$\dim(V_1)+\dim(V_2)=\dim(V_1+V_2)+\dim(V_1\cap V_2).$$

证明 设V_1,V_2和$V_1\cap V_2$的维数分别为n_1,n_2,r.取$V_1\cap V_2$的一组基$\boldsymbol{x}_1,\boldsymbol{x}_2,\cdots,\boldsymbol{x}_r$,可分别把它扩充为$V_1,V_2$的一组基

$$\boldsymbol{x}_1,\boldsymbol{x}_2,\cdots,\boldsymbol{x}_r,\boldsymbol{y}_{r+1},\cdots,\boldsymbol{y}_{n_1};\boldsymbol{x}_1,\boldsymbol{x}_2,\cdots,\boldsymbol{x}_r,\boldsymbol{z}_{r+1},\cdots,\boldsymbol{z}_{n_2},$$

则

$$V_1+V_2=\mathrm{Span}\{\boldsymbol{x}_1,\boldsymbol{x}_2,\cdots,\boldsymbol{x}_r,\boldsymbol{y}_{r+1},\cdots,\boldsymbol{y}_{n_1},\boldsymbol{z}_{r+1},\cdots,\boldsymbol{z}_{n_2}\}.$$

下面证明$\boldsymbol{x}_1,\boldsymbol{x}_2,\cdots,\boldsymbol{x}_r,\boldsymbol{y}_{r+1},\cdots,\boldsymbol{y}_{n_1},\boldsymbol{z}_{r+1},\cdots,\boldsymbol{z}_{n_2}$是$V_1+V_2$的一组基,只需证明它们线性无关.设

$$\lambda_1\boldsymbol{x}_1+\lambda_2\boldsymbol{x}_2+\cdots+\lambda_r\boldsymbol{x}_r+\mu_{r+1}\boldsymbol{y}_{r+1}+\cdots+\mu_{n_1}\boldsymbol{y}_{n_1}+\xi_{r+1}\boldsymbol{z}_{r+1}+\cdots+\xi_{n_2}\boldsymbol{z}_{n_2}=\mathbf{0},$$

只需证明此式的系数全为零.令

$$w=\lambda_1 x_1+\lambda_2 x_2+\cdots+\lambda_r x_r+\mu_{r+1} y_{r+1}+\cdots+\mu_{n_1} y_{n_1}=-\xi_{r+1} z_{r+1}-\cdots-\xi_{n_2} z_{n_2},$$

则 $w \in V_1 \cap V_2$，因此 w 可表示为 $w=\zeta_1 x_1+\zeta_2 x_2+\cdots+\zeta_r x_r$，又因为 $w=-\xi_{r+1} z_{r+1}-\cdots-\xi_{n_2} z_{n_2}$，故

$$\zeta_1 x_1+\zeta_2 x_2+\cdots+\zeta_r x_r+\xi_{r+1} z_{r+1}+\cdots+\xi_{n_2} z_{n_2}=\mathbf{0}.$$

但是 $x_1, x_2, \cdots, x_r, z_{r+1}, \cdots, z_{n_2}$ 为 V_2 的一组基，故 $\zeta_1=\zeta_2=\cdots=\zeta_r=\xi_{r+1}=\cdots=\xi_{n_2}=0$，从而 $w=\mathbf{0}$. 进而由 $x_1, x_2, \cdots, x_r, y_{r+1}, \cdots, y_{n_1}$ 的线性无关性可得

$$\lambda_1=\lambda_2=\cdots=\lambda_r=\mu_{r+1}=\cdots=\mu_{n_1}=0.$$

于是，$\dim(V_1+V_2)=n_1+n_2-r=\dim(V_1)+\dim(V_2)-\dim(V_1 \cap V_2)$. 证毕.

推论 若 n 维线性空间 V 的两个子空间 V_1, V_2 的维数和大于 n，则 $V_1 \cap V_2$ 含有非零向量.

证明 已知 $\dim(V_1)+\dim(V_2)>n$，又由 $V_1+V_2 \subset V$，从而 $\dim(V_1+V_2) \leqslant n$，从维数公式即得 $\dim(V_1 \cap V_2)>0$，这就证明了 $V_1 \cap V_2$ 含有非零向量. 证毕.

三、子空间的直和

下面讨论子空间的和的特殊情况，即子空间的直和.

定义 2 设 V_1, V_2 是线性空间 V 的两个子空间，若 V_1+V_2 中每个向量 x 的分解式

$$x=x_1+x_2\ (x_1 \in V_1, x_2 \in V_2)$$

是唯一的，则 V_1+V_2 称为 V_1 与 V_2 的直和，记为 $V_1 \oplus V_2$.

例 8 在 $\mathbf{R}^3$ 中，$V_1=\{(u,v,0)^{\mathrm{T}} \mid u,v \in \mathbf{R}\}$，$V_2=\{(u,0,w)^{\mathrm{T}} \mid u,w \in \mathbf{R}\}$，$V_1+V_2=\mathbf{R}^3$. 因为

$$(1,1,1)^{\mathrm{T}}=(1,1,0)^{\mathrm{T}}+(0,0,1)^{\mathrm{T}}=(0,1,0)^{\mathrm{T}}+(1,0,1)^{\mathrm{T}},$$

分解式不唯一，所以 V_1+V_2 不是直和.

定理 6 $V_1+V_2=V_1 \oplus V_2 \Leftrightarrow V_1 \cap V_2=\{\mathbf{0}\}$，即两个子空间的和是直和的充要条件是它们的交为零空间.

证明 若 $V_1 \cap V_2$ 有非零元素 x，则 $\mathbf{0}=x+(-x)=\mathbf{0}+\mathbf{0}$，即 $\mathbf{0}$ 的分解式不唯一，因此 V_1+V_2 不是直和. 反之，若 V_1+V_2 不是直和，则 V_1+V_2 中至少有一个向量 u 的分解式不唯一. 设 $u=x_1+x_2=y_1+y_2$ ($x_1, y_1 \in V_1, x_2, y_2 \in V_2, x_1 \neq y_1, x_2 \neq y_2$)，则非零元素 $x_1-y_1=y_2-x_2 \in V_1 \cap V_2$，即 $V_1 \cap V_2$ 含非零元

素. 证毕.

例 8 中,因为非零元素$(1,0,0)^{\mathrm{T}} \in V_1 \cap V_2$,所以$V_1+V_2$不是直和.

例 9 设$\boldsymbol{e}_1,\boldsymbol{e}_2,\boldsymbol{e}_3,\boldsymbol{e}_4$为$\mathbf{R}^4$的一组基,$V_1=\mathrm{Span}\{\boldsymbol{e}_1+2\boldsymbol{e}_2,\boldsymbol{e}_2\}$,$V_2=\mathrm{Span}\{3\boldsymbol{e}_3+\boldsymbol{e}_4,\boldsymbol{e}_1+\boldsymbol{e}_2-\boldsymbol{e}_4\}$,讨论$V_1+V_2$是否为直和.

解 设$\boldsymbol{u} \in V_1 \cap V_2$,则有$\lambda_1,\lambda_2,\mu_1,\mu_2$,使得

$$\boldsymbol{u}=\lambda_1(\boldsymbol{e}_1+2\boldsymbol{e}_2)+\lambda_2\boldsymbol{e}_2=\mu_1(3\boldsymbol{e}_3+\boldsymbol{e}_4)+\mu_2(\boldsymbol{e}_1+\boldsymbol{e}_2-\boldsymbol{e}_4),$$

即得

$$(\lambda_1-\mu_2)\boldsymbol{e}_1+(2\lambda_1+\lambda_2-\mu_2)\boldsymbol{e}_2-3\mu_1\boldsymbol{e}_3+(-\mu_1+\mu_2)\boldsymbol{e}_4=\boldsymbol{0},$$

由于$\boldsymbol{e}_1,\boldsymbol{e}_2,\boldsymbol{e}_3,\boldsymbol{e}_4$线性无关,得

$$\lambda_1-\mu_2=0,2\lambda_1+\lambda_2-\mu_2=0,-3\mu_1=0,-\mu_1+\mu_2=0,$$

此方程组只有零解,故$\boldsymbol{u}=\boldsymbol{0}$,即$V_1 \cap V_2=\{\boldsymbol{0}\}$,所以$V_1+V_2=V_1 \oplus V_2$.

定理 7 两个子空间的和是直和的充要条件是零向量的分解式唯一.

证明 若$V_1+V_2=V_1 \oplus V_2$,其所有向量的分解式唯一,当然零向量的分解式也唯一.

反之,若V_1+V_2不是直和,由定理 6,$V_1 \cap V_2$含非零元素,设非零元素$\boldsymbol{u} \in V_1 \cap V_2$,即得零向量的分解式不唯一:$\boldsymbol{0}=\boldsymbol{0}+\boldsymbol{0}=\boldsymbol{u}+(-\boldsymbol{u})$. 证毕.

定理 8 $V_1+V_2=V_1 \oplus V_2 \Leftrightarrow \dim(V_1+V_2)=\dim(V_1)+\dim(V_2)$,即两个子空间的和是直和的充要条件是它们的和的维数等于维数的和.

证明 由维数公式,两个子空间的和的维数等于维数的和,当且仅当它们的交为零空间,而这也是它们的和为直和的充要条件. 证毕.

定理 9 两个子空间V_1,V_2的和是直和的充要条件是:V_1,V_2的基合在一起即为V_1+V_2的基.

证明 设V_1,V_2的维数分别为$r,s,\boldsymbol{x}_1,\boldsymbol{x}_2,\cdots,\boldsymbol{x}_r$和$\boldsymbol{y}_1,\boldsymbol{y}_2,\cdots,\boldsymbol{y}_s$分别为它们的一组基. 所以,$V_1=\mathrm{Span}\{\boldsymbol{x}_1,\boldsymbol{x}_2,\cdots,\boldsymbol{x}_r\}$,$V_2=\mathrm{Span}\{\boldsymbol{y}_1,\boldsymbol{y}_2,\cdots,\boldsymbol{y}_s\}$,$V_1+V_2=\mathrm{Span}\{\boldsymbol{x}_1,\boldsymbol{x}_2,\cdots,\boldsymbol{x}_r,\boldsymbol{y}_1,\boldsymbol{y}_2,\cdots,\boldsymbol{y}_s\}$. 若$V_1+V_2$是直和,由定理 8,$\dim(V_1+V_2)=r+s$,所以向量组$\boldsymbol{x}_1,\boldsymbol{x}_2,\cdots,\boldsymbol{x}_r,\boldsymbol{y}_1,\boldsymbol{y}_2,\cdots,\boldsymbol{y}_s$的秩为$r+s$,即$\boldsymbol{x}_1,\boldsymbol{x}_2,\cdots,\boldsymbol{x}_r,\boldsymbol{y}_1,\boldsymbol{y}_2,\cdots,\boldsymbol{y}_s$线性无关,为$V_1+V_2$的基. 反之,若$\boldsymbol{x}_1,\boldsymbol{x}_2,\cdots,\boldsymbol{x}_r,\boldsymbol{y}_1,\boldsymbol{y}_2,\cdots,\boldsymbol{y}_s$为$V_1+V_2$的基,则$\dim(V_1+V_2)=r+s$,由定理 8,$V_1+V_2$是直和. 证毕.

推论 设V_1是线性空间V的一个子空间,则一定存在V的另一个子空间V_2,使

$$V=V_1\oplus V_2. \tag{1-4}$$

证明　设$\dim(V_1)=r$，$\dim(V)=n$，则$r\leqslant n$. 取V_1的一组基$\boldsymbol{x}_1,\boldsymbol{x}_2,\cdots,\boldsymbol{x}_r$，把它扩充为$V$的一组基$\boldsymbol{x}_1,\boldsymbol{x}_2,\cdots,\boldsymbol{x}_r,\boldsymbol{x}_{r+1},\cdots,\boldsymbol{x}_n$. 取$V_2=\mathrm{Span}\{\boldsymbol{x}_{r+1},\cdots,\boldsymbol{x}_n\}$，则有$V=V_1\oplus V_2$. 证毕.

式(1-4)称为V的一个直和分解，V_1,V_2互为对方的补空间.

直和分解可推广到多个子空间，例如，若V有一组基$\boldsymbol{x}_1,\boldsymbol{x}_2,\cdots,\boldsymbol{x}_n$，则有

$$V=\mathrm{Span}\{\boldsymbol{x}_1\}\oplus\mathrm{Span}\{\boldsymbol{x}_2\}\oplus\cdots\oplus\mathrm{Span}\{\boldsymbol{x}_n\}.$$

例 10　设$\boldsymbol{A}\in\mathbf{R}^{m\times n}$，$\boldsymbol{B}\in\mathbf{R}^{(n-m)\times n}$，$m<n$，$V_1$和$V_2$分别是齐次线性方程组$\boldsymbol{Ax}=\boldsymbol{0}$和$\boldsymbol{Bx}=\boldsymbol{0}$的解空间. 证明：$\mathbf{R}^n=V_1\oplus V_2$的充分必要条件为$\begin{pmatrix}\boldsymbol{A}\\\boldsymbol{B}\end{pmatrix}\boldsymbol{x}=\boldsymbol{0}$只有零解.

证明　（必要性）已知$\begin{pmatrix}\boldsymbol{A}\\\boldsymbol{B}\end{pmatrix}\in\mathbf{R}^{n\times n}$，$\mathbf{R}^n=V_1\oplus V_2$. 假定$\begin{pmatrix}\boldsymbol{A}\\\boldsymbol{B}\end{pmatrix}\boldsymbol{x}=\boldsymbol{0}$有非零解$\boldsymbol{\xi}$，则$\boldsymbol{A\xi}=\boldsymbol{0}$，$\boldsymbol{B\xi}=\boldsymbol{0}$，于是$\boldsymbol{\xi}\in V_1\cap V_2$，与$V_1+V_2=V_1\oplus V_2$矛盾，于是结论成立.

（充分性）令$\boldsymbol{\xi}\in V_1\cap V_2$，则$\boldsymbol{A\xi}=\boldsymbol{0}$，$\boldsymbol{B\xi}=\boldsymbol{0}$，那么$\begin{pmatrix}\boldsymbol{A}\\\boldsymbol{B}\end{pmatrix}\boldsymbol{\xi}=\boldsymbol{0}$，于是$\boldsymbol{\xi}=\boldsymbol{0}$，即$V_1\cap V_2=\{\boldsymbol{0}\}$，从而$V_1+V_2=V_1\oplus V_2$. 设$\begin{pmatrix}\boldsymbol{A}\\\boldsymbol{B}\end{pmatrix}\boldsymbol{x}=\boldsymbol{0}$只有零解，那么秩$R\begin{pmatrix}\boldsymbol{A}\\\boldsymbol{B}\end{pmatrix}=n$，$R(\boldsymbol{A})=m$，$R(\boldsymbol{B})=n-m$. 于是$\dim V_1=n-m$，$\dim V_2=m$，$\dim(V_1+V_2)=\dim V_1+\dim V_2=n-m+m=n=\dim\mathbf{R}^n$，又$V_1+V_2\subset\mathbf{R}^n$，即得$\mathbf{R}^n=V_1\oplus V_2$.

第三节　线性变换

一、映射

定义 1　设V和W为两个非空集合，如果存在一个法则T，使得对于V中任一元素$\boldsymbol{\alpha}$，按照此法则，都有W中唯一的元素$\boldsymbol{\beta}$与之对应，则称T为从V到W的映射，并记

$$\boldsymbol{\beta}=T\boldsymbol{\alpha}.$$

称$\boldsymbol{\beta}$为$\boldsymbol{\alpha}$在映射T下的像，称$\boldsymbol{\alpha}$为$\boldsymbol{\beta}$在映射T下的**原像**. 像的全体称为**像集**，记为

$T(V)$,即

$$T(V)=\{\boldsymbol{\beta}=T\boldsymbol{\alpha} \mid \boldsymbol{\alpha}\in V\}.$$

显然,$T(V)$ 是 W 的子集.

定义 2 设 V,W 是数域 P 上的线性空间,T 是从 V 到 W 的映射,如果对任何 $\boldsymbol{\alpha},\boldsymbol{\beta}\in V,\lambda\in P$,$T$ 都满足:(1) $T(\boldsymbol{\alpha}+\boldsymbol{\beta})=T\boldsymbol{\alpha}+T\boldsymbol{\beta}$,(2) $T(\lambda\boldsymbol{\alpha})=\lambda T\boldsymbol{\alpha}$,则称 T 为从 V 到 W 的**线性映射**.

显然线性映射保持了线性运算,即先进行线性运算再映射,等于先映射再进行线性运算.

例 1 在多项式空间 $P[x]_3=\{a+bx+cx^2 \mid a,b,c\in\mathbf{R}\}$ 与 $\mathbf{R}^3$ 之间可定义一个映射 T:

$$T(a+bx+cx^2)=(a,b,c),$$

容易验证 T 是线性映射.

例 2 在 n 阶实矩阵空间 $\mathbf{R}^{n\times n}$ 和实数域 $\mathbf{R}$ 之间定义一个映射 T:$T(\mathbf{A})=|\mathbf{A}|$,$\mathbf{A}\in\mathbf{R}^{n\times n}$. 此映射不是线性映射.

定义 3 线性空间到自身的映射称为**该线性空间上的变换**,线性空间到自身的线性映射称为**该线性空间上的线性变换**.

例 3 把任何元素都变为零向量的变换是线性变换,称为**零变换**,记作 O:$O\boldsymbol{x}=\mathbf{0},\forall \boldsymbol{x}$. 把任何元素都变为其自身的变换是线性变换,称为**恒等变换**,记作 I:$I\boldsymbol{x}=\boldsymbol{x},\forall \boldsymbol{x}$.

例 4 设给定两矩阵 $\boldsymbol{B},\boldsymbol{C}\in\mathbf{R}^{n\times n}$,如果对任意 $\boldsymbol{X}\in\mathbf{R}^{n\times n}$,定义:$T(\boldsymbol{X})=\boldsymbol{BXC}$,则 T 是线性空间 $\mathbf{R}^{n\times n}$ 的线性变换.

例 5 在多项式空间 $\mathbf{R}[t]$ 中,定义 $T(f(t))=\dfrac{\mathrm{d}}{\mathrm{d}t}f(t)\,(f(t)\in\mathbf{R}[t])$,则 T 是线性变换.

例 6 在由闭区间 $[a,b]$ 上全体连续函数构成的实线性空间 $C[a,b]$ 中,定义

$$T(f(t))=\int_a^t f(u)\mathrm{d}u \quad (a<t\leqslant b)(f(t)\in C[a,b]),$$

则变换 T 也是线性变换.

线性变换有如下性质:

(1) $T\mathbf{0}=\mathbf{0}, T(-\boldsymbol{x})=-T\boldsymbol{x}$.

(2) 若 $\boldsymbol{y}=\lambda_1\boldsymbol{x}_1+\lambda_2\boldsymbol{x}_2+\cdots+\lambda_k\boldsymbol{x}_k$，则 $T\boldsymbol{y}=\lambda_1T\boldsymbol{x}_1+\lambda_2T\boldsymbol{x}_2+\cdots+\lambda_kT\boldsymbol{x}_k$.

(3) 若 $\boldsymbol{x}_1,\boldsymbol{x}_2,\cdots,\boldsymbol{x}_k$ 线性相关，则 $T\boldsymbol{x}_1,T\boldsymbol{x}_2,\cdots,T\boldsymbol{x}_k$ 也线性相关.

以上性质很容易按照定义证明. 注意：(3) 的逆命题或否命题不真. 例如，零变换可以把线性无关的向量组变为线性相关的向量组.

二、线性变换的运算

1. 线性变换的相等

设 T_1,T_2 为线性空间 V 的线性变换，若对 V 中任何元素 $\boldsymbol{x}$，都有 $T_1\boldsymbol{x}=T_2\boldsymbol{x}$，则称 T_1 与 T_2 相等，记作 $T_1=T_2$.

显然，两个线性变换相等的充要条件是它们对一组基的每个基向量的变换结果都相等.

2. 线性变换的和

设 T_1,T_2 为数域 P 上线性空间 V 的线性变换，定义 T_1,T_2 的和 T_1+T_2 为 V 上的变换：

$$(T_1+T_2)\boldsymbol{x}=T_1\boldsymbol{x}+T_2\boldsymbol{x}, \forall \boldsymbol{x}\in V,$$

则 T_1+T_2 是线性变换. 事实上，$\forall \boldsymbol{x},\boldsymbol{y}\in V, \forall\lambda\in P$，有

$$\begin{aligned}(T_1+T_2)(\boldsymbol{x}+\boldsymbol{y})&=T_1(\boldsymbol{x}+\boldsymbol{y})+T_2(\boldsymbol{x}+\boldsymbol{y})=T_1\boldsymbol{x}+T_1\boldsymbol{y}+T_2\boldsymbol{x}+T_2\boldsymbol{y}\\&=T_1\boldsymbol{x}+T_2\boldsymbol{x}+T_1\boldsymbol{y}+T_2\boldsymbol{y}=(T_1+T_2)\boldsymbol{x}+(T_1+T_2)\boldsymbol{y},\end{aligned}$$

$$\begin{aligned}(T_1+T_2)(\lambda\boldsymbol{x})&=T_1(\lambda\boldsymbol{x})+T_2(\lambda\boldsymbol{x})=\lambda T_1\boldsymbol{x}+\lambda T_2\boldsymbol{x}\\&=\lambda(T_1\boldsymbol{x}+T_2\boldsymbol{x})=\lambda(T_1+T_2)\boldsymbol{x}.\end{aligned}$$

3. 线性变换的数乘

设 T 为数域 P 上线性空间 V 的线性变换，k 为 P 中的数，定义 k 与 T 的数乘 kT 为 V 上的变换：

$$(kT)\boldsymbol{x}=kT\boldsymbol{x}, \forall \boldsymbol{x}\in V,$$

则 kT 是线性变换. 事实上，$\forall \boldsymbol{x},\boldsymbol{y}\in V, \forall\lambda\in P$，有

$$\begin{aligned}(kT)(\boldsymbol{x}+\boldsymbol{y})&=k[T(\boldsymbol{x}+\boldsymbol{y})]=k(T\boldsymbol{x}+T\boldsymbol{y})=kT\boldsymbol{x}+kT\boldsymbol{y}\\&=(kT)\boldsymbol{x}+(kT)\boldsymbol{y},\end{aligned}$$

$$(kT)(\lambda\boldsymbol{x})=kT(\lambda\boldsymbol{x})=k(\lambda T\boldsymbol{x})=\lambda kT\boldsymbol{x}=\lambda(kT)\boldsymbol{x}.$$

4.线性变换的乘积

设 T_1,T_2 为数域 P 上线性空间 V 的线性变换,定义 T_1,T_2 的乘积 T_1T_2 为 V 上的变换:

$$(T_1T_2)\boldsymbol{x}=T_1(T_2\boldsymbol{x}),\forall\boldsymbol{x}\in V,$$

则 T_1T_2 是线性变换.事实上,$\forall\boldsymbol{x},\boldsymbol{y}\in V,\forall\lambda\in P$,有

$$\begin{aligned}(T_1T_2)(\boldsymbol{x}+\boldsymbol{y})&=T_1[T_2(\boldsymbol{x}+\boldsymbol{y})]=T_1(T_2\boldsymbol{x}+T_2\boldsymbol{y})\\&=T_1(T_2\boldsymbol{x})+T_1(T_2\boldsymbol{y})=(T_1T_2)\boldsymbol{x}+(T_1T_2)\boldsymbol{y},\end{aligned}$$

$$(T_1T_2)(\lambda\boldsymbol{x})=T_1[T_2(\lambda\boldsymbol{x})]=T_1(\lambda T_2\boldsymbol{x})=\lambda T_1(T_2\boldsymbol{x})=\lambda(T_1T_2)\boldsymbol{x}.$$

注意,线性变换的乘积不满足交换律,即一般 $T_1T_2\neq T_2T_1$.例如,在 $\mathbf{R}^2$ 中定义线性变换

$$T_1(x,y)^{\mathrm{T}}=(y,x)^{\mathrm{T}},T_2(x,y)^{\mathrm{T}}=(x,0)^{\mathrm{T}},$$

则

$$(T_1T_2)(x,y)^{\mathrm{T}}=T_1[T_2(x,y)^{\mathrm{T}}]=T_1(x,0)^{\mathrm{T}}=(0,x)^{\mathrm{T}},$$

$$(T_2T_1)(x,y)^{\mathrm{T}}=T_2[T_1(x,y)^{\mathrm{T}}]=T_2(y,x)^{\mathrm{T}}=(y,0)^{\mathrm{T}}.$$

5.逆变换

对于变换 T,如果有变换 S,使得 TS 和 ST 为恒等变换,即

$$TS=ST=I,$$

则称 T 为**可逆变换**,且 S 为 T 的**逆变换**,记为

$$S=T^{-1}.$$

线性变换 T 的逆变换 T^{-1} 也是线性变换.

证明 设 T 为线性空间 V 中的可逆线性变换,对 V 中任意向量 $\boldsymbol{x},\boldsymbol{y}$,令 $\boldsymbol{\alpha}=T^{-1}\boldsymbol{x},\boldsymbol{\beta}=T^{-1}\boldsymbol{y}$,则 $\boldsymbol{x}=T\boldsymbol{\alpha},\boldsymbol{y}=T\boldsymbol{\beta}$.于是,

$$T^{-1}(\boldsymbol{x}+\boldsymbol{y})=T^{-1}(T\boldsymbol{\alpha}+T\boldsymbol{\beta})=T^{-1}[T(\boldsymbol{\alpha}+\boldsymbol{\beta})]=\boldsymbol{\alpha}+\boldsymbol{\beta}=T^{-1}\boldsymbol{x}+T^{-1}\boldsymbol{y},$$

$$T^{-1}(\lambda\boldsymbol{x})=T^{-1}(\lambda T\boldsymbol{\alpha})=T^{-1}[T(\lambda\boldsymbol{\alpha})]=\lambda\boldsymbol{\alpha}=\lambda T^{-1}\boldsymbol{x}.$$

综上所述,即有如下结论:

定理 1 (1) 线性变换的和、数乘、乘积仍为线性变换;(2) 可逆线性变换的逆变换仍为线性变换.

线性变换的运算具有如下性质：

设 T,T_1,T_2,T_3 为数域 P 上线性空间 V 的线性变换，$\lambda,\mu\in P$，则

(1) $T_1+T_2=T_2+T_1$；

(2) $(T_1+T_2)+T_3=T_1+(T_2+T_3)$；

(3) $T+O=T$（其中 O 为零变换）；

(4) $T+(-1)T=O$（其中 O 为零变换）；

(5) $1T=T$；

(6) $\lambda(\mu T)=(\lambda\mu)T$；

(7) $(\lambda+\mu)T=\lambda T+\mu T$；

(8) $\lambda(T_1+T_2)=\lambda T_1+\lambda T_2$；

(9) $(T_1T_2)T_3=T_1(T_2T_3)$.

上述前8个性质说明，数域 P 上线性空间 V 中的所有线性变换，对于线性变换的加法和数乘也构成数域 P 上的线性空间. 此空间记为 $L(V)$.

三、线性变换的值域与核

定义4　设 T 为 n 维线性空间 V 的一个线性变换，T 的像所构成的集合 $T(V)=\{T\boldsymbol{x}\mid \boldsymbol{x}\in V\}$ 为 V 的子空间，称为 T 的**值域或像空间**；V 中被 T 变换为零向量的元素构成的集合 $\mathrm{Ker}(T)=\{\boldsymbol{x}\mid T\boldsymbol{x}=\boldsymbol{0},\boldsymbol{x}\in V\}$ 也是 V 的子空间，称为 T 的**核或零空间**.

定理2　线性空间 V 中线性变换 T 的像空间和核的维数之和等于 V 的维数：

$$\dim[T(V)]+\dim[\mathrm{Ker}(T)]=\dim(V).$$

证明　设 $\dim(V)=n$，$\dim[\mathrm{Ker}(T)]=s$，只需证明 $\dim[T(V)]=n-s$ 即可. 取 $\mathrm{Ker}(T)$ 的一组基 $\boldsymbol{x}_1,\boldsymbol{x}_2,\cdots,\boldsymbol{x}_s$，再添加 $n-s$ 个向量把它扩充为 V 的一组基 $\boldsymbol{x}_1,\boldsymbol{x}_2,\cdots,\boldsymbol{x}_s,\boldsymbol{y}_{s+1},\cdots,\boldsymbol{y}_n$. 任取 V 中向量 $\boldsymbol{x}=\lambda_1\boldsymbol{x}_1+\lambda_2\boldsymbol{x}_2+\cdots+\lambda_s\boldsymbol{x}_s+\mu_{s+1}\boldsymbol{y}_{s+1}+\cdots+\mu_n\boldsymbol{y}_n$，由于 $T(\boldsymbol{x}_k)=\boldsymbol{0}$，则 $T\boldsymbol{x}=\mu_{s+1}T\boldsymbol{y}_{s+1}+\cdots+\mu_nT\boldsymbol{y}_n$，这说明 $T(V)=\mathrm{Span}\{T\boldsymbol{y}_{s+1},\cdots,T\boldsymbol{y}_n\}$. 现在只需证明 $T\boldsymbol{y}_{s+1},\cdots,T\boldsymbol{y}_n$ 线性无关. 设

$$\xi_{s+1}T\boldsymbol{y}_{s+1}+\cdots+\xi_nT\boldsymbol{y}_n=\boldsymbol{0},$$

则

$$T(\xi_{s+1}\boldsymbol{y}_{s+1}+\cdots+\xi_n\boldsymbol{y}_n)=\boldsymbol{0},$$

即 $\xi_{s+1}\boldsymbol{y}_{s+1}+\cdots+\xi_n\boldsymbol{y}_n\in\mathrm{Ker}(T)$，故 $\xi_{s+1}\boldsymbol{y}_{s+1}+\cdots+\xi_n\boldsymbol{y}_n$ 可表示为 $\zeta_1\boldsymbol{x}_1+\cdots+$

$\zeta_s \boldsymbol{x}_s$,即有

$$\zeta_1 \boldsymbol{x}_1 + \cdots + \zeta_s \boldsymbol{x}_s - \xi_{s+1} \boldsymbol{y}_{s+1} - \cdots - \xi_n \boldsymbol{y}_n = \boldsymbol{0}.$$

因为 $\boldsymbol{x}_1, \boldsymbol{x}_2, \cdots, \boldsymbol{x}_s, \boldsymbol{y}_{s+1}, \cdots, \boldsymbol{y}_n$ 是 V 的一组基,可得 $\zeta_1 = \cdots = \zeta_s = \xi_{s+1} = \cdots = \xi_n = 0$,所以 $T\boldsymbol{y}_{s+1}, \cdots, T\boldsymbol{y}_n$ 线性无关. 证毕.

例 7 给定实数域 $\mathbf{R}$ 上一个 n 阶矩阵 $\boldsymbol{A}$,可定义 $\mathbf{R}^n$ 中的一个线性变换 T:$T\boldsymbol{x} = \boldsymbol{A}\boldsymbol{x}$,则 $T(V)$ 为 $\boldsymbol{A}$ 的列向量所生成的线性空间,其维数为 $\boldsymbol{A}$ 的秩 r. 而 $\mathrm{Ker}(T) = \{\boldsymbol{x} \mid \boldsymbol{A}\boldsymbol{x} = \boldsymbol{0}\}$ 即为线性方程组 $\boldsymbol{A}\boldsymbol{x} = \boldsymbol{0}$ 的解空间,其维数为 $n - r$,从而

$$\dim[T(V)] + \dim[\mathrm{Ker}(T)] = r + (n - r) = n = \dim(V).$$

例 8 设 $\boldsymbol{\alpha}_1, \boldsymbol{\alpha}_2, \boldsymbol{\alpha}_3, \boldsymbol{\alpha}_4$ 是 4 维线性空间 V 的一组基,V 上的线性变换 T 在这组基下的矩阵为

$$\boldsymbol{A} = \begin{pmatrix} 1 & 0 & 2 & 1 \\ -1 & 2 & 1 & 3 \\ 1 & 2 & 5 & 5 \\ 2 & 2 & 2 & 2 \end{pmatrix}.$$

(1) 求 T 在基 $\boldsymbol{\eta}_1 = \boldsymbol{\alpha}_1 + \boldsymbol{\alpha}_2, \boldsymbol{\eta}_2 = \boldsymbol{\alpha}_2, \boldsymbol{\eta}_3 = \boldsymbol{\alpha}_3 + \boldsymbol{\alpha}_4, \boldsymbol{\eta}_4 = \boldsymbol{\alpha}_4$ 下的矩阵 $\boldsymbol{B}$;
(2) 求 T 的核与值域.

解 (1) 先求 $\boldsymbol{\alpha}_1, \boldsymbol{\alpha}_2, \boldsymbol{\alpha}_3, \boldsymbol{\alpha}_4$ 到 $\boldsymbol{\eta}_1, \boldsymbol{\eta}_2, \boldsymbol{\eta}_3, \boldsymbol{\eta}_4$ 的过渡矩阵 $\boldsymbol{X}$. 由已知条件得,

$$(\boldsymbol{\eta}_1, \boldsymbol{\eta}_2, \boldsymbol{\eta}_3, \boldsymbol{\eta}_4) = (\boldsymbol{\alpha}_1, \boldsymbol{\alpha}_2, \boldsymbol{\alpha}_3, \boldsymbol{\alpha}_4)\boldsymbol{X},$$

其中

$$\boldsymbol{X} = \begin{pmatrix} 1 & 0 & 0 & 0 \\ 1 & 1 & 0 & 0 \\ 0 & 0 & 1 & 0 \\ 0 & 0 & 1 & 1 \end{pmatrix},$$

于是

$$\boldsymbol{B} = \boldsymbol{X}^{-1}\boldsymbol{A}\boldsymbol{X} = \begin{pmatrix} 1 & 0 & 3 & 1 \\ 2 & 2 & 1 & 2 \\ 3 & 2 & 10 & 5 \\ 1 & 0 & -6 & -3 \end{pmatrix}.$$

(2) 先求值域 $T(V)$ 的一组基. 由于 $T(V)=L(T(\boldsymbol{\alpha}_1),T(\boldsymbol{\alpha}_2),T(\boldsymbol{\alpha}_3),T(\boldsymbol{\alpha}_4))$，$T(\boldsymbol{\alpha}_1,\boldsymbol{\alpha}_2,\boldsymbol{\alpha}_3,\boldsymbol{\alpha}_4)=(\boldsymbol{\alpha}_1,\boldsymbol{\alpha}_2,\boldsymbol{\alpha}_3,\boldsymbol{\alpha}_4)\mathbf{A}$，所以我们仅需求 $\mathbf{A}$ 的列向量组的一个极大线性无关组. 对 $\mathbf{A}$ 做初等行变换可得：

$$\mathbf{A}=\begin{pmatrix}1&0&2&1\\-1&2&1&3\\1&2&5&5\\2&2&2&2\end{pmatrix}\xrightarrow[r_2+r_1]{r_3+r_2}\begin{pmatrix}1&0&2&1\\0&2&3&4\\0&4&6&8\\0&2&-2&0\end{pmatrix}$$

$$\xrightarrow{r_3-2r_2}\begin{pmatrix}1&0&2&1\\0&2&3&4\\0&0&0&0\\0&2&-2&0\end{pmatrix}\xrightarrow[r_3\leftrightarrow r_4]{r_4-r_2}\begin{pmatrix}1&0&2&1\\0&2&3&4\\0&0&-5&-4\\0&0&0&0\end{pmatrix}.$$

于是 $\mathbf{A}_1,\mathbf{A}_2,\mathbf{A}_3$ 为 $\mathbf{A}$ 的列向量组的一个极大线性无关组，$R(\mathbf{A})=3$. 故 $\dim\sigma(V)=3$，且 $T(\boldsymbol{\alpha}_1)=\boldsymbol{\alpha}_1-\boldsymbol{\alpha}_2+\boldsymbol{\alpha}_3+2\boldsymbol{\alpha}_4$，$T(\boldsymbol{\alpha}_2)=2\boldsymbol{\alpha}_2+2\boldsymbol{\alpha}_3+2\boldsymbol{\alpha}_4$，$T(\boldsymbol{\alpha}_3)=2\boldsymbol{\alpha}_1+\boldsymbol{\alpha}_2+5\boldsymbol{\alpha}_3+2\boldsymbol{\alpha}_4$ 为 $T(V)$ 的一组基.

再求核 $T^{-1}(\mathbf{0})$. 由前文可知 $\dim T^{-1}(\mathbf{0})=4-\dim T(V)=1$. 作齐次线性方程组 $\mathbf{A}\boldsymbol{x}=\mathbf{0}$，求得基础解系 $\boldsymbol{\xi}=(-3,4,4,-5)^{\mathrm{T}}$，则 $(\boldsymbol{\alpha}_1,\boldsymbol{\alpha}_2,\boldsymbol{\alpha}_3,\boldsymbol{\alpha}_4)\boldsymbol{\xi}=-3\boldsymbol{\alpha}_1+4\boldsymbol{\alpha}_2+4\boldsymbol{\alpha}_3-5\boldsymbol{\alpha}_4$ 为 $T^{-1}(\mathbf{0})$ 的一组基.

四、不变子空间

定义 5　设 T 是线性空间 V 的线性变换，W 为 V 的子空间，如果 W 的元素经 T 变换后仍在 W 中，则称 W 为 T 的**不变子空间**，记为 T-子空间.

T 的值域 $T(V)$ 和核 $\mathrm{Ker}(T)$ 都是 T-子空间.

当 $0\leqslant k\leqslant n$ 时，多项式空间 $P[x]_k$ 为 $P[x]_n$ 的子空间，定义微分变换 D：$Dp=\mathrm{d}p/\mathrm{d}x$，显然 D 是多项式空间中的线性变换. 因为多项式求导后仍为多项式，且次数不会升高，所以 $P[x]_k$ 为 D 的不变子空间.

例 9　设 T 和 S 为线性空间 V 中两个可交换的线性变换，即 $TS=ST$，证明 S 的值域 $S(V)$ 和核 $\mathrm{Ker}(S)$ 都是 T-子空间.

证明　设 $\boldsymbol{x}\in S(V)$，则有 $\boldsymbol{y}$ 使 $\boldsymbol{x}=S\boldsymbol{y}$，于是 $T\boldsymbol{x}=T(S\boldsymbol{y})=(TS)(\boldsymbol{y})=(ST)\boldsymbol{y}=S(T\boldsymbol{y})\in S(V)$，即 $S(V)$ 为 T-子空间. 设 $\boldsymbol{x}\in\mathrm{Ker}(S)$，有 $S\boldsymbol{x}=\mathbf{0}$，$S(T\boldsymbol{x})=T(S\boldsymbol{x})=T(\mathbf{0})=\mathbf{0}$，所以 $T(\boldsymbol{x})\in\mathrm{Ker}(S)$，即 $\mathrm{Ker}(S)$ 为 T-子空间. 证毕.

五、线性变换的矩阵表示

设 T 为数域 P 上 n 维线性空间 V 中的一个线性变换，$\boldsymbol{e}_1,\boldsymbol{e}_2,\cdots,\boldsymbol{e}_n$ 为 V 的一组基. 对 V 中任一向量 $\boldsymbol{x}$，设 $\boldsymbol{x}=\xi_1\boldsymbol{e}_1+\xi_2\boldsymbol{e}_2+\cdots+\xi_n\boldsymbol{e}_n$，则 $T\boldsymbol{x}=\xi_1T\boldsymbol{e}_1+\xi_2T\boldsymbol{e}_2+\cdots+\xi_nT\boldsymbol{e}_n$. 所以，一个向量在线性变换下的像是基向量的像的线性组合，而且此线性组合的系数即为该向量在这组基下的坐标. 这就是说，只要确定了基向量的像，就确定了一个线性变换.

现在来讨论线性变换对向量坐标的作用. 把基向量的像再用这一组基来线性表示，有

$$\begin{cases} T\boldsymbol{e}_1=a_{11}\boldsymbol{e}_1+a_{21}\boldsymbol{e}_2+\cdots+a_{n1}\boldsymbol{e}_n, \\ T\boldsymbol{e}_2=a_{12}\boldsymbol{e}_1+a_{22}\boldsymbol{e}_2+\cdots+a_{n2}\boldsymbol{e}_n, \\ \qquad\vdots \\ T\boldsymbol{e}_n=a_{1n}\boldsymbol{e}_1+a_{2n}\boldsymbol{e}_2+\cdots+a_{nn}\boldsymbol{e}_n. \end{cases} \tag{1-5}$$

记

$$T(\boldsymbol{e}_1,\boldsymbol{e}_2,\cdots,\boldsymbol{e}_n)=(T\boldsymbol{e}_1,T\boldsymbol{e}_2,\cdots,T\boldsymbol{e}_n),$$

$$\boldsymbol{A}=(a_{ij})_{n\times n}=\begin{bmatrix} a_{11} & a_{12} & \cdots & a_{1n} \\ a_{21} & a_{22} & \cdots & a_{2n} \\ \vdots & \vdots & & \vdots \\ a_{n1} & a_{n2} & \cdots & a_{nn} \end{bmatrix},$$

则式(1-5)可写为矩阵形式

$$T(\boldsymbol{e}_1,\boldsymbol{e}_2,\cdots,\boldsymbol{e}_n)=(\boldsymbol{e}_1,\boldsymbol{e}_2,\cdots,\boldsymbol{e}_n)\boldsymbol{A}. \tag{1-6}$$

矩阵 $\boldsymbol{A}$ 称为线性变换 T 在基 $\boldsymbol{e}_1,\boldsymbol{e}_2,\cdots,\boldsymbol{e}_n$ 下的矩阵.

例 10 微分变换 $D:Df=\mathrm{d}f/\mathrm{d}x$ 是多项式空间中的线性变换，在多项式空间 $P[x]_4$ 中取一组基 $1,x,x^2,x^3$，求 D 在这一组基下的矩阵 $\boldsymbol{A}$.

解 因为

$$D1=0=0+0x+0x^2+0x^3, Dx=1=1+0x+0x^2+0x^3,$$

$$Dx^2=2x=0+2x+0x^2+0x^3, Dx^3=3x^2=0+0x+3x^2+0x^3,$$

则

$$D(1,x,x^2,x^3)=(1,x,x^2,x^3)\begin{pmatrix}0&1&0&0\\0&0&2&0\\0&0&0&3\\0&0&0&0\end{pmatrix},$$

即

$$\boldsymbol{A}=\begin{pmatrix}0&1&0&0\\0&0&2&0\\0&0&0&3\\0&0&0&0\end{pmatrix}.$$

显然,在给定基的条件下,线性变换的矩阵由线性变换唯一确定,而且不同的线性变换必定有不同的矩阵.反之,由式(1-6)可知,由矩阵可唯一确定线性变换,而且,由基的线性无关性知,不同的矩阵必定确定不同的线性变换.

定理3　在基给定的条件下,向量经过线性变换后的坐标,等于用线性变换在这组基下的矩阵去左乘此向量的坐标.

证明　设向量 $\boldsymbol{x}$ 在基 $\boldsymbol{e}_1,\boldsymbol{e}_2,\cdots,\boldsymbol{e}_n$ 下的坐标是 $\boldsymbol{\xi}=(\xi_1,\xi_2,\cdots,\xi_n)^{\mathrm{T}}$,线性变换 T 在基 $\boldsymbol{e}_1,\boldsymbol{e}_2,\cdots,\boldsymbol{e}_n$ 下的矩阵为 $\boldsymbol{A}$,则

$$\boldsymbol{x}=\xi_1\boldsymbol{e}_1+\xi_2\boldsymbol{e}_2+\cdots+\xi_n\boldsymbol{e}_n=(\boldsymbol{e}_1,\boldsymbol{e}_2,\cdots,\boldsymbol{e}_n)\boldsymbol{\xi},$$

$$\begin{aligned}T\boldsymbol{x}&=T(\xi_1\boldsymbol{e}_1+\xi_2\boldsymbol{e}_2+\cdots+\xi_n\boldsymbol{e}_n)=\xi_1T\boldsymbol{e}_1+\xi_2T\boldsymbol{e}_2+\cdots+\xi_nT\boldsymbol{e}_n\\&=T(\boldsymbol{e}_1,\boldsymbol{e}_2,\cdots,\boldsymbol{e}_n)\boldsymbol{\xi}=(\boldsymbol{e}_1,\boldsymbol{e}_2,\cdots,\boldsymbol{e}_n)\boldsymbol{A}\boldsymbol{\xi},\end{aligned}$$

即

$$T\boldsymbol{x}=T[(\boldsymbol{e}_1,\boldsymbol{e}_2,\cdots,\boldsymbol{e}_n)\boldsymbol{\xi}]=(\boldsymbol{e}_1,\boldsymbol{e}_2,\cdots,\boldsymbol{e}_n)\boldsymbol{A}\boldsymbol{\xi},$$

$T\boldsymbol{x}$ 的坐标是 $\boldsymbol{A}\boldsymbol{\xi}$.证毕.

在给定基的条件下,线性变换与矩阵之间有一一对应的关系.设 T_1,T_2 为数域 P 上 n 维线性空间 V 的两个线性变换,在基 $\boldsymbol{e}_1,\boldsymbol{e}_2,\cdots,\boldsymbol{e}_n$ 下,其矩阵分别为 $\boldsymbol{A},\boldsymbol{B}$.则有

$$T_1(\boldsymbol{e}_1,\boldsymbol{e}_2,\cdots,\boldsymbol{e}_n)=(\boldsymbol{e}_1,\boldsymbol{e}_2,\cdots,\boldsymbol{e}_n)\boldsymbol{A},$$

$$T_2(\boldsymbol{e}_1,\boldsymbol{e}_2,\cdots,\boldsymbol{e}_n)=(\boldsymbol{e}_1,\boldsymbol{e}_2,\cdots,\boldsymbol{e}_n)\boldsymbol{B},$$

于是

$$\begin{aligned}(T_1+T_2)(\boldsymbol{e}_1,\boldsymbol{e}_2,\cdots,\boldsymbol{e}_n)&=T_1(\boldsymbol{e}_1,\boldsymbol{e}_2,\cdots,\boldsymbol{e}_n)+T_2(\boldsymbol{e}_1,\boldsymbol{e}_2,\cdots,\boldsymbol{e}_n)\\&=(\boldsymbol{e}_1,\boldsymbol{e}_2,\cdots,\boldsymbol{e}_n)\boldsymbol{A}+(\boldsymbol{e}_1,\boldsymbol{e}_2,\cdots,\boldsymbol{e}_n)\boldsymbol{B}\\&=(\boldsymbol{e}_1,\boldsymbol{e}_2,\cdots,\boldsymbol{e}_n)(\boldsymbol{A}+\boldsymbol{B}),\end{aligned}$$

$$\begin{aligned}(\lambda T_1)(\boldsymbol{e}_1,\boldsymbol{e}_2,\cdots,\boldsymbol{e}_n)=\lambda T_1(\boldsymbol{e}_1,\boldsymbol{e}_2,\cdots,\boldsymbol{e}_n)&=\lambda(\boldsymbol{e}_1,\boldsymbol{e}_2,\cdots,\boldsymbol{e}_n)\boldsymbol{A}\\&=(\boldsymbol{e}_1,\boldsymbol{e}_2,\cdots,\boldsymbol{e}_n)\lambda\boldsymbol{A}.\end{aligned}$$

可见,T_1+T_2 的矩阵为 $\boldsymbol{A}+\boldsymbol{B}$,$\lambda T_1$ 的矩阵为 $\lambda\boldsymbol{A}$. 这就证明了线性变换与矩阵间的对应保持了线性运算,因此是同构对应. 于是可得下面的定理:

定理 4 数域 P 上的 n 维线性空间 V 中的线性变换构成的线性空间 $L(V)$ 与 n 阶矩阵空间 $P^{n\times n}$ 同构.

关于线性变换的其他运算所对应的矩阵,有如下结果:

定理 5 (1) 线性变换乘积对应的矩阵为线性变换矩阵的乘积;(2) 可逆变换的矩阵也可逆,逆变换的矩阵为线性变换矩阵的逆矩阵.

证明 (1) 设 T,S 为 n 维线性空间 V 的两个线性变换,它们在基 $\boldsymbol{e}_1,\boldsymbol{e}_2,\cdots,\boldsymbol{e}_n$ 下的矩阵分别为 $\boldsymbol{A},\boldsymbol{B}$,记 $\boldsymbol{A},\boldsymbol{B}$ 的第 k 个列向量分别为 $\boldsymbol{a}_k,\boldsymbol{b}_k$,其中 $\boldsymbol{a}_k=(a_{1k},a_{2k},\cdots,a_{nk})^{\mathrm{T}},\boldsymbol{b}_k=(b_{1k},b_{2k},\cdots,b_{nk})^{\mathrm{T}}$,有

$$T\boldsymbol{e}_k=(\boldsymbol{e}_1,\boldsymbol{e}_2,\cdots,\boldsymbol{e}_n)\boldsymbol{a}_k,$$

$$S\boldsymbol{e}_k=(\boldsymbol{e}_1,\boldsymbol{e}_2,\cdots,\boldsymbol{e}_n)\boldsymbol{b}_k,$$

$$\begin{aligned}(TS)(\boldsymbol{e}_1,\boldsymbol{e}_2,\cdots,\boldsymbol{e}_n)=T[S(\boldsymbol{e}_1,\boldsymbol{e}_2,\cdots,\boldsymbol{e}_n)]&=T(S\boldsymbol{e}_1,S\boldsymbol{e}_2,\cdots,S\boldsymbol{e}_n)\\&=(T(S\boldsymbol{e}_1),T(S\boldsymbol{e}_2),\cdots,T(S\boldsymbol{e}_n)),\end{aligned}$$

由定理 3,$T(S\boldsymbol{e}_k)=T[(\boldsymbol{e}_1,\boldsymbol{e}_2,\cdots,\boldsymbol{e}_n)\boldsymbol{b}_k]=(\boldsymbol{e}_1,\boldsymbol{e}_2,\cdots,\boldsymbol{e}_n)\boldsymbol{A}\boldsymbol{b}_k$. 代入上式,得

$$\begin{aligned}&(TS)(\boldsymbol{e}_1,\boldsymbol{e}_2,\cdots,\boldsymbol{e}_n)\\&=((\boldsymbol{e}_1,\boldsymbol{e}_2,\cdots,\boldsymbol{e}_n)\boldsymbol{A}\boldsymbol{b}_1,(\boldsymbol{e}_1,\boldsymbol{e}_2,\cdots,\boldsymbol{e}_n)\boldsymbol{A}\boldsymbol{b}_2,\cdots,(\boldsymbol{e}_1,\boldsymbol{e}_2,\cdots,\boldsymbol{e}_n)\boldsymbol{A}\boldsymbol{b}_n)\\&=(\boldsymbol{e}_1,\boldsymbol{e}_2,\cdots,\boldsymbol{e}_n)\boldsymbol{A}(\boldsymbol{b}_1,\boldsymbol{b}_2,\cdots,\boldsymbol{b}_n)=(\boldsymbol{e}_1,\boldsymbol{e}_2,\cdots,\boldsymbol{e}_n)\boldsymbol{A}\boldsymbol{B}.\end{aligned}$$

即 TS 的矩阵为 $\boldsymbol{A}\boldsymbol{B}$.

(2) 设线性变换 T 可逆，S 为其逆变换，即 $S=T^{-1}$，仍设 T,S 的矩阵分别为 $\boldsymbol{A},\boldsymbol{B}$，则 TS 和 ST 的矩阵分别为 $\boldsymbol{AB}$ 和 $\boldsymbol{BA}$. 又因为 $TS=ST=I$，而恒等变换 I 的矩阵为单位阵 $\boldsymbol{E}$，故

$$\boldsymbol{AB}=\boldsymbol{BA}=\boldsymbol{E},\boldsymbol{B}=\boldsymbol{A}^{-1}.$$

证毕.

下面讨论同一个线性变换在不同的基下的矩阵之间的关系. 设 T 是数域 P 上线性空间 V 的线性变换，$\boldsymbol{e}_1,\boldsymbol{e}_2,\cdots,\boldsymbol{e}_n$ 和 $\boldsymbol{u}_1,\boldsymbol{u}_2,\cdots,\boldsymbol{u}_n$ 分别为 V 的两组基，T 在这两组基下的矩阵分别为 $\boldsymbol{A},\boldsymbol{B}$，$\boldsymbol{e}_1,\boldsymbol{e}_2,\cdots,\boldsymbol{e}_n$ 到 $\boldsymbol{u}_1,\boldsymbol{u}_2,\cdots,\boldsymbol{u}_n$ 的过渡矩阵为 $\boldsymbol{Q}$，即有

$$T(\boldsymbol{e}_1,\boldsymbol{e}_2,\cdots,\boldsymbol{e}_n)=(\boldsymbol{e}_1,\boldsymbol{e}_2,\cdots,\boldsymbol{e}_n)\boldsymbol{A},$$

$$T(\boldsymbol{u}_1,\boldsymbol{u}_2,\cdots,\boldsymbol{u}_n)=(\boldsymbol{u}_1,\boldsymbol{u}_2,\cdots,\boldsymbol{u}_n)\boldsymbol{B},$$

$$(\boldsymbol{u}_1,\boldsymbol{u}_2,\cdots,\boldsymbol{u}_n)=(\boldsymbol{e}_1,\boldsymbol{e}_2,\cdots,\boldsymbol{e}_n)\boldsymbol{Q}.$$

由定理 3，有

$$T(\boldsymbol{u}_1,\boldsymbol{u}_2,\cdots,\boldsymbol{u}_n)=T[(\boldsymbol{e}_1,\boldsymbol{e}_2,\cdots,\boldsymbol{e}_n)\boldsymbol{Q}]=(\boldsymbol{e}_1,\boldsymbol{e}_2,\cdots,\boldsymbol{e}_n)\boldsymbol{AQ},$$

又

$$T(\boldsymbol{u}_1,\boldsymbol{u}_2,\cdots,\boldsymbol{u}_n)=(\boldsymbol{u}_1,\boldsymbol{u}_2,\cdots,\boldsymbol{u}_n)\boldsymbol{B}=(\boldsymbol{e}_1,\boldsymbol{e}_2,\cdots,\boldsymbol{e}_n)\boldsymbol{QB},$$

由 $\boldsymbol{e}_1,\boldsymbol{e}_2,\cdots,\boldsymbol{e}_n$ 的线性无关性知

$$\boldsymbol{QB}=\boldsymbol{AQ},\boldsymbol{B}=\boldsymbol{Q}^{-1}\boldsymbol{AQ}.$$

这说明 $\boldsymbol{A}$ 与 $\boldsymbol{B}$ 相似，相似变换矩阵为过渡矩阵 $\boldsymbol{Q}$. 这样就得到了如下定理：

定理 6　设线性变换 T 在不同的两组基下的矩阵分别为 $\boldsymbol{A},\boldsymbol{B}$，则 $\boldsymbol{A}$ 与 $\boldsymbol{B}$ 相似，相似变换矩阵是前一组基到后一组基的过渡矩阵 $\boldsymbol{Q}$，则

$$\boldsymbol{B}=\boldsymbol{Q}^{-1}\boldsymbol{AQ}.$$

例 11　在多项式空间 $P[x]_4$ 中分别取基 $1,x,x^2,x^3$ 和 $1,x-x_0,\frac{(x-x_0)^2}{2!},\frac{(x-x_0)^3}{3!}$. 求微分变换 D 在这两组基下的矩阵 $\boldsymbol{A},\boldsymbol{B}$，并用此例验证定理 6.

解 由例 10 知

$$A=\begin{pmatrix}0&1&0&0\\0&0&2&0\\0&0&0&3\\0&0&0&0\end{pmatrix}.$$

又

$$D\left[1,x-x_0,\frac{(x-x_0)^2}{2!},\frac{(x-x_0)^3}{3!}\right]$$

$$=\left[1,x-x_0,\frac{(x-x_0)^2}{2!},\frac{(x-x_0)^3}{3!}\right]\begin{pmatrix}0&1&0&0\\0&0&1&0\\0&0&0&1\\0&0&0&0\end{pmatrix},$$

$$B=\begin{pmatrix}0&1&0&0\\0&0&1&0\\0&0&0&1\\0&0&0&0\end{pmatrix}.$$

得

$$\left[1,x-x_0,\frac{(x-x_0)^2}{2!},\frac{(x-x_0)^3}{3!}\right]=(1,x,x^2,x^3)\begin{pmatrix}1&-x_0&\frac{x_0^2}{2}&-\frac{x_0^3}{6}\\0&1&-x_0&\frac{x_0^2}{2}\\0&0&\frac{1}{2}&-\frac{x_0}{2}\\0&0&0&\frac{1}{6}\end{pmatrix},$$

故基 $1,x,x^2,x^3$ 到基 $1,x-x_0,\frac{(x-x_0)^2}{2!},\frac{(x-x_0)^3}{3!}$ 的过渡矩阵为

$$Q=\begin{pmatrix}1 & -x_0 & \frac{x_0^2}{2} & -\frac{x_0^3}{6}\\ 0 & 1 & -x_0 & \frac{x_0^2}{2}\\ 0 & 0 & \frac{1}{2} & -\frac{x_0}{2}\\ 0 & 0 & 0 & \frac{1}{6}\end{pmatrix},$$

并可求得

$$Q^{-1}=\begin{pmatrix}1 & x_0 & x_0^2 & x_0^3\\ 0 & 1 & 2x_0 & 3x_0^2\\ 0 & 0 & 2 & 6x_0\\ 0 & 0 & 0 & 6\end{pmatrix}.$$

因此，

$$Q^{-1}AQ=\begin{pmatrix}1 & x_0 & x_0^2 & x_0^3\\ 0 & 1 & 2x_0 & 3x_0^2\\ 0 & 0 & 2 & 6x_0\\ 0 & 0 & 0 & 6\end{pmatrix}\begin{pmatrix}0 & 1 & 0 & 0\\ 0 & 0 & 2 & 0\\ 0 & 0 & 0 & 3\\ 0 & 0 & 0 & 0\end{pmatrix}\begin{pmatrix}1 & -x_0 & \frac{x_0^2}{2} & -\frac{x_0^3}{6}\\ 0 & 1 & -x_0 & \frac{x_0^2}{2}\\ 0 & 0 & \frac{1}{2} & -\frac{x_0}{2}\\ 0 & 0 & 0 & \frac{1}{6}\end{pmatrix}$$

$$=\begin{pmatrix}0 & 1 & 2x_0 & 3x_0^2\\ 0 & 0 & 2 & 6x_0\\ 0 & 0 & 0 & 6\\ 0 & 0 & 0 & 0\end{pmatrix}\begin{pmatrix}1 & -x_0 & \frac{x_0^2}{2} & -\frac{x_0^3}{6}\\ 0 & 1 & -x_0 & \frac{x_0^2}{2}\\ 0 & 0 & \frac{1}{2} & -\frac{x_0}{2}\\ 0 & 0 & 0 & \frac{1}{6}\end{pmatrix}$$

$$=\begin{pmatrix}0 & 1 & 0 & 0\\ 0 & 0 & 1 & 0\\ 0 & 0 & 0 & 1\\ 0 & 0 & 0 & 0\end{pmatrix}=\boldsymbol{B}.$$

例 12 设 $\mathbf{R}^2$ 中线性变换 T_1 对基 $\boldsymbol{\alpha}_1=(1,2)^{\mathrm{T}},\boldsymbol{\alpha}_2=(2,1)^{\mathrm{T}}$ 的矩阵为 $\begin{pmatrix}1&2\\2&3\end{pmatrix}$,线性变换 T_2 对基 $\boldsymbol{\beta}_1=(1,1)^{\mathrm{T}},\boldsymbol{\beta}_2=(1,2)^{\mathrm{T}}$ 的矩阵为 $\begin{pmatrix}3&3\\2&4\end{pmatrix}$.

求:(1) T_1+T_2 对基 $\boldsymbol{\beta}_1,\boldsymbol{\beta}_2$ 的矩阵;

(2) T_1T_2 对基 $\boldsymbol{\alpha}_1,\boldsymbol{\alpha}_2$ 的矩阵;

(3) 设 $\boldsymbol{\xi}=(3,3)$,求 $T_1\boldsymbol{\xi}$ 在基 $\boldsymbol{\alpha}_1,\boldsymbol{\alpha}_2$ 下的坐标;

(4) 求 $T_2\boldsymbol{\xi}$ 在基 $\boldsymbol{\beta}_1,\boldsymbol{\beta}_2$ 下的坐标.

解 (1) 由已知得 $T_1(\boldsymbol{\alpha}_1,\boldsymbol{\alpha}_2)=(\boldsymbol{\alpha}_1,\boldsymbol{\alpha}_2)\boldsymbol{A},T_2(\boldsymbol{\beta}_1,\boldsymbol{\beta}_2)=(\boldsymbol{\beta}_1,\boldsymbol{\beta}_2)B$,其中 $\boldsymbol{A}=\begin{pmatrix}1&2\\2&3\end{pmatrix},\boldsymbol{B}=\begin{pmatrix}3&3\\2&4\end{pmatrix},(\boldsymbol{\beta}_1,\boldsymbol{\beta}_2)=(\boldsymbol{\alpha}_1,\boldsymbol{\alpha}_2)\boldsymbol{P}$,则

$$\boldsymbol{P}=\begin{pmatrix}1&2\\2&1\end{pmatrix}^{-1}\begin{pmatrix}1&1\\1&2\end{pmatrix}=\begin{pmatrix}\frac{1}{3}&1\\\frac{1}{3}&0\end{pmatrix},$$

$$T_1(\boldsymbol{\beta}_1,\boldsymbol{\beta}_2)=(\boldsymbol{\beta}_1,\boldsymbol{\beta}_2)\boldsymbol{P}^{-1}\boldsymbol{AP}=(\boldsymbol{\beta}_1,\boldsymbol{\beta}_2)\begin{pmatrix}5&6\\-\frac{2}{3}&-1\end{pmatrix},$$

因此

$$(T_1+T_2)(\boldsymbol{\beta}_1,\boldsymbol{\beta}_2)=(\boldsymbol{\beta}_1,\boldsymbol{\beta}_2)\left(\begin{pmatrix}5&6\\-\frac{2}{3}&-1\end{pmatrix}+\begin{pmatrix}3&3\\2&4\end{pmatrix}\right)=(\boldsymbol{\beta}_1,\boldsymbol{\beta}_2)\begin{pmatrix}8&9\\\frac{4}{3}&3\end{pmatrix},$$

故 T_1+T_2 在基 $\boldsymbol{\beta}_1,\boldsymbol{\beta}_2$ 下的矩阵为 $\begin{pmatrix}8&9\\\frac{4}{3}&3\end{pmatrix}$.

(2) 同理,$T_2(\boldsymbol{\alpha}_1,\boldsymbol{\alpha}_2)=(\boldsymbol{\alpha}_1,\boldsymbol{\alpha}_2)\boldsymbol{PBP}^{-1}=(\boldsymbol{\alpha}_1,\boldsymbol{\alpha}_2)\begin{pmatrix}5&4\\1&2\end{pmatrix}$,

$$T_1T_2(\boldsymbol{\alpha}_1,\boldsymbol{\alpha}_2)=T_1(\boldsymbol{\alpha}_1,\boldsymbol{\alpha}_2)\begin{pmatrix}5&4\\1&2\end{pmatrix}=(\boldsymbol{\alpha}_1,\boldsymbol{\alpha}_2)\boldsymbol{A}\begin{pmatrix}5&4\\1&2\end{pmatrix}=(\boldsymbol{\alpha}_1,\boldsymbol{\alpha}_2)\begin{pmatrix}7&8\\13&14\end{pmatrix}.$$

(3) 设 $\boldsymbol{\xi}=x_1\boldsymbol{\alpha}_1+x_2\boldsymbol{\alpha}_2=(\boldsymbol{\alpha}_1,\boldsymbol{\alpha}_2)\begin{pmatrix}x_1\\x_2\end{pmatrix}$,则 $\begin{pmatrix}x_1\\x_2\end{pmatrix}=\begin{pmatrix}1&2\\2&1\end{pmatrix}^{-1}\begin{pmatrix}3\\3\end{pmatrix}=\begin{pmatrix}1\\1\end{pmatrix}$,

$$T_1\boldsymbol{\xi}=T_1\left[(\boldsymbol{\alpha}_1,\boldsymbol{\alpha}_2)\begin{pmatrix}1\\1\end{pmatrix}\right]=(\boldsymbol{\alpha}_1,\boldsymbol{\alpha}_2)\boldsymbol{A}\begin{pmatrix}1\\1\end{pmatrix}=(\boldsymbol{\alpha}_1,\boldsymbol{\alpha}_2)\left[\begin{pmatrix}1&2\\2&3\end{pmatrix}\begin{pmatrix}1\\1\end{pmatrix}\right]$$

$$=(\boldsymbol{\alpha}_1,\boldsymbol{\alpha}_2)\begin{pmatrix}3\\5\end{pmatrix},$$

故 $T_1\boldsymbol{\xi}$ 在基 $\boldsymbol{\alpha}_1,\boldsymbol{\alpha}_2$ 下的坐标为 $(3,5)^{\mathrm{T}}$.

(4) 因为 $\boldsymbol{\xi}=(\boldsymbol{\alpha}_1,\boldsymbol{\alpha}_2)\begin{pmatrix}1\\1\end{pmatrix}=(\boldsymbol{\beta}_1,\boldsymbol{\beta}_2)\left[\boldsymbol{P}^{-1}\begin{pmatrix}1\\1\end{pmatrix}\right]=(\boldsymbol{\beta}_1,\boldsymbol{\beta}_2)\begin{pmatrix}3\\0\end{pmatrix}$，所以

$$T_2\boldsymbol{\xi}=T_2(\boldsymbol{\beta}_1,\boldsymbol{\beta}_2)\begin{pmatrix}3\\0\end{pmatrix}=(\boldsymbol{\beta}_1,\boldsymbol{\beta}_2)\left[\boldsymbol{B}\begin{pmatrix}3\\0\end{pmatrix}\right]=(\boldsymbol{\beta}_1,\boldsymbol{\beta}_2)\left[\begin{pmatrix}3&3\\2&4\end{pmatrix}\begin{pmatrix}3\\0\end{pmatrix}\right]=(\boldsymbol{\beta}_1,\boldsymbol{\beta}_2)\begin{pmatrix}9\\6\end{pmatrix},$$

故 $T_2\boldsymbol{\xi}$ 在基 $\boldsymbol{\beta}_1,\boldsymbol{\beta}_2$ 下的坐标为 $(9,6)^{\mathrm{T}}$.

第四节　内积空间

一、欧氏空间与酉空间

在线性空间中只定义了元素间的线性运算，即加法和数乘. 在向量代数中，向量的数量积是一个重要概念，它是引入向量长度、正交和向量间夹角等概念的基础，在向量空间中被推广为向量的内积. 在线性空间中引入内积，构成内积空间.

定义 1　V 是实数域 $\mathbf{R}$ 上的线性空间，V 中定义了一个二元实函数 $(\boldsymbol{x},\boldsymbol{y})$，若此函数对任意 $\boldsymbol{x},\boldsymbol{y},\boldsymbol{z}\in V,\lambda,\mu\in\mathbf{R}$ 都满足

(1) 对称性：$(\boldsymbol{x},\boldsymbol{y})=(\boldsymbol{y},\boldsymbol{x})$；

(2) 线性性：$(\lambda\boldsymbol{x}+\mu\boldsymbol{y},\boldsymbol{z})=\lambda(\boldsymbol{x},\boldsymbol{z})+\mu(\boldsymbol{y},\boldsymbol{z})$；

(3) 正定性：$(\boldsymbol{x},\boldsymbol{x})\geqslant 0$，且 $(\boldsymbol{x},\boldsymbol{x})=0\Leftrightarrow\boldsymbol{x}=\mathbf{0}$，

则称 $(\boldsymbol{x},\boldsymbol{y})$ 为 $\boldsymbol{x}$ 与 $\boldsymbol{y}$ 的**内积**. 称定义了内积的实线性空间 V 为 **Euclid 空间**，简称**欧氏空间**.

易知欧氏空间的子空间仍是欧氏空间.

由定义可得欧氏空间中内积具有如下基本性质：

(1) $(\mathbf{0},\boldsymbol{x})=(\boldsymbol{x},\mathbf{0})=0$；

(2) $(\boldsymbol{x},\lambda\boldsymbol{y}+\mu\boldsymbol{z})=\lambda(\boldsymbol{x},\boldsymbol{y})+\mu(\boldsymbol{x},\boldsymbol{z})$.

例 1 在n维向量空间$\mathbf{R}^n$中,对向量$\boldsymbol{x}=(x_1,x_2,\cdots,x_n)^{\mathrm{T}}$,$\boldsymbol{y}=(y_1,y_2,\cdots,y_n)^{\mathrm{T}}$定义二元实值函数

$$(\boldsymbol{x},\boldsymbol{y})=\boldsymbol{y}^{\mathrm{T}}\boldsymbol{x}=x_1y_1+x_2y_2+\cdots+x_ny_n,$$

容易验证此函数满足定义1的条件,故$(\boldsymbol{x},\boldsymbol{y})$为$\mathbf{R}^n$中的内积,从而$\mathbf{R}^n$成为一个欧氏空间.今后仍用$\mathbf{R}^n$表示定义了此内积的欧氏空间.

例 2 设$C[a,b]$表示区间$[a,b]$上的所有实值连续函数构成的线性空间,在$C[a,b]$上定义二元函数

$$(f,g)=\int_a^b f(x)g(x)\mathrm{d}x,$$

则(f,g)为$C[a,b]$中的内积,从而$C[a,b]$成为一个欧氏空间.

例 3 在线性空间$\mathbf{R}^{m\times n}$中,矩阵$\boldsymbol{A}=(a_{ij})_{m\times n}$,$\boldsymbol{B}=(b_{ij})_{m\times n}\in\mathbf{R}^{m\times n}$,在$\mathbf{R}^{m\times n}$中定义二元函数

$$(\boldsymbol{A},\boldsymbol{B})=\operatorname{tr}(\boldsymbol{B}^{\mathrm{T}}\boldsymbol{A})=\sum_{i=1}^{m}\sum_{j=1}^{n}a_{ij}b_{ij},$$

其中$\operatorname{tr}(\boldsymbol{C})$表示方阵$\boldsymbol{C}$的迹(即方阵$\boldsymbol{C}$的主对角元素之和),则$(\boldsymbol{A},\boldsymbol{B})$为$\mathbf{R}^{m\times n}$中的内积,从而$\mathbf{R}^{m\times n}$成为一个欧氏空间.

证明 (1)$(\boldsymbol{A},\boldsymbol{B})=\operatorname{tr}(\boldsymbol{B}^{\mathrm{T}}\boldsymbol{A})=\operatorname{tr}((\boldsymbol{B}^{\mathrm{T}}\boldsymbol{A})^{\mathrm{T}})=\operatorname{tr}(\boldsymbol{A}^{\mathrm{T}}\boldsymbol{B})=(\boldsymbol{B},\boldsymbol{A})$.

(2)$$\begin{aligned}(\lambda\boldsymbol{A}+\mu\boldsymbol{B},\boldsymbol{C})&=\operatorname{tr}(\boldsymbol{C}^{\mathrm{T}}(\lambda\boldsymbol{A}+\mu\boldsymbol{B}))=\operatorname{tr}(\lambda\boldsymbol{C}^{\mathrm{T}}\boldsymbol{A}+\mu\boldsymbol{C}^{\mathrm{T}}\boldsymbol{B}))\\&=\lambda\operatorname{tr}(\boldsymbol{C}^{\mathrm{T}}\boldsymbol{A})+\mu\operatorname{tr}(\boldsymbol{C}^{\mathrm{T}}\boldsymbol{B}))=\lambda(\boldsymbol{A},\boldsymbol{C})+\mu(\boldsymbol{B},\boldsymbol{C}).\end{aligned}$$

(3)$(\boldsymbol{A},\boldsymbol{A})=\operatorname{tr}(\boldsymbol{A}^{\mathrm{T}}\boldsymbol{A})=\sum\limits_{i=1}^{m}\sum\limits_{j=1}^{n}a_{ij}^2\geqslant 0$,且由此易知$(\boldsymbol{A},\boldsymbol{A})=0\Leftrightarrow\boldsymbol{A}=\boldsymbol{O}\in\mathbf{R}^{m\times n}$.

故$(\boldsymbol{A},\boldsymbol{B})$为$\mathbf{R}^{m\times n}$中的内积,从而$\mathbf{R}^{m\times n}$成为一个欧氏空间.

定义 2 V是复数域$\boldsymbol{C}$上的线性空间,V中定义一个二元复函数$(\boldsymbol{x},\boldsymbol{y})$,若此函数对任意$\boldsymbol{x},\boldsymbol{y},\boldsymbol{z}\in V$,$\lambda,\mu\in\boldsymbol{C}$都满足

(1) 共轭对称性:$(\boldsymbol{x},\boldsymbol{y})=\overline{(\boldsymbol{y},\boldsymbol{x})}$;

(2) 线性性:$(\lambda\boldsymbol{x}+\mu\boldsymbol{y},\boldsymbol{z})=\lambda(\boldsymbol{x},\boldsymbol{z})+\mu(\boldsymbol{y},\boldsymbol{z})$;

(3) 正定性:$(\boldsymbol{x},\boldsymbol{x})\geqslant 0$,且$(\boldsymbol{x},\boldsymbol{x})=0\Leftrightarrow\boldsymbol{x}=\boldsymbol{0}$,

则称$(\boldsymbol{x},\boldsymbol{y})$为$\boldsymbol{x}$与$\boldsymbol{y}$的**内积**.称定义了内积的复线性空间$V$为**酉空间**.

易知酉空间的子空间仍是酉空间.

欧氏空间中,由于内积$(\boldsymbol{x},\boldsymbol{y})$是实数,从而满足对称性$(\boldsymbol{x},\boldsymbol{y})=(\boldsymbol{y},\boldsymbol{x})$.而酉

空间中，内积运算不满足交换律，即$(\boldsymbol{x},\boldsymbol{y})$未必等于$(\boldsymbol{y},\boldsymbol{x})$. 酉空间中内积的值虽然是复数，但是向量与自己的内积是非负实数.

由定义可得酉空间中内积具有如下基本性质：

(1)$(\boldsymbol{0},\boldsymbol{x})=(\boldsymbol{x},\boldsymbol{0})=0$；

(2)$(\boldsymbol{x},\lambda\boldsymbol{y}+\mu\boldsymbol{z})=\bar{\lambda}(\boldsymbol{x},\boldsymbol{y})+\bar{\mu}(\boldsymbol{x},\boldsymbol{z})$.

欧氏空间与酉空间有一套平行的理论. 欧氏空间与酉空间统称为内积空间.

例 4　在n维向量空间$\mathbf{C}^n$中，对向量$\boldsymbol{x}=(\xi_1,\xi_2,\cdots,\xi_n)^{\mathrm{T}}$，$\boldsymbol{y}=(\zeta_1,\zeta_2,\cdots,\zeta_n)^{\mathrm{T}}$，定义二元复值函数

$$(\boldsymbol{x},\boldsymbol{y})=\boldsymbol{y}^{\mathrm{H}}\boldsymbol{x}=\xi_1\bar{\zeta}_1+\xi_2\bar{\zeta}_2+\cdots+\xi_n\bar{\zeta}_n,$$

其中$\boldsymbol{y}^{\mathrm{H}}=(\bar{\zeta}_1,\bar{\zeta}_2,\cdots,\bar{\zeta}_n)$，容易验证此函数满足定义 1 的条件，故$(\boldsymbol{x},\boldsymbol{y})$为$\mathbf{C}^n$中的内积，则$\mathbf{C}^n$成为一个酉空间. 今后$\mathbf{C}^n$也表示定义了此内积的酉空间.

定义 3　V是内积空间，$\boldsymbol{x}\in V$，称$\|\boldsymbol{x}\|=\sqrt{(\boldsymbol{x},\boldsymbol{x})}$为向量$\boldsymbol{x}$的**范数**或**长度**，并称范数为 1 的向量为**单位向量**.

在向量代数中，两个非零向量$\boldsymbol{x},\boldsymbol{y}$的夹角$\theta$可用这两个向量的数量积和长度来计算，

$$\cos\theta=\frac{\boldsymbol{x}\cdot\boldsymbol{y}}{\|\boldsymbol{x}\|\,\|\boldsymbol{y}\|},$$

上式右端的绝对值不超过 1. 在内积空间中，向量的内积和范数是否仍具有这种性质呢？下面的定理保证了这一点.

定理 1(柯西-施瓦兹(Cauchy-Schwarz)不等式)　对内积空间V中任意两个元素$\boldsymbol{x},\boldsymbol{y}$，都有

$$|(\boldsymbol{x},\boldsymbol{y})|\leqslant\|\boldsymbol{x}\|\,\|\boldsymbol{y}\|,$$

且等号成立的充要条件是$\boldsymbol{x}$与$\boldsymbol{y}$线性相关.

证明　若$\boldsymbol{x}$与$\boldsymbol{y}$线性相关，则其中必有一个可由另一个线性表示，不妨设$\boldsymbol{x}=\lambda\boldsymbol{y}$，则

$$\begin{aligned}|(\boldsymbol{x},\boldsymbol{y})|^2&=(\boldsymbol{x},\boldsymbol{y})\overline{(\boldsymbol{x},\boldsymbol{y})}=(\lambda\boldsymbol{y},\boldsymbol{y})\overline{(\lambda\boldsymbol{y},\boldsymbol{y})}=(\lambda\boldsymbol{y},\boldsymbol{y})\bar{\lambda}\,\overline{(\boldsymbol{y},\boldsymbol{y})}\\&=(\lambda\boldsymbol{y},\lambda\boldsymbol{y})\overline{(\boldsymbol{y},\boldsymbol{y})}=(\boldsymbol{x},\boldsymbol{x})(\boldsymbol{y},\boldsymbol{y})=\|\boldsymbol{x}\|^2\,\|\boldsymbol{y}\|^2.\end{aligned}$$

若$\boldsymbol{x}$与$\boldsymbol{y}$线性无关，则$\boldsymbol{y}\neq\boldsymbol{0}$，且对任意的$\lambda\in\mathbf{C}$，都有$\boldsymbol{x}-\lambda\boldsymbol{y}\neq\boldsymbol{0}$(否则$\boldsymbol{x},\boldsymbol{y}$

线性相关),所以

$$0 < (\boldsymbol{x}-\lambda\boldsymbol{y},\boldsymbol{x}-\lambda\boldsymbol{y}) = (\boldsymbol{x},\boldsymbol{x}) - \lambda(\boldsymbol{y},\boldsymbol{x}) - \bar{\lambda}(\boldsymbol{x},\boldsymbol{y}) + \lambda\bar{\lambda}(\boldsymbol{y},\boldsymbol{y}),$$

取 $\lambda = \dfrac{(\boldsymbol{x},\boldsymbol{y})}{(\boldsymbol{y},\boldsymbol{y})}$ 代入上式,可得

$$(\boldsymbol{x},\boldsymbol{x})(\boldsymbol{y},\boldsymbol{y}) - |(\boldsymbol{x},\boldsymbol{y})|^2 > 0,$$

从而

$$\|\boldsymbol{x}\| \|\boldsymbol{y}\| > |(\boldsymbol{x},\boldsymbol{y})|.$$

证毕.

例 5 欧氏空间 $\mathbf{R}^n$ 的柯西-施瓦兹不等式:当 $\boldsymbol{x} = (x_1,x_2,\cdots,x_n)^{\mathrm{T}}$,$\boldsymbol{y} = (y_1,y_2,\cdots,y_n)^{\mathrm{T}} \in \mathbf{R}^n$ 时,

$$|x_1y_1 + x_2y_2 + \cdots + x_ny_n| \leqslant \sqrt{x_1^2 + x_2^2 + \cdots + x_n^2} \cdot \sqrt{y_1^2 + y_2^2 + \cdots + y_n^2}.$$

例 6 欧氏空间 $C[a,b]$ 的柯西-施瓦兹不等式:$f(x),g(x) \in C[a,b]$ 时,

$$\left|\int_a^b f(x)g(x)\mathrm{d}x\right| \leqslant \sqrt{\left|\int_a^b f^2(x)\mathrm{d}x\right|} \cdot \sqrt{\left|\int_a^b g^2(x)\mathrm{d}x\right|}.$$

例 7 酉空间 $\mathbf{C}^n$ 的柯西-施瓦兹不等式:当 $\boldsymbol{x} = (\xi_1,\xi_2,\cdots,\xi_n)^{\mathrm{T}}$,$\boldsymbol{y} = (\zeta_1,\zeta_2,\cdots,\zeta_n)^{\mathrm{T}} \in \mathbf{C}^n$ 时,

$$|\xi_1\overline{\zeta_1} + \xi_2\overline{\zeta_2} + \cdots + \xi_n\overline{\zeta_n}| \leqslant \sqrt{|\xi_1|^2 + |\xi_2|^2 + \cdots + |\xi_n|^2} \cdot$$
$$\sqrt{|\zeta_1|^2 + |\zeta_2|^2 + \cdots + |\zeta_n|^2}.$$

可以仿照向量代数的情况来定义内积空间中两个向量 $\boldsymbol{x}$,$\boldsymbol{y}$ 之间的夹角 θ:

$$\cos\theta = \frac{(\boldsymbol{x},\boldsymbol{y})}{\|\boldsymbol{x}\| \|\boldsymbol{y}\|},$$

但是较常用的还是正交性.

定义 4 如果向量 $\boldsymbol{x}$,$\boldsymbol{y}$ 的内积为零,则称 $\boldsymbol{x}$ 与 $\boldsymbol{y}$ **正交**,记为 $\boldsymbol{x} \perp \boldsymbol{y}$.

显然,零向量与任何向量正交.

用内积定义的向量范数具有如下性质:

(1) 非负性:$\|\boldsymbol{x}\| \geqslant 0$,$\|\boldsymbol{x}\| = 0 \Leftrightarrow \boldsymbol{x} = \mathbf{0}$;

(2) 齐次性:$\|\lambda\boldsymbol{x}\| = |\lambda| \|\boldsymbol{x}\|$,$\forall\lambda \in \mathbf{R}$;

(3) 三角不等式:$\|\boldsymbol{x}+\boldsymbol{y}\| \leqslant \|\boldsymbol{x}\| + \|\boldsymbol{y}\|$.

性质(1)(2)很容易根据范数定义证明，性质(3)证明如下：

$$\|x+y\|^2=(x+y,x+y)=(x,x)+(x,y)+(y,x)+(y,y)$$

$$\leqslant \|x\|^2+2\|x\|\,\|y\|+\|y\|^2=(\|x\|+\|y\|)^2,$$

两边开方即得三角不等式.

二、标准正交基

前文用内积定义了两个向量的正交关系，即两个向量的内积如果为零，则这两个向量正交. 正交性将在内积空间的研究中发挥重要的作用.

定义 5　内积空间中两两正交的非零向量组称为**正交向量组**，称单位向量构成的正交向量组为**标准正交向量组**.

定理 2　正交向量组必线性无关.

证明　设 $x_1,x_2,\cdots,x_r$ 为一个正交向量组，如果有一组数 $\lambda_1,\lambda_2,\cdots,\lambda_r$ 使

$$\lambda_1x_1+\lambda_2x_2+\cdots+\lambda_rx_r=\mathbf{0},$$

两边依次与 $x_k(k=1,2,\cdots,r)$ 作内积，由正交性可得 $\lambda_k(x_k,x_k)=0$，由于 $x_k\neq\mathbf{0}$，$(x_k,x_k)>0$，所以 $\lambda_k=0$，从而 $x_1,x_2,\cdots,x_r$ 线性无关. 证毕.

定义 6　称由正交向量组构成的基为**正交基**，称标准正交向量组构成的基为**标准正交基**.

设 $e_1,e_2,\cdots,e_n$ 为一组标准正交基，$x=\lambda_1e_1+\lambda_2e_2+\cdots+\lambda_ne_n$. 依次与 e_k，$k=1,2,\cdots,n$ 作内积，由标准正交基的性质可得 $\lambda_k=(x,e_k)$. 由此可见，求向量在标准正交基下的坐标很方便，只要与各个基向量作内积即可. 在标准正交基下，内积也有特别简单的表达式. 又设 $y=\mu_1e_1+\mu_2e_2+\cdots+\mu_ne_n$，则 $(x,y)=\lambda_1\mu_1+\lambda_2\mu_2+\cdots+\lambda_n\mu_n$.

内积空间中是否有标准正交基？下面的定理及其证明过程回答了这个问题.

定理 3　内积空间中必定存在标准正交基.

证明　设 $x_1,x_2,\cdots,x_n$ 为内积空间 V 的一组基，取 $e_1=\dfrac{x_1}{\|x_1\|}$，则 e_1 为单位向量.

令 $u_2=x_2-\lambda_1e_1$，并利用 $(u_2,e_1)=(x_2-\lambda_1e_1,e_1)=0$ 来确定 u_2，得 $\lambda_1=(x_2,e_1)$. 用此 λ_1 确定的 u_2 与 e_1 正交. 而且 u_2 实际上是 x_1,x_2 的线性组合，x_2 的系数为1，

由基向量的线性无关性知 $\boldsymbol{u}_2$ 不是零向量. 取 $\boldsymbol{e}_2=\dfrac{\boldsymbol{u}_2}{\|\boldsymbol{u}_2\|}$,则 $\boldsymbol{e}_2$ 为单位向量,而且 $\boldsymbol{e}_1$ 与 $\boldsymbol{e}_2$ 正交.

一般地,设已经利用 $\boldsymbol{x}_1,\boldsymbol{x}_2,\cdots,\boldsymbol{x}_r$ 的线性组合构造了两两正交的单位向量 $\boldsymbol{e}_1,\boldsymbol{e}_2,\cdots,\boldsymbol{e}_r$,则可令 $\boldsymbol{u}_{r+1}=\boldsymbol{x}_{r+1}-\lambda_1\boldsymbol{e}_1-\lambda_2\boldsymbol{e}_2-\cdots-\lambda_r\boldsymbol{e}_r$,其中 $\lambda_k=(\boldsymbol{x}_{r+1},\boldsymbol{e}_k)$,$k=1,\cdots,r$. 这样构造的 $\boldsymbol{u}_{r+1}$ 与 $\boldsymbol{e}_1,\boldsymbol{e}_2,\cdots,\boldsymbol{e}_r$ 正交. $\boldsymbol{u}_{r+1}$ 实际上是 $\boldsymbol{x}_1,\boldsymbol{x}_2,\cdots,\boldsymbol{x}_{r+1}$ 的线性组合,$\boldsymbol{x}_{r+1}$ 的系数为 1,由基向量的线性无关性知 $\boldsymbol{u}_{r+1}$ 不是零向量. 取 $\boldsymbol{e}_{r+1}=\dfrac{\boldsymbol{u}_{r+1}}{\|\boldsymbol{u}_{r+1}\|}$,则 $\boldsymbol{e}_1,\boldsymbol{e}_2,\cdots,\boldsymbol{e}_r,\boldsymbol{e}_{r+1}$ 为两两正交的单位向量.

这个过程可一直进行下去,当 $r+1=n$ 时,就构造出了一组标准正交基. 证毕.

称定理 3 证明中构造标准正交基的过程为**施密特(Schmidt) 正交化过程**.

例 8 在 $P[t]_3$ 中定义内积 $(f,g)=\int_0^1 f(t)g(t)\,\mathrm{d}t$,求 $P[t]_3$ 的一组标准正交基.

解 已知 $\boldsymbol{x}_1=1,\boldsymbol{x}_2=t,\boldsymbol{x}_3=t^2$ 为 $P[t]_3$ 的一组基,首先利用施密特正交化方法得

$$\boldsymbol{u}_1=\boldsymbol{x}_1,\boldsymbol{u}_2=\boldsymbol{x}_2-\frac{(\boldsymbol{x}_2,\boldsymbol{u}_1)}{(\boldsymbol{u}_1,\boldsymbol{u}_1)}\boldsymbol{u}_1=t-\frac{\int_0^1 t\,\mathrm{d}t}{\int_0^1 1^2\,\mathrm{d}t}=t-\frac{1}{2},$$

$$\boldsymbol{u}_3=\boldsymbol{x}_3-\frac{(\boldsymbol{x}_3,\boldsymbol{u}_1)}{(\boldsymbol{u}_1,\boldsymbol{u}_1)}\boldsymbol{u}_1-\frac{(\boldsymbol{x}_3,\boldsymbol{u}_2)}{(\boldsymbol{u}_2,\boldsymbol{u}_2)}\boldsymbol{u}_2=t^2-\frac{\int_0^1 t^2\,\mathrm{d}t}{\int_0^1 1^2\,\mathrm{d}t}-\frac{\int_0^1 t^2\left(t-\frac{1}{2}\right)\mathrm{d}t}{\int_0^1\left(t-\frac{1}{2}\right)^2\mathrm{d}t}\left(t-\frac{1}{2}\right)$$

$$=t^2-t+\frac{1}{6}.$$

其次,再把它们单位化,得

$$\boldsymbol{e}_1=\frac{\boldsymbol{u}_1}{\|\boldsymbol{u}_1\|}=1,\boldsymbol{e}_2=\frac{\boldsymbol{u}_2}{\|\boldsymbol{u}_2\|}=\sqrt{3}(2t-1),\boldsymbol{e}_3=\frac{\boldsymbol{u}_3}{\|\boldsymbol{u}_3\|}=\sqrt{5}(6t^2-6t+1),$$

则 $\boldsymbol{e}_1,\boldsymbol{e}_2,\boldsymbol{e}_3$ 为 $P[t]_3$ 的一组标准正交基.

例 9 设 $\boldsymbol{\varepsilon}_1,\boldsymbol{\varepsilon}_2,\boldsymbol{\varepsilon}_3,\boldsymbol{\varepsilon}_4,\boldsymbol{\varepsilon}_5$ 是 $\mathbf{R}^5$ 的一个标准正交基,子空间 $W=\mathrm{Span}[\boldsymbol{\alpha}_1,\boldsymbol{\alpha}_2,\boldsymbol{\alpha}_3]$,其中 $\boldsymbol{\alpha}_1=\boldsymbol{\varepsilon}_1+\boldsymbol{\varepsilon}_5,\boldsymbol{\alpha}_2=\boldsymbol{\varepsilon}_1-\boldsymbol{\varepsilon}_3+\boldsymbol{\varepsilon}_4,\boldsymbol{\alpha}_3=2\boldsymbol{\varepsilon}_1+\boldsymbol{\varepsilon}_2+\boldsymbol{\varepsilon}_3$,求 W 的标准正交基.

解　由已知可看出$\boldsymbol{\alpha}_1,\boldsymbol{\alpha}_2,\boldsymbol{\alpha}_3$在$\mathbf{R}^5$的标准正交基$\boldsymbol{\varepsilon}_1,\boldsymbol{\varepsilon}_2,\boldsymbol{\varepsilon}_3,\boldsymbol{\varepsilon}_4,\boldsymbol{\varepsilon}_5$下的坐标为$\boldsymbol{x}_1=(1,0,0,0,1)^{\mathrm{T}},\boldsymbol{x}_2=(1,0,-1,1,0)^{\mathrm{T}},\boldsymbol{x}_3=(2,1,1,0,0)^{\mathrm{T}}$,易知$\boldsymbol{x}_1,\boldsymbol{x}_2,\boldsymbol{x}_3$线性无关.

用施密特正交化得$\boldsymbol{y}_1=(1,0,0,0,1)^{\mathrm{T}},\boldsymbol{y}_2=\left(\frac{1}{2},0,-1,1,-\frac{1}{2}\right)^{\mathrm{T}},\boldsymbol{y}_3=(1,1,1,0,-1)^{\mathrm{T}}$.再单位化得

$$z_1=\frac{1}{\sqrt{2}}(1,0,0,0,1)^{\mathrm{T}},z_2=\frac{1}{\sqrt{10}}(1,0,-2,2,-1)^{\mathrm{T}},z_3=\frac{1}{2}(1,1,1,0,-1)^{\mathrm{T}},$$

从而可得W的一组标准正交基为

$$\boldsymbol{\beta}_1=(\boldsymbol{\varepsilon}_1,\boldsymbol{\varepsilon}_2,\boldsymbol{\varepsilon}_3,\boldsymbol{\varepsilon}_4,\boldsymbol{\varepsilon}_5)\boldsymbol{z}_1=\frac{1}{\sqrt{2}}(\boldsymbol{\varepsilon}_1+\boldsymbol{\varepsilon}_5),$$

$$\boldsymbol{\beta}_2=(\boldsymbol{\varepsilon}_1,\boldsymbol{\varepsilon}_2,\boldsymbol{\varepsilon}_3,\boldsymbol{\varepsilon}_4,\boldsymbol{\varepsilon}_5)\boldsymbol{z}_2=\frac{1}{\sqrt{10}}(\boldsymbol{\varepsilon}_1-2\boldsymbol{\varepsilon}_3+2\boldsymbol{\varepsilon}_4-\boldsymbol{\varepsilon}_5),$$

$$\boldsymbol{\beta}_3=(\boldsymbol{\varepsilon}_1,\boldsymbol{\varepsilon}_2,\boldsymbol{\varepsilon}_3,\boldsymbol{\varepsilon}_4,\boldsymbol{\varepsilon}_5)\boldsymbol{z}_3=\frac{1}{2}(\boldsymbol{\varepsilon}_1+\boldsymbol{\varepsilon}_2+\boldsymbol{\varepsilon}_3-\boldsymbol{\varepsilon}_5).$$

定义 7　复方阵$\boldsymbol{A}$若满足

$$\boldsymbol{A}^{\mathrm{H}}\boldsymbol{A}=\boldsymbol{A}\boldsymbol{A}^{\mathrm{H}}=\boldsymbol{E},$$

称$\boldsymbol{A}$为**酉矩阵**.$\boldsymbol{A}^{\mathrm{H}}$表示$\boldsymbol{A}$的共轭转置.正交矩阵是酉矩阵的特例.

显然,方阵为酉矩阵的充要条件是其列向量(或行向量)为两两正交的单位向量.

定理 4　酉空间或欧氏空间中两组标准正交基之间的过渡矩阵分别是酉矩阵或正交矩阵.

证明　设$\boldsymbol{e}_1,\boldsymbol{e}_2,\cdots,\boldsymbol{e}_n$和$\boldsymbol{u}_1,\boldsymbol{u}_2,\cdots,\boldsymbol{u}_n$分别为$n$维酉空间$V$中的两组标准正交基,设

$$(\boldsymbol{u}_1,\boldsymbol{u}_2,\cdots,\boldsymbol{u}_n)=(\boldsymbol{e}_1,\boldsymbol{e}_2,\cdots,\boldsymbol{e}_n)\boldsymbol{A},$$

其中$\boldsymbol{A}=(a_{ij})$为过渡矩阵,则

$$(\boldsymbol{u}_i,\boldsymbol{u}_j)=(a_{1i}\boldsymbol{e}_1+a_{2i}\boldsymbol{e}_2+\cdots+a_{ni}\boldsymbol{e}_n,a_{1j}\boldsymbol{e}_1+a_{2j}\boldsymbol{e}_2+\cdots+a_{nj}\boldsymbol{e}_n)$$

$$=a_{1i}\bar{a}_{1j}+a_{2i}\bar{a}_{2j}+\cdots+a_{ni}\bar{a}_{nj},$$

又可得

$$(\boldsymbol{u}_i,\boldsymbol{u}_j)=\delta_{ij}=\begin{cases}1,i=j,\\0,i\neq j.\end{cases}$$

这说明 $\boldsymbol{A}$ 的列向量为两两正交的单位向量,所以 $\boldsymbol{A}$ 是酉矩阵.欧氏空间的情况同理可证.证毕.

三、正交补空间

定义 8 设 V_1 是内积空间 V 的子空间,向量 $\boldsymbol{x}$ 与 V_1 中每个向量正交,则称 $\boldsymbol{x}$ 与 V_1 正交,记为 $\boldsymbol{x}\perp V_1$.设 V_1,V_2 是内积空间 V 的子空间,V_1 中每个向量都与 V_2 正交(因此 V_2 中每个向量也都与 V_1 正交),则称 V_1 与 V_2 正交,记为$V_1\perp V_2$.

一个向量与一个子空间正交的充要条件是这个向量与子空间的一组基的每个基向量都正交;两个子空间正交的充要条件是每个子空间的一组基的每个基向量与另一个子空间的一组基的每个基向量都正交.

定理 5 两个相互正交的子空间的和是直和.

证明 设 V_1,V_2 是内积空间 V 的子空间,且 $V_1\perp V_2$.设 $\boldsymbol{x}\in V_1\cap V_2$,由于 V_1 中每个向量与 V_2 中每个向量都正交,因此 $(\boldsymbol{x},\boldsymbol{x})=0$,即得 $\boldsymbol{x}=\boldsymbol{0}$,所以 $V_1\cap V_2=\{\boldsymbol{0}\}$,由第二节中判断直和的充要条件知 V_1+V_2 为直和.

定义 9 设 V_1,V_2 皆为内积空间 V 的子空间.若 $V_1+V_2=V$ 且 $V_1\perp V_2$,则称 V_2 是 V_1 的正交补空间(简称正交补).

定理 6 内积空间 V 的每个子空间 V_1 皆有唯一的正交补.

证明 若 $V_1=\{\boldsymbol{0}\}$ 或 V,易知 V_1 有唯一的正交补.

下设 $\dim(V)=n,\dim(V_1)=r,0<r<n$.

设 $\boldsymbol{\alpha}_1,\boldsymbol{\alpha}_2,\cdots,\boldsymbol{\alpha}_r$ 是 V_1 的一组正交基,用施密特正交化方法将其扩充为 V 的一组正交基 $\boldsymbol{\alpha}_1,\boldsymbol{\alpha}_2,\cdots,\boldsymbol{\alpha}_r,\boldsymbol{\alpha}_{r+1},\cdots,\boldsymbol{\alpha}_n$.记 $V_2=\mathrm{Span}\{\boldsymbol{\alpha}_{r+1},\boldsymbol{\alpha}_{r+2},\cdots,\boldsymbol{\alpha}_n\}$,则 $V_1+V_2=V$ 且 $V_1\perp V_2$,故 V_2 是 V_1 的一个正交补.

设 V_3 是 V_1 的任一正交补.$\forall\boldsymbol{\alpha}\in V_3$,设 $\boldsymbol{\alpha}=k_1\boldsymbol{\alpha}_1+\cdots+k_r\boldsymbol{\alpha}_r+k_{r+1}\boldsymbol{\alpha}_{r+1}+\cdots+k_n\boldsymbol{\alpha}_n$,故 $1\leqslant i\leqslant r$ 时,$(\boldsymbol{\alpha},\boldsymbol{\alpha}_i)=k_i(\boldsymbol{\alpha}_i,\boldsymbol{\alpha}_i)=0$,而$(\boldsymbol{\alpha}_i,\boldsymbol{\alpha}_i)>0$,故 $k_i=0$.故 $\boldsymbol{\alpha}=k_{r+1}\boldsymbol{\alpha}_{r+1}+\cdots+k_n\boldsymbol{\alpha}_n\in V_2$,故 $V_3\subseteq V_2$.再由定理 5,$\dim(V_3)=n-r=\dim(V_2)$.故 $V_3=V_2$.证毕.

V_1 的唯一的正交补记为 $V_1^{\perp}$.

设 V_1 是内积空间 V 的子空间，$\boldsymbol{\beta} \in V$，则易知 $\boldsymbol{\beta} \in V_1^{\perp}$ 当且仅当 $\boldsymbol{\beta} \perp V_1$.

例 10　欧氏空间 $\mathbf{R}^{2\times 2}$ 中的内积定义为 $(\boldsymbol{A},\boldsymbol{B}) = \sum_{i=1}^{2}\sum_{j=1}^{2} a_{ij}b_{ij}$，$\boldsymbol{A}=(a_{ij})_{2\times 2}$，$\boldsymbol{B}=(b_{ij})_{2\times 2} \in \mathbf{R}^{2\times 2}$. 设

$$\boldsymbol{A}_1 = \begin{pmatrix} 1 & 1 \\ 0 & 0 \end{pmatrix}, \boldsymbol{A}_2 = \begin{pmatrix} 0 & 1 \\ 1 & 1 \end{pmatrix},$$

令 $W = \mathrm{Span}\{\boldsymbol{A}_1, \boldsymbol{A}_2\}$，求：(1) $W^{\perp}$；(2) $W^{\perp}$ 的一个标准正交基.

解　(1) 设 $\boldsymbol{X} = \begin{pmatrix} x_1 & x_2 \\ x_3 & x_4 \end{pmatrix} \in W^{\perp}$，则 $\begin{cases} (\boldsymbol{X},\boldsymbol{A}_1) = x_1 + x_2 = 0, \\ (\boldsymbol{X},\boldsymbol{A}_2) = x_2 + x_3 + x_4 = 0, \end{cases}$ 解得基础解系 $\boldsymbol{\xi}_1 = (1,-1,1,0)^{\mathrm{T}}$，$\boldsymbol{\xi}_2 = (1,-1,0,1)^{\mathrm{T}}$，因此 $W^{\perp}$ 的一组基为

$$\boldsymbol{A}_3 = \begin{pmatrix} 1 & -1 \\ 1 & 0 \end{pmatrix}, \boldsymbol{A}_4 = \begin{pmatrix} 1 & -1 \\ 0 & 1 \end{pmatrix},$$

从而 $W^{\perp} = \mathrm{Span}\{\boldsymbol{A}_3, \boldsymbol{A}_4\}$.

(2) 将 $\boldsymbol{A}_3, \boldsymbol{A}_4$ 正交化、单位化得 $W^{\perp}$ 的一组标准正交基为

$$\boldsymbol{B}_3 = \frac{1}{\sqrt{3}}\begin{pmatrix} 1 & -1 \\ 1 & 0 \end{pmatrix}, \boldsymbol{B}_4 = \frac{1}{\sqrt{15}}\begin{pmatrix} 1 & -1 \\ -2 & 3 \end{pmatrix}.$$

四、距离，最小二乘法

定义 10　欧氏空间 V 的元素 $\boldsymbol{x}$ 到 V 的子空间 W 的**距离** $d(\boldsymbol{x},W)$ 为

$$d(\boldsymbol{x},W) = \min\{d(\boldsymbol{x},\boldsymbol{y}) = \|\boldsymbol{x}-\boldsymbol{y}\| \mid \boldsymbol{y} \in W\}.$$

定理 7　$\boldsymbol{y}$ 为子空间 W 中到 $\boldsymbol{x}$ 的距离最近的元素，当且仅当 $\boldsymbol{x}-\boldsymbol{y}$ 与 W 正交.

证明　若 $\boldsymbol{y} \in W$ 且 $\boldsymbol{x}-\boldsymbol{y} \perp W$，则对 W 中任何元素 $\boldsymbol{z}$，有 $\boldsymbol{y}-\boldsymbol{z} \in W$，所以 $\boldsymbol{x}-\boldsymbol{y} \perp \boldsymbol{y}-\boldsymbol{z}$，从而有

$$\|\boldsymbol{x}-\boldsymbol{z}\|^2 = \|\boldsymbol{x}-\boldsymbol{y}+\boldsymbol{y}-\boldsymbol{z}\|^2 = \|\boldsymbol{x}-\boldsymbol{y}\|^2 + \|\boldsymbol{y}-\boldsymbol{z}\|^2 \geqslant \|\boldsymbol{x}-\boldsymbol{y}\|^2.$$

反之，若 $\boldsymbol{x}-\boldsymbol{y}$ 与 W 不正交，则必有 $\boldsymbol{z} \in W$，$(\boldsymbol{x}-\boldsymbol{y},\boldsymbol{z}) \neq 0$，对任何 $\lambda \in \mathbf{R}$，有

$$\begin{aligned}\|\boldsymbol{x}-(\boldsymbol{y}+\lambda\boldsymbol{z})\|^2 &= \|\boldsymbol{x}-\boldsymbol{y}\|^2 - 2\lambda(\boldsymbol{x}-\boldsymbol{y},\boldsymbol{z}) + \lambda^2\|\boldsymbol{z}\|^2 \\ &= \|\boldsymbol{x}-\boldsymbol{y}\|^2 - \lambda[2(\boldsymbol{x}-\boldsymbol{y},\boldsymbol{z}) - \lambda\|\boldsymbol{z}\|^2],\end{aligned}$$

取λ与$(\boldsymbol{x}-\boldsymbol{y},\boldsymbol{z})$同号且绝对值充分小,即有$\|\boldsymbol{x}-(\boldsymbol{y}+\lambda\boldsymbol{z})\|^2<\|\boldsymbol{x}-\boldsymbol{y}\|^2$,即$W$中元素$\boldsymbol{y}+\lambda\boldsymbol{z}$到$\boldsymbol{x}$的距离比$\boldsymbol{y}$到$\boldsymbol{x}$的距离更近,从而$\boldsymbol{y}$不是子空间$W$中到$\boldsymbol{x}$的距离最近的元素. 证毕.

此定理的结论实际上是几何空间中"点到直线或平面的距离以垂线最短"的推广.

现在讨论距离在解线性方程组中的应用,即求不相容线性方程组的最小二乘解.

给定实线性方程组$\boldsymbol{Ax}=\boldsymbol{b}$,设$\boldsymbol{A}$的列向量为$\boldsymbol{a}_1,\boldsymbol{a}_2,\cdots,\boldsymbol{a}_n$,$\boldsymbol{x}=(x_1,x_2,\cdots,x_n)^{\mathrm{T}}$,则方程组可写为

$$x_1\boldsymbol{a}_1+x_2\boldsymbol{a}_2+\cdots+x_n\boldsymbol{a}_n=\boldsymbol{b},$$

若方程组有解,$\boldsymbol{b}$可表示为$\boldsymbol{a}_1,\boldsymbol{a}_2,\cdots,\boldsymbol{a}_n$的线性组合,或者说$\boldsymbol{b}\in\mathrm{Span}\{\boldsymbol{a}_1,\boldsymbol{a}_2,\cdots,\boldsymbol{a}_n\}$;若方程组无解,则$\boldsymbol{b}\notin\mathrm{Span}\{\boldsymbol{a}_1,\boldsymbol{a}_2,\cdots,\boldsymbol{a}_n\}$. 所谓求近似解,就是在$\mathrm{Span}\{\boldsymbol{a}_1,\boldsymbol{a}_2,\cdots,\boldsymbol{a}_n\}$中找一个距离$\boldsymbol{b}$最近的元素,即求$x_1,x_2,\cdots,x_n$,使

$$\|\boldsymbol{b}-(x_1\boldsymbol{a}_1+x_2\boldsymbol{a}_2+\cdots+x_n\boldsymbol{a}_n)\|$$

最小,且称满足此条件的$x_1,x_2,\cdots,x_n$为原方程组的**最小二乘解**. 由定理 7 知,最小二乘解$x_1,x_2,\cdots,x_n$应满足

$$\boldsymbol{b}-(x_1\boldsymbol{a}_1+x_2\boldsymbol{a}_2+\cdots+x_n\boldsymbol{a}_n)\perp\mathrm{Span}\{\boldsymbol{a}_1,\boldsymbol{a}_2,\cdots,\boldsymbol{a}_n\}.$$

因为向量与线性空间$\mathrm{Span}\{\boldsymbol{a}_1,\boldsymbol{a}_2,\cdots,\boldsymbol{a}_n\}$正交的充要条件是与每个$\boldsymbol{a}_k$正交,并且在列向量构成的欧氏空间中,$(\boldsymbol{b},\boldsymbol{a})=\boldsymbol{a}^{\mathrm{T}}\boldsymbol{b}$,所以上式等价于

$$\boldsymbol{a}_k^{\mathrm{T}}[\boldsymbol{b}-(x_1\boldsymbol{a}_1+x_2\boldsymbol{a}_2+\cdots+x_n\boldsymbol{a}_n)]=0,k=1,2,\cdots,n,$$

写成一个等式即为

$$\begin{pmatrix}\boldsymbol{a}_1^{\mathrm{T}}\\ \boldsymbol{a}_2^{\mathrm{T}}\\ \vdots\\ \boldsymbol{a}_n^{\mathrm{T}}\end{pmatrix}(x_1\boldsymbol{a}_1+x_2\boldsymbol{a}_2+\cdots+x_n\boldsymbol{a}_n)=\begin{pmatrix}\boldsymbol{a}_1^{\mathrm{T}}\boldsymbol{b}\\ \boldsymbol{a}_2^{\mathrm{T}}\boldsymbol{b}\\ \vdots\\ \boldsymbol{a}_n^{\mathrm{T}}\boldsymbol{b}\end{pmatrix},$$

即

$$\boldsymbol{A}^{\mathrm{T}}\boldsymbol{Ax}=\boldsymbol{A}^{\mathrm{T}}\boldsymbol{b}.$$

例 11 求解非齐次线性方程组$\boldsymbol{Ax}=\boldsymbol{b}$的最小二乘解,其中

$$A=\begin{pmatrix}1&1&0\\1&2&1\\2&3&1\end{pmatrix},b=\begin{pmatrix}1\\1\\0\end{pmatrix}.$$

解　所给方程组不相容，可求得

$$A^{\mathrm{T}}A=\begin{pmatrix}6&9&3\\9&14&5\\3&5&2\end{pmatrix},A^{\mathrm{T}}b=\begin{pmatrix}2\\3\\1\end{pmatrix}.$$

由 $A^{\mathrm{T}}Ax=A^{\mathrm{T}}b$，解得

$$x=c\begin{pmatrix}-1\\1\\-1\end{pmatrix}+\begin{pmatrix}\frac{1}{3}\\0\\0\end{pmatrix},$$

c 为任意常数.

注意：不论 c 为何值，总有 $Ax=\begin{pmatrix}\frac{1}{3}\\\frac{1}{3}\\\frac{2}{3}\end{pmatrix}$.

第五节　正交变换与酉变换

定义　设 T 是欧氏(酉)空间 V 的线性变换，若 T 保持 V 中向量的内积不变，即对任何 $x,y\in V$，都有

$$(Tx,Ty)=(x,y),$$

则称 T 为 V 的一个**正交(酉)变换**.

对正交变换的判别有下面一些等价的命题.

定理 1　欧氏(酉)空间 V 中的线性变换 T 为正交(酉)变换的充要条件是 T 保持 V 中向量的长度不变：$\|Tx\|=\|x\|,\forall x\in V$.

证明 若 T 为正交变换,则 $\| Tx \|^2=(Tx,Tx)=(x,x)=\| x \|^2$,故 T 保持向量长度不变.

反之,若 T 保持欧氏空间 V 中向量的长度不变,则对任何 $x,y \in V$,

$$\| T(x+y) \|^2 = \| x+y \|^2,$$

$$(Tx+Ty,Tx+Ty)=(x+y,x+y),$$

$$\| Tx \|^2+2(Tx,Ty)+\| Ty \|^2=\| x \|^2+2(x,y)+\| y \|^2,$$

$$(Tx,Ty)=(x,y),$$

即 T 保持向量内积不变,故为正交变换.

若 V 为酉空间,同理分别对 $x+y$ 和 $x+\mathrm{i}y$ 进行讨论,可证明 (Tx,Ty) 与 (x,y) 的实部和虚部分别相等,从而仍有 $(Tx,Ty)=(x,y)$. 证毕.

定理 2 欧氏(酉)空间 V 中的线性变换 T 为正交(酉)变换的充要条件是 T 把 V 中的标准正交基变为标准正交基.

证明 设 $e_1,e_2,\cdots,e_n$ 为欧氏(酉)空间 V 的一组标准正交基. 若 T 为正交(酉)变换,则

$$(Te_i,Te_j)=(e_i,e_j)=\delta_{ij}=\begin{cases}1, i=j,\\ 0, i\neq j,\end{cases} \quad i,j=1,2,\cdots,n.$$

故 $Te_1,Te_2,\cdots,Te_n$ 为标准正交基.

反之,若 $Te_1,Te_2,\cdots,Te_n$ 也为标准正交基,对 $x,y \in V$,设

$$x=\xi_1e_1+\xi_2e_2+\cdots+\xi_ne_n, y=\zeta_1e_1+\zeta_2e_2+\cdots+\zeta_ne_n,$$

则

$$Tx=\xi_1Te_1+\xi_2Te_2+\cdots+\xi_nTe_n, Ty=\zeta_1Te_1+\zeta_2Te_2+\cdots+\zeta_nTe_n,$$

由标准正交基的性质有

$$(x,y)=\xi_1\bar{\zeta}_1+\xi_2\bar{\zeta}_2+\cdots+\xi_n\bar{\zeta}_n=(Tx,Ty),$$

即 T 保持向量内积不变,故为正交(酉)变换. 证毕.

定理 3 欧氏(酉)空间 V 中的线性变换 T 为正交(酉)变换的充要条件是 T 在标准正交基下的矩阵为正交矩阵或酉矩阵.

证明 设 $e_1,e_2,\cdots,e_n$ 为 V 的一组标准正交基. 若 T 为正交(酉)变换,则由定理 2 知 $Te_1,Te_2,\cdots,Te_n$ 也为标准正交基,T 在 $e_1,e_2,\cdots,e_n$ 下的矩阵可视为

标准正交基 $\boldsymbol{e}_1,\boldsymbol{e}_2,\cdots,\boldsymbol{e}_n$ 到标准正交基 $T\boldsymbol{e}_1,T\boldsymbol{e}_2,\cdots,T\boldsymbol{e}_n$ 的过渡矩阵，因此是正交矩阵或酉矩阵.

反之，设 $T(\boldsymbol{e}_1,\boldsymbol{e}_2,\cdots,\boldsymbol{e}_n)=(\boldsymbol{e}_1,\boldsymbol{e}_2,\cdots,\boldsymbol{e}_n)\boldsymbol{A}$，$\boldsymbol{A}$ 为正交(酉)矩阵. 对 $\boldsymbol{x}\in V$，设 $\boldsymbol{x}=\xi_1\boldsymbol{e}_1+\xi_2\boldsymbol{e}_2+\cdots+\xi_n\boldsymbol{e}_n$，记 $\boldsymbol{x}$ 的坐标 $(\xi_1,\xi_2,\cdots,\xi_n)^{\mathrm{T}}=\boldsymbol{\xi}$，则

$$\|\boldsymbol{x}\|^2=|\xi_1|^2+|\xi_2|^2+\cdots+|\xi_n|^2=\boldsymbol{\xi}^{\mathrm{T}}\boldsymbol{\xi}.$$

由第三节定理 3，$T\boldsymbol{x}$ 的坐标为 $\boldsymbol{A\xi}$，故

$$\|T\boldsymbol{x}\|^2=(\boldsymbol{A\xi})^{\mathrm{T}}(\boldsymbol{A\xi})=\boldsymbol{\xi}^{\mathrm{T}}\boldsymbol{A}^{\mathrm{T}}\boldsymbol{A\xi}=\boldsymbol{\xi}^{\mathrm{T}}\boldsymbol{E\xi}=\boldsymbol{\xi}^{\mathrm{T}}\boldsymbol{\xi}=\|\boldsymbol{x}\|^2,$$

即 T 保持向量长度不变. 由定理 1，T 为正交(酉)变换. 证毕.

例 1　对 $(x,y,z)^{\mathrm{T}}\in\mathbf{R}^3$，设 $T(x,y,z)^{\mathrm{T}}=(x\cos\gamma\cos\theta-y\sin\theta-z\sin\gamma\cos\theta,$ $x\cos\gamma\sin\theta+y\cos\theta-z\sin\gamma\sin\theta,x\sin\gamma+z\cos\gamma)^{\mathrm{T}}$，证明 T 为正交变换.

证明　易知 T 是线性变换. $\|(x,y,z)^{\mathrm{T}}\|^2=x^2+y^2+z^2$，则

$$\begin{aligned}&\|T(x,y,z)^{\mathrm{T}}\|^2\\&=\|(x\cos\gamma\cos\theta-y\sin\theta-z\sin\gamma\cos\theta,x\cos\gamma\sin\theta+y\cos\theta-z\sin\gamma\sin\theta,\\&\quad x\sin\gamma+z\cos\gamma)^{\mathrm{T}}\|^2=x^2+y^2+z^2\\&=\|(x,y,z)^{\mathrm{T}}\|^2,\end{aligned}$$

T 保持向量长度不变，由定理 1，T 为正交变换.

或者，取 $\mathbf{R}^3$ 的一组标准正交基 $\boldsymbol{e}_1=(1,0,0)^{\mathrm{T}},\boldsymbol{e}_2=(0,1,0)^{\mathrm{T}},\boldsymbol{e}_3=(0,0,1)^{\mathrm{T}}$，则

$$\begin{aligned}T\boldsymbol{e}_1&=T(1,0,0)^{\mathrm{T}}=(\cos\gamma\cos\theta,\cos\gamma\sin\theta,\sin\gamma)^{\mathrm{T}}\\&=\cos\gamma\cos\theta\boldsymbol{e}_1+\cos\gamma\sin\theta\boldsymbol{e}_2+\sin\gamma\boldsymbol{e}_3,\end{aligned}$$

$$T\boldsymbol{e}_2=T(0,1,0)^{\mathrm{T}}=(-\sin\theta,\cos\theta,0)^{\mathrm{T}}=-\sin\theta\boldsymbol{e}_1+\cos\theta\boldsymbol{e}_2+0\boldsymbol{e}_3,$$

$$\begin{aligned}T\boldsymbol{e}_3&=T(0,0,1)^{\mathrm{T}}=(-\sin\gamma\cos\theta,-\sin\gamma\sin\theta,\cos\gamma)^{\mathrm{T}}\\&=-\sin\gamma\cos\theta\boldsymbol{e}_1-\sin\gamma\sin\theta\boldsymbol{e}_2+\cos\gamma\boldsymbol{e}_3,\end{aligned}$$

T 在 $\boldsymbol{e}_1,\boldsymbol{e}_2,\boldsymbol{e}_3$ 下的矩阵为

$$\boldsymbol{A}=\begin{pmatrix}\cos\gamma\cos\theta&-\sin\theta&-\sin\gamma\cos\theta\\\cos\gamma\sin\theta&\cos\theta&-\sin\gamma\sin\theta\\\sin\gamma&0&\cos\gamma\end{pmatrix}$$

为正交矩阵,由定理 3,T 为正交变换. 证毕.

内积空间中,两向量的距离可由这两个向量之差的长度来定义,而长度又是由内积定义的,内积经正交变换后不变,因此,距离经正交变换后也不变. 但这个结论的逆命题不真,即保持距离不变的变换不一定是正交变换,因为它不一定是线性变换. 例如平移变换 $\boldsymbol{x}\rightarrow\boldsymbol{x}+\boldsymbol{a}$,$\boldsymbol{a}$ 为非零常向量,此变换不保持线性运算,故不是线性变换,因此不是正交变换.

但是,保持内积不变的变换一定是线性变换,因此一定是正交(酉) 变换. 以欧氏空间为例,证明如下:

$$\begin{aligned}\|T(\boldsymbol{x}+\boldsymbol{y})-T\boldsymbol{x}-T\boldsymbol{y}\|^2&=(T(\boldsymbol{x}+\boldsymbol{y})-T\boldsymbol{x}-T\boldsymbol{y},T(\boldsymbol{x}+\boldsymbol{y})-T\boldsymbol{x}-T\boldsymbol{y})\\&=(T(\boldsymbol{x}+\boldsymbol{y}),T(\boldsymbol{x}+\boldsymbol{y}))+(T\boldsymbol{x},T\boldsymbol{x})+(T\boldsymbol{y},T\boldsymbol{y})-2(T(\boldsymbol{x}+\boldsymbol{y}),T\boldsymbol{x})\\&\quad-2(T(\boldsymbol{x}+\boldsymbol{y}),T\boldsymbol{y})+2(T\boldsymbol{x},T\boldsymbol{y})\\&=(\boldsymbol{x}+\boldsymbol{y},\boldsymbol{x}+\boldsymbol{y})+(\boldsymbol{x},\boldsymbol{x})+(\boldsymbol{y},\boldsymbol{y})-2(\boldsymbol{x}+\boldsymbol{y},\boldsymbol{x})-2(\boldsymbol{x}+\boldsymbol{y},\boldsymbol{y})+2(\boldsymbol{x},\boldsymbol{y})=0,\end{aligned}$$

$$\begin{aligned}\|T(\lambda\boldsymbol{x})-\lambda T\boldsymbol{x}\|^2&=(T(\lambda\boldsymbol{x})-\lambda T\boldsymbol{x},T(\lambda\boldsymbol{x})-\lambda T\boldsymbol{x})\\&=(T(\lambda\boldsymbol{x}),T(\lambda\boldsymbol{x}))-2\lambda(T(\lambda\boldsymbol{x}),T\boldsymbol{x})+\lambda^2(T\boldsymbol{x},T\boldsymbol{x})\\&=(\lambda\boldsymbol{x},\lambda\boldsymbol{x})-2\lambda(\lambda\boldsymbol{x},\boldsymbol{x})+\lambda^2(\boldsymbol{x},\boldsymbol{x})=0,\end{aligned}$$

长度为零的向量为零向量,所以

$$T(\boldsymbol{x}+\boldsymbol{y})-T\boldsymbol{x}-T\boldsymbol{y}=\boldsymbol{0},\ T(\lambda\boldsymbol{x})-\lambda T\boldsymbol{x}=\boldsymbol{0},$$

所以 T 为线性变换. 证毕.

习 题 一

1. 证明:线性空间的零向量唯一;每个向量的负向量唯一;零和任何向量的数积为零向量;任何数与零向量的数积为零向量;-1 和任何向量的数积即为该向量的负向量.

2. 检验下面的集合对指定的线性运算是否构成实数域上的线性空间:

(1) 平面上不平行于某一给定向量的全体向量集合,对于向量的加法和数乘;

(2) 全体实数的二元数组,对于如下定义的加法 $\oplus$ 和数乘 $\otimes$ 运算:

$$(a_1,b_1)\oplus(a_2,b_2)=(a_1+a_2,b_1+b_2+a_1a_2),$$

$$k\otimes(a,b)=\left(ka,kb+\frac{k(k-1)}{2}a^2\right);$$

(3) 二阶常系数非齐次线性微分方程的解的集合,对于通常函数的加法和数乘.

3. 设 $V=\{\boldsymbol{A}\mid\boldsymbol{A}^2=\boldsymbol{A},\boldsymbol{A}\in\mathbf{R}^{n\times n}\}$，在 V 中定义通常的矩阵加法与数乘运算，试问 V 是否构成线性空间？说明理由．

4. 已知四维向量组 $\boldsymbol{\alpha}_1=\begin{pmatrix}1+a & 1\\ 1 & 1\end{pmatrix}$，$\boldsymbol{\alpha}_2=\begin{pmatrix}2 & 2+a\\ 2 & 2\end{pmatrix}$，$\boldsymbol{\alpha}_3=\begin{pmatrix}3 & 3\\ 3+a & 3\end{pmatrix}$，$\boldsymbol{\alpha}_4=\begin{pmatrix}4 & 4\\ 4 & 4+a\end{pmatrix}$．试问 a 为何值时，$\boldsymbol{\alpha}_1,\boldsymbol{\alpha}_2,\boldsymbol{\alpha}_3,\boldsymbol{\alpha}_4$ 线性相关？当 $\boldsymbol{\alpha}_1,\boldsymbol{\alpha}_2,\boldsymbol{\alpha}_3,\boldsymbol{\alpha}_4$ 线性相关时，求其一个最大线性无关组，并将其他向量用该最大线性无关组线性表示．

5. 验证 $\boldsymbol{\alpha}_1=\begin{pmatrix}1 & 0\\ 2 & 1\end{pmatrix}$，$\boldsymbol{\alpha}_2=\begin{pmatrix}1 & 1\\ -2 & 3\end{pmatrix}$，$\boldsymbol{\alpha}_3=\begin{pmatrix}2 & 1\\ 1 & 1\end{pmatrix}$，$\boldsymbol{\alpha}_4=\begin{pmatrix}1 & 0\\ 2 & 4\end{pmatrix}$ 是 $\mathbf{R}^{2\times 2}$ 的一组基，并求 $\boldsymbol{\beta}=\begin{pmatrix}5 & -1\\ 3 & 2\end{pmatrix}$ 在该组基下的坐标．

6. 证明 $\mathbf{R}^{n\times n}$ 中全体对称矩阵、反对称矩阵、上三角矩阵对于矩阵的加法和数乘分别构成 $\mathbf{R}$ 上的线性空间，并分别求这些空间的一组基和维数．

7. 在 $\mathbf{R}^4$ 中，求由基 $\boldsymbol{x}_1,\boldsymbol{x}_2,\cdots,\boldsymbol{x}_n$ 到基 $\boldsymbol{y}_1,\boldsymbol{y}_2,\cdots,\boldsymbol{y}_n$ 的过渡矩阵 $\boldsymbol{A}$，并求向量 $\boldsymbol{a}$ 在指定基下的坐标，设

$$(1)\begin{cases}\boldsymbol{x}_1=(1,2,-1,0)^{\mathrm{T}},\\ \boldsymbol{x}_2=(1,-1,1,1)^{\mathrm{T}},\\ \boldsymbol{x}_3=(-1,2,1,1)^{\mathrm{T}},\\ \boldsymbol{x}_4=(-1,-1,0,1)^{\mathrm{T}},\end{cases}\quad\begin{cases}\boldsymbol{y}_1=(2,1,0,1)^{\mathrm{T}},\\ \boldsymbol{y}_2=(0,1,2,2)^{\mathrm{T}},\\ \boldsymbol{y}_3=(-2,1,1,2)^{\mathrm{T}},\\ \boldsymbol{y}_4=(1,3,1,2)^{\mathrm{T}},\end{cases}$$

$\boldsymbol{a}=(1,0,0,0)^{\mathrm{T}}$ 在基 $\boldsymbol{x}_1,\boldsymbol{x}_2,\boldsymbol{x}_3,\boldsymbol{x}_4$ 下的坐标；

$$(2)\begin{cases}\boldsymbol{x}_1=(1,1,1,1)^{\mathrm{T}},\\ \boldsymbol{x}_2=(1,1,-1,-1)^{\mathrm{T}},\\ \boldsymbol{x}_3=(1,-1,1,-1)^{\mathrm{T}},\\ \boldsymbol{x}_4=(1,-1,-1,1)^{\mathrm{T}},\end{cases}\quad\begin{cases}\boldsymbol{y}_1=(1,1,0,1)^{\mathrm{T}},\\ \boldsymbol{y}_2=(2,1,3,1)^{\mathrm{T}},\\ \boldsymbol{y}_3=(1,1,0,0)^{\mathrm{T}},\\ \boldsymbol{y}_4=(0,1,-1,-1)^{\mathrm{T}},\end{cases}$$

$\boldsymbol{a}=(1,0,0,-1)^{\mathrm{T}}$ 在基 $\boldsymbol{y}_1,\boldsymbol{y}_2,\boldsymbol{y}_3,\boldsymbol{y}_4$ 下的坐标．

8. 设 $M=\{\boldsymbol{A}=(a_{ij})\in\mathbf{R}^{3\times 3}\mid a_{12}+a_{13}=0,a_{22}=a_{33}\}$．

(1) 验证 M 是 $\mathbf{R}^{3\times 3}$ 的一个子空间；

(2) 求 M 的维数和一组基；

(3) 求 $\boldsymbol{A}=\begin{pmatrix}1 & 2 & -2\\ 4 & -3 & 0\\ 5 & -1 & -3\end{pmatrix}$ 在所求出的基下的坐标．

9. 在 $\mathbf{R}^4$ 中给定两组基

$$\begin{cases}\boldsymbol{x}_1 = (1,0,0,0)^{\mathrm{T}}, \\ \boldsymbol{x}_2 = (0,1,0,0)^{\mathrm{T}}, \\ \boldsymbol{x}_3 = (0,0,1,0)^{\mathrm{T}}, \\ \boldsymbol{x}_4 = (0,0,0,1)^{\mathrm{T}},\end{cases} \quad \begin{cases}\boldsymbol{y}_1 = (2,1,-1,1)^{\mathrm{T}}, \\ \boldsymbol{y}_2 = (0,3,1,0)^{\mathrm{T}}, \\ \boldsymbol{y}_3 = (5,3,2,1)^{\mathrm{T}}, \\ \boldsymbol{y}_4 = (6,6,1,3)^{\mathrm{T}}.\end{cases}$$

证明:所有在这两组基下有相同坐标的全体向量构成 $\mathbf{R}^4$ 的子空间,求此子空间的一组基和维数.

10. 证明:$\mathrm{Span}\{\boldsymbol{x}_1,\boldsymbol{x}_2,\cdots,\boldsymbol{x}_r\} = \mathrm{Span}\{\boldsymbol{y}_1,\boldsymbol{y}_2,\cdots,\boldsymbol{y}_s\}$ 的充要条件是向量组 $\boldsymbol{x}_1,\boldsymbol{x}_2,\cdots,\boldsymbol{x}_r$ 和 $\boldsymbol{y}_1,\boldsymbol{y}_2,\cdots,\boldsymbol{y}_s$ 等价.

11. 设 V_1 和 V_2 分别是齐次线性方程组

$$x_1 + x_2 + \cdots + x_n = 0$$

和

$$x_1 = x_2 = \cdots = x_n$$

的解空间,证明

$$\mathbf{R}^n = V_1 \oplus V_2.$$

12. 设 $\mathbf{R}^{2\times 2}$ 的两个子空间为

$$V_1 = \left\{\begin{pmatrix} x_1 & x_2 \\ x_3 & x_4 \end{pmatrix} \,\middle|\, 2x_1 + 3x_2 - x_3 = 0, x_1 + 2x_2 + x_3 - x_4 = 0\right\},$$

$$V_2 = \mathrm{Span}\left\{\begin{pmatrix} 2 & -1 \\ a+2 & 1 \end{pmatrix}, \begin{pmatrix} -1 & 2 \\ 4 & a+8 \end{pmatrix}\right\}.$$

(1) 求 V_1 的基与维数;

(2) a 为何值时,$V_1 + V_2$ 是直和? 当 $V_1 + V_2$ 不是直和时,求 $V_1 \cap V_2$ 的基与维数.

13. 求下列由向量组$\{\boldsymbol{x}_k\}$ 和向量组$\{\boldsymbol{y}_k\}$ 生成的子空间的交与和的维数和基:

(1) $\begin{cases}\boldsymbol{x}_1 = (1,2,1,0)^{\mathrm{T}}, \\ \boldsymbol{x}_2 = (-1,1,1,1)^{\mathrm{T}},\end{cases} \quad \begin{cases}\boldsymbol{y}_1 = (2,-1,0,1)^{\mathrm{T}}, \\ \boldsymbol{y}_2 = (1,-1,3,7)^{\mathrm{T}};\end{cases}$

(2) $\begin{cases}\boldsymbol{x}_1 = (1,2,-1,-2)^{\mathrm{T}}, \\ \boldsymbol{x}_2 = (3,1,1,1)^{\mathrm{T}}, \\ \boldsymbol{x}_3 = (-1,0,1,-1)^{\mathrm{T}},\end{cases} \quad \begin{cases}\boldsymbol{y}_1 = (2,5,-6,-5)^{\mathrm{T}}, \\ \boldsymbol{y}_2 = (-1,2,-7,3)^{\mathrm{T}}.\end{cases}$

14. 判断下列变换是否为线性变换:

(1) 在线性空间 V 中,$T(\boldsymbol{x}) = \boldsymbol{x} + \boldsymbol{a}$,其中 $\boldsymbol{a} \in V$ 为给定的非零向量;

(2) 把复数集合视为复数域上的线性空间,$T(z) = \bar{z}$;

(3) 在 $\mathbf{R}^3$ 中,$T(x,y,z) = (x^2, y+z, z^2)$;

(4) 在 $\mathbf{R}^3$ 中，$T(x,y,z)=(2x-y,y+z,x)$；

(5) 在 $\mathbf{R}^{n\times n}$ 中，$T(\boldsymbol{A})=\boldsymbol{BAC}$，其中 $\boldsymbol{B},\boldsymbol{C}\in\mathbf{R}^{n\times n}$，是两个给定的矩阵；

(6) 在 $P[x]$ 中，$T[p(x)]=p(x+1)$；

(7) 在 $P[x]$ 中，$T[p(x)]=p(x_0)$，其中 x_0 是一个给定的数.

15. 线性空间 V 为由基函数

$$\boldsymbol{x}_1=\mathrm{e}^{at}\cos bt,\boldsymbol{x}_2=\mathrm{e}^{at}\sin bt,\boldsymbol{x}_3=t\mathrm{e}^{at}\cos bt,$$

$$\boldsymbol{x}_4=t\mathrm{e}^{at}\sin bt,\boldsymbol{x}_5=\frac{t^2}{2}\mathrm{e}^{at}\cos bt,\boldsymbol{x}_6=\frac{t^2}{2}\mathrm{e}^{at}\sin bt$$

生成的实数域上的线性空间，求微分算子 D 在这组基下的矩阵.

16. 已知 $\mathbf{R}^3$ 中的线性变换 T 在基

$$\boldsymbol{\xi}_1=(-1,1,1)^{\mathrm{T}},\boldsymbol{\xi}_2=(1,0,-1)^{\mathrm{T}},\boldsymbol{\xi}_3=(0,1,1)^{\mathrm{T}}$$

下的矩阵为

$$\begin{pmatrix}1&0&1\\1&1&0\\-1&2&1\end{pmatrix},$$

求 T 在基

$$\boldsymbol{e}_1=(1,0,0)^{\mathrm{T}},\boldsymbol{e}_2=(0,1,0)^{\mathrm{T}},\boldsymbol{e}_3=(0,0,1)^{\mathrm{T}}$$

下的矩阵.

17. 给定 $\mathbf{R}^3$ 中的两组基：

$$\boldsymbol{\varepsilon}_1=(1,0,1)^{\mathrm{T}},\boldsymbol{\varepsilon}_2=(2,1,0)^{\mathrm{T}},\boldsymbol{\varepsilon}_3=(1,1,1)^{\mathrm{T}},$$

$$\boldsymbol{\eta}_1=(1,2,-1)^{\mathrm{T}},\boldsymbol{\eta}_2=(2,2,-1)^{\mathrm{T}},\boldsymbol{\eta}_3=(2,-1,-1)^{\mathrm{T}}.$$

设 T 为 $\mathbf{R}^3$ 中的线性变换，且 $T\boldsymbol{\varepsilon}_k=\boldsymbol{\eta}_k(k=1,2,3)$. 求：

(1) 从基 $\{\boldsymbol{\varepsilon}_1,\boldsymbol{\varepsilon}_2,\boldsymbol{\varepsilon}_3\}$ 到基 $\{\boldsymbol{\eta}_1,\boldsymbol{\eta}_2,\boldsymbol{\eta}_3\}$ 的过渡矩阵；

(2) T 在基 $\{\boldsymbol{\varepsilon}_1,\boldsymbol{\varepsilon}_2,\boldsymbol{\varepsilon}_3\}$ 下的矩阵；

(3) T 在基 $\{\boldsymbol{\eta}_1,\boldsymbol{\eta}_2,\boldsymbol{\eta}_3\}$ 下的矩阵.

18. 设 V 是数域 P 上二阶矩阵组成的线性空间，定义 V 的一个变换 T 如下：

$$T(\boldsymbol{X})=\begin{pmatrix}1&-1\\-1&1\end{pmatrix}\boldsymbol{X},\boldsymbol{X}\in V.$$

(1) 证明：T 是线性变换；

(2) 求 T 在基

$$\boldsymbol{E}_{11}=\begin{pmatrix}1&0\\0&0\end{pmatrix},\boldsymbol{E}_{12}=\begin{pmatrix}0&1\\0&0\end{pmatrix},\boldsymbol{E}_{21}=\begin{pmatrix}0&0\\1&0\end{pmatrix},\boldsymbol{E}_{22}=\begin{pmatrix}0&0\\0&1\end{pmatrix}$$

下的矩阵;

(3) 求 T 的核 $\mathrm{Ker}(T)$ 的维数与一组基.

19. 设 T 是线性空间 V 中的线性变换,如果 T 在任意一组基下的矩阵都相同,证明 T 是数乘变换.

20. 设线性变换 T 在 4 维线性空间 V 的基 $\boldsymbol{\xi}_1,\boldsymbol{\xi}_2,\boldsymbol{\xi}_3,\boldsymbol{\xi}_4$ 下的矩阵是

$$\begin{pmatrix} 1 & 0 & 2 & 1 \\ -1 & 2 & 1 & 3 \\ 1 & 2 & 5 & 5 \\ 2 & -2 & 1 & -2 \end{pmatrix}.$$

(1) 求 T 在基 $\boldsymbol{\eta}_1=\boldsymbol{\xi}_1-2\boldsymbol{\xi}_2+\boldsymbol{\xi}_4,\boldsymbol{\eta}_2=3\boldsymbol{\xi}_2-\boldsymbol{\xi}_3-\boldsymbol{\xi}_4,\boldsymbol{\eta}_3=\boldsymbol{\xi}_3+\boldsymbol{\xi}_4,\boldsymbol{\eta}_4=2\boldsymbol{\xi}_4$ 下的矩阵;

(2) 求 T 的值域 $T(V)$ 与核 $\mathrm{Ker}(T)$.

21. 设线性空间 V 的线性变换 T 在基 $\boldsymbol{\alpha}_1,\boldsymbol{\alpha}_2,\boldsymbol{\alpha}_3$ 下的矩阵 $\boldsymbol{A}=\begin{pmatrix} 1 & 2 & 2 \\ 2 & 1 & 2 \\ 2 & 2 & 1 \end{pmatrix}$. 证明:

$$W=\mathrm{Span}\{\alpha_2-\alpha_1,\alpha_3-\alpha_1\}$$

是 T 的不变子空间.

22. 设 $\boldsymbol{\alpha}_1,\boldsymbol{\alpha}_2,\cdots,\boldsymbol{\alpha}_n$ 是欧氏空间 V 的一组向量,证明这组向量线性无关的充要条件是行列式

$$\begin{vmatrix} (\boldsymbol{\alpha}_1,\boldsymbol{\alpha}_1) & (\boldsymbol{\alpha}_1,\boldsymbol{\alpha}_2) & \cdots & (\boldsymbol{\alpha}_1,\boldsymbol{\alpha}_n) \\ (\boldsymbol{\alpha}_2,\boldsymbol{\alpha}_1) & (\boldsymbol{\alpha}_2,\boldsymbol{\alpha}_2) & \cdots & (\boldsymbol{\alpha}_2,\boldsymbol{\alpha}_n) \\ \vdots & \vdots & & \vdots \\ (\boldsymbol{\alpha}_n,\boldsymbol{\alpha}_1) & (\boldsymbol{\alpha}_n,\boldsymbol{\alpha}_2) & \cdots & (\boldsymbol{\alpha}_n,\boldsymbol{\alpha}_n) \end{vmatrix}\neq 0.$$

23. 设 $\boldsymbol{A}$ 为 $\mathbf{R}^{n\times n}$ 中的正定矩阵,证明二元函数 $f(\boldsymbol{x},\boldsymbol{y})=\boldsymbol{x}^{\mathrm{T}}\boldsymbol{A}\boldsymbol{y}$ 为 $\mathbf{R}^n$ 中的一种内积.

24. 设 $\boldsymbol{x}=(\xi_1,\xi_2),\boldsymbol{y}=(\eta_1,\eta_2)$ 是 $\mathbf{R}^2$ 中任意两个向量,判断以下定义的函数是否构成 $\mathbf{R}^2$ 中的内积:

(1) $(\boldsymbol{x},\boldsymbol{y})=\xi_1\eta_1+\xi_2\eta_2+1$;

(2) $(\boldsymbol{x},\boldsymbol{y})=\xi_1\eta_1-\xi_2\eta_2$;

(3) $(\boldsymbol{x},\boldsymbol{y})=3\xi_1\eta_1+5\xi_2\eta_2$.

25. 设 V 是实数域 $\mathbf{R}$ 上的 n 维线性空间,$\boldsymbol{e}_1,\boldsymbol{e}_2,\cdots,\boldsymbol{e}_n$ 是 V 的一组基,对 V 中任意两个向量

$$\boldsymbol{x}=\sum_{k=1}^{n}\xi_k\boldsymbol{e}_k,\boldsymbol{y}=\sum_{k=1}^{n}\eta_k\boldsymbol{e}_k,$$

规定

$$(\boldsymbol{x},\boldsymbol{y}) = \sum_{k=1}^{n} \xi_k \eta_k.$$

证明:$(\boldsymbol{x},\boldsymbol{y})$ 是 V 中一种内积.

26. 证明:对任意实数 $a_1,a_2,\cdots,a_n$,有

$$\sum_{k=1}^{n} |a_k| \leqslant \sqrt{n\sum_{k=1}^{n} a_k^2}.$$

27. 在 $\mathbf{R}^4$ 中求一单位向量与$(1,1,-1,1)^{\mathrm{T}},(1,-1,-1,1)^{\mathrm{T}},(2,1,1,3)^{\mathrm{T}}$ 都正交.

28. 设 $\boldsymbol{e}_1,\boldsymbol{e}_2,\boldsymbol{e}_3,\boldsymbol{e}_4,\boldsymbol{e}_5$ 是 $\mathbf{R}^5$ 中一组标准正交基,$V=\mathrm{Span}\{\boldsymbol{\alpha}_1,\boldsymbol{\alpha}_2,\boldsymbol{\alpha}_3\}$,其中

$$\boldsymbol{\alpha}_1=\boldsymbol{e}_1+\boldsymbol{e}_5,\boldsymbol{\alpha}_2=\boldsymbol{e}_1-\boldsymbol{e}_2+\boldsymbol{e}_4,\boldsymbol{\alpha}_3=2\boldsymbol{e}_1+\boldsymbol{e}_2+\boldsymbol{e}_3.$$

(1) 求 V 的一组标准正交基;

(2) 求 $V^{\perp}$ 的一组标准正交基.

29. 用施密特正交化方法将内积空间 V 中给定的线性无关向量组 S 正交、单位化,进而扩充为 V 的标准正交基,并求出给定向量 $\boldsymbol{\alpha}$ 在此标准正交基下的坐标表达式.

(1)$V=\mathbf{R}^4,S=\{(1,2,2,-1)^{\mathrm{T}},(1,1,-5,3)^{\mathrm{T}},(3,2,8,-7)^{\mathrm{T}}\},\boldsymbol{\alpha}=(3,1,1,-3)^{\mathrm{T}}$;

(2)$V=\mathbf{R}^4,S=\{(2,1,3,-1)^{\mathrm{T}},(7,4,3,-3)^{\mathrm{T}},(2,6,-5,10)^{\mathrm{T}},(1,1,1,1)^{\mathrm{T}}\}$, $\boldsymbol{\alpha}=(2,1,3,-1)^{\mathrm{T}}$;

(3)$V=P[x]_3$,定义内积为:$(f,g)=\int_0^1 f(x)g(x)\mathrm{d}x,S=\{1,x,x^2\},\boldsymbol{\alpha}=1+x$.

30. 求齐次线性方程组

$$\begin{cases}2x_1+x_2-x_3+x_4-3x_5=0,\\ x_1+x_2-x_3+x_5=0\end{cases}$$

的解空间的一组标准正交基.

31. 设 $\boldsymbol{a}$ 为内积空间 V 中的一个元素,且 $\boldsymbol{a}$ 与 V 中所有元素正交,证明 $\boldsymbol{a}=\mathbf{0}$.

32. 设 $\boldsymbol{a}$ 为 n 维内积空间 V 中的一个非零元素,证明 $W=\{\boldsymbol{x}\mid \boldsymbol{x}\in V,(\boldsymbol{x},\boldsymbol{a})=0\}$ 为 V 的 $n-1$ 维子空间.

33. 求解不相容方程组.

(1)$\begin{cases}2x_1+x_2+x_3=1,\\ x_1+x_3=3,\\ x_1+x_2=1,\\ 2x_1+2x_2+x_3=2;\end{cases}$　　(2)$\begin{cases}x_1+x_2=1,\\ x_1-x_2+x_3=1,\\ x_1+x_2+x_3=0,\\ x_1+2x_2-x_3=-1.\end{cases}$

34. 设 $\boldsymbol{a}$ 为 n 维欧式空间 V 中的一个单位向量,定义 V 中的变换 T 为 $T\boldsymbol{x}=\boldsymbol{x}-2(\boldsymbol{x},\boldsymbol{a})\boldsymbol{a}$. 证明:

(1)T 为 V 中的线性变换;

(2)T 保持向量长度不变,因此为正交变换.

35. 设 $\boldsymbol{e}_1, \boldsymbol{e}_2, \boldsymbol{e}_3$ 是 3 维欧氏空间 V 的一组标准正交基，求 V 的一个正交变换 T，使得

$$\begin{cases} T\boldsymbol{e}_1 = \dfrac{2}{3}\boldsymbol{e}_1 + \dfrac{2}{3}\boldsymbol{e}_2 - \dfrac{1}{3}\boldsymbol{e}_3, \\ T\boldsymbol{e}_2 = \dfrac{2}{3}\boldsymbol{e}_1 - \dfrac{1}{3}\boldsymbol{e}_2 + \dfrac{2}{3}\boldsymbol{e}_3. \end{cases}$$

36. 设 W 是 n 维欧式空间 V 的 $n-1$ 维子空间，V 中存在非零向量 $\boldsymbol{\alpha}$ 与 W 正交. 若 T 为 V 的一个线性变换，且对任意的 $\boldsymbol{\xi} \in W$ 满足 $T(\boldsymbol{\xi}) = \boldsymbol{\xi}$，但 $T(\boldsymbol{\alpha}) = -\boldsymbol{\alpha}$. 证明：$T$ 为 V 的一个正交变换.

37. 证明：n 阶方阵 $\boldsymbol{A}$ 为酉矩阵的充要条件是对任何 $\boldsymbol{x} \in \mathbf{C}^n$，都有 $\|\boldsymbol{A}\boldsymbol{x}\| = \|\boldsymbol{x}\|$.

38. 设 $\boldsymbol{P}, \boldsymbol{Q}$ 分别为 m 阶和 n 阶方阵. 证明：若 $m+n$ 阶方阵 $\boldsymbol{A} = \begin{pmatrix} \boldsymbol{P} & \boldsymbol{B} \\ \boldsymbol{O} & \boldsymbol{Q} \end{pmatrix}$ 为酉矩阵，则 $\boldsymbol{P}, \boldsymbol{Q}$ 也是酉矩阵，$\boldsymbol{B}$ 为零矩阵.

第二章　矩阵特征值与约当标准形

在第一章中讨论了线性空间中的线性变换及其矩阵表示，线性变换的矩阵与基向量的选取有关.同一个线性变换在不同基向量下的矩阵虽然不同，但是它们之间是相似的.反之，相似的矩阵必定是某一个线性变换在不同基向量下的矩阵.因此，对给定的线性变换寻找一组基，使此线性变换在这组基下的矩阵具有最简单的形式的问题，等价于寻找一个形式最简单的矩阵使之相似于已知矩阵的问题.本章将导出矩阵通过相似变换所能化成的最简形式——约当标准形，在此过程中矩阵的特征值和特征向量将起重要的作用.

第一节　矩阵与线性变换的特征值和特征向量

一、线性变换的特征值和特征向量

设 T 为数域 P 上的 n 维线性空间 V 中的一个线性变换，假设 T 在 V 的一组基 $\boldsymbol{x}_1,\boldsymbol{x}_2,\cdots,\boldsymbol{x}_n$ 下的矩阵为对角阵 $\boldsymbol{\Lambda}=\begin{pmatrix}\lambda_1 & & & \\ & \lambda_2 & & \\ & & \ddots & \\ & & & \lambda_n\end{pmatrix}$，则有 $T\boldsymbol{x}_i=\lambda_i\boldsymbol{x}_i,i=1,2,\cdots,n$.在这里，$T$ 对 $\boldsymbol{x}_i$ 进行线性变换相当于用 P 中的数 λ_i 对 $\boldsymbol{x}_i$ 进行数乘.对于线性变换与向量的这种关系，可以给出如下定义：

定义 1　设 T 为数域 P 上的线性空间 V 中的线性变换，如果有 P 中的一个数 λ 和 V 中的非零向量 $\boldsymbol{x}$，满足 $T\boldsymbol{x}=\lambda\boldsymbol{x}$，则称 λ 为 T 的一个**特征值**，$\boldsymbol{x}$ 为 T 的对应于特征值 λ 的**特征向量**.

由此定义知，若线性变换 T 在基 $\boldsymbol{x}_1,\boldsymbol{x}_2,\cdots,\boldsymbol{x}_n$ 下的矩阵为对角阵 $\boldsymbol{\Lambda}$，则对角阵 $\boldsymbol{\Lambda}$ 的每个对角元素 λ_i 都是 T 的特征值，每个基向量 $\boldsymbol{x}_i$ 都分别是 T 的对应于 λ_i 的特征向量.

那么,线性空间 V 的一个线性变换 T 是否有特征值和特征向量?如果有,又如何求出来呢?

定理 1 设线性空间 V 中的线性变换 T 在基 $\boldsymbol{x}_1,\boldsymbol{x}_2,\cdots,\boldsymbol{x}_n$ 下的矩阵为 $\boldsymbol{A}$,则

(1) 矩阵 $\boldsymbol{A}$ 的特征值 λ 就是线性变换 T 的特征值;

(2) 如果 $\boldsymbol{\xi}$ 是矩阵 $\boldsymbol{A}$ 的特征值 λ 的特征向量,则 $\boldsymbol{x}=(\boldsymbol{x}_1,\boldsymbol{x}_2,\cdots,\boldsymbol{x}_n)\boldsymbol{\xi}$ 是线性变换 T 的特征值 λ 的特征向量.

证明 设 $\boldsymbol{A\xi}=\lambda\boldsymbol{\xi}$,令 $\boldsymbol{x}=(\boldsymbol{x}_1,\boldsymbol{x}_2,\cdots,\boldsymbol{x}_n)\boldsymbol{\xi}$,则

$$\begin{aligned}T(\boldsymbol{x})&=T[(\boldsymbol{x}_1,\boldsymbol{x}_2,\cdots,\boldsymbol{x}_n)\boldsymbol{\xi}]\\&=(\boldsymbol{x}_1,\boldsymbol{x}_2,\cdots,\boldsymbol{x}_n)\boldsymbol{A\xi}=(\boldsymbol{x}_1,\boldsymbol{x}_2,\cdots,\boldsymbol{x}_n)\lambda\boldsymbol{\xi}=\lambda\boldsymbol{x},\end{aligned}$$

因为 $\boldsymbol{\xi}\neq\boldsymbol{0}$,所以 $\boldsymbol{x}=(\boldsymbol{x}_1,\boldsymbol{x}_2,\cdots,\boldsymbol{x}_n)\boldsymbol{\xi}\neq\boldsymbol{0}$,根据定义 1 得证.

由定理 1 可知,若线性变换 T 有特征值 λ 和特征向量 $\boldsymbol{x}$,T 在某一组基下的矩阵为 $\boldsymbol{A}$,则 T 的特征值 λ 也是 $\boldsymbol{A}$ 的特征值,T 的特征向量 $\boldsymbol{x}$ 在这组基下的坐标即为 $\boldsymbol{A}$ 的特征向量.

由此可见,线性变换的特征值和特征向量可由其在某一组基下的矩阵的特征值和特征向量导出.因为矩阵的特征值和特征向量总是存在的,所以线性变换的特征值和特征向量也总是存在的.n 阶矩阵有 n 个特征值(重根按重数计算个数),因此 n 维线性空间中的线性变换也必有 n 个特征值.

线性变换的特征值可由其在某一组基下的矩阵的特征值得到,虽然同一个线性变换在不同的基下有不同的矩阵,但是由它们得到的特征值都相同,这是因为同一个线性变换在不同的基下的矩阵都是相似的,而相似矩阵有相同的特征方程,因而有相同的特征值.这也说明:线性变换 T 的特征值是由 T 本身决定的,与基及变换矩阵的选取无关.

根据定理 1 可知,线性变换 T 的特征值和特征向量有类似于矩阵特征值和特征向量的性质,如线性变换 T 的不同特征值对应的特征向量一定线性无关等,在此不再赘述.至于求解,可从 T 的一个变换矩阵 $\boldsymbol{A}$ 求得 T 的特征值和特征向量.

例 1 设线性变换 T 在基 $\boldsymbol{x}_1,\boldsymbol{x}_2,\boldsymbol{x}_3$ 下的矩阵为

$$\boldsymbol{A}=\begin{pmatrix}-1&1&0\\-4&3&0\\1&0&2\end{pmatrix},$$

求 T 的特征值和特征向量.

解　由

$$|\lambda \boldsymbol{E}-\boldsymbol{A}|=\begin{vmatrix}\lambda+1 & -1 & 0\\ 4 & \lambda-3 & 0\\ -1 & 0 & \lambda-2\end{vmatrix}=(\lambda-2)(\lambda-1)^2,$$

得 $\lambda_1=2,\lambda_2=\lambda_3=1$.

对于 $\lambda_1=2$，由

$$\lambda_1\boldsymbol{E}-\boldsymbol{A}=2\boldsymbol{E}-\boldsymbol{A}=\begin{pmatrix}3 & -1 & 0\\ 4 & -1 & 0\\ -1 & 0 & 0\end{pmatrix},$$

方程组 $(2\boldsymbol{E}-\boldsymbol{A})\boldsymbol{x}=\boldsymbol{0}$ 的基础解系为 $\{(0,0,1)^{\mathrm{T}}\}$，故 $\boldsymbol{A}$ 的对应于 $\lambda_1=2$ 的特征向量为 $c(0,0,1)^{\mathrm{T}}$，c 为非零常数. 由此可知，T 的对应于 $\lambda_1=2$ 的特征向量为 $c(\boldsymbol{x}_1,\boldsymbol{x}_2,\boldsymbol{x}_3)(0,0,1)^{\mathrm{T}}=c\boldsymbol{x}_3$. 同理可得，对应于 $\lambda_2=\lambda_3=1$ 的方程组 $(\boldsymbol{E}-\boldsymbol{A})\boldsymbol{x}=\boldsymbol{0}$ 的基础解系为 $\{(1,2,-1)^{\mathrm{T}}\}$，故 T 的对应于 $\lambda_2=\lambda_3=1$ 的特征向量为 $c(\boldsymbol{x}_1+2\boldsymbol{x}_2-\boldsymbol{x}_3)$，$c$ 为非零常数.

二、特征子空间

定义 2　设 T 是线性空间 V 上的线性变换，λ 是线性变换 T 的一个特征值，则容易验证 $V_\lambda=\{\boldsymbol{x}\mid T\boldsymbol{x}=\lambda\boldsymbol{x},\boldsymbol{x}\in V\}$ 是 V 的一个子空间，称为线性变换 T 属于特征值 λ 的**特征子空间**. 称 $\dim V_\lambda$ 为特征值 λ 的**几何重数**. 特征值 λ 作为特征方程的根，其重数称为 λ 的**代数重数**.

矩阵的一个特征值 λ，作为特征方程的根，其重数称为 λ 的代数重数；而 λ 的特征子空间的维数 $\dim V_\lambda$，称为 λ 的几何重数.

例如，例 1 中特征值 $\lambda=2$ 的代数重数和几何重数都是 1，而特征值 $\lambda=1$ 的代数重数是 2、几何重数是 1.

定理 2　矩阵特征值的几何重数不大于代数重数.

证明　设 λ_0 为 n 阶矩阵 $\boldsymbol{A}$ 的一个特征值，其代数重数为 m，几何重数为 k. 设 $\boldsymbol{p}_1,\cdots,\boldsymbol{p}_k$ 为 λ_0 的特征子空间的一组基，把它扩充为 $\mathbf{C}^n$ 的一组基 $\boldsymbol{p}_1,\cdots,\boldsymbol{p}_k,\boldsymbol{p}_{k+1},\cdots,\boldsymbol{p}_n$，以 $\boldsymbol{p}_1,\cdots,\boldsymbol{p}_k,\boldsymbol{p}_{k+1},\cdots,\boldsymbol{p}_n$ 为列向量构成 n 阶可逆矩阵 $\boldsymbol{P}$，则有 $\boldsymbol{AP}=\boldsymbol{P}\begin{pmatrix}\boldsymbol{\Lambda}_0 & \boldsymbol{B}_1\\ \boldsymbol{O} & \boldsymbol{B}_2\end{pmatrix}$，其中 $\boldsymbol{\Lambda}_0$ 为以 λ_0 为对角元素的 k 阶对角阵，$\boldsymbol{B}_2$ 为 $n-k$ 阶矩阵. 显然

$\boldsymbol{A}$ 与 $\boldsymbol{B}=\begin{pmatrix}\boldsymbol{\Lambda}_0 & \boldsymbol{B}_1\\ \boldsymbol{O} & \boldsymbol{B}_2\end{pmatrix}$ 相似,因此它们有相同的特征值. 但 $\boldsymbol{B}$ 的特征多项式

$$|\lambda \boldsymbol{E}-\boldsymbol{B}|=(\lambda-\lambda_0)^k\,|\lambda \boldsymbol{E}_{n-k}-\boldsymbol{B}_2|,$$

即 λ_0 在 $\boldsymbol{B}$ 中的代数重数至少为 k,故在 $\boldsymbol{A}$ 中的代数重数也至少为 k,于是有 $m\geqslant k$. 证毕.

第二节 矩阵相似于对角阵的条件

一、线性变换的对角矩阵表示

由于对角阵在矩阵中形式最为简单,因此考虑对于数域 P 上的 n 维线性空间 V 上的一个线性变换 T 是否存在一组基,使得该组基下的矩阵为对角阵.

设线性变换 T 在给定的一组基 $\boldsymbol{x}_1,\boldsymbol{x}_2,\cdots,\boldsymbol{x}_n$ 下的矩阵为 $\boldsymbol{A}$,若 T 在另一组基 $\boldsymbol{y}_1,\boldsymbol{y}_2,\cdots,\boldsymbol{y}_n$ 下的矩阵为对角阵 $\boldsymbol{\Lambda}$,则 $\boldsymbol{A}$ 与 $\boldsymbol{\Lambda}$ 相似;反之,若 $\boldsymbol{A}$ 与一个对角阵 $\boldsymbol{\Lambda}$ 相似,即存在可逆矩阵 $\boldsymbol{P}$,使 $\boldsymbol{P}^{-1}\boldsymbol{A}\boldsymbol{P}=\boldsymbol{\Lambda}$,以 $\boldsymbol{P}$ 作为过渡矩阵可得另一组基 $\boldsymbol{y}_1,\boldsymbol{y}_2,\cdots,\boldsymbol{y}_n$,即

$$(\boldsymbol{y}_1,\boldsymbol{y}_2,\cdots,\boldsymbol{y}_n)=(\boldsymbol{x}_1,\boldsymbol{x}_2,\cdots,\boldsymbol{x}_n)\boldsymbol{P},$$

T 在基 $\boldsymbol{y}_1,\boldsymbol{y}_2,\cdots,\boldsymbol{y}_n$ 下的矩阵就是 $\boldsymbol{\Lambda}$,

$$\begin{aligned}T(\boldsymbol{y}_1,\boldsymbol{y}_2,\cdots,\boldsymbol{y}_n)&=T((\boldsymbol{x}_1,\boldsymbol{x}_2,\cdots,\boldsymbol{x}_n)\boldsymbol{P})=T(\boldsymbol{x}_1,\boldsymbol{x}_2,\cdots,\boldsymbol{x}_n)\boldsymbol{P}\\&=(\boldsymbol{x}_1,\boldsymbol{x}_2,\cdots,\boldsymbol{x}_n)\boldsymbol{A}\boldsymbol{P}=(\boldsymbol{y}_1,\boldsymbol{y}_2,\cdots,\boldsymbol{y}_n)\boldsymbol{P}^{-1}\boldsymbol{A}\boldsymbol{P}=(\boldsymbol{y}_1,\boldsymbol{y}_2,\cdots,\boldsymbol{y}_n)\boldsymbol{\Lambda}.\end{aligned}$$

因此,对于给定的线性变换 T,能否找到一组基,使线性变换在这一组基下的矩阵为对角阵的问题,等价于确定一个矩阵是否可对角化的问题. 由矩阵相似于对角阵的条件可得如下定理:

定理 1 设 T 是 n 维线性空间 V 上的线性变换,则 T 在某组基下的矩阵为对角阵的充分必要条件是此线性变换 T 有 n 个线性无关的特征向量.

推论 若 n 维线性空间 V 上的线性变换 T 的 n 个特征值互不相同,则此线性变换 T 在某组基下的矩阵为对角阵.

设 n 阶矩阵 $\boldsymbol{A}$ 有 h 个不同的特征值 $\lambda_1,\lambda_2,\cdots,\lambda_h$,它们的代数重数和几何重数分别为 $m_i,k_i,i=1,\cdots,h$. $\boldsymbol{A}$ 的特征多项式为

$$|\lambda \boldsymbol{E}-\boldsymbol{A}|=(\lambda-\lambda_1)^{m_1}\cdots(\lambda-\lambda_h)^{m_h},$$

显然有 $m_1+m_2+\cdots+m_h=n$. $\boldsymbol{A}$ 有 h 个特征子空间，各个子空间的维数分别为 $k_1,\cdots,k_h$. 把各个子空间的基向量合在一起，得到一个有 $k_1+\cdots+k_h$ 个向量的向量组，称为 $\boldsymbol{A}$ 的**特征向量系**. $\boldsymbol{A}$ 的每一个特征向量都可由 $\boldsymbol{A}$ 的特征向量系线性表示.

用证明“不同特征值所对应的特征向量线性无关”的方法，对特征子空间的个数运用数学归纳法，可证明：不同特征值的特征子空间的基合在一起所得的向量组是线性无关的. 证明过程请读者完成. 因此，$\boldsymbol{A}$ 的特征向量系是线性无关的，而且是 $\boldsymbol{A}$ 的所有特征向量构成的集合中的最大线性无关组. 这样，$\boldsymbol{A}$ 最多有 $k_1+\cdots+k_h$ 个线性无关的特征向量. 由于特征值的几何重数不大于代数重数，故 $k_1+\cdots+k_h\leqslant m_1+\cdots+m_h=n$. 而且，只要有一个特征值的几何重数严格地小于代数重数，就有 $k_1+\cdots+k_h<n$. 结合定理 1，可得如下结论：

定理 2　设 T 是 n 维线性空间 V 上的线性变换，则 T 在某组基下的矩阵为对角阵的充分必要条件是其每一个特征值的几何重数都等于代数重数.

由于特征值的代数重数和几何重数都至少为 1，因此在运用定理 2 来判别一个矩阵是否相似于对角阵时，只要检验代数重数大于 1 的特征值的几何重数即可.

推论　若矩阵的所有特征值都是特征方程的单根，则此矩阵相似于对角阵.

例 1　判断下列矩阵是否相似于对角阵：

$$(1)\boldsymbol{A}=\begin{pmatrix}1&-1\\3&-3\end{pmatrix},(2)\boldsymbol{A}=\begin{pmatrix}-1&1&0\\-4&3&0\\2&0&-1\end{pmatrix},(3)\boldsymbol{A}=\begin{pmatrix}2&0&0\\0&5&-2\\0&6&-2\end{pmatrix}.$$

解　(1) 由

$$|\lambda\boldsymbol{E}-\boldsymbol{A}|=\begin{vmatrix}\lambda-1&1\\-3&\lambda+3\end{vmatrix}=\lambda(\lambda+2),$$

可知 $\lambda_1=0,\lambda_2=-2$. 因为 $\boldsymbol{A}$ 的特征值互不相同，故相似于对角阵.

(2) 由

$$|\lambda\boldsymbol{E}-\boldsymbol{A}|=\begin{vmatrix}\lambda+1&-1&0\\4&\lambda-3&0\\-2&0&\lambda+1\end{vmatrix}=(\lambda+1)(\lambda-1)^2,$$

可知 $\lambda_1=-1,\lambda_2=\lambda_3=1$. 对于 $\lambda_1=-1$,方程组 $(-\boldsymbol{E}-\boldsymbol{A})\boldsymbol{x}=\boldsymbol{0}$ 的基础解系为 $\{(0,0,1)^{\mathrm{T}}\}$;对于 $\lambda_2=\lambda_3=1$,方程组 $(\boldsymbol{E}-\boldsymbol{A})\boldsymbol{x}=\boldsymbol{0}$ 的基础解系为 $\{(1,2,1)^{\mathrm{T}}\}$,3 阶矩阵 $\boldsymbol{A}$ 只有 2 个线性无关的特征向量,故不相似于对角阵.

(3) 由

$$|\lambda\boldsymbol{E}-\boldsymbol{A}|=\begin{vmatrix}\lambda-2 & 0 & 0\\ 0 & \lambda-5 & 2\\ 0 & -6 & \lambda+2\end{vmatrix}=(\lambda-1)(\lambda-2)^2,$$

可知 $\lambda_1=1,\lambda_2=\lambda_3=2$. 对于 $\lambda_1=1$,方程组 $(\boldsymbol{E}-\boldsymbol{A})\boldsymbol{x}=\boldsymbol{0}$ 的基础解系为 $\{(0,1,2)^{\mathrm{T}}\}$;对于 $\lambda_2=\lambda_3=2$,方程组 $(2\boldsymbol{E}-\boldsymbol{A})\boldsymbol{x}=\boldsymbol{0}$ 的基础解系为 $\{(1,0,0)^{\mathrm{T}},(0,2,3)^{\mathrm{T}}\}$,3 阶矩阵 $\boldsymbol{A}$ 有 3 个线性无关的特征向量,故相似于对角阵.

此例更简单的解法是只考虑特征方程的重根的几何重数,即方程组 $(\lambda\boldsymbol{E}-\boldsymbol{A})\boldsymbol{x}=\boldsymbol{0}$ 的解空间的维数. 例如(2) 中,特征方程有一个 2 重根 1,而

$$\boldsymbol{E}-\boldsymbol{A}=\begin{pmatrix}2 & -1 & 0\\ 4 & -2 & 0\\ -2 & 0 & 2\end{pmatrix}$$

的秩为 2,这里 $n=3$,故解空间的维数为 $3-2=1$. $\boldsymbol{A}$ 的特征值 1 的代数重数为 2、几何重数为 1,因此 $\boldsymbol{A}$ 不相似于对角阵.

例 2 设线性空间 $\mathbf{R}[x]_n$ 中的线性变换 T 为:$T(f(x))=f'(x)$, $\forall f(x)\in\mathbf{R}[x]_n$.

(1) 求线性变换 T 的特征值与特征向量;

(2) 当 $n>1$ 时,在 $\mathbf{R}[x]_n$ 中是否存在一组基,使得 T 在某组基下的矩阵为对角阵?

解 (1) 取 $\mathbf{R}[x]_n$ 中一组基 $1,x,x^2,\cdots,x^{n-1}$,则显然线性变换 T 在该基下的矩阵为

$$\boldsymbol{A}=\begin{pmatrix}0 & 1 & 0 & \cdots & 0\\ 0 & 0 & 2 & \cdots & 0\\ \vdots & \vdots & \vdots & & \vdots\\ 0 & 0 & 0 & \cdots & n-1\\ 0 & 0 & 0 & \cdots & 0\end{pmatrix}.$$

由 $|\lambda\boldsymbol{E}-\boldsymbol{A}|=\lambda^n$ 可得线性变换 T 的特征值为 $\lambda_1=\lambda_2=\cdots=\lambda_n=0$，解 $(0\boldsymbol{E}-\boldsymbol{A})\boldsymbol{x}=\boldsymbol{0}$ 得 $\boldsymbol{A}$ 关于 $\lambda=0$ 的线性无关特征向量为 $(1,0,\cdots,0)^{\mathrm{T}}$，所以线性变换 T 的特征向量为 $k(k\neq 0)$.

(2) 由于 $\lambda=0$ 的几何重数为 1、代数重数为 n，因此不存在一组基使得 T 在某组基下的矩阵为对角阵.

例 3 设 $\boldsymbol{B}=\begin{pmatrix}1&1\\1&1\end{pmatrix}\in\mathbf{R}^{2\times2}$，定义线性变换 $T:T(\boldsymbol{X})=\boldsymbol{BX}-\boldsymbol{XB}$，$\forall\boldsymbol{X}\in\mathbf{R}^{2\times2}$，并记子空间 $W=\left\{\begin{pmatrix}x_1&x_2\\x_3&x_4\end{pmatrix}\in P^{2\times2}\mid x_2+x_3=0\right\}$.

(1) 求 W 的一组基；

(2) 证明：W 是 T 的不变子空间；

(3) 求线性变换 T 的特征值与特征向量；

(4) 求 W 的一组基，使 T 在这组基下的矩阵为对角阵.

解 (1) 易见 $\boldsymbol{X}_1=\begin{pmatrix}1&0\\0&0\end{pmatrix}$，$\boldsymbol{X}_2=\begin{pmatrix}0&-1\\1&0\end{pmatrix}$，$\boldsymbol{X}_3=\begin{pmatrix}0&0\\0&1\end{pmatrix}$ 是 W 的一组基.

(2) 对任意 $\boldsymbol{X}=\begin{pmatrix}x_1&x_2\\x_3&x_4\end{pmatrix}\in W$，有

$$T(\boldsymbol{X})=\begin{pmatrix}1&1\\1&1\end{pmatrix}\begin{pmatrix}x_1&x_2\\x_3&x_4\end{pmatrix}-\begin{pmatrix}x_1&x_2\\x_3&x_4\end{pmatrix}\begin{pmatrix}1&1\\1&1\end{pmatrix}=\begin{pmatrix}x_3-x_2&x_4-x_1\\x_1-x_4&x_2-x_3\end{pmatrix},$$

可见 $T(\boldsymbol{X})\in W$，于是 W 是 T 的不变子空间.

(3) 计算可得

$$T(\boldsymbol{X}_1)=\begin{pmatrix}0&-1\\1&0\end{pmatrix}=\boldsymbol{X}_2,$$

$$T(\boldsymbol{X}_2)=\begin{pmatrix}2&0\\0&-2\end{pmatrix}=2\boldsymbol{X}_1-2\boldsymbol{X}_3,$$

$$T(\boldsymbol{X}_3)=\begin{pmatrix}0&1\\-1&0\end{pmatrix}=-\boldsymbol{X}_2,$$

于是

$$T(\boldsymbol{X}_1,\boldsymbol{X}_2,\boldsymbol{X}_3)=(\boldsymbol{X}_1,\boldsymbol{X}_2,\boldsymbol{X}_3)\begin{pmatrix}0&2&0\\1&0&-1\\0&-2&0\end{pmatrix},$$

记 $\boldsymbol{A}=\begin{pmatrix}0&2&0\\1&0&-1\\0&-2&0\end{pmatrix}$，则由 $|\lambda\boldsymbol{E}-\boldsymbol{A}|=\lambda^3-4\lambda=0$ 可求得 $\lambda_1=0,\lambda_2=2,$ $\lambda_3=-2$，对应的线性无关的特征向量为

$$\boldsymbol{p}_1=\begin{pmatrix}1\\0\\1\end{pmatrix},\boldsymbol{p}_2=\begin{pmatrix}-1\\-1\\1\end{pmatrix},\boldsymbol{p}_3=\begin{pmatrix}-1\\1\\1\end{pmatrix}.$$

因此，线性变换 T 的特征值为 $\lambda_1=0,\lambda_2=2,\lambda_3=-2$，对应的线性无关的特征向量分别为

$$\boldsymbol{Y}_1=(\boldsymbol{X}_1,\boldsymbol{X}_2,\boldsymbol{X}_3)\boldsymbol{p}_1=\boldsymbol{X}_1+\boldsymbol{X}_3=\begin{pmatrix}1&0\\0&1\end{pmatrix},$$

$$\boldsymbol{Y}_2=(\boldsymbol{X}_1,\boldsymbol{X}_2,\boldsymbol{X}_3)\boldsymbol{p}_2=-\boldsymbol{X}_1-\boldsymbol{X}_2+\boldsymbol{X}_3=\begin{pmatrix}-1&1\\-1&1\end{pmatrix},$$

$$\boldsymbol{Y}_3=(\boldsymbol{X}_1,\boldsymbol{X}_2,\boldsymbol{X}_3)\boldsymbol{p}_3=-\boldsymbol{X}_1+\boldsymbol{X}_2+\boldsymbol{X}_3=\begin{pmatrix}-1&-1\\1&1\end{pmatrix},$$

对应的全体特征向量分别为 $k_1\boldsymbol{Y}_1(k_1\neq0),k_2\boldsymbol{Y}_2(k_2\neq0),k_3\boldsymbol{Y}_3(k_3\neq0)$.

(4) 由(3) 知

$$(\boldsymbol{Y}_1,\boldsymbol{Y}_2,\boldsymbol{Y}_3)=(\boldsymbol{X}_1,\boldsymbol{X}_2,\boldsymbol{X}_3)\begin{pmatrix}1&-1&-1\\0&-1&1\\1&1&1\end{pmatrix},$$

可得 W 的基为

$$\boldsymbol{Y}_1=\begin{pmatrix}1&0\\0&1\end{pmatrix},\boldsymbol{Y}_2=\begin{pmatrix}-1&1\\-1&1\end{pmatrix},\boldsymbol{Y}_3=\begin{pmatrix}-1&-1\\1&1\end{pmatrix},$$

且 T 在该基下的矩阵为 $\begin{pmatrix} 0 & & \\ & 2 & \\ & & -2 \end{pmatrix}$.

二、舒尔定理

虽然不能保证所有矩阵都相似于对角阵，但是下面的定理告诉我们，每个矩阵都相似于一个上三角阵，且相似矩阵为酉矩阵. 简言之，即每个矩阵都酉相似于一个上三角阵.

定理 3(舒尔(Schur)定理)　设 $\boldsymbol{A}$ 为 n 阶矩阵，其特征值为 $\lambda_1,\lambda_2,\cdots,\lambda_n$，则存在酉矩阵 $\boldsymbol{U}$，使得 $\boldsymbol{U}^{\mathrm{H}}\boldsymbol{A}\boldsymbol{U}=\boldsymbol{T}$，其中 $\boldsymbol{T}$ 为上三角阵，其对角元素为 $\lambda_1,\lambda_2,\cdots,\lambda_n$.

证明　设 $\boldsymbol{e}_1$ 为 $\boldsymbol{A}$ 的对应于 λ_1 的单位特征向量，把它扩充为 $\mathbf{C}^n$ 的一组标准正交基 $\boldsymbol{e}_1,\boldsymbol{g}_2,\cdots,\boldsymbol{g}_n$，并用它们构成酉矩阵 $\boldsymbol{U}_1=(\boldsymbol{e}_1,\boldsymbol{g}_2,\cdots,\boldsymbol{g}_n)$，于是有

$$\boldsymbol{U}_1^{\mathrm{H}}\boldsymbol{A}\boldsymbol{U}_1=\begin{pmatrix} \lambda_1 & \boldsymbol{B}_1 \\ \boldsymbol{0} & \boldsymbol{A}_1 \end{pmatrix}.$$

由于相似矩阵有相同的特征值，因此可以推得 $n-1$ 阶矩阵 $\boldsymbol{A}_1$ 的特征值为 $\lambda_2,\cdots,\lambda_n$.

对 $\boldsymbol{A}_1$ 可作同样的处理，即有 $n-1$ 阶酉矩阵 $\boldsymbol{V}_2$，使

$$\boldsymbol{V}_2^{\mathrm{H}}\boldsymbol{A}_1\boldsymbol{V}_2=\begin{pmatrix} \lambda_2 & \boldsymbol{B}_2 \\ \boldsymbol{0} & \boldsymbol{A}_2 \end{pmatrix},$$

其中 $n-2$ 阶矩阵 $\boldsymbol{A}_2$ 的特征值为 $\lambda_3,\cdots,\lambda_n$. 令 $\boldsymbol{U}_2=\begin{pmatrix} 1 & \boldsymbol{0} \\ \boldsymbol{0} & \boldsymbol{V}_2 \end{pmatrix}$，$\boldsymbol{U}_2$ 是 n 阶酉矩阵，则

$$\boldsymbol{U}_2^{\mathrm{H}}\boldsymbol{U}_1^{\mathrm{H}}\boldsymbol{A}\boldsymbol{U}_1\boldsymbol{U}_2=\boldsymbol{U}_2^{\mathrm{H}}\begin{pmatrix} \lambda_1 & \boldsymbol{B}_1 \\ \boldsymbol{0} & \boldsymbol{A}_1 \end{pmatrix}\boldsymbol{U}_2=\begin{pmatrix} 1 & \boldsymbol{0} \\ \boldsymbol{0} & \boldsymbol{V}_2^{\mathrm{H}} \end{pmatrix}\begin{pmatrix} \lambda_1 & \boldsymbol{B}_1 \\ \boldsymbol{0} & \boldsymbol{A}_1 \end{pmatrix}\begin{pmatrix} 1 & \boldsymbol{0} \\ \boldsymbol{0} & \boldsymbol{V}_2 \end{pmatrix}$$

$$=\begin{pmatrix} \lambda_1 & \boldsymbol{B}_1\boldsymbol{V}_2 \\ \boldsymbol{0} & \boldsymbol{V}_2^{\mathrm{H}}\boldsymbol{A}_1\boldsymbol{V}_2 \end{pmatrix}=\begin{pmatrix} \boldsymbol{T}_2 & \boldsymbol{C}_2 \\ \boldsymbol{O} & \boldsymbol{A}_2 \end{pmatrix},$$

其中 $\boldsymbol{T}_2$ 是对角元素为 λ_1,λ_2 的上三角阵. 假设对于正整数 $k(k<n)$，可找到 k 个酉矩阵 $\boldsymbol{U}_1,\cdots,\boldsymbol{U}_k$，使得

$$U_k^H \cdots U_1^H A U_1 \cdots U_k = \begin{pmatrix} T_k & C_k \\ O & A_k \end{pmatrix},$$

其中T_k 是对角元素为 $\lambda_1, \cdots, \lambda_k$ 的上三角阵,A_k 为 $n-k$ 阶矩阵,其特征值为 $\lambda_{k+1}, \cdots, \lambda_n$. 如果$n-k>1$,可按照前面的做法,找到一个 $n-k$ 阶酉矩阵V_{k+1},使

$$V_{k+1}^H A_k V_{k+1} = \begin{pmatrix} \lambda_{k+1} & B_{k+1} \\ 0 & A_{k+1} \end{pmatrix},$$

其中 $n-k-1$ 阶矩阵 A_{k+1} 的特征值为 $\lambda_{k+2}, \cdots, \lambda_n$. 令 n 阶酉矩阵

$$U_{k+1} = \begin{pmatrix} E_{k+1} & O \\ O & V_{K+1} \end{pmatrix},$$

则

$$U_{k+1}^H \cdots U_1^H A U_1 \cdots U_{k+1} = \begin{pmatrix} T_{k+1} & C_{k+1} \\ O & A_{k+1} \end{pmatrix},$$

其中T_{k+1} 是对角元素为 $\lambda_1, \cdots, \lambda_{k+1}$ 的上三角阵. 这个过程可一直继续下去,直到找到U_n,使$U_n^H \cdots U_1^H A U_1 \cdots U_n = T_n$,其中$T_n$ 是对角元素为 $\lambda_1, \cdots, \lambda_n$ 的上三角阵. 由于$U_1 \cdots U_n$ 也是酉矩阵,把它记为 U,再把T_n 记为 T,即得$U^H AU = T$. 证毕.

三、正规矩阵

虽然并非所有矩阵都可相似于对角阵,但是有一类矩阵可以相似于对角阵,而且相似变换矩阵为酉矩阵,这就是下面要讨论的正规矩阵.

定义 1 设 $A \in C^{n \times n}$,且 $A^H A = AA^H$,则称 A 为**正规矩阵**.

若 A 满足 $A^H = A$,则其称为**埃尔米特(Hermite)矩阵**;若 A 满足 $A^H = -A$,则其称为**反埃尔米特矩阵**.

埃尔米特矩阵、反埃尔米特矩阵和酉矩阵都是正规矩阵,但正规矩阵不限于以上几种,例如

$$\begin{pmatrix} 1 & 1 \\ -1 & 1 \end{pmatrix}, \begin{pmatrix} 2 & 0 \\ 0 & i \end{pmatrix}.$$

定理 4 方阵为正规矩阵的充要条件是此矩阵酉相似于对角阵.

证明　设矩阵 $\boldsymbol{A}$ 可酉相似于对角阵 $\boldsymbol{\Lambda}$，即存在酉矩阵 $\boldsymbol{Q}$，使

$$\boldsymbol{Q}^{\mathrm{H}}\boldsymbol{A}\boldsymbol{Q}=\boldsymbol{\Lambda},\boldsymbol{A}=\boldsymbol{Q}\boldsymbol{\Lambda}\boldsymbol{Q}^{\mathrm{H}},$$

所以

$$\boldsymbol{A}^{\mathrm{H}}\boldsymbol{A}=(\boldsymbol{Q}\boldsymbol{\Lambda}\boldsymbol{Q}^{\mathrm{H}})^{\mathrm{H}}\boldsymbol{Q}\boldsymbol{\Lambda}\boldsymbol{Q}^{\mathrm{H}}=\boldsymbol{Q}\boldsymbol{\Lambda}^{\mathrm{H}}\boldsymbol{Q}^{\mathrm{H}}\boldsymbol{Q}\boldsymbol{\Lambda}\boldsymbol{Q}^{\mathrm{H}}=\boldsymbol{Q}\boldsymbol{\Lambda}^{\mathrm{H}}\boldsymbol{\Lambda}\boldsymbol{Q}^{\mathrm{H}}=\boldsymbol{Q}\boldsymbol{\Lambda}\boldsymbol{\Lambda}^{\mathrm{H}}\boldsymbol{Q}^{\mathrm{H}}$$

$$=\boldsymbol{Q}\boldsymbol{\Lambda}\boldsymbol{Q}^{\mathrm{H}}\boldsymbol{Q}\boldsymbol{\Lambda}^{\mathrm{H}}\boldsymbol{Q}^{\mathrm{H}}=\boldsymbol{Q}\boldsymbol{\Lambda}\boldsymbol{Q}^{\mathrm{H}}(\boldsymbol{Q}\boldsymbol{\Lambda}\boldsymbol{Q}^{\mathrm{H}})^{\mathrm{H}}=\boldsymbol{A}\boldsymbol{A}^{\mathrm{H}}.$$

反之，设 $\boldsymbol{A}$ 为正规矩阵，要证明存在酉矩阵 $\boldsymbol{Q}$ 和对角阵 $\boldsymbol{\Lambda}$，使得 $\boldsymbol{Q}^{\mathrm{H}}\boldsymbol{A}\boldsymbol{Q}=\boldsymbol{\Lambda}$.

由舒尔定理，存在酉矩阵 $\boldsymbol{U}$ 使得 $\boldsymbol{A}=\boldsymbol{U}\boldsymbol{T}\boldsymbol{U}^{\mathrm{H}}$，其中

$$\boldsymbol{T}=\begin{pmatrix}\lambda_1 & t_{12} & \cdots & t_{1n}\\ & \lambda_2 & & t_{2n}\\ \vdots & & \ddots & \vdots\\ & & & \lambda_n\end{pmatrix}.$$

因为 $\boldsymbol{A}^{\mathrm{H}}\boldsymbol{A}=\boldsymbol{A}\boldsymbol{A}^{\mathrm{H}}$，可知 $\boldsymbol{T}^{\mathrm{H}}\boldsymbol{T}=\boldsymbol{T}\boldsymbol{T}^{\mathrm{H}}$，比较 $\boldsymbol{T}\boldsymbol{T}^{\mathrm{H}}$ 与 $\boldsymbol{T}^{\mathrm{H}}\boldsymbol{T}$ 的第 i 行、第 i 列元素，

$$[\boldsymbol{T}^{\mathrm{H}}\boldsymbol{T}]_{ii}=\sum_{j=1}^{i-1}|t_{ij}|^2+|\lambda_i|^2,$$

$$[\boldsymbol{T}\boldsymbol{T}^{\mathrm{H}}]_{ii}=\sum_{j=i+1}^{n}|t_{ij}|^2+|\lambda_i|^2,i=1,2,\cdots,n.$$

由 $[\boldsymbol{T}\boldsymbol{T}^{\mathrm{H}}]_{ii}=[\boldsymbol{T}^{\mathrm{H}}\boldsymbol{T}]_{ii}$ 得出：$t_{ij}=0(i\neq j)$，因此 T 为对角阵. 证毕.

推论 1　埃尔米特矩阵的特征值均为实数.

证明　设 $\boldsymbol{A}$ 为埃尔米特矩阵，则 $\boldsymbol{A}=\boldsymbol{A}^{\mathrm{H}}$. 由定理 4，有酉矩阵 $\boldsymbol{Q}$ 使得 $\boldsymbol{Q}^{\mathrm{H}}\boldsymbol{A}\boldsymbol{Q}=\boldsymbol{\Lambda}$，$\boldsymbol{\Lambda}$ 为对角阵，其对角元素 λ_k 为 $\boldsymbol{A}$ 的特征值. 由 $\boldsymbol{A}=\boldsymbol{A}^{\mathrm{H}}$ 得 $\boldsymbol{\Lambda}=\boldsymbol{\Lambda}^{\mathrm{H}}$，故 $\lambda_k=\bar{\lambda}_k$，即 λ_k 为实数. 证毕.

推论 2　埃尔米特矩阵不同特征值所对应的特征向量是正交的.

证明　设 $\boldsymbol{A}$ 为埃尔米特矩阵，λ,μ 为 $\boldsymbol{A}$ 的两个不同的特征值，$\boldsymbol{x},\boldsymbol{y}$ 分别为对应于 λ,μ 的特征向量：$\boldsymbol{A}\boldsymbol{x}=\lambda\boldsymbol{x}$，$\boldsymbol{A}\boldsymbol{y}=\mu\boldsymbol{y}$. 所以

$$\boldsymbol{y}^{\mathrm{H}}\boldsymbol{A}\boldsymbol{x}=\boldsymbol{y}^{\mathrm{H}}\lambda\boldsymbol{x}=\lambda\boldsymbol{y}^{\mathrm{H}}\boldsymbol{x},$$

又有

$$y^{H}Ax = y^{H}A^{H}x = (Ay)^{H}x = (\mu y)^{H}x = \bar{\mu}y^{H}x = \mu y^{H}x,$$

所以

$$\lambda y^{H}x = \mu y^{H}x,$$

由 $\lambda \neq \mu$ 即得 $y^{H}x = 0$. 证毕.

定义 2 设 $x \in \mathbf{C}^{n}, A \in \mathbf{C}^{n\times n}$ 为埃尔米特矩阵,则称 $x^{H}Ax$ 为**埃尔米特二次型**.

埃尔米特二次型的值是实数.

实对角阵构成的二次型称为**标准形**.

由于 A 酉相似于实对角阵,$Q^{H}AQ = \Lambda$,令 $x = Qy$,则

$$x^{H}Ax = (Qy)^{H}AQy = y^{H}Q^{H}AQy = y^{H}\Lambda y.$$

这就是说,埃尔米特二次型可通过酉相似变换化为标准形. 酉相似变换不改变矩阵的秩,所以标准形的项数等于矩阵的秩.

定义 3 A 为埃尔米特矩阵,若对任何 $x \neq \mathbf{0}$,都有 $x^{H}Ax > 0$,则称 $x^{H}Ax$ 为**正定二次型**,且称 A 为**正定矩阵**;若对任何 $x \neq \mathbf{0}$,都有 $x^{H}Ax \geqslant 0$,则称 $x^{H}Ax$ 为**半正定二次型**,且称 A 为**半正定矩阵**.

与实二次型的情况类似,对正定和半正定矩阵,有如下结论:

定理 5 矩阵为正定矩阵的充要条件是其特征值均为正数;矩阵为半正定矩阵的充要条件是其特征值均为非负实数. 半正定矩阵的正特征值的个数等于矩阵的秩.

定理 6 埃尔米特矩阵 A 为正定矩阵的充要条件是 A 可分解为 $A = B^{H}B$,其中 B 为满秩矩阵;如果不要求 B 满秩,则 $A = B^{H}B$ 是 A 为半正定矩阵的充要条件.

定理 7 埃尔米特矩阵为正定矩阵的充要条件是其各阶主子式均大于零.

在定义 3 中把">0"或"$\geqslant 0$"改为"<0"或"$\leqslant 0$",则得到**负定二次型**、**负定矩阵**和**半负定二次型**、**半负定矩阵**的定义. A 为负定(半负定)矩阵当且仅当 $-A$ 为正定(半正定)矩阵,因此对负定(半负定)问题的讨论可转化为对正定(半正定)问题的讨论.

第三节　多项式矩阵的史密斯标准形

矩阵不一定能相似于对角阵，但总可以酉相似于上三角阵，那么矩阵可以相似形式最简单的三角阵是什么样的呢？为了回答这个问题，必须要引入新的工具——多项式矩阵，并研究其有关性质.

一、多项式的概念及性质

定义 1　设 λ 是一个符号，P 是数域，表达式

$$f(\lambda)=a_n\lambda^n+a_{n-1}\lambda^{n-1}+\cdots+a_1\lambda+a_0$$

称为数域 P 上的**一元多项式**，其中 $a_0,a_1,\cdots,a_n\in P$，n 是非负整数. 当 $a_n\neq 0$ 时，称多项式 $f(\lambda)$ 的**次数**为 n，记为 $\deg(f(\lambda))=n$（或 $\partial(f(\lambda))=n$），并称 $a_n\lambda^n$ 为 $f(\lambda)$ 的**首项**，a_n 为 $f(\lambda)$ 的**首项系数**. 当 $a_n=\cdots=a_1=a_0=0$ 时，称 $f(x)$ 为**零多项式**.

注　零多项式是唯一不定义次数的多项式.

定义 2　如果在多项式 $f(\lambda)$ 与 $g(\lambda)$ 中，除去系数为零的项外，同次项的系数全相等，则称 $f(\lambda)$ 与 $g(\lambda)$ **相等**，记为 $f(\lambda)=g(\lambda)$.

设 $f(\lambda)=\sum\limits_{i=0}^{n}a_i\lambda^i$，$g(\lambda)=\sum\limits_{j=0}^{m}b_j\lambda^j$ 是数域P 上两个多项式，其中 $n\geqslant m$，为方便起见，令 $b_n=b_{n-1}=\cdots=b_{m+1}=0$，则

$$f(\lambda)\pm g(\lambda)=\sum_{i=0}^{n}(a_i\pm b_i)\lambda^i,$$

而 $f(\lambda)$ 与 $g(\lambda)$ 的乘积为

$$f(\lambda)g(\lambda)=\sum_{s=0}^{m+n}\Big(\sum_{i+j=s}a_ib_j\Big)\lambda^s.$$

易知，多项式乘积的首项系数等于因子首项系数的乘积.

设 $f(\lambda)\neq 0$，$g(\lambda)\neq 0$，则

$f(\lambda)\pm g(\lambda)\neq 0$ 时，$\partial(f(\lambda)\pm g(\lambda))\leqslant\max\{\partial(f(\lambda)),\partial(g(\lambda))\}$；

$$\partial(f(\lambda)g(\lambda))=\partial(f(\lambda))+\partial(g(\lambda));$$

$$\partial(kf(\lambda))=\partial(f(\lambda))\ (k\in P,k\neq 0).$$

多项式的运算满足:加法交换律和结合律,乘法交换律和结合律,乘法对加法的分配律以及乘法消去律.

定义 3 设 $f(\lambda) \in P[\lambda]$,如果存在 $h(\lambda) \in P[\lambda]$,使得 $f(\lambda)=h(\lambda)g(\lambda)$,则称 $g(\lambda)$ **整除** $f(\lambda)$(或 $f(\lambda)$ 能被 $g(\lambda)$ 整除),记为 $g(\lambda) \mid f(\lambda)$. 此时称 $g(\lambda)$ 为 $f(\lambda)$ 的**因式**,$f(\lambda)$ 为 $g(\lambda)$ 的**倍式**.

如 $f(\lambda)=(\lambda-1)^2(\lambda+2)$,$g(\lambda)=\lambda-1$,则 $g(\lambda) \mid f(\lambda)$.

整除的性质:

(i) 任一多项式 $f(\lambda)$ 一定能整除它自身和零多项式,即 $f(\lambda) \mid f(\lambda)$,$f(\lambda) \mid 0$.

(ii) 零次多项式 c 能整除任一多项式,即 $c \mid f(\lambda)(c \neq 0)$;零次多项式只能被零次多项式整除.

(iii) 零多项式只能整除零多项式.

(iv) 若 $g(\lambda) \mid f(\lambda)$,则 $cg(\lambda) \mid df(\lambda)$,其中 $c,d \in P$ 且 $c \neq 0$.

(v) 若 $f(\lambda) \mid g(\lambda)$,$g(\lambda) \mid h(\lambda)$,则 $f(\lambda) \mid h(\lambda)$.

定理 1 设 $f(\lambda),g(\lambda) \in P[x]$,$g(\lambda) \neq 0$,则存在唯一的多项式 $q(\lambda)$,$r(\lambda) \in P[\lambda]$,使得

$$f(\lambda)=q(\lambda)g(\lambda)+r(\lambda),$$

其中 $r(\lambda)=0$ 或 $\partial(r(\lambda))<\partial(g(\lambda))$.

若 $g(\lambda) \neq 0$,则 $g(\lambda) \mid f(\lambda)$ 的充要条件是 $r(\lambda)=0$.

如设 $f(\lambda)=\lambda^8-3\lambda^5+\lambda^4+\lambda^2-4$,$g(\lambda)=\lambda^3-2\lambda+1$,类似于数的列竖式计算得到唯一的多项式 $q(\lambda)=2\lambda^5+4\lambda^3-5\lambda^2+9\lambda-14$,$r(\lambda)=24\lambda^2-37\lambda+10$,使得

$$f(\lambda)=q(\lambda)g(\lambda)+r(\lambda).$$

定义 4 (1) 设 $f(\lambda),g(\lambda) \in P[\lambda]$,如果 $d(\lambda) \in P[\lambda]$ 满足 $d(\lambda) \mid f(\lambda)$ 且 $d(\lambda) \mid g(\lambda)$,则称 $d(\lambda)$ 为 $f(\lambda)$ 与 $g(\lambda)$ 的一个**公因式**.

(2) 若 $f(\lambda)$ 与 $g(\lambda)$ 的一个公因式 $d(\lambda)$ 能被 $f(\lambda)$ 与 $g(\lambda)$ 的任一公因式整除,则称 $d(\lambda)$ 为 $f(\lambda)$ 与 $g(\lambda)$ 的一个**最大公因式**.

注 ① $P[\lambda]$ 中任意两个多项式 $f(\lambda)$ 与 $g(\lambda)$ 一定有最大公因式.

② 两个零多项式的最大公因式是零多项式,它是唯一确定的.

③ 两个不全为零的多项式的最大公因式总是非零多项式,它们之间只有常数因子的差别. 这时,最高项系数为 1 的最大公因式是唯一确定的,$f(\lambda)$ 与 $g(\lambda)$

的首项系数为1的最大公因式记为$(f(\lambda),g(\lambda))$.

如$f(\lambda)=(2\lambda-4)^2$，$g(\lambda)=(2\lambda-4)^2(\lambda+1)$，则

$$(f(\lambda),g(\lambda))=(\lambda-2)^2.$$

二、多项式矩阵

元素为多项式的矩阵称为**多项式矩阵**，其中多项式的变量常记为λ，故又称多项式矩阵为**λ矩阵**. λ矩阵可记为$\boldsymbol{A}(\lambda)$，$\boldsymbol{B}(\lambda)$等. 例如，数字矩阵$\boldsymbol{A}$的特征矩阵$\lambda\boldsymbol{E}-\boldsymbol{A}$就是$\lambda$矩阵.

与数字矩阵的情况类似，对λ矩阵也可定义秩和初等变换等概念.

定义5　λ矩阵$\boldsymbol{A}(\lambda)$中不恒为零的子式的最高阶数称为$\boldsymbol{A}(\lambda)$的**秩**，记为$R(\boldsymbol{A}(\lambda))$.

定义6　对于n阶λ矩阵$\boldsymbol{A}(\lambda)$，若存在n阶λ矩阵$\boldsymbol{B}(\lambda)$，使$\boldsymbol{A}(\lambda)\boldsymbol{B}(\lambda)=\boldsymbol{B}(\lambda)\boldsymbol{A}(\lambda)=\boldsymbol{E}$，则称$\lambda$矩阵$\boldsymbol{A}(\lambda)$是**可逆的**，称$\boldsymbol{B}(\lambda)$为$\boldsymbol{A}(\lambda)$的**逆矩阵**，记为$\boldsymbol{A}^{-1}(\lambda)$.

矩阵可逆，则其逆矩阵唯一：若$\boldsymbol{B}_1(\lambda)$，$\boldsymbol{B}_2(\lambda)$都是$\boldsymbol{A}(\lambda)$的逆矩阵，有

$$\boldsymbol{B}_1(\lambda)=\boldsymbol{B}_1(\lambda)\boldsymbol{E}=\boldsymbol{B}_1(\lambda)\boldsymbol{A}(\lambda)\boldsymbol{B}_2(\lambda)=\boldsymbol{E}\boldsymbol{B}_2(\lambda)=\boldsymbol{B}_2(\lambda).$$

定理2　n阶λ矩阵可逆的充分必要条件是其行列式为非零常数.

证明　设$|\boldsymbol{A}(\lambda)|=d\neq 0$，令$\boldsymbol{B}(\lambda)=\dfrac{\boldsymbol{A}^*(\lambda)}{d}$，其中$\boldsymbol{A}^*(\lambda)$为$\boldsymbol{A}(\lambda)$的伴随矩阵，则$\boldsymbol{B}(\lambda)$也是$\lambda$矩阵，且满足

$$\boldsymbol{A}(\lambda)\boldsymbol{B}(\lambda)=\boldsymbol{B}(\lambda)\boldsymbol{A}(\lambda)=\boldsymbol{E},$$

即$\boldsymbol{A}(\lambda)$可逆.

反之，若$\boldsymbol{A}(\lambda)$可逆，即有$\boldsymbol{B}(\lambda)$使得

$$\boldsymbol{A}(\lambda)\boldsymbol{B}(\lambda)=\boldsymbol{B}(\lambda)\boldsymbol{A}(\lambda)=\boldsymbol{E},$$

则$|\boldsymbol{A}(\lambda)||\boldsymbol{B}(\lambda)|=1$，故$|\boldsymbol{A}(\lambda)|$为非零常数. 证毕.

定义7　称以下三种行(列)变换为λ矩阵的**初等行(列)变换**，并统称为**初等变换**：

(1) 互换矩阵的两行(列)；

(2) 矩阵的某一行(列)乘以一个非零常数；

(3) 矩阵的某一行(列)乘上一个λ的多项式加到另一行(列).

可以用记号$r_i\leftrightarrow r_j$，$r_i\times k$，$r_i+\varphi(\lambda)r_j$来分别表示互换矩阵的第i行和第j

行,第i行乘以非零常数k,第j行乘上$\varphi(\lambda)$加到第i行上去.而$c_i \leftrightarrow c_j$,$c_i \times k$,$c_i + \varphi(\lambda)c_j$分别表示对应的三种列变换.

初等变换是可逆变换,其逆变换也是初等变换.例如,$r_i \leftrightarrow r_j$,$r_i \times k$,$r_i + \varphi(\lambda)r_j$这三种行变换的逆变换分别为$r_i \leftrightarrow r_j$,$r_i \times \frac{1}{k}$,$r_i - \varphi(\lambda)r_j$.

三种初等变换分别对应三种初等矩阵$\boldsymbol{P}(i,j)$,$\boldsymbol{P}(i(k))$,$\boldsymbol{P}(i,j(\varphi))$,它们都可从对单位阵$\boldsymbol{E}$进行相应的初等变换得到:互换$\boldsymbol{E}$的第$i$行和第$j$行即得$\boldsymbol{P}(i,j)$,$\boldsymbol{E}$的第$i$行乘以$k$即得$\boldsymbol{P}(i(k))$,$\boldsymbol{E}$的第$i$行加上第$j$行与$\varphi(\lambda)$的乘积即得$\boldsymbol{P}(i,j(\varphi))$.

用$\boldsymbol{P}(i,j)$,$\boldsymbol{P}(i(k))$和$\boldsymbol{P}(i,j(\varphi))$分别左乘一个矩阵,等价于对这个矩阵进行$r_i \leftrightarrow r_j$,$r_i \times k$和$r_i + \varphi(\lambda)r_j$这三种初等行变换;而用$\boldsymbol{P}(i,j)$,$\boldsymbol{P}(i(k))$和$\boldsymbol{P}(i,j(\varphi))$分别右乘一个矩阵,等价于对这个矩阵进行$c_i \leftrightarrow c_j$,$c_i \times k$和$c_j + \varphi(\lambda)c_i$(注意,不是$c_i + \varphi(\lambda)c_j$)这三种初等列变换.

这三种初等矩阵都可逆,其逆矩阵是同种类型的初等矩阵,这也说明初等变换的逆变换也是初等变换.

定义 8　如果$\boldsymbol{A}(\lambda)$经过有限次初等变换能化为$\boldsymbol{B}(\lambda)$,称λ矩阵$\boldsymbol{A}(\lambda)$与$\boldsymbol{B}(\lambda)$**等价**.

$\boldsymbol{A}(\lambda)$与$\boldsymbol{B}(\lambda)$等价可用记号$\boldsymbol{A}(\lambda) \cong \boldsymbol{B}(\lambda)$表示.

显然λ矩阵的等价关系满足以下性质.

(1) 反身性:$\boldsymbol{A}(\lambda) \cong \boldsymbol{A}(\lambda)$;

(2) 对称性:$\boldsymbol{A}(\lambda) \cong \boldsymbol{B}(\lambda)$,则$\boldsymbol{B}(\lambda) \cong \boldsymbol{A}(\lambda)$;

(3) 传递性:$\boldsymbol{A}(\lambda) \cong \boldsymbol{B}(\lambda)$,$\boldsymbol{B}(\lambda) \cong \boldsymbol{C}(\lambda)$,则$\boldsymbol{A}(\lambda) \cong \boldsymbol{C}(\lambda)$.

从初等变换与初等矩阵之间的关系可得,$\boldsymbol{A}(\lambda)$与$\boldsymbol{B}(\lambda)$等价的充分必要条件是:存在一系列初等矩阵$\boldsymbol{P}_1,\cdots,\boldsymbol{P}_h$,$\boldsymbol{Q}_1,\cdots,\boldsymbol{Q}_k$,使

$$\boldsymbol{B}(\lambda) = \boldsymbol{P}_h \cdots \boldsymbol{P}_1 \boldsymbol{A}(\lambda) \boldsymbol{Q}_1 \cdots \boldsymbol{Q}_k.$$

定义 9　设$R(\boldsymbol{A}(\lambda)) = r(r > 0)$,称$\boldsymbol{A}(\lambda)$的所有非零$k(0 < k \leqslant r)$阶子式的最大公因式(取首一多项式,即首项系数为1的多项式)为$\boldsymbol{A}(\lambda)$的**k阶行列式因子**,记为$D_k(\lambda)$.若$k > r$,规定$D_k(\lambda) \equiv 0$.

显然,如此定义的行列式因子是唯一存在的.

例 1　求λ矩阵

$$A(\lambda)=\begin{pmatrix}1-\lambda & \lambda^2 & \lambda\\ \lambda & \lambda & -\lambda\\ 1+\lambda^2 & \lambda^2 & -\lambda^2\end{pmatrix}$$

的各阶行列式因子.

解　由于$(1-\lambda,\lambda)=1$,因此$D_1(\lambda)=1$,又

$$\varphi_1(\lambda)=\begin{vmatrix}1-\lambda & \lambda^2\\ \lambda & \lambda\end{vmatrix}=\lambda(-\lambda^2-\lambda+1),$$

$$\varphi_2(\lambda)=\begin{vmatrix}1-\lambda & \lambda^2\\ \lambda^2+1 & \lambda^2\end{vmatrix}=\lambda^3(-\lambda-1).$$

从而$(\varphi_1(\lambda),\varphi_2(\lambda))=\lambda$.又因为其余的7个二阶子式均含因子$\lambda$,所以$D_2(\lambda)=\lambda$.最后,由于$|A(\lambda)|=-\lambda^3-\lambda^2$,所以$D_3(\lambda)=\lambda^3+\lambda^2$.

定理3　λ矩阵经过初等变换,其秩和各阶行列式因子不变.

证明　只需证明经过一次初等变换,λ矩阵的秩和行列式因子不变即可.

设$A(\lambda)$经过一次变换变为$B(\lambda)$,并设对某个h,$A(\lambda)$与$B(\lambda)$的h阶行列式因子分别为$f(\lambda)$与$g(\lambda)$.针对$f(\lambda)$为非零多项式的情况,以行变换为例分三种情况进行讨论(列变换的情况完全相同).

(1)$A(\lambda)$通过$r_i\leftrightarrow r_j$变为$B(\lambda)$,则$B(\lambda)$的h阶子式或者等于$A(\lambda)$的某个h阶子式,或者与$A(\lambda)$的某个h阶子式反号.因此,$f(\lambda)$是$B(\lambda)$的h阶子式的公因子,从而有$f(\lambda)\mid g(\lambda)$.

(2)$A(\lambda)$通过$r_i\times k(k\neq 0)$变为$B(\lambda)$,则$B(\lambda)$的h阶子式或者等于$A(\lambda)$的某个h阶子式,或者为$A(\lambda)$的某个h阶子式的k倍.因此,$f(\lambda)$是$B(\lambda)$的h阶子式的公因子,从而有$f(\lambda)\mid g(\lambda)$.

(3)$A(\lambda)$通过$r_i+\varphi(\lambda)r_j$变为$B(\lambda)$,则$B(\lambda)$中不含第i行的h阶子式,或同时含第i行和第j行的h阶子式,都等于$A(\lambda)$中对应的h阶子式;而$B(\lambda)$中含第i行但不含第j行的h阶子式,可按原第i行的那一行分成两个行列式之和,从而等于$A(\lambda)$中一个h阶子式加上另一个h阶子式与$\varphi(\lambda)$的乘积.因此,$f(\lambda)$是$B(\lambda)$的h阶子式的公因子,从而有$f(\lambda)\mid g(\lambda)$.

上面证明了如果$f(\lambda)$为非零多项式,则$f(\lambda)\mid g(\lambda)$.

如果$A(\lambda)$中所有的h阶子式为零,从上述三种情况的讨论可知,$B(\lambda)$中所

有的 h 阶子式也为零,从而 $f(\lambda)$ 和 $g(\lambda)$ 都是零.

由于初等变换是可逆的,因此也可把 $\boldsymbol{A}(\lambda)$ 视为由 $\boldsymbol{B}(\lambda)$ 经一次变换得到的,故又可得 $g(\lambda)\mid f(\lambda)$ 或 $f(\lambda)$ 和 $g(\lambda)$ 都是零. 又由于 $f(\lambda)$ 和 $g(\lambda)$ 都是首一多项式,于是可得 $f(\lambda)=g(\lambda)$ 且最高阶非零子式同阶. 这样就得到了定理的结论.

三、史密斯(Smith)标准形

每个 λ 矩阵都可通过初等变换化为一种特定的对角阵,在推导之前须先证明以下的引理.

引理 设 λ 矩阵 $\boldsymbol{A}(\lambda)$ 的左上角元素 $a_{11}(\lambda)\neq 0$,且 $\boldsymbol{A}(\lambda)$ 中至少有一个元素不能被它整除,则必有与 $\boldsymbol{A}(\lambda)$ 等价的 λ 矩阵 $\boldsymbol{B}(\lambda)$,其左上角元素 $b_{11}(\lambda)\neq 0$,且次数比 $a_{11}(\lambda)$ 低.

证明 分三种情况讨论:

(1)$\boldsymbol{A}(\lambda)$ 的第 1 行中的元素 $a_{1j}(\lambda)$ 不能被 $a_{11}(\lambda)$ 整除. 设 $a_{1j}(\lambda)=a_{11}(\lambda)\varphi(\lambda)+r(\lambda)$,其中 $r(\lambda)$ 为次数比 $a_{11}(\lambda)$ 低的非零多项式. 对 $\boldsymbol{A}(\lambda)$ 连续进行两次列变换 $c_j-\varphi(\lambda)c_1, c_1\leftrightarrow c_j$,得到 $\boldsymbol{B}(\lambda)$,其左上角元素 $b_{11}(\lambda)=r(\lambda)$.

(2)$\boldsymbol{A}(\lambda)$ 的第 1 列中的元素 $a_{i1}(\lambda)$ 不能被 $a_{11}(\lambda)$ 整除. 方法与(1)相似,不过是行变换.

(3)$\boldsymbol{A}(\lambda)$ 的第 1 行和第 1 列中的元素都能被 $a_{11}(\lambda)$ 整除,但是有某个元素 $a_{ij}(\lambda)(i,j>1)$ 不能被 $a_{11}(\lambda)$ 整除. 设 $a_{i1}(\lambda)=a_{11}(\lambda)\varphi(\lambda)$,并设对 $\boldsymbol{A}(\lambda)$ 连续进行两次行变换 $r_i-\varphi(\lambda)r_1, r_1+r_i$,得到 $\boldsymbol{B}_1(\lambda)$. $\boldsymbol{B}_1(\lambda)$ 的左上角元素仍为 $a_{11}(\lambda)$,而其第 1 行第 j 列元素为 $(1-\varphi(\lambda))a_{1j}(\lambda)+a_{ij}(\lambda)$,不能被 $a_{11}(\lambda)$ 整除,这又转化为情况(1),从而得证. 证毕.

定理 4 设 λ 矩阵 $\boldsymbol{A}(\lambda)$ 的秩为 $r(r\geqslant 1)$,则 $\boldsymbol{A}(\lambda)$ 等价于对角阵

$$\begin{pmatrix} d_1(\lambda) & & & & & & \\ & d_2(\lambda) & & & & & \\ & & \ddots & & & & \\ & & & d_r(\lambda) & & & \\ & & & & 0 & & \\ & & & & & \ddots & \\ & & & & & & 0 \end{pmatrix}, \tag{2-1}$$

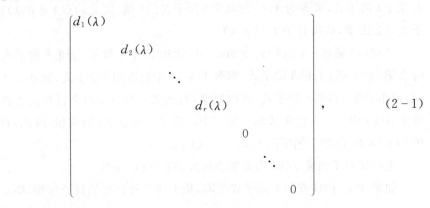

其中 $d_i(\lambda)(i=1,2,\cdots,r)$ 为首一多项式，且 $d_i(\lambda)\mid d_{i+1}(\lambda)(i=1,2,\cdots,r-1)$. 称此对角阵为 $\boldsymbol{A}(\lambda)$ 的**史密斯标准形**.

证明　$\boldsymbol{A}(\lambda)$ 为非零矩阵，经过行或列的对调，总可使其左上角元素非零. 而且，只要左上角元素不能整除其他所有元素，就可用引理的方法对矩阵进行初等变换，使其左上角元素不断降低次数，最终能够整除其他所有元素(因为次数有限，最多变为零次多项式，即非零常数，而非零常数可整除任何多项式)，再把其所在行(或列)除以其首项系数，使其成为首项系数为 1 的多项式，记为 $d_1(\lambda)$. 由于 $d_1(\lambda)$ 可整除其他所有元素，可把第 1 行分别乘以适当的多项式加到其他各行，并把第 1 列分别乘以适当的多项式加到其他各列，使第 1 行和第 1 列的非对角元素变为 0，这时 $\boldsymbol{A}(\lambda)$ 等价于

$$\boldsymbol{S}_1(\lambda)=\begin{pmatrix} d_1(\lambda) & \boldsymbol{0} \\ \boldsymbol{0} & \boldsymbol{A}_1(\lambda) \end{pmatrix},$$

其中 $\boldsymbol{A}_1(\lambda)$ 的各元素都可被 $d_1(\lambda)$ 整除. 按上面对 $\boldsymbol{A}(\lambda)$ 的处理方法，对 $\boldsymbol{A}_1(\lambda)$(实际上也是对$\boldsymbol{S}_1(\lambda)$)进行变换，则$\boldsymbol{S}_1(\lambda)$ 等价于

$$\boldsymbol{S}_2(\lambda)=\begin{pmatrix} d_1(\lambda) & & \\ & d_2(\lambda) & \\ & & \boldsymbol{A}_2(\lambda) \end{pmatrix},$$

其中 $\boldsymbol{A}_2(\lambda)$ 的各元素都可被 $d_2(\lambda)$ 整除，又由于 $\boldsymbol{A}_1(\lambda)$ 的各元素都可被 $d_1(\lambda)$ 整除，在对 $\boldsymbol{A}_1(\lambda)$ 进行变换时，所得各元素仍可被 $d_1(\lambda)$ 整除，因此有 $d_1(\lambda)\mid d_2(\lambda)$. 这样一直进行下去，并注意初等变换保持矩阵的秩不变，最终可得 $\boldsymbol{A}(\lambda)$ 等价于

$$\boldsymbol{S}_r=\begin{pmatrix} d_1(\lambda) & & & & & & \\ & d_2(\lambda) & & & & & \\ & & \ddots & & & & \\ & & & d_r(\lambda) & & & \\ & & & & 0 & & \\ & & & & & \ddots & \\ & & & & & & 0 \end{pmatrix},$$

其中 $d_i(\lambda)(i=1,2,\cdots,r)$ 为首项系数为 1 的多项式，且 $d_i(\lambda)\mid d_{i+1}(\lambda)(i=1,$

$2,\cdots,r-1$). 证毕.

例 2 求 λ 矩阵

$$\boldsymbol{A}(\lambda)=\begin{pmatrix}1-\lambda & \lambda^2 & \lambda\\ \lambda & \lambda & -\lambda\\ 1+\lambda^2 & \lambda^2 & -\lambda^2\end{pmatrix}$$

的史密斯标准形.

解

$$\boldsymbol{A}(\lambda)=\begin{pmatrix}1-\lambda & \lambda^2 & \lambda\\ \lambda & \lambda & -\lambda\\ 1+\lambda^2 & \lambda^2 & -\lambda^2\end{pmatrix}\xrightarrow{c_1+c_3}\begin{pmatrix}1 & \lambda^2 & \lambda\\ 0 & \lambda & -\lambda\\ 1 & \lambda^2 & -\lambda^2\end{pmatrix}$$

$$\xrightarrow{r_3-r_1}\begin{pmatrix}1 & \lambda^2 & \lambda\\ 0 & \lambda & -\lambda\\ 0 & 0 & -\lambda^2-\lambda\end{pmatrix}\xrightarrow[c_3-\lambda c_1]{c_2-\lambda^2 c_1}\begin{pmatrix}1 & 0 & 0\\ 0 & \lambda & -\lambda\\ 0 & 0 & -\lambda^2-\lambda\end{pmatrix}$$

$$\xrightarrow[r_3\times(-1)]{c_3+c_2}\begin{pmatrix}1 & 0 & 0\\ 0 & \lambda & 0\\ 0 & 0 & \lambda(\lambda+1)\end{pmatrix},$$

即为所求的史密斯标准形.

按定义去求一个 λ 矩阵的行列式因子往往是很困难的,但由于经过初等变换行列式因子不变,因此可通过矩阵的史密斯标准形去求行列式因子. 对于 λ 矩阵 $\boldsymbol{A}(\lambda)$,有

$$D_k(\lambda)=d_1(\lambda)\cdots d_k(\lambda),k=1,\cdots,r, \tag{2-2}$$

因此,行列式因子也满足

$$D_k(\lambda)\mid D_{k+1}(\lambda),k=1,\cdots,r-1.$$

再规定 $D_0=1$,有

$$\frac{D_k}{D_{k-1}}=d_k(\lambda),k=1,\cdots,r. \tag{2-3}$$

定理 5 λ 矩阵的史密斯标准形是唯一的.

证明　设λ矩阵$\mathbf{A}(\lambda)$的史密斯标准形为式(2-1)，$\mathbf{A}(\lambda)$与其史密斯标准形有相同的行列式因子，由式(2-3)可知，$\mathbf{A}(\lambda)$的史密斯标准形的对角元素由$\mathbf{A}(\lambda)$的行列式因子唯一确定，因此$\mathbf{A}(\lambda)$的史密斯标准形是唯一的. 证毕.

第四节　不变因子与初等因子

一、不变因子

定义1　称$\mathbf{A}(\lambda)$的史密斯标准形中对角元素$d_i(\lambda)(i=1,\cdots,r)$为$\mathbf{A}(\lambda)$的第$i$个**不变因子**.

下面定理的结论是显然的.

定理1　两个λ矩阵等价的充分必要条件是它们有相同的不变因子或行列式因子.

例1　求λ矩阵

$$\mathbf{A}(\lambda)=\begin{pmatrix}1-\lambda & \lambda^2 & \lambda \\ \lambda & \lambda & -\lambda \\ 1+\lambda^2 & \lambda^2 & -\lambda^2\end{pmatrix}$$

的不变因子和行列式因子.

解　由上一节例2知$\mathbf{A}(\lambda)$的史密斯标准形为

$$\begin{pmatrix}1 & 0 & 0 \\ 0 & \lambda & 0 \\ 0 & 0 & \lambda(\lambda+1)\end{pmatrix},$$

则$\mathbf{A}(\lambda)$的不变因子为$d_1=1,d_2=\lambda,d_3=\lambda(\lambda+1)$，从而$\mathbf{A}(\lambda)$的行列式因子为$D_1=1,D_2=\lambda,D_3=\lambda^2(\lambda+1)$.

例2　求n阶λ矩阵

$$\mathbf{A}(\lambda)=\begin{pmatrix}\lambda-a & c_1 & & & \\ & \lambda-a & c_2 & & \\ & & \ddots & \ddots & \\ & & & \lambda-a & c_{n-1} \\ & & & & \lambda-a\end{pmatrix}$$

的不变因子和行列式因子,其中 $c_1,\cdots,c_{n-1}$ 为非零常数.

解 本题用初等变换求史密斯标准形很困难,但行列式因子很容易计算:$D_n=(\lambda-a)^n$. 又因为可找到 $\boldsymbol{A}(\lambda)$ 的一个 $n-1$ 阶子式 $M_{n1}=c_1\cdots c_n\neq 0$,所以 $D_{n-1}=1$. 由行列式因子之间的关系 $D_k \mid D_{k+1}$ 知 $D_1=D_2=\cdots=D_{n-1}=1$,再由不变因子和行列式因子之间的关系 $d_k=D_k/D_{k-1}$ 可知,$d_1=d_2=\cdots=d_{n-1}=1$,$d_n=(\lambda-a)^n$.

例 3 如下形式的矩阵称为**友矩阵**:

$$\boldsymbol{A}=\begin{pmatrix} 0 & 1 & 0 & \cdots & 0 \\ 0 & 0 & 1 & \cdots & 0 \\ \vdots & \vdots & \vdots & & \vdots \\ 0 & 0 & 0 & \cdots & 1 \\ -a_n & -a_{n-1} & -a_{n-2} & \cdots & -a_1 \end{pmatrix},$$

求其特征矩阵的不变因子.

解 $\boldsymbol{A}$ 的特征矩阵为

$$\lambda\boldsymbol{E}-\boldsymbol{A}=\begin{pmatrix} \lambda & -1 & 0 & \cdots & 0 & 0 \\ 0 & \lambda & -1 & \cdots & 0 & 0 \\ \vdots & \vdots & \vdots & & \vdots & \vdots \\ 0 & 0 & 0 & \cdots & \lambda & -1 \\ a_n & a_{n-1} & a_{n-2} & \cdots & a_2 & \lambda+a_1 \end{pmatrix},$$

把 $\lambda\boldsymbol{E}-\boldsymbol{A}$ 中的第 $2,3,\cdots,n$ 列分别乘以 $\lambda,\lambda^2,\cdots,\lambda^{n-1}$ 加到第 1 列,得

$$\lambda\boldsymbol{E}-\boldsymbol{A}\cong\begin{pmatrix} 0 & -1 & 0 & \cdots & 0 & 0 \\ 0 & \lambda & -1 & \cdots & 0 & 0 \\ \vdots & \vdots & \vdots & & \vdots & \vdots \\ 0 & 0 & 0 & \cdots & \lambda & -1 \\ f(\lambda) & a_{n-1} & a_{n-2} & \cdots & a_2 & \lambda+a_1 \end{pmatrix},$$

其中 $f(\lambda)=\lambda^n+a_1\lambda^{n-1}+\cdots+a_{n-1}\lambda+a_n$,$\lambda\boldsymbol{E}-\boldsymbol{A}$ 的 n 阶行列式因子 $D_n=f(\lambda)$. 因为它有一个 $n-1$ 阶子式 M_{n1} 为非零常数,所以 $D_{n-1}=1$,进而 $D_1=D_2=\cdots=$

$D_{n-2}=1$. 由不变因子和行列式因子的关系有 $d_1=d_2=\cdots=d_{n-1}=1, d_n=f(\lambda)$. 在推导过程中也可看出, $\boldsymbol{A}$ 的特征多项式 $|\lambda\boldsymbol{E}-\boldsymbol{A}|$ 等于 $D_n=f(\lambda)$.

友矩阵的特征值的几何重数都为 1，且若 λ_0 为一个特征值，则 $x=(1,\lambda_0,\cdots,\lambda_0^{n-1})^{\mathrm{T}}$ 为对应于 λ_0 的特征向量. 证明留给读者.

二、初等因子

定义 2　将 λ 矩阵的所有次数大于 1 的不变因子都分解为一次因子的方幂，称这些一次因子的方幂(重复的也重复计算) 为此矩阵的**初等因子**.

例如，一个 λ 矩阵的不变因子为 $1,1,\lambda+1,\lambda^2(\lambda+1),\lambda^2(\lambda+1)^2$，则其初等因子为 $\lambda^2,\lambda^2,\lambda+1,\lambda+1,(\lambda+1)^2$.

显然，所有非零不变因子的乘积等于所有初等因子的乘积.

λ 矩阵的初等因子由其不变因子确定. 反之，当知道了 λ 矩阵的秩和初等因子，也可确定不变因子：首先，不变因子的个数等于秩；其次，每个初等因子都是某一个不变因子的因子，而且只能是一个不变因子的因子. 由于不变因子间的整除关系，可把初等因子按其底分类，把底相同的同一类初等因子按幂指数从大到小排列，第一个分配给最后一个不变因子，第二个分配给倒数第二个不变因子，这样依次进行下去，直到把所有的初等因子分配完. 没有分配到初等因子的不变因子则为 1.

例如，设一个 λ 矩阵的秩为 4，初等因子为 $\lambda,\lambda^2,\lambda^2,\lambda+1,(\lambda+1)^2,\lambda-2,\lambda-2$. 按上述方法，可知此矩阵有 4 个不变因子，把 $\lambda^2,\lambda^2,\lambda$ 分别分配给 d_4,d_3,d_2，把 $(\lambda+1)^2,\lambda+1$ 分别分配给 d_4,d_3，把 $\lambda-2,\lambda-2$ 也分别分配给 d_4,d_3，这样可得 $d_4=\lambda^2(\lambda+1)^2(\lambda-2)$, $d_3=\lambda^2(\lambda+1)(\lambda-2)$, $d_2=\lambda$, d_1 没有得到初等因子，则 $d_1=1$.

运用下面的定理，有时可大大简化初等因子的计算过程.

定理 2　分块对角 λ 矩阵的各对角块的初等因子合在一起即为原 λ 矩阵的初等因子.

证明　(略)

例 4　求矩阵 $\boldsymbol{A}(\lambda)$ 的初等因子、不变因子和史密斯标准形：

$$\boldsymbol{A}(\lambda)=\begin{pmatrix} 3\lambda+5 & (\lambda+2)^2 & 4\lambda+5 & (\lambda-1)^2 \\ \lambda+7 & (\lambda+2)^2 & \lambda+7 & 0 \\ \lambda-1 & 0 & 2\lambda-1 & (\lambda-1)^2 \\ 0 & 0 & (\lambda-2)(\lambda-5) & 0 \end{pmatrix}.$$

解 对 $\boldsymbol{A}(\lambda)$ 施行初等变换:

$$\boldsymbol{A}(\lambda)\xrightarrow{r_1-r_3}\begin{bmatrix}2\lambda+6 & (\lambda+2)^2 & 2\lambda+6 & 0\\ \lambda+7 & (\lambda+2)^2 & \lambda+7 & 0\\ \lambda-1 & 0 & 2\lambda-1 & (\lambda-1)^2\\ 0 & 0 & (\lambda-2)(\lambda-5) & 0\end{bmatrix}$$

$$\xrightarrow{c_3-c_1}\begin{bmatrix}2\lambda+6 & (\lambda+2)^2 & 0 & 0\\ \lambda+7 & (\lambda+2)^2 & 0 & 0\\ \lambda-1 & 0 & \lambda & (\lambda-1)^2\\ 0 & 0 & (\lambda-2)(\lambda-5) & 0\end{bmatrix}$$

$$\xrightarrow{r_1-r_2}\begin{bmatrix}\lambda-1 & 0 & 0 & 0\\ \lambda+7 & (\lambda+2)^2 & 0 & 0\\ \lambda-1 & 0 & \lambda & (\lambda-1)^2\\ 0 & 0 & (\lambda-2)(\lambda-5) & 0\end{bmatrix}$$

$$\xrightarrow{r_3-r_1}\begin{bmatrix}\lambda-1 & 0 & 0 & 0\\ \lambda+7 & (\lambda+2)^2 & 0 & 0\\ 0 & 0 & \lambda & (\lambda-1)^2\\ 0 & 0 & (\lambda-2)(\lambda-5) & 0\end{bmatrix}$$

$$=\begin{bmatrix}\boldsymbol{A}_1(\lambda) & \\ & \boldsymbol{A}_2(\lambda)\end{bmatrix}.$$

这时,$\boldsymbol{A}(\lambda)$ 已化为分块对角阵.下面分别求各对角块的初等因子.

对 $\boldsymbol{A}_1(\lambda)$,容易看出其行列式因子为 $D_1=1,D_2=(\lambda-1)(\lambda+2)^2$,故其不变因子为 $d_1=1,d_2=(\lambda-1)(\lambda+2)^2$;同理,$\boldsymbol{A}_2(\lambda)$ 的行列式因子为 $D_1=1,D_2=(\lambda-2)(\lambda-5)(\lambda-1)^2$,故其不变因子为 $d_1=1,d_2=(\lambda-2)(\lambda-5)(\lambda-1)^2$.由定理 2 可得,$\boldsymbol{A}(\lambda)$ 的初等因子为 $\lambda-1,\lambda-2,\lambda-5,(\lambda-1)^2,(\lambda+2)^2$,其不变因子为 $d_1=d_2=1,d_3=\lambda-1,d_4=(\lambda-2)(\lambda-5)(\lambda-1)^2(\lambda+2)^2$. $\boldsymbol{A}(\lambda)$ 的史密斯标准形为

$$\begin{pmatrix} 1 & & & \\ & 1 & & \\ & & \lambda-1 & \\ & & & (\lambda-2)(\lambda-5)(\lambda-1)^2(\lambda+2)^2 \end{pmatrix}.$$

三、矩阵相似的条件

下面将利用 λ 矩阵等价来表示矩阵相似的充分必要条件，推导过程要用到如下定理：

定理 3　两个矩阵相似的充分必要条件是它们的特征矩阵等价.

证明　必要性：设 $\boldsymbol{A}\sim\boldsymbol{B}$，则有可逆矩阵 $\boldsymbol{P}$，使 $\boldsymbol{A}=\boldsymbol{P}\boldsymbol{B}\boldsymbol{P}^{-1}$，因此

$$\lambda\boldsymbol{E}-\boldsymbol{A}=\boldsymbol{P}(\lambda\boldsymbol{E}-\boldsymbol{B})\boldsymbol{P}^{-1},$$

从而有 $\lambda\boldsymbol{E}-\boldsymbol{A}\cong\lambda\boldsymbol{E}-\boldsymbol{B}$，即 $\boldsymbol{A}$ 与 $\boldsymbol{B}$ 的特征矩阵等价.

充分性：定理的充分性证明较繁琐，故省略.

由于矩阵的相似等同于它们的特征矩阵等价，这又等同于特征矩阵有相同的不变因子或初等因子，因此矩阵的特征矩阵的不变因子和初等因子也称为此矩阵的不变因子和初等因子.

由定理 1、定理 2 及定理 3 可得以下定理.

定理 4　两个矩阵相似的充分必要条件是它们有相同的不变因子和初等因子.

第五节　约当标准形

一、约当标准形

定义 1　称形如

$$\boldsymbol{J}_k=\begin{pmatrix} \lambda_k & 1 & & \\ & \lambda_k & \ddots & \\ & & \ddots & 1 \\ & & & \lambda_k \end{pmatrix}_{m_k\times m_k}$$

的矩阵为**约当(Jordan)块**.

例如，

$$(4),\begin{pmatrix}3&1\\&3\end{pmatrix},\begin{pmatrix}2&1&\\&2&1\\&&2\end{pmatrix},\begin{pmatrix}1&1&&\\&1&1&\\&&1&1\\&&&1\end{pmatrix}$$

分别为对角元素为4,3,2,1,阶数分别为1,2,3,4的约当块.

约当块由其对角元素λ_k和阶数m_k唯一确定.由上节例2知,$\lambda\boldsymbol{E}-\boldsymbol{J}_k$的不变因子为$1,\cdots,1,(\lambda-\lambda_k)^{m_k}$,故其初等因子为$(\lambda-\lambda_k)^{m_k}$.

定义2 称以若干个约当块为对角块的分块对角阵

$$\boldsymbol{J}=\begin{pmatrix}\boldsymbol{J}_1&&&\\&\boldsymbol{J}_2&&\\&&\ddots&\\&&&\boldsymbol{J}_t\end{pmatrix}$$

为**约当标准形**.对角阵是约当标准形的特例,即对角块全为1阶约当块的约当标准形.

由上节定理2,$\lambda\boldsymbol{E}-\boldsymbol{J}$的初等因子为$(\lambda-\lambda_k)^{m_k},k=1,\cdots,t$,每个约当块对应了一个初等因子,其阶数即为初等因子的次数,其对角元素即为初等因子的根.显然,各初等因子次数之和等于此矩阵的阶数.反之,可按照给定的初等因子按上述法则来构造约当标准形.

例如,

$$\boldsymbol{J}=\begin{pmatrix}3&1&&&&&&&\\0&3&&&&&&&\\&&1+\mathrm{i}&1&0&&&&\\&&0&1+\mathrm{i}&1&&&&\\&&0&0&1+\mathrm{i}&&&&\\&&&&&0&1&0&0\\&&&&&0&0&1&0\\&&&&&0&0&0&1\\&&&&&0&0&0&0\end{pmatrix}$$

为含有3个对角元素分别为3,1+i,0,阶数分别为2,3,4的约当块的9阶约当标准形.

定理1　每个矩阵都和约当标准形相似.

证明　对给定的矩阵,可求出其特征矩阵的初等因子,根据这些初等因子可构造出一个约当标准形.由于此约当标准形与给定的矩阵有相同的初等因子,而且特征矩阵都是满秩的,因此它们的特征矩阵有相同的不变因子,因而是等价的.由上节定理3,此约当标准形与给定的矩阵相似.证毕.

称与矩阵相似的约当标准形为此矩阵的约当标准形.一个矩阵的各约当标准形都有相同的约当块,但可能各约当块的次序不同.因此,在不区别约当块的排列次序时,矩阵的约当标准形是由该矩阵唯一确定的.

例1　求矩阵

$$\boldsymbol{A}=\begin{pmatrix}-1 & -2 & 6\\ -1 & 0 & 3\\ -1 & -1 & 4\end{pmatrix}$$

的约当标准形.

解

$$\lambda\boldsymbol{E}-\boldsymbol{A}=\begin{pmatrix}\lambda+1 & 2 & -6\\ 1 & \lambda & -3\\ 1 & 1 & \lambda-4\end{pmatrix}\xrightarrow{r_1\leftrightarrow r_3}\begin{pmatrix}1 & 1 & \lambda-4\\ 1 & \lambda & -3\\ \lambda+1 & 2 & -6\end{pmatrix}$$

$$\xrightarrow[r_3-(\lambda+1)r_1]{r_2-r_1}\begin{pmatrix}1 & 1 & \lambda-4\\ 0 & \lambda-1 & 1-\lambda\\ 0 & 1-\lambda & -\lambda^2+3\lambda-2\end{pmatrix}\xrightarrow{r_3+r_2}\begin{pmatrix}1 & 1 & \lambda-4\\ 0 & \lambda-1 & 1-\lambda\\ 0 & 0 & -\lambda^2+2\lambda-1\end{pmatrix}$$

$$\rightarrow\begin{pmatrix}1 & 0 & 0\\ 0 & \lambda-1 & 0\\ 0 & 0 & (\lambda-1)^2\end{pmatrix}.$$

$\lambda\boldsymbol{E}-\boldsymbol{A}$的不变因子为$1,\lambda-1,(\lambda-1)^2$,初等因子为$\lambda-1,(\lambda-1)^2$.$\boldsymbol{A}$的约当标准形为

$$J=\begin{pmatrix}1&0&0\\0&1&1\\0&0&1\end{pmatrix} \text{或} J=\begin{pmatrix}1&1&0\\0&1&0\\0&0&1\end{pmatrix}.$$

定理 2 矩阵相似于对角阵的充分必要条件是其初等因子全是一次的.

此定理的结论是显然的.

二、变换矩阵 P

由定理1知,对于任何矩阵A,存在相似变换矩阵P,使$P^{-1}AP=J$.下面根据

$$AP=PJ$$

来计算P.设A为n阶矩阵,J有t个约当块,其对角元素分别为λ_k.设P的列向量为p_i,$i=1,\cdots,n$,则方程$AP=PJ$为

$$A(p_1,p_2,\cdots,p_n)=(p_1,p_2,\cdots,p_n)\begin{pmatrix}J_1&&\\&\ddots&\\&&J_t\end{pmatrix}. \tag{2-4}$$

现在来考虑对应某约当块的一组方程,为简单起见,就设其阶数为m,对角元素为λ_0,P中相应列的编号为$1,\cdots,m$,则这组方程为

$$\begin{aligned}Ap_1&=\lambda_0 p_1,\\Ap_2&=p_1+\lambda_0 p_2,\\&\vdots\\Ap_m&=p_{m-1}+\lambda_0 p_m.\end{aligned}$$

把$\lambda_0 E-A$记为H,以上m个方程即为

$$\begin{cases}Hp_1=\mathbf{0},\\Hp_2=-p_1,\\\quad\vdots\\Hp_m=-p_{m-1}.\end{cases} \tag{2-5}$$

这m个方程各代表一个线性方程组,首先从第1个齐次线性方程组解出p_1,再代入第2个方程组解出p_2,这样一直做下去,直到最后解出p_m,从而求得P.但是存

在这样一个问题，即前一个方程组所解出的列向量要代到下一个非齐次方程组作为常数项，而非齐次方程组可能无解，所以解前一个方程组时，其解必须适当选取，以保证下一个非齐次线性方程组有解. 具体的方法是，把前一个方程的解以通解的形式给出，然后根据后一个方程有解的条件来确定通解中的待定常数. 以下例来说明此方法.

例 2　求矩阵

$$A=\begin{pmatrix}2 & -1 & -1\\ 2 & -1 & -2\\ -1 & 1 & 2\end{pmatrix}$$

的约当标准形 J 和相似变换矩阵 P，使得 $P^{-1}AP=J$.

解　先求 A 的约当标准形：

$$\lambda E-A=\begin{pmatrix}\lambda-2 & 1 & 1\\ -2 & \lambda+1 & 2\\ 1 & -1 & \lambda-2\end{pmatrix}\xrightarrow{r_1\leftrightarrow r_3}\begin{pmatrix}1 & -1 & \lambda-2\\ -2 & \lambda+1 & 2\\ \lambda-2 & 1 & 1\end{pmatrix}$$

$$\xrightarrow[r_3-(\lambda-2)r_1]{r_2+2r_1}\begin{pmatrix}1 & -1 & \lambda-2\\ 0 & \lambda-1 & 2\lambda-2\\ 0 & \lambda-1 & -\lambda^2+4\lambda-3\end{pmatrix}\to\begin{pmatrix}1 & 0 & 0\\ 0 & \lambda-1 & 0\\ 0 & 0 & (\lambda-1)^2\end{pmatrix}.$$

初等因子为 $\lambda-1,(\lambda-1)^2$，则

$$J=\begin{pmatrix}1 & 0 & 0\\ 0 & 1 & 1\\ 0 & 0 & 1\end{pmatrix}.$$

设 $P=(p_1,p_2,p_3)$，由 $P^{-1}AP=J$，得

$$AP=PJ,$$

即

$$A(p_1,p_2,p_3)=(p_1,p_2,p_3)\begin{pmatrix}1 & 0 & 0\\ 0 & 1 & 1\\ 0 & 0 & 1\end{pmatrix}=(p_1,p_2,p_2+p_3),$$

这样得到 3 个方程

$$(\boldsymbol{E}-\boldsymbol{A})\,\boldsymbol{p}_1=\boldsymbol{0},$$

$$(\boldsymbol{E}-\boldsymbol{A})\,\boldsymbol{p}_2=\boldsymbol{0},$$

$$(\boldsymbol{E}-\boldsymbol{A})\,\boldsymbol{p}_3=-\boldsymbol{p}_2.$$

第1个方程对应第1个约当块,第2,3个方程对应第2个约当块.先解第1个方程,这是齐次线性方程组,其系数矩阵为

$$\boldsymbol{E}-\boldsymbol{A}=\begin{pmatrix}-1&1&1\\-2&2&2\\1&-1&-1\end{pmatrix}\to\begin{pmatrix}1&-1&-1\\0&0&0\\0&0&0\end{pmatrix},$$

故第 1 个方程有基础解系$(1,1,0)^{\mathrm{T}}$,$(1,0,1)^{\mathrm{T}}$.由于后面没有方程涉及$\boldsymbol{p}_1$,一般可任取一解,取$\boldsymbol{p}_1=(1,1,0)^{\mathrm{T}}$.第 2 个方程同第 1 个方程,但其解$\boldsymbol{p}_2$ 要代入第 3 个方程,故先设

$$\boldsymbol{p}_2=c_1\,(1,1,0)^{\mathrm{T}}+c_2\,(1,0,1)^{\mathrm{T}}=(c_1+c_2,c_1,c_2)^{\mathrm{T}},$$

其中 c_1,c_2 为待定常数.代入第 3 个方程,其增广矩阵为

$$(\boldsymbol{E}-\boldsymbol{A},-\boldsymbol{p}_2)=\begin{pmatrix}-1&1&1&-c_1-c_2\\-2&2&2&-c_1\\1&-1&-1&-c_2\end{pmatrix}\xrightarrow{\text{行变换}}\begin{pmatrix}-1&1&1&-c_1-c_2\\0&0&0&c_1+2c_2\\0&0&0&-c_1-2c_2\end{pmatrix},$$

可见为使第 3 个方程有解,必须且只需 $c_1+2c_2=0$.取 $c_1=2,c_2=-1$,则$\boldsymbol{p}_2=(1,2,-1)^{\mathrm{T}}$,进而解得$\boldsymbol{p}_3=(1,0,0)^{\mathrm{T}}$,这样得相似变换矩阵

$$\boldsymbol{P}=\begin{pmatrix}1&1&1\\1&2&0\\0&-1&0\end{pmatrix},$$

经检验,所求得的 $\boldsymbol{J},\boldsymbol{P}$ 满足 $\boldsymbol{A}=\boldsymbol{PJP}^{-1}$.

在计算 $\boldsymbol{J},\boldsymbol{P}$ 的过程中,需要注意以下几点:

(1) 约当标准形 $\boldsymbol{J}$ 中约当块的次序可以不同,若 $\boldsymbol{J}$ 中约当块的次序改变,相似变换矩阵 $\boldsymbol{P}$ 也会随之改变;

(2)$\boldsymbol{P}$ 不唯一,例如本例中取$\boldsymbol{p}_3=(0,0,-1)^{\mathrm{T}}$ 或$(1,1,-1)^{\mathrm{T}}$ 等也可以;

(3) 当不同的约当块具有相同的对角元素时,有些方程是相同的,有时为避免线性相关,计算结果须作调整.例如本例中,两个约当块的对角元素都是1,虽然第1个约当块是1阶的,在计算$\boldsymbol{p}_1$时,由于不需要往后面的方程代,一般可任意选取,但若一开始就选取$\boldsymbol{p}_1=(1,2,-1)^{\mathrm{T}}$,虽然它也满足$\boldsymbol{p}_1$的方程,但是在后面计算$\boldsymbol{p}_2$时,发现$\boldsymbol{p}_2$只能取$(1,2,-1)^{\mathrm{T}}$,这时就必须对$\boldsymbol{p}_1$进行调整.

例3　设V是复数域上的三维线性空间,T是V上的线性变换,T在V的基$\boldsymbol{\alpha}_1,\boldsymbol{\alpha}_2,\boldsymbol{\alpha}_3$下的矩阵为

$$\boldsymbol{A}=\begin{pmatrix}2 & -1 & -1\\ 2 & -1 & -2\\ -1 & 1 & 2\end{pmatrix},$$

求V的另一组基$\boldsymbol{\beta}_1,\boldsymbol{\beta}_2,\boldsymbol{\beta}_3$,使$T$在该基下的矩阵为约当标准形$\boldsymbol{J}$.

解　由例2知,约当标准形矩阵$\boldsymbol{J}$及变换矩阵$\boldsymbol{P}$如下:

$$\boldsymbol{J}=\begin{pmatrix}1 & 0 & 0\\ 0 & 1 & 1\\ 0 & 0 & 1\end{pmatrix},\boldsymbol{P}=\begin{pmatrix}1 & 1 & 1\\ 1 & 2 & 0\\ 0 & -1 & 0\end{pmatrix}.$$

令

$$(\boldsymbol{\beta}_1,\boldsymbol{\beta}_2,\boldsymbol{\beta}_3)=(\boldsymbol{\alpha}_1,\boldsymbol{\alpha}_2,\boldsymbol{\alpha}_3)\boldsymbol{P},$$

即

$$\boldsymbol{\beta}_1=\boldsymbol{\alpha}_1+\boldsymbol{\alpha}_2,\boldsymbol{\beta}_2=\boldsymbol{\alpha}_1+2\boldsymbol{\alpha}_2-\boldsymbol{\alpha}_3,\boldsymbol{\beta}_3=\boldsymbol{\alpha}_1,$$

则T在基$\boldsymbol{\beta}_1,\boldsymbol{\beta}_2,\boldsymbol{\beta}_3$下的矩阵为约当标准形矩阵$\boldsymbol{J}$.

第六节　凯莱-哈密顿定理与矩阵的最小多项式

先给出矩阵多项式的概念.设$f(\lambda)=a_0\lambda^m+a_1\lambda^{m-1}+\cdots+a_{m-1}\lambda+a_m$为$\lambda$的多项式,多项式中只有加、减、乘和乘幂运算,而这些运算对于矩阵(方阵)都是可行的,可把$f(\lambda)$中的λ换成矩阵$\boldsymbol{A}$,并且由于常数项可视为$\lambda^0=1$的系数,而$\boldsymbol{A}^0=\boldsymbol{E}$,故常数项乘以$\boldsymbol{E}$,得$f(\boldsymbol{A})=a_0\boldsymbol{A}^m+a_1\boldsymbol{A}^{m-1}+\cdots+a_{m-1}\boldsymbol{A}+a_m\boldsymbol{E}$,称为$\boldsymbol{A}$的**矩阵多项式**.

显然,矩阵多项式仍为矩阵.

引理 1 相似矩阵的多项式仍然相似,且相似变换矩阵不变,即

$$A=PBP^{-1}\Rightarrow f(A)=Pf(B)P^{-1}.$$

引理 2 对角阵的多项式仍为对角阵,分块对角阵的多项式仍为分块对角阵:

$$A=\begin{pmatrix}A_1 & & \\ & \ddots & \\ & & A_s\end{pmatrix}\Rightarrow f(A)=\begin{pmatrix}f(A_1) & & \\ & \ddots & \\ & & f(A_s)\end{pmatrix}.$$

这两个引理的结论都可根据矩阵的运算法则直接验证.

设 N 为以 0 为对角元素的 h 阶约当块,即

$$N=\begin{pmatrix}0 & 1 & & & \\ & 0 & 1 & & \\ & & 0 & \ddots & \\ & & & \ddots & 1\\ & & & & 0\end{pmatrix},$$

容易验证:

$$N^2=\begin{pmatrix}0 & 0 & 1 & & \\ & 0 & 0 & \ddots & \\ & & 0 & \ddots & 1\\ & & & \ddots & 0\\ & & & & 0\end{pmatrix},\cdots,N^{h-1}=\begin{pmatrix}0 & 0 & 0 & \cdots & 1\\ & 0 & 0 & \ddots & \vdots\\ & & 0 & \ddots & 0\\ & & & \ddots & 0\\ & & & & 0\end{pmatrix},N^k=O,k\geqslant h.$$

这里把 N 的这种性质以引理的形式给出,以备后用.

引理 3 $N^k=O$ 当且仅当 k 不小于 N 的阶数.

定理 1(凯莱-哈密顿(Cayley-Hamilton)定理) 设 $f(\lambda)=|\lambda E-A|$,则 $f(A)=O$.

证明 设 A 的约当标准形为 J,则 $A=PJP^{-1}$,由引理 1,只需证明 $f(J)=O$ 即可.而由引理 2,只需证明,对 J 中任一约当块 J_0,满足 $f(J_0)=O$ 即可.设 $f(\lambda)$

有 s 个不同的特征值 $\lambda_1,\cdots,\lambda_s$，其代数重数分别为 $l_1,\cdots,l_s$，则

$$f(\lambda)=(\lambda-\lambda_1)^{l_1}(\lambda-\lambda_2)^{l_2}\cdots(\lambda-\lambda_s)^{l_s}.$$

设 $\boldsymbol{J}$ 的某个对角块为 $\boldsymbol{J}_0$，其阶数为 h，对角元素为 λ_k（λ_k 为 $\lambda_1,\cdots,\lambda_s$ 中的一个）. 由于特征多项式是所有初等因子的乘积，故必有 $h\leqslant l_k$. 因为

$$f(\boldsymbol{J}_0)=(\boldsymbol{J}_0-\lambda_1\boldsymbol{E})^{l_1}(\boldsymbol{J}_0-\lambda_2\boldsymbol{E})^{l_2}\cdots(\boldsymbol{J}_0-\lambda_s\boldsymbol{E})^{l_s},$$

并注意到 $\boldsymbol{J}_0$ 的对角元素为 λ_k，所以 $\boldsymbol{J}_0-\lambda_k\boldsymbol{E}=\boldsymbol{N}$，其阶数 $h\leqslant l_k$. 根据引理 3，有

$$(\boldsymbol{J}_0-\lambda_k\boldsymbol{E})^{l_k}=\boldsymbol{N}^{l_k}=\boldsymbol{O},$$

从而 $f(\boldsymbol{J}_0)=\boldsymbol{O}$. 证毕.

例 1　已知

$$\boldsymbol{A}=\begin{pmatrix}1&2&1\\0&1&-1\\1&0&0\end{pmatrix},$$

求 $g(\boldsymbol{A})=\boldsymbol{A}^8-2\boldsymbol{A}^6+\boldsymbol{A}^5+3\boldsymbol{A}^3-3\boldsymbol{A}+\boldsymbol{E}$.

解　$$f(\lambda)=|\lambda\boldsymbol{E}-\boldsymbol{A}|=\begin{vmatrix}\lambda-1&-2&-1\\0&\lambda-1&1\\-1&0&\lambda\end{vmatrix}=\lambda^3-2\lambda^2+3,$$

$$\begin{aligned}g(\lambda)&=\lambda^8-2\lambda^6+\lambda^5+3\lambda^3-3\lambda+1\\&=(\lambda^5+2\lambda^4+2\lambda^3+2\lambda^2-2\lambda-7)(\lambda^3-2\lambda^2+3)+(-20\lambda^2+3\lambda+22)\\&=(\lambda^5+2\lambda^4+2\lambda^3+2\lambda^2-2\lambda-7)f(\lambda)+(-20\lambda^2+3\lambda+22).\end{aligned}$$

由凯莱-哈密顿定理，$f(\boldsymbol{A})=0$，所以

$$g(\boldsymbol{A})=-20\boldsymbol{A}^2+3\boldsymbol{A}+22\boldsymbol{E}=\begin{pmatrix}-15&-74&23\\20&5&17\\-17&-40&2\end{pmatrix}.$$

从这个例子可见，若 $\boldsymbol{A}$ 为 n 阶矩阵，对于 $\boldsymbol{A}$ 的任一次数高于 n 的多项式，可通过其特征多项式，找到 $\boldsymbol{A}$ 的一个次数低于 n 的多项式，使这两个多项式的值相等，从而使计算化简.

例 2 设

$$A=\begin{pmatrix}1 & 3-\mathrm{i} & -2\\ 0 & \omega & 1+2\mathrm{i}\\ 0 & 0 & \omega^2\end{pmatrix},$$

其中 $\omega=(-1+\sqrt{3}\mathrm{i})/2$，计算 $\boldsymbol{A}^{100}$.

解 $f(\lambda)=|\lambda\boldsymbol{E}-\boldsymbol{A}|=(\lambda-1)(\lambda-\omega)(\lambda-\omega^2)=\lambda^3-1$，由凯莱-哈密顿定理，有 $\boldsymbol{A}^3-\boldsymbol{E}=\boldsymbol{O},\boldsymbol{A}^3=\boldsymbol{E}$，所以 $\boldsymbol{A}^{100}=(\boldsymbol{A}^3)^{33}\boldsymbol{A}=\boldsymbol{E}^{33}\boldsymbol{A}=\boldsymbol{A}$.

从上面两个例子可见，若所给矩阵的一个多项式取值为零，则此矩阵的高次多项式的值可通过一个低次多项式来计算. 当然，这个取值为零的多项式的次数越低越好. 矩阵的特征多项式就是这样的多项式，但是矩阵是否还有次数更低的取值为零的多项式呢？下面来讨论这个问题.

定义 1 设 $\varphi(\lambda)$ 为某一多项式，对于矩阵 $\boldsymbol{A}$，若 $\varphi(\boldsymbol{A})=\boldsymbol{O}$，则称 $\varphi(\lambda)$ 为 $\boldsymbol{A}$ 的一个**零化多项式**.

矩阵的一个零化多项式与任何多项式的乘积仍为零化多项式，而由凯莱-哈密顿定理，$\boldsymbol{A}$ 的特征多项式就是 $\boldsymbol{A}$ 的一个零化多项式. 因此，矩阵有无穷多个零化多项式.

矩阵的特征多项式不一定是次数最低的零化多项式. 例如

$$\boldsymbol{A}=\begin{pmatrix}3 & -1 & 0\\ 0 & 2 & 0\\ 1 & -1 & 2\end{pmatrix},$$

它的特征多项式是 $f(\lambda)=(\lambda-2)^2(\lambda-3)$，故 $f(\boldsymbol{A})=\boldsymbol{O}$，但是对于多项式 $m(\lambda)=(\lambda-2)(\lambda-3)$，也有 $m(\boldsymbol{A})=\boldsymbol{O}$.

定义 2 矩阵 $\boldsymbol{A}$ 的次数最低的首一零化多项式称为 $\boldsymbol{A}$ 的**最小多项式**，记为 $m(\lambda)$.

定理 2 多项式 $\varphi(\lambda)$ 为矩阵 $\boldsymbol{A}$ 的零化多项式的充分必要条件是 $m(\lambda)\mid\varphi(\lambda)$.

证明 充分性显然，现证必要性. 假设 $\varphi(\lambda)$ 为矩阵 $\boldsymbol{A}$ 的零化多项式，但 $m(\lambda)\mid\varphi(\lambda)$ 不成立，则 $\varphi(\lambda)=q(\lambda)m(\lambda)+r(\lambda)$，其中 $q(\lambda)$ 和 $r(\lambda)$ 也为多项式，且 $r(\lambda)$ 的次数低于 $m(\lambda)$. 由于 $\varphi(\lambda)$ 和 $m(\lambda)$ 都是 $\boldsymbol{A}$ 的零化多项式，在上面等式中令 $\lambda=\boldsymbol{A}$ 可得 $r(\boldsymbol{A})=\boldsymbol{O}$，这与 $m(\lambda)$ 为 $\boldsymbol{A}$ 的最小多项式矛盾. 证毕.

推论　矩阵的最小多项式唯一.

证明　设一矩阵有两个最小多项式,由定理2,这两个最小多项式可互相整除,而且它们都是首一多项式,因此它们必相等.

定理3　矩阵的最后一个不变因子即为其最小多项式.

证明　(略)

推论1　相似矩阵有相同的最小多项式.

证明　因为相似矩阵有相同的不变因子,由定理3即得推论1的结论.

但是,上述推论的逆命题未必成立.例如,设

$$\boldsymbol{A}=\begin{pmatrix}2&&\\&3&\\&&3\end{pmatrix},\quad \boldsymbol{B}=\begin{pmatrix}2&&\\&2&\\&&3\end{pmatrix},$$

它们的特征多项式分别为$(\lambda-2)(\lambda-3)^2$和$(\lambda-2)^2(\lambda-3)$,由它们的特征多项式不同可知它们不相似,但是它们有相同的最小多项式$(\lambda-2)(\lambda-3)$.

推论2　矩阵相似于对角阵的充要条件是其最小多项式无重根.

证明　若一个矩阵相似于对角阵,则其特征矩阵的初等因子都是一次的,因此其各个不变因子无重根,其最小多项式为最后一个不变因子,故也无重根.反之,若此矩阵的最小多项式无重根,即其特征多项式的最后一个不变因子无重根,由于前面的不变因子可整除后面的不变因子,故所有的不变因子无重根,因此所有的初等因子是一次的,此矩阵可相似于对角阵.证毕.

定理4　矩阵的最小多项式的根必为此矩阵的特征值;反之,矩阵的特征值也是此矩阵的最小多项式的根.

证明　由凯莱-哈密顿定理可知,矩阵的特征多项式为此矩阵的零化多项式.又由定理2,最小多项式为特征多项式的因子.因此,最小多项式的根为特征多项式的根,即矩阵的特征值.

反之,设矩阵$\boldsymbol{A}$的最小多项式为$m(\lambda)=\lambda^h+b_1\lambda^{h-1}+\cdots+b_{h-1}\lambda+b_h$,$\lambda_0$为$\boldsymbol{A}$的任一特征值,$\boldsymbol{x}_0$为对应于$\lambda_0$的特征向量,则

$$\begin{aligned}\boldsymbol{0}&=m(\boldsymbol{A})\boldsymbol{x}_0=(\boldsymbol{A}^h+b_1\boldsymbol{A}^{h-1}+\cdots+b_{h-1}\boldsymbol{A}+b_h\boldsymbol{E})\boldsymbol{x}_0\\&=\boldsymbol{A}^h\boldsymbol{x}_0+b_1\boldsymbol{A}^{h-1}\boldsymbol{x}_0+\cdots+b_{h-1}\boldsymbol{A}\boldsymbol{x}_0+b_h\boldsymbol{x}_0\\&=(\lambda_0^h+b_1\lambda_0^{h-1}+\cdots+b_{h-1}\lambda_0+b_h)\boldsymbol{x}_0=m(\lambda_0)\boldsymbol{x}_0,\end{aligned}$$

由于$\boldsymbol{x}_0 \neq \boldsymbol{0}$,故必有 $m(\lambda_0)=0$. 证毕.

虽然最小多项式和特征多项式的根相同,但重数不一定相同,因此最小多项式不一定就是特征多项式.

例 3 求下列矩阵最小多项式 $m(\lambda)$,并判断矩阵 $\boldsymbol{A}$ 能否对角化.其中,

$$\boldsymbol{A}=\begin{pmatrix}-2 & 1 & 0\\ 0 & -2 & 0\\ 0 & 0 & -2\end{pmatrix}.$$

解 $\boldsymbol{A}$ 的特征多项式 $f(\lambda)=|\lambda\boldsymbol{E}-\boldsymbol{A}|=(\lambda+2)^3$,因此 $\boldsymbol{A}$ 的最小多项式可能为 $\lambda+2,(\lambda+2)^2,(\lambda+2)^3$. 通过计算,$\boldsymbol{A}+2\boldsymbol{E}\neq\boldsymbol{0},(\boldsymbol{A}+2\boldsymbol{E})^2=\boldsymbol{0}$,所以最小多项式为 $m(\lambda)=(\lambda+2)^2$. 由定理 3 推论 2 可知,$\boldsymbol{A}$ 不能对角化.

例 4 求下列矩阵的特征多项式 $f(\lambda)$ 和最小多项式 $m(\lambda)$:

$$(1)\boldsymbol{A}=\begin{pmatrix}3 & 1 & 0\\ 0 & 3 & 0\\ 0 & 0 & 3\end{pmatrix};(2)\boldsymbol{A}=\begin{pmatrix}a & c_1 & & & \\ & a & c_2 & & \\ & & a & \ddots & \\ & & & \ddots & c_{n-1}\\ & & & & a\end{pmatrix},c_1c_2\cdots c_{n-1}\neq 0;$$

$$(3)\boldsymbol{A}=\begin{pmatrix}0 & 1 & & & \\ & 0 & 1 & & \\ & & 0 & \ddots & \\ & & & \ddots & 1\\ -a_n & -a_{n-1} & -a_{n-2} & \cdots & -a_1\end{pmatrix}.$$

解 (1) $$\lambda\boldsymbol{E}-\boldsymbol{A}=\begin{pmatrix}\lambda-3 & -1 & 0\\ 0 & \lambda-3 & 0\\ 0 & 0 & \lambda-3\end{pmatrix}\xrightarrow[r_1\times(-1)]{c_1\leftrightarrow c_2}\begin{pmatrix}1 & 3-\lambda & 0\\ \lambda-3 & 0 & 0\\ 0 & 0 & \lambda-3\end{pmatrix}$$

$$\xrightarrow{r_2-(\lambda-3)r_1}\begin{pmatrix}1 & 3-\lambda & 0\\ 0 & (\lambda-3)^2 & 0\\ 0 & 0 & \lambda-3\end{pmatrix}\to\begin{pmatrix}1 & 0 & 0\\ 0 & \lambda-3 & 0\\ 0 & 0 & (\lambda-3)^2\end{pmatrix},$$

得 $m(\lambda)=d_3(\lambda)=(\lambda-3)^2, f(\lambda)=|\lambda\boldsymbol{E}-\boldsymbol{A}|=(\lambda-3)^3$.

(2) 由

$$\lambda\boldsymbol{E}-\boldsymbol{A}=\begin{pmatrix}\lambda-a & -c_1 & & & \\ & \lambda-a & -c_2 & & \\ & & \lambda-a & \ddots & \\ & & & \ddots & -c_{n-1} \\ & & & & \lambda-a\end{pmatrix},$$

$D_n=f(\lambda)=(\lambda-a)^n, M_{n1}=(-1)^{n-1}c_1c_2\cdots c_{n-1}\neq 0$，故有 $D_{n-1}=1, D_1=\cdots=D_{n-2}=D_{n-1}=1$，从而 $d_n(\lambda)=(\lambda-a)^n$，所以 $m(\lambda)=(\lambda-a)^n$.

(3) 由第四节的例 3 知，$m(\lambda)=d_n(\lambda)=f(\lambda)=\lambda^n+a_1\lambda^{n-1}+a_2\lambda^{n-2}+\cdots+a_{n-1}\lambda+a_n$.

习 题 二

1. 设 $\boldsymbol{a}$ 为 n 维欧式空间 V 中的一个单位向量，证明线性变换 T：

$$T\boldsymbol{x}=\boldsymbol{x}-2(\boldsymbol{a},\boldsymbol{x})\boldsymbol{a}$$

有 $n-1$ 个对应于特征值 1 的线性无关的特征向量和一个对应于特征值 -1 的特征向量.

2. 设 V 是线性空间，$\boldsymbol{\alpha}_1,\boldsymbol{\alpha}_2,\boldsymbol{\alpha}_3$ 是 V 的一组基，线性变换 T 在基 $\boldsymbol{\alpha}_1,\boldsymbol{\alpha}_2,\boldsymbol{\alpha}_3$ 下的矩阵

$$\boldsymbol{A}=\begin{pmatrix}3 & -3 & 2\\ -1 & 5 & -2\\ -1 & 3 & 0\end{pmatrix},$$

求线性变换 T 的特征值与特征向量.

3. 求下列矩阵的特征值和特征向量以及特征值的代数重数和几何重数：

(1) $\boldsymbol{A}=\begin{pmatrix}2 & -1 & 2\\ 5 & -3 & 3\\ -1 & 0 & -2\end{pmatrix}$；　　(2) $\boldsymbol{A}=\begin{pmatrix}0 & 1 & 0\\ -4 & 4 & 0\\ -2 & 1 & 2\end{pmatrix}$.

4. 证明：若 $\boldsymbol{A}^2=-\boldsymbol{E}$，则矩阵 $\boldsymbol{A}$ 的特征值只能是 $\pm\mathrm{i}$.

5. 设非零 n 阶矩阵 $\boldsymbol{A}$ 满足 $\boldsymbol{A}^k=\boldsymbol{O}$（$k$ 为一个正整数），证明：$\boldsymbol{A}$ 不可能相似于对角阵.

6. 设 $V=\left\{\boldsymbol{X}=\begin{pmatrix}x_{11} & x_{12}\\ x_{21} & x_{22}\end{pmatrix}\middle|\, x_{11}+x_{12}+x_{21}=0\right\}$ 是矩阵空间 $\mathbf{R}^{2\times 2}$ 的子空间，在 V 中

定义线性变换 $T(\boldsymbol{X})=\boldsymbol{X}+\boldsymbol{X}^{\mathrm{T}}$.

(1) 求 T 在基 $\boldsymbol{E}_1=\begin{pmatrix}-1&1\\0&0\end{pmatrix},\boldsymbol{E}_2=\begin{pmatrix}-1&0\\1&0\end{pmatrix},\boldsymbol{E}_3=\begin{pmatrix}0&0\\0&1\end{pmatrix}$ 下的矩阵；

(2) 在 V 中求一组基,使 T 在该组基下的矩阵为对角阵.

7. 若 $\boldsymbol{A},\boldsymbol{B}$ 均为 n 阶矩阵,证明 $\boldsymbol{AB}$ 与 $\boldsymbol{BA}$ 有相同的特征值.

8. 已知

$$\boldsymbol{A}=\begin{pmatrix}-11&-2&4\\-6&1&2\\-45&-7&16\end{pmatrix},$$

求 $\boldsymbol{A}^{100}$.

9. 证明:两个正规矩阵相似的充要条件是它们的特征多项式相同.

10. n 维线性空间 V 中基 $\boldsymbol{\alpha}_1,\boldsymbol{\alpha}_2,\cdots,\boldsymbol{\alpha}_n$ 到基 $\boldsymbol{\beta}_1,\boldsymbol{\beta}_2,\cdots,\boldsymbol{\beta}_n$ 的过渡矩阵为 $\boldsymbol{C}$. 证明:V 中存在非零向量 $\boldsymbol{\alpha}$,使得 $\boldsymbol{\alpha}$ 在这两组基下坐标相同的充要条件是 1 为矩阵 $\boldsymbol{C}$ 的特征值.

11. 设 $\boldsymbol{A},\boldsymbol{B}$ 均为埃尔米特矩阵,证明:$\boldsymbol{AB}$ 为埃尔米特矩阵的充要条件是 $\boldsymbol{AB}=\boldsymbol{BA}$.

12. 证明:任一复方阵都可表示成埃尔米特矩阵和反埃尔米特矩阵之和.

13. 将下列 λ 矩阵化为史密斯标准形:

(1) $\begin{pmatrix}\lambda^3-\lambda&2\lambda^2\\\lambda^2+5\lambda&3\lambda\end{pmatrix}$；　(2) $\begin{pmatrix}1-\lambda&\lambda^2&\lambda\\\lambda&\lambda&-\lambda\\1+\lambda^2&\lambda^2&-\lambda^2\end{pmatrix}$；

(3) $\begin{pmatrix}3\lambda^2+2\lambda-3&2\lambda-1&\lambda^2+2\lambda-3\\4\lambda^2+3\lambda-5&3\lambda-2&\lambda^2+3\lambda-4\\\lambda^2+\lambda-4&\lambda-2&\lambda-1\end{pmatrix}$；

(4) $\begin{pmatrix}2\lambda&3&0&1&\lambda\\4\lambda&3\lambda+6&0&\lambda+2&2\lambda\\0&6\lambda&\lambda&2\lambda&0\\\lambda-1&0&\lambda-1&0&0\\3\lambda-3&1-\lambda&2\lambda-2&0&0\end{pmatrix}$.

14. 求下列 λ 矩阵的不变因子、行列式因子和初等因子:

(1) $\begin{pmatrix}\lambda^2+\lambda&0&0\\0&\lambda&0\\0&0&(\lambda+1)^2\end{pmatrix}$；　(2) $\begin{pmatrix}\lambda&-1&0&0\\0&\lambda&-1&0\\0&0&\lambda&-1\\4&-4&-3&\lambda+2\end{pmatrix}$.

15. 求下列矩阵 $\boldsymbol{A}$ 的约当标准形 $\boldsymbol{J}$ 和相似变换矩阵 $\boldsymbol{P}$,使 $\boldsymbol{P}^{-1}\boldsymbol{AP}=\boldsymbol{J}$:

(1) $A=\begin{pmatrix}3 & 7 & -3\\ -2 & -5 & 2\\ -4 & -10 & 3\end{pmatrix}$；　(2) $A=\begin{pmatrix}13 & 16 & 16\\ -5 & -7 & -6\\ -6 & -8 & -7\end{pmatrix}$；

(3) $A=\begin{pmatrix}0 & 3 & 3\\ -1 & 8 & 6\\ 2 & -14 & -10\end{pmatrix}$；　(4) $A=\begin{pmatrix}2 & -1 & -1\\ 2 & -1 & -2\\ -1 & 1 & 2\end{pmatrix}$；

(5) $A=\begin{pmatrix}3 & -4 & & \\ 1 & -1 & & \\ & & 2 & -1\\ & & 1 & 0\end{pmatrix}$；　(6) $A=\begin{pmatrix}1 & 2 & 3 & 4\\ 0 & 1 & 2 & 3\\ 0 & 0 & 1 & 2\\ 0 & 0 & 0 & 1\end{pmatrix}$；

(7) $A=\begin{pmatrix}2 & -1 & -1\\ 2 & -1 & -2\\ -1 & 1 & 2\end{pmatrix}$.

16. 设

$$A=\begin{pmatrix}1 & 4 & 2\\ 0 & -3 & 4\\ 0 & 4 & 3\end{pmatrix},$$

求 A^k.

17. 设

$$A=\begin{pmatrix}1 & 0 & 2\\ 0 & -1 & 1\\ 0 & 1 & 0\end{pmatrix},$$

求 $2A^8-3A^5+A^4+A^2-11E$.

18. 设

$$A=\begin{pmatrix}1 & -1\\ 2 & 5\end{pmatrix},$$

证明：$B=2A^4-12A^3+19A^2-29A+36E$ 为可逆矩阵，并把 B^{-1} 表示为 A 的多项式.

19. 已知 3 阶矩阵 A 的 3 个特征值为 $1,-1,2$，试把 A^{10} 表示为 A 的二次多项式.

20. 证明：若 A 满足 $A^2+A=2E$，则 A 可相似于对角阵.

21. 求矩阵 $A=\begin{pmatrix}3 & -3 & 2\\ -1 & 5 & -2\\ -1 & 3 & 0\end{pmatrix}$ 的最小多项式.

第三章　矩阵的范数与幂级数

第一节　向量范数

在内积空间中已经用内积定义了向量的范数,但是如此定义的范数是不能满足理论研究和实际应用需要的,现在给出向量范数的一般定义.

定义 1　设 V 是数域 P 上的线性空间,如果对 V 中任意向量 $\boldsymbol{x}$,都有一个非负实数与之对应,记为 $\|\boldsymbol{x}\|$,且满足下面的三个性质:

(1) 正定性:当 $\boldsymbol{x}\neq\boldsymbol{0}$ 时,$\|\boldsymbol{x}\|>0$;

(2) 齐次性:对 $\forall\lambda\in P$,$\|\lambda\boldsymbol{x}\|=|\lambda|\,\|\boldsymbol{x}\|$;

(3) 三角不等式:$\forall\boldsymbol{x},\boldsymbol{y}\in V$,$\|\boldsymbol{x}+\boldsymbol{y}\|\leqslant\|\boldsymbol{x}\|+\|\boldsymbol{y}\|$,

则称 $\|\boldsymbol{x}\|$ 是向量 $\boldsymbol{x}$ 的**范数**,并称定义了范数的线性空间为**赋范线性空间**.

容易证明向量范数有如下性质:

(1) $\|\boldsymbol{x}\|=0\Leftrightarrow\boldsymbol{x}=\boldsymbol{0}$;

(2) 非零向量除以其范数即为单位向量:$\left\|\dfrac{\boldsymbol{x}}{\|\boldsymbol{x}\|}\right\|=1$;

(3) 向量与其负向量的范数相等:$\|\boldsymbol{x}\|=\|-\boldsymbol{x}\|$;

(4) $\|\boldsymbol{x}-\boldsymbol{y}\|\geqslant\|\boldsymbol{x}\|-\|\boldsymbol{y}\|$.

例 1　设 $\boldsymbol{x}=(\xi_1,\xi_2,\cdots,\xi_n)^{\mathrm{T}}\in\mathbf{C}^n$,定义 $\|\boldsymbol{x}\|_1=\sum\limits_{k=1}^{n}|\xi_k|$,证明 $\|\boldsymbol{x}\|_1$ 为向量范数.称此种范数为 **1 -范数**.

证明　(1) 正定性:当 $\boldsymbol{x}$ 为非零向量时,其分量不全为零,因此其分量模之和大于零;

(2) 齐次性:$\|\lambda\boldsymbol{x}\|_1=\sum\limits_{k=1}^{n}|\lambda\xi_k|=|\lambda|\sum\limits_{k=1}^{n}|\xi_k|=|\lambda|\,\|\boldsymbol{x}\|_1$;

(3) 三角不等式:再设 $\boldsymbol{y}=(\zeta_1,\zeta_2,\cdots,\zeta_n)^{\mathrm{T}}$,

$$\|x+y\|_1=\sum_{k=1}^{n}|\xi_k+\zeta_k|\leqslant\sum_{k=1}^{n}(|\xi_k|+|\zeta_k|)=\sum_{k=1}^{n}|\xi_k|+\sum_{k=1}^{n}|\zeta_k|$$
$$=\|x\|_1+\|y\|_1.$$

证毕.

例 2　设 $x=(\xi_1,\xi_2,\cdots,\xi_n)^{\mathrm{T}}\in\mathbf{C}^n$，定义 $\|x\|_2=\sqrt{\sum_{k=1}^{n}|\xi_k|^2}$，证明 $\|x\|_2$ 为向量范数. 称此种范数为 **2 -范数**.

证明　$\|x\|_2$ 就是 $\mathbf{C}^n$ 中的内积所定义的范数 $\|x\|$：

$$\|x\|^2=(x,x)=\sum_{k=1}^{n}|\xi_k|^2.$$

例 3　设 $x=(\xi_1,\xi_2,\cdots,\xi_n)^{\mathrm{T}}\in\mathbf{C}^n$，定义 $\|x\|_\infty=\max\limits_{1\leqslant k\leqslant n}|\xi_k|$，证明 $\|x\|_\infty$ 为向量范数. 称此种范数为 **∞ -范数**.

证明　(1) 正定性：当 x 为非零向量时，其分量不全为零，因此其分量模之最大者大于零；

(2) 齐次性：$\|\lambda x\|_\infty=\max\limits_{1\leqslant k\leqslant n}|\lambda\xi_k|=|\lambda|\max\limits_{1\leqslant k\leqslant n}|\xi_k|=|\lambda|\ \|x\|_\infty$；

(3) 三角不等式：再设 $y=(\zeta_1,\zeta_2,\cdots,\zeta_n)^{\mathrm{T}}$，则

$$\|x+y\|_\infty=\max_{1\leqslant k\leqslant n}|\xi_k+\zeta_k|\leqslant\max_{1\leqslant k\leqslant n}(|\xi_k|+|\zeta_k|)$$
$$\leqslant\max_{1\leqslant k\leqslant n}|\xi_k|+\max_{1\leqslant k\leqslant n}|\zeta_k|=\|x\|_\infty+\|y\|_\infty.$$

证毕.

在 $\mathbf{C}^n$ 中，对 $x=(\xi_1,\xi_2,\cdots,\xi_n)^{\mathrm{T}}$，定义

$$\|x\|_p=\left(\sum_{k=1}^{n}|\xi_k|^p\right)^{\frac{1}{p}}\quad(1\leqslant p<+\infty).$$

可以证明 $\|x\|_p$ 为向量范数，称为 **p -范数**. 在证明其三角不等式时要用到实变函数中的明可夫斯基(Minkowski) 不等式，此处证明从略.

取 $p=1,2$ 时，$\|x\|_p$ 就是例 1、例 2 中的 1 -范数和 2 -范数. 下面证明

$$\lim_{p\to+\infty}\|x\|_p=\|x\|_\infty.$$

证明　设 $x=(\xi_1,\xi_2,\cdots,\xi_n)^{\mathrm{T}}$，若 $x=\mathbf{0}$，有 $\|x\|_p=\|x\|_\infty=0$. 若 $x\neq\mathbf{0}$，则 $\|x\|_\infty>0$，

$$\|x\|_p=\left(\sum_{k=1}^{n}|\xi_k|^p\right)^{\frac{1}{p}}=\|x\|_\infty\left(\sum_{k=1}^{n}\left|\frac{\xi_k}{\|x\|_\infty}\right|^p\right)^{\frac{1}{p}},$$

因为 $0\leqslant\left|\frac{\xi_k}{\|x\|_\infty}\right|\leqslant 1$ 且至少有某个 k_0 使 $\left|\frac{\xi_{k_0}}{\|x\|_\infty}\right|=1$,所以

$$1\leqslant\sum_{k=1}^{n}\left|\frac{\xi_k}{\|x\|_\infty}\right|^p\leqslant n,$$

于是

$$\|x\|_\infty\leqslant\|x\|_p\leqslant\sqrt[p]{n}\,\|x\|_\infty,$$

由于 $\lim\limits_{p\to+\infty}\sqrt[p]{n}=1$,故有 $\lim\limits_{p\to+\infty}\|x\|_p=\|x\|_\infty$.

例 4 设 $\|\cdot\|_a$ 是 $\mathbf{C}^m$ 上的一种向量范数,$A\in\mathbf{C}^{m\times n}$,且 A 的列向量线性无关.对 $x\in\mathbf{C}^n$,定义

$$\|x\|_b=\|Ax\|_a,$$

证明 $\|x\|_b$ 是 $\mathbf{C}^n$ 中的向量范数.

证明 (1) 正定性:因为 A 的列向量线性无关,当 $x\neq\mathbf{0}$ 时,有 $Ax\neq\mathbf{0}$,所以 $\|x\|_b=\|Ax\|_a>0$.

(2) 齐次性:$\|\lambda x\|_b=\|A(\lambda x)\|_a=\|\lambda Ax\|_a=|\lambda|\,\|Ax\|_a=|\lambda|\,\|x\|_b$.

(3) 三角不等式:$\|x+y\|_b=\|A(x+y)\|_a=\|Ax+Ay\|_a\leqslant\|Ax\|_a+\|Ay\|_a=\|x\|_b+\|y\|_b$.

证毕.

此例说明可以用已知的范数来定义新的范数,甚至可以用一个线性空间中的范数来定义另一个线性空间中的范数.一般来说,一个线性空间中向量的范数可用与其同构的线性空间中对应向量的范数来定义.

定义 2 设 $\|\cdot\|_a$ 和 $\|\cdot\|_b$ 是线性空间 V 中的两种范数,如果存在正数 M,m,使对所有 $x\in V$,都有

$$m\|x\|_b\leqslant\|x\|_a\leqslant M\|x\|_b,$$

则称 $\|\cdot\|_a$ 与 $\|\cdot\|_b$ 是**等价**的.

由定义容易验证如下引理:

引理 范数的等价关系满足反身性、对称性、传递性.

定理 有限维线性空间中的任意两种范数都是等价的.

证明　由等价的对称性和传递性，只需证明任何范数都与一种特定的范数 $\|\cdot\|_a$ 等价即可.

设 V 为 n 维线性空间，$\|\cdot\|$ 为 V 中任一种范数. 取 V 的一组单位向量构成基 $\boldsymbol{e}_1,\boldsymbol{e}_2,\cdots,\boldsymbol{e}_n$. 对 V 中任意一个向量 $\boldsymbol{x}$，设 $\boldsymbol{x}=\xi_1\boldsymbol{e}_1+\xi_2\boldsymbol{e}_2+\cdots+\xi_n\boldsymbol{e}_n$，定义 $\|\boldsymbol{x}\|_a=\sqrt{|\xi_1|^2+\cdots+|\xi_n|^2}$，易知它是 V 中范数.

先证明 $\|\boldsymbol{x}\|$ 是坐标 $(\xi_1,\cdots,\xi_n)$ 的连续函数：设 $\boldsymbol{y}=\zeta_1\boldsymbol{e}_1+\zeta_2\boldsymbol{e}_2+\cdots+\zeta_n\boldsymbol{e}_n$，

$$\begin{aligned}0&\leqslant\big|\|\boldsymbol{x}\|-\|\boldsymbol{y}\|\big|\leqslant\|\boldsymbol{x}-\boldsymbol{y}\|\\&=\|(\xi_1-\zeta_1)\boldsymbol{e}_1+(\xi_2-\zeta_2)\boldsymbol{e}_2+\cdots+(\xi_n-\zeta_n)\boldsymbol{e}_n\|\\&\leqslant|\xi_1-\zeta_1|\,\|\boldsymbol{e}_1\|+|\xi_2-\zeta_2|\,\|\boldsymbol{e}_2\|+\cdots+|\xi_n-\zeta_n|\,\|\boldsymbol{e}_n\|\\&=|\xi_1-\zeta_1|+|\xi_2-\zeta_2|+\cdots+|\xi_n-\zeta_n|\to0(\xi_k\to\zeta_k,k=1,\cdots,n).\end{aligned}$$

现取一个有界闭集 $S=\{(\xi_1,\cdots,\xi_n)\mid\|\boldsymbol{x}\|_a=1\}$，$(\xi_1,\cdots,\xi_n)$ 的连续函数 $\|\boldsymbol{x}\|$ 在 S 上有最大值 M 和最小值 m，由于 S 中不包括零向量，所以 $m>0$，即有

$$m\leqslant\|\boldsymbol{x}\|\leqslant M\quad(\boldsymbol{x}\in S).$$

当 $\boldsymbol{x}\neq\boldsymbol{0}$ 时，$\dfrac{\boldsymbol{x}}{\|\boldsymbol{x}\|_a}\in S$，所以

$$m\leqslant\left\|\frac{\boldsymbol{x}}{\|\boldsymbol{x}\|_a}\right\|=\frac{\|\boldsymbol{x}\|}{\|\boldsymbol{x}\|_a}\leqslant M,$$

$$m\|\boldsymbol{x}\|_a\leqslant\|\boldsymbol{x}\|\leqslant M\|\boldsymbol{x}\|_a.$$

当 $\boldsymbol{x}=\boldsymbol{0}$ 时，$\|\boldsymbol{x}\|_a=0$，故上式总以等式成立. 证毕.

第二节　矩阵范数

上一节定义了线性空间的范数，当然也包括了矩阵空间的范数. 但是，由于矩阵在应用中的双重性：一方面矩阵可视为矩阵空间中的元素，另一方面矩阵又可视为线性空间之间的映射或线性空间中的变换，因此有必要对矩阵的范数增加新的要求，即相容性.

定义 1　如果对于任意的矩阵 $\boldsymbol{A}\in\mathbf{C}^{n\times n}$，都有一个非负实数与之对应，记为 $\|\boldsymbol{A}\|$，且满足下面的四个性质：

(1) 正定性：当 $\boldsymbol{A}\neq\boldsymbol{0}$ 时，$\|\boldsymbol{A}\|>0$；

(2) 齐次性:对$\forall\lambda\in\mathbf{C}$,$\|\lambda\boldsymbol{A}\|=|\lambda|\|\boldsymbol{A}\|$;

(3) 三角不等式:$\forall\boldsymbol{A},\boldsymbol{B}\in\mathbf{C}^{n\times n}$,有 $\|\boldsymbol{A}+\boldsymbol{B}\|\leqslant\|\boldsymbol{A}\|+\|\boldsymbol{B}\|$;

(4) 相容性:$\forall\boldsymbol{A},\boldsymbol{B}\in\mathbf{C}^{n\times n}$,有 $\|\boldsymbol{AB}\|\leqslant\|\boldsymbol{A}\|\|\boldsymbol{B}\|$,

则称 $\|\boldsymbol{A}\|$ 是矩阵 $\boldsymbol{A}$ 的**矩阵范数**.

例 1　设 $\boldsymbol{A}=(a_{ij})_{n\times n}\in\mathbf{C}^{n\times n}$,定义

$$\|\boldsymbol{A}\|_F=\sqrt{\sum_{i,j=1}^{n}|a_{ij}|^2},$$

证明 $\|\boldsymbol{A}\|_F$ 是一种矩阵范数. 此范数称为矩阵的 **Frobenius 范数**,简称 ***F* -范数**.

证明　$\|\boldsymbol{A}\|_F$ 实际上是把 $\boldsymbol{A}$ 作为 n^2 维向量所取的 2 -范数,因此满足正定性、齐次性、三角不等式. 下面只需证明它还满足相容性即可.

对 $\boldsymbol{A}=(a_{ij})_{n\times n}$,$\boldsymbol{B}=(b_{ij})_{n\times n}$,令 $\boldsymbol{D}=\boldsymbol{AB}=(d_{ij})_{n\times n}$,其中 $d_{ij}=\sum_{k=1}^{n}a_{ik}b_{kj}$,由柯西-施瓦兹不等式,得

$$|d_{ij}|^2=\left|\sum_{k=1}^{n}a_{ik}b_{kj}\right|^2\leqslant\sum_{k=1}^{n}|a_{ik}|^2\sum_{k=1}^{n}|b_{kj}|^2,$$

所以,

$$\|\boldsymbol{AB}\|_F^2=\|\boldsymbol{D}\|_F^2=\sum_{i,j=1}^{n}|d_{ij}|^2\leqslant\sum_{i,j=1}^{n}\left(\sum_{k=1}^{n}|a_{ik}|^2\sum_{k=1}^{n}|b_{kj}|^2\right)$$

$$=\sum_{i,k=1}^{n}|a_{ik}|^2\sum_{k,j=1}^{n}|b_{kj}|^2=\|\boldsymbol{A}\|_F^2\|\boldsymbol{B}\|_F^2.$$

证毕.

称方阵 $\boldsymbol{A}=(a_{ij})_{n\times n}$ 的对角元素之和 $a_{11}+a_{22}+\cdots+a_{nn}$ 为 $\boldsymbol{A}$ 的**迹**(trace),记为 $\mathrm{tr}(\boldsymbol{A})$. 所以,

$$\|\boldsymbol{A}\|_F=\sqrt{\mathrm{tr}(\boldsymbol{A}^{\mathrm{H}}\boldsymbol{A})}=\sqrt{\mathrm{tr}(\boldsymbol{A}\boldsymbol{A}^{\mathrm{H}})}.$$

矩阵乘以酉矩阵后,其 F -范数不变:设 $\boldsymbol{Q}$ 为酉矩阵,则有

$$\|\boldsymbol{QA}\|_F=\sqrt{\mathrm{tr}[(\boldsymbol{QA})^{\mathrm{H}}(\boldsymbol{QA})]}=\sqrt{\mathrm{tr}(\boldsymbol{A}^{\mathrm{H}}\boldsymbol{Q}^{\mathrm{H}}\boldsymbol{QA})}=\sqrt{\mathrm{tr}(\boldsymbol{A}^{\mathrm{H}}\boldsymbol{A})}=\|\boldsymbol{A}\|_F;$$

$$\|\boldsymbol{AQ}\|_F=\sqrt{\mathrm{tr}[(\boldsymbol{AQ})(\boldsymbol{AQ})^{\mathrm{H}}]}=\sqrt{\mathrm{tr}(\boldsymbol{AQ}\boldsymbol{Q}^{\mathrm{H}}\boldsymbol{A}^{\mathrm{H}})}=\sqrt{\mathrm{tr}(\boldsymbol{A}\boldsymbol{A}^{\mathrm{H}})}=\|\boldsymbol{A}\|_F.$$

在线性空间中进行线性变换时,向量经过线性变换后的坐标即为线性变换

的矩阵与原坐标相乘的结果，因此有必要讨论矩阵范数与向量范数之间的相容性.

定义 2　设 $\|\cdot\|_M$ 为 n 阶矩阵空间 $\mathbf{C}^{n\times n}$ 中的范数，$\|\cdot\|_V$ 为 n 维向量空间 $\mathbf{C}^n$ 中的范数. 若对 $\mathbf{C}^{n\times n}$ 中的任意矩阵 $\boldsymbol{A}$ 和 $\mathbf{C}^n$ 中的任意向量 $\boldsymbol{x}$，都有

$$\|\boldsymbol{Ax}\|_V \leqslant \|\boldsymbol{A}\|_M \|\boldsymbol{x}\|_V,$$

则称矩阵范数 $\|\cdot\|_M$ 与向量范数 $\|\cdot\|_V$ **相容**.

例 2　$\mathbf{C}^{n\times n}$ 中的 F-范数与 $\mathbf{C}^n$ 中的 2-范数是相容的.

证明　任取 $\boldsymbol{A}=(a_{ij})_{n\times n}\in\mathbf{C}^{n\times n}$ 和 $\boldsymbol{x}=(\xi_1,\xi_2,\cdots,\xi_n)^{\mathrm{T}}\in\mathbf{C}^n$，设 $\boldsymbol{y}=\boldsymbol{Ax}=(\zeta_1,\zeta_2,\cdots,\zeta_n)^{\mathrm{T}}$，则

$$\zeta_i=\sum_{k=1}^{n}a_{ik}\xi_k.$$

由柯西-施瓦兹不等式可得

$$|\zeta_i|^2=\left|\sum_{k=1}^{n}a_{ik}\xi_k\right|^2\leqslant\sum_{k=1}^{n}|a_{ik}|^2\sum_{k=1}^{n}|\xi_k|^2\quad(i=1,2,\cdots,n),$$

所以

$$\begin{aligned}\|\boldsymbol{Ax}\|_2^2=\|\boldsymbol{y}\|_2^2=\sum_{i=1}^{n}|\zeta_i|^2&\leqslant\sum_{i=1}^{n}\left(\sum_{k=1}^{n}|a_{ik}|^2\sum_{k=1}^{n}|\xi_k|^2\right)\\&=\left(\sum_{i=1}^{n}\sum_{k=1}^{n}|a_{ik}|^2\right)\sum_{k=1}^{n}|\xi_k|^2=\|\boldsymbol{A}\|_F^2\|\boldsymbol{x}\|_2^2.\end{aligned}$$

证毕.

一般，设 $\|\cdot\|_M$ 为 $\mathbf{C}^{n\times n}$ 中任一矩阵范数，取定 $\mathbf{C}^n$ 中一个非零向量 $\boldsymbol{\alpha}$，定义 $\|\boldsymbol{x}\|_V=\|\boldsymbol{x\alpha}^{\mathrm{H}}\|_M$，$\forall\,\boldsymbol{x}\in\mathbf{C}^n$. 易知 $\|\cdot\|_V$ 是 $\mathbf{C}^n$ 中的向量范数，且 $\|\cdot\|_M$ 与 $\|\cdot\|_V$ 相容.

矩阵可视为向量空间中的线性变换，而矩阵范数与向量范数的相容性可作为对向量进行线性变换后其范数上界的估计. 例如 $\boldsymbol{y}=\boldsymbol{Ax}$，取矩阵的 F-范数和向量的 2-范数，有

$$\|\boldsymbol{y}\|_2=\|\boldsymbol{Ax}\|_2\leqslant\|\boldsymbol{A}\|_F\|\boldsymbol{x}\|_2.$$

如果 $\boldsymbol{A}=\boldsymbol{E}$，有 $\boldsymbol{Ax}=\boldsymbol{Ex}=\boldsymbol{x}$，$\|\boldsymbol{E}\|_F=\sqrt{n}$，代入上面的不等式有

$$\|\boldsymbol{y}\|_2\leqslant\sqrt{n}\,\|\boldsymbol{x}\|_2.$$

而实际上是

$$\| \boldsymbol{y} \|_2 = \| \boldsymbol{x} \|_2,$$

可见,用 F-范数估计上界可能会不够精确. 因此很自然地会提出这样的问题:是否由矩阵范数能够作更精确的估计? 从上面的例子可见,单位阵的范数的理想值应该为 1.

下一节的算子范数会满足这种要求.

第三节 矩阵的算子范数

定义 1 设 $\| \cdot \|_V$ 为 $\mathbf{C}^n$ 中的范数,$\boldsymbol{A} \in \mathbf{C}^{n\times n}$,定义

$$\| \boldsymbol{A} \|_M = \max_{\boldsymbol{x}\neq \boldsymbol{0}} \frac{\| \boldsymbol{Ax} \|_V}{\| \boldsymbol{x} \|_V} = \max_{\| \boldsymbol{x} \|_V=1} \| \boldsymbol{Ax} \|_V,$$

则 $\| \cdot \|_M$ 为与 $\| \cdot \|_V$ 相容的矩阵范数,如此定义的范数称为**算子范数**.

由定义知,对 $\mathbf{C}^n$ 中的任何向量 $\boldsymbol{x}$,都有 $\| \boldsymbol{Ax} \|_V \leqslant \| \boldsymbol{A} \|_M \| \boldsymbol{x} \|_V$,而且存在非零向量 $\boldsymbol{x}_0$,满足 $\| \boldsymbol{Ax}_0 \|_V = \| \boldsymbol{A} \|_M \| \boldsymbol{x}_0 \|_V$.

如此定义的矩阵算子范数确实是矩阵范数. 首先,由向量范数 $\| \cdot \|_V$ 的正定性、齐次性和三角不等式容易推得 $\| \cdot \|_M$ 也具有这些性质. 再看相容性,对于矩阵 $\boldsymbol{AB}$,存在非零向量 $\boldsymbol{x}_0$,使

$$\begin{aligned} \| \boldsymbol{AB} \|_M \| \boldsymbol{x}_0 \|_V &= \| \boldsymbol{ABx}_0 \|_V \leqslant \| \boldsymbol{A} \|_M \| \boldsymbol{Bx}_0 \|_V \\ &\leqslant \| \boldsymbol{A} \|_M \| \boldsymbol{B} \|_M \| \boldsymbol{x}_0 \|_V. \end{aligned}$$

约去正数 $\| \boldsymbol{x}_0 \|_V$,即得相容性

$$\| \boldsymbol{AB} \|_M \leqslant \| \boldsymbol{A} \|_M \| \boldsymbol{B} \|_M.$$

矩阵的算子范数是一类范数,因为它是根据向量范数定义的,每种向量范数可定义出与之对应的矩阵算子范数,并称如此得到的矩阵范数从属于这个向量范数. 为方便起见,以向量范数的名称命名从属于它的矩阵算子范数,例如从属于向量范数 $\| \cdot \|_V$ 的矩阵算子范数也记为 $\| \cdot \|_V$,这样矩阵算子范数与向量范数的相容性就可记为

$$\| \boldsymbol{Ax} \|_V \leqslant \| \boldsymbol{A} \|_V \| \boldsymbol{x} \|_V.$$

显然,一个给定的实值矩阵函数 $f(\boldsymbol{A})$ 为从属于向量范数 $\| \cdot \|_V$ 的矩阵算

子范数,即满足

$$f(\boldsymbol{A})=\max_{\boldsymbol{x}\neq\boldsymbol{0}}\frac{\|\boldsymbol{Ax}\|_V}{\|\boldsymbol{x}\|_V}=\max_{\|\boldsymbol{x}\|_V=1}\|\boldsymbol{Ax}\|_V$$

的充要条件是下面两个条件同时成立:

(1) 对任何向量 $\boldsymbol{x}$,有 $\|\boldsymbol{Ax}\|_V\leqslant f(\boldsymbol{A})\|\boldsymbol{x}\|_V$;

(2) 存在非零向量 $\boldsymbol{x}_0$,满足 $\|\boldsymbol{Ax}_0\|_V=f(\boldsymbol{A})\|\boldsymbol{x}_0\|_V$.

下面介绍几种常用的矩阵算子范数.

定理1　矩阵 $\boldsymbol{A}=(a_{ij})_{n\times n}\in\mathbf{C}^{n\times n}$ 从属于向量1-范数的算子范数 $\|\boldsymbol{A}\|_1$ 为

$$\|\boldsymbol{A}\|_1=\max_{1\leqslant j\leqslant n}\sum_{i=1}^{n}|a_{ij}|\quad(\text{列范数}).$$

证明　设 $\boldsymbol{x}=(\xi_1,\xi_2,\cdots,\xi_n)^{\mathrm{T}}\in\mathbf{C}^n$,令 $\boldsymbol{Ax}=\boldsymbol{y}=(\zeta_1,\zeta_2,\cdots,\zeta_n)^{\mathrm{T}}$,其中

$$\zeta_i=\sum_{k=1}^{n}a_{ik}\xi_k,i=1,2,\cdots,n.$$

$$\begin{aligned}\|\boldsymbol{Ax}\|_1=\|\boldsymbol{y}\|_1&=\sum_{i=1}^{n}|\zeta_i|=\sum_{i=1}^{n}\left|\sum_{k=1}^{n}a_{ik}\xi_k\right|\\&\leqslant\sum_{i=1}^{n}\sum_{k=1}^{n}(|a_{ik}|\cdot|\xi_k|)=\sum_{k=1}^{n}\sum_{i=1}^{n}(|a_{ik}|\cdot|\xi_k|)\\&=\sum_{k=1}^{n}\left(|\xi_k|\sum_{i=1}^{n}|a_{ik}|\right)\leqslant\sum_{k=1}^{n}\left(|\xi_k|\max_{1\leqslant j<n}\sum_{i=1}^{n}|a_{ij}|\right)\\&=\sum_{k=1}^{n}(|\xi_k|\cdot\|\boldsymbol{A}\|_1)=\|\boldsymbol{A}\|_1\sum_{k=1}^{n}|\xi_k|\\&=\|\boldsymbol{A}\|_1\|\boldsymbol{x}\|_1.\end{aligned}$$

设 $\sum_{i=1}^{n}|a_{im}|=\max_{1\leqslant j\leqslant n}\sum_{i=1}^{n}|a_{ij}|=\|\boldsymbol{A}\|_1$,取 $\boldsymbol{x}_0=(\overbrace{0,\cdots,0,1}^{m},0,\cdots,0)^{\mathrm{T}}$,有 $\|\boldsymbol{x}_0\|_1=1,\boldsymbol{Ax}_0=(a_{1m},a_{2m},\cdots,a_{nm})^{\mathrm{T}}$,

$$\|\boldsymbol{Ax}_0\|_1=\sum_{i=1}^{n}|a_{im}|=\|\boldsymbol{A}\|_1=\|\boldsymbol{A}\|_1\|\boldsymbol{x}_0\|_1.$$

证毕.

由于 $\|\boldsymbol{A}\|_1$ 为 $\boldsymbol{A}$ 的列向量的1-范数的最大值,故又称其为 $\boldsymbol{A}$ 的**列范数**.

定理2　矩阵 $\boldsymbol{A}=(a_{ij})_{n\times n}\in\mathbf{C}^{n\times n}$ 从属于向量 ∞-范数的算子范数

$\|A\|_\infty$ 为

$$\|A\|_\infty=\max_{1\leqslant i\leqslant n}\sum_{j=1}^{n}|a_{ij}| \quad (\text{行范数}).$$

证明 设 $x=(\xi_1,\xi_2,\cdots,\xi_n)^{\mathrm T}\in\mathbf{C}^n$,令 $Ax=y=(\zeta_1,\zeta_2,\cdots,\zeta_n)^{\mathrm T}$,其中

$$\zeta_i=\sum_{k=1}^{n}a_{ik}\xi_k,i=1,2,\cdots,n.$$

$$\begin{aligned}\|Ax\|_\infty&=\|y\|_\infty=\max_{1\leqslant i\leqslant n}|\zeta_i|=\max_{1\leqslant i\leqslant n}\left|\sum_{k=1}^{n}a_{ik}\xi_k\right|\\&\leqslant\max_{1\leqslant i\leqslant n}\left(\sum_{k=1}^{n}|a_{ik}|\cdot|\xi_k|\right)\leqslant\max_{1\leqslant i\leqslant n}\left(\sum_{k=1}^{n}|a_{ik}|\cdot\|x\|_\infty\right)\\&=\max_{1\leqslant i\leqslant n}\sum_{k=1}^{n}|a_{ik}|\,\|x\|_\infty=\|A\|_\infty\|x\|_\infty.\end{aligned}$$

设 $\sum_{j=1}^{n}|a_{mj}|=\max_{1\leqslant i\leqslant n}\sum_{j=1}^{n}|a_{ij}|=\|A\|_\infty$,取 $x_0=(\mu_1,\mu_2,\cdots,\mu_n)^{\mathrm T}$,其中

$$\mu_j=\begin{cases}\dfrac{|a_{mj}|}{a_{mj}},a_{mj}\neq0,\\[2ex]0,\quad a_{mj}=0,\end{cases}$$

有 $|\mu_j|\leqslant1$, $\|x_0\|_\infty=1$. 令 $y_0=Ax_0=(\eta_1,\eta_2,\cdots,\eta_n)^{\mathrm T}$,有

$$|\eta_i|=\left|\sum_{j=1}^{n}a_{ij}\mu_j\right|\leqslant\sum_{j=1}^{n}(|a_{ij}|\cdot|\mu_j|)\leqslant\sum_{j=1}^{n}|a_{ij}|\leqslant\sum_{j=1}^{n}|a_{mj}|,$$

而

$$|\eta_m|=\left|\sum_{j=1}^{n}a_{mj}\mu_j\right|=\sum_{j=1}^{n}|a_{mj}|,$$

所以

$$\begin{aligned}\|Ax_0\|_\infty&=\|y_0\|_\infty=\max_{1\leqslant i<n}|\eta_i|=|\eta_m|=\sum_{j=1}^{n}|a_{mj}|=\|A\|_\infty\\&=\|A\|_\infty\|x_0\|_\infty.\end{aligned}$$

证毕.

由于 $\|A\|_\infty$ 为 A 的行向量的 1-范数的最大值,故又称其为 A 的**行范数**.

定理3　矩阵 $\boldsymbol{A}=(a_{ij})_{n\times n}\in\mathbf{C}^{n\times n}$ 从属于向量2-范数的算子范数 $\|\boldsymbol{A}\|_2$ 为

$$\|\boldsymbol{A}\|_2=\sqrt{\lambda_{\max}(\boldsymbol{A}^{\mathrm{H}}\boldsymbol{A})}\quad（谱范数），$$

其中 $\lambda_{\max}(\boldsymbol{A}^{\mathrm{H}}\boldsymbol{A})$ 为 $\boldsymbol{A}^{\mathrm{H}}\boldsymbol{A}$ 的最大特征值.

证明　由第二章第二节知 $\boldsymbol{A}^{\mathrm{H}}\boldsymbol{A}$ 为半正定矩阵，其特征值为非负实数. 只要 $\boldsymbol{A}$ 非零，$\lambda_{\max}(\boldsymbol{A}^{\mathrm{H}}\boldsymbol{A})$ 一定大于零. 由于 $\boldsymbol{A}^{\mathrm{H}}\boldsymbol{A}$ 为埃尔米特矩阵，故酉相似于对角阵，即 $\boldsymbol{Q}^{\mathrm{H}}\boldsymbol{A}^{\mathrm{H}}\boldsymbol{A}\boldsymbol{Q}=\boldsymbol{\Lambda}$，$\boldsymbol{\Lambda}$ 为对角阵. 设其对角元素为 $\lambda_1\geqslant\lambda_2\geqslant\cdots\geqslant\lambda_n\geqslant0$，其中 $\lambda_1=\lambda_{\max}(\boldsymbol{A}^{\mathrm{H}}\boldsymbol{A})=\|\boldsymbol{A}\|_2^2$. 酉矩阵 $\boldsymbol{Q}$ 的列向量 $\boldsymbol{q}_1,\boldsymbol{q}_2,\cdots,\boldsymbol{q}_n$ 为对应的特征向量，且为 $\mathbf{C}^n$ 的一组标准正交基. 对 $\mathbf{C}^n$ 中的任一向量 $\boldsymbol{x}$，设

$$\boldsymbol{x}=\xi_1\boldsymbol{q}_1+\xi_2\boldsymbol{q}_2+\cdots+\xi_n\boldsymbol{q}_n,$$

则

$$\|\boldsymbol{x}\|_2^2=\boldsymbol{x}^{\mathrm{H}}\boldsymbol{x}=|\xi_1|^2+|\xi_2|^2+\cdots+|\xi_n|^2.$$

所以

$$\begin{aligned}\|\boldsymbol{A}\boldsymbol{x}\|_2^2&=(\boldsymbol{A}\boldsymbol{x})^{\mathrm{H}}\boldsymbol{A}\boldsymbol{x}=\boldsymbol{x}^{\mathrm{H}}\boldsymbol{A}^{\mathrm{H}}\boldsymbol{A}\boldsymbol{x}=\Big(\sum_{k=1}^{n}\bar{\xi}_k\boldsymbol{q}_k^{\mathrm{H}}\Big)\boldsymbol{A}^{\mathrm{H}}\boldsymbol{A}\Big(\sum_{k=1}^{n}\xi_k\boldsymbol{q}_k\Big)\\&=\Big(\sum_{k=1}^{n}\bar{\xi}_k\boldsymbol{q}_k^{\mathrm{H}}\Big)\Big(\sum_{k=1}^{n}\lambda_k\xi_k\boldsymbol{q}_k\Big)=\sum_{k=1}^{n}\lambda_k|\xi_k|^2\leqslant\lambda_1\sum_{k=1}^{n}|\xi_k|^2\\&=\|\boldsymbol{A}\|_2^2\|\boldsymbol{x}\|_2^2.\end{aligned}$$

$$\|\boldsymbol{A}\boldsymbol{q}_1\|_2^2=(\boldsymbol{A}\boldsymbol{q}_1)^{\mathrm{H}}\boldsymbol{A}\boldsymbol{q}_1=\boldsymbol{q}_1^{\mathrm{H}}\boldsymbol{A}^{\mathrm{H}}\boldsymbol{A}\boldsymbol{q}_1=\lambda_1\|\boldsymbol{q}_1\|_2^2=\|\boldsymbol{A}\|_2^2\|\boldsymbol{q}_1\|_2^2.$$

证毕.

由于 $\|\boldsymbol{A}\|_2^2$ 是非负定矩阵 $\boldsymbol{A}^{\mathrm{H}}\boldsymbol{A}$ 的最大特征值，从后面的内容知，矩阵特征值的最大模称为此矩阵的**谱半径**，故 $\|\boldsymbol{A}\|_2$ 也称为**谱范数**.

例1　已知 $\boldsymbol{A}=\begin{pmatrix}2&-1&0\\0&2&3\\1&2&0\end{pmatrix}$，求 $\|\boldsymbol{A}\|_1$，$\|\boldsymbol{A}\|_2$，$\|\boldsymbol{A}\|_\infty$，$\|\boldsymbol{A}\|_F$.

解　$\|\boldsymbol{A}\|_1=\max\limits_{1\leqslant j\leqslant n}\sum\limits_{i=1}^{3}|a_{ij}|=5$，$\|\boldsymbol{A}\|_\infty=\max\limits_{1\leqslant i\leqslant n}\sum\limits_{j=1}^{3}|a_{ij}|=5$，$\|\boldsymbol{A}\|_F=\sqrt{\sum\limits_{i,j=1}^{3}|a_{ij}|^2}=\sqrt{23}$.

由于

$$A^{\mathrm{H}}A=\begin{pmatrix}5&0&0\\0&9&6\\0&6&9\end{pmatrix},$$

则 $|\lambda E-A|=(\lambda-3)(\lambda-5)(\lambda-15)$，所以 $\|A\|_2=\sqrt{\lambda_{\max}(A^{\mathrm{H}}A)}=\sqrt{15}$.

例 2 设 $A\in C^{n\times n}$ 且 A 的算子范数 $\|A\|<1$，证明 $E-A$ 可逆，且满足

$$\|(E-A)^{-1}\|\leqslant\frac{1}{1-\|A\|},$$

$$\|(E-A)^{-1}-E\|\leqslant\frac{\|A\|}{1-\|A\|}.$$

证明 对 C^n 中任何非零向量 x，有

$$\|(E-A)x\|\geqslant\|x\|-\|A\|\|x\|=(1-\|A\|)\|x\|>0,$$

从而方程组 $(E-A)x=\mathbf{0}$ 没有非零解，所以 $E-A$ 可逆.

(1) 又对任何非零向量 x，令 $(E-A)^{-1}x=y$，则 $x=(E-A)y$，

$$\frac{\|(E-A)^{-1}x\|}{\|x\|}=\frac{\|y\|}{\|(E-A)y\|}\leqslant\frac{\|y\|}{\|y\|-\|Ay\|}$$

$$\leqslant\frac{\|y\|}{\|y\|-\|A\|\|y\|}=\frac{1}{1-\|A\|}.$$

得 $\|(E-A)^{-1}\|\leqslant\dfrac{1}{1-\|A\|}$，从而(1) 得证.

(2) 由 $(E-A)(E-A)^{-1}=E$，可得 $(E-A)^{-1}-E=A(E-A)^{-1}$，取范数且由(1) 得，

$$\|(E-A)^{-1}-E\|=\|A(E-A)^{-1}\|\leqslant\frac{\|A\|}{1-\|A\|}.$$

第四节　矩阵序列

矩阵范数在矩阵序列的收敛性中起着至关重要的作用. 本节给出了矩阵序列的定义，并讨论了矩阵序列的收敛性和矩阵范数的关系.

定义 给定矩阵序列 $A_k=(a_{ij}^{(k)})\in C^{m\times n}(k=1,2,\cdots)$，如果序列的每个矩

阵中处于相同位置的元素构成的数列都收敛，即

$$\lim_{k\to\infty} a_{ij}^{(k)} = a_{ij}, i=1,2,\cdots,m; j=1,2,\cdots,n,$$

则称这些极限构成的矩阵 $\boldsymbol{A}=(a_{ij})$ 为矩阵序列 $\{\boldsymbol{A}_k\}$ 的**极限**，或矩阵序列 $\{\boldsymbol{A}_k\}$ 收敛于 $\boldsymbol{A}$，记为

$$\lim_{k\to\infty}\boldsymbol{A}_k=\boldsymbol{A} \text{ 或 } \boldsymbol{A}_k\to\boldsymbol{A}(k\to\infty).$$

此定义中若 $m=1$ 或 $n=1$，即为向量序列的定义.

例 1　设 $\boldsymbol{A}_k=\begin{pmatrix} 1+\frac{1}{k} & \frac{(-1)^k}{k^2} \\ \left(1+\frac{1}{k}\right)^k & \frac{\sin k}{k} \end{pmatrix}$，求 $\lim_{k\to\infty}\boldsymbol{A}_k$.

解　$$\lim_{k\to\infty}\boldsymbol{A}_k=\lim_{k\to\infty}\begin{pmatrix} 1+\frac{1}{k} & \frac{(-1)^k}{k^2} \\ \left(1+\frac{1}{k}\right)^k & \frac{\sin k}{k} \end{pmatrix}=\begin{pmatrix} 1 & 0 \\ \mathrm{e} & 0 \end{pmatrix}.$$

定理 1　$\lim_{k\to\infty}\boldsymbol{A}_k=\boldsymbol{A} \Leftrightarrow \lim_{k\to\infty}\|\boldsymbol{A}_k-\boldsymbol{A}\|=0.$

因为此前只对向量和方阵定义了范数，所以定理1中的 $\boldsymbol{A}_k$ 和 $\boldsymbol{A}$ 指向量或方阵. 由范数的等价性知，定理 1 中取任何一种矩阵范数都可以. 下面只对 n 阶方阵证明，对向量的证明类似.

证明　设 $\lim_{k\to\infty}\boldsymbol{A}_k=\boldsymbol{A}$，则对任意 $\varepsilon>0$，分别存在 $K_{ij}(i,j=1,2,\cdots,n)$，当 $k>K_{ij}$ 时，$|a_{ij}^{(k)}-a_{ij}|<\varepsilon/n$. 取 $K=\max K_{ij}$，则 $k>K$ 时，对所有的 i,j，有

$$|a_{ij}^{(k)}-a_{ij}|<\frac{\varepsilon}{n}.$$

这时，有

$$\|\boldsymbol{A}_k-\boldsymbol{A}\|_F^2=\sum_{i,j=1}^{n}|a_{ij}^{(k)}-a_{ij}|^2\leqslant\sum_{i,j=1}^{n}\frac{\varepsilon^2}{n^2}=\varepsilon^2,$$

$$\|\boldsymbol{A}_k-\boldsymbol{A}\|_F\leqslant\varepsilon,$$

即

$$\lim_{k\to\infty}\|\boldsymbol{A}_k-\boldsymbol{A}\|_F=0.$$

反之,设$\lim\limits_{k\to\infty}\|\boldsymbol{A}_k-\boldsymbol{A}\|_F=0$,则对任意$\varepsilon>0$,有$K>0$. 当$k>K$时,$\|\boldsymbol{A}_k-\boldsymbol{A}\|_F\leqslant\varepsilon$. 这时对所有的$i,j$,都有

$$|a_{ij}^{(k)}-a_{ij}|\leqslant\|\boldsymbol{A}_k-\boldsymbol{A}\|_F<\varepsilon,$$

即有$\lim\limits_{k\to\infty}a_{ij}^{(k)}=a_{ij}$,所以$\lim\limits_{k\to\infty}\boldsymbol{A}_k=\boldsymbol{A}$. 证毕.

定理2 收敛的矩阵序列的范数有界(由范数的等价性,这里是对任何一种范数).

证明 设$\lim\limits_{k\to\infty}\boldsymbol{A}_k=\boldsymbol{A}$,则$\lim\limits_{k\to\infty}\|\boldsymbol{A}_k-\boldsymbol{A}\|=0$,所以数列$\{\|\boldsymbol{A}_k-\boldsymbol{A}\|\}$有界. 设为$M$,于是对所有的$k$,都有

$$\|\boldsymbol{A}_k-\boldsymbol{A}\|\leqslant M,$$

即有

$$\|\boldsymbol{A}_k\|\leqslant\|\boldsymbol{A}_k-\boldsymbol{A}\|+\|\boldsymbol{A}\|\leqslant M+\|\boldsymbol{A}\|.$$

证毕.

设下列各极限或逆矩阵都存在,则矩阵序列极限有如下运算法则:

(1) $\lim\limits_{k\to\infty}(\boldsymbol{A}_k+\boldsymbol{B}_k)=\lim\limits_{k\to\infty}\boldsymbol{A}_k+\lim\limits_{k\to\infty}\boldsymbol{B}_k$;

(2) $\lim\limits_{k\to\infty}(\lambda_k\boldsymbol{A}_k)=\lim\limits_{k\to\infty}\lambda_k\lim\limits_{k\to\infty}\boldsymbol{A}_k$;

(3) $\lim\limits_{k\to\infty}(\boldsymbol{A}_k\boldsymbol{B}_k)=\lim\limits_{k\to\infty}\boldsymbol{A}_k\lim\limits_{k\to\infty}\boldsymbol{B}_k$;

(4) $\lim\limits_{k\to\infty}\boldsymbol{A}_k^{-1}=(\lim\limits_{k\to\infty}\boldsymbol{A}_k)^{-1}$.

证明 只证明(3)(4),(1)(2)的证明类似.

(3)的证明:设$\lim\limits_{k\to\infty}\boldsymbol{A}_k=\boldsymbol{A}$,$\lim\limits_{k\to\infty}\boldsymbol{B}_k=\boldsymbol{B}$,则$\|\boldsymbol{A}_k-\boldsymbol{A}\|\to0$,$\|\boldsymbol{B}_k-\boldsymbol{B}\|\to0(k\to\infty)$,且$\{\|\boldsymbol{B}_k\|\}$有界,所以

$$\|\boldsymbol{A}_k\boldsymbol{B}_k-\boldsymbol{A}\boldsymbol{B}\|=\|(\boldsymbol{A}_k\boldsymbol{B}_k-\boldsymbol{A}\boldsymbol{B}_k)+(\boldsymbol{A}\boldsymbol{B}_k-\boldsymbol{A}\boldsymbol{B})\|$$

$$\leqslant\|\boldsymbol{A}_k-\boldsymbol{A}\|\cdot\|\boldsymbol{B}_k\|+\|\boldsymbol{A}\|\cdot\|\boldsymbol{B}_k-\boldsymbol{B}\|\to0(k\to\infty),$$

由定理1,$\lim\limits_{k\to\infty}(\boldsymbol{A}_k\boldsymbol{B}_k)=\boldsymbol{A}\boldsymbol{B}=\lim\limits_{k\to\infty}\boldsymbol{A}_k\lim\limits_{k\to\infty}\boldsymbol{B}_k$.

(4)的证明:设$\lim\limits_{k\to\infty}\boldsymbol{A}_k=\boldsymbol{A}$,则$\lim\limits_{k\to\infty}a_{ij}^{(k)}=a_{ij}$,伴随矩阵$\boldsymbol{A}_k^*$,$\boldsymbol{A}^*$和行列式$|\boldsymbol{A}_k|$,$|\boldsymbol{A}|$分别为各$a_{ij}^{(k)}$和$a_{ij}$进行加、减、乘等运算所得,由数列极限的运算性质即有

$$\lim_{k\to\infty}\boldsymbol{A}_k^* = \boldsymbol{A}^*, \lim_{k\to\infty} |\boldsymbol{A}_k| = |\boldsymbol{A}|,$$

所以

$$\lim_{k\to\infty}\boldsymbol{A}_k^{-1} = \lim_{k\to\infty}\frac{\boldsymbol{A}_k^*}{|\boldsymbol{A}_k|} = \frac{\boldsymbol{A}^*}{|\boldsymbol{A}|} = \boldsymbol{A}^{-1} = \left(\lim_{k\to\infty}\boldsymbol{A}_k\right)^{-1}.$$

证毕.

定理 3 $\boldsymbol{A}^k$ 收敛于零矩阵的充要条件是 $\boldsymbol{A}$ 的所有特征值的模小于 1.

证明 设 $\boldsymbol{J}$ 为 $\boldsymbol{A}$ 的约当标准形，且 $\boldsymbol{A}=\boldsymbol{P}\boldsymbol{J}\boldsymbol{P}^{-1}$，则 $\boldsymbol{A}^k=\boldsymbol{P}\boldsymbol{J}^k\boldsymbol{P}^{-1}$，故 $\boldsymbol{A}^k$ 收敛于零矩阵的充要条件是 $\boldsymbol{J}^k$ 收敛于零矩阵. $\boldsymbol{J}$ 是由约当块为对角块构成的分块对角阵，$\boldsymbol{J}^k$ 为由 $\boldsymbol{J}$ 的约当块的 k 次幂为对角块构成的分块对角阵，因此 $\boldsymbol{J}^k$ 收敛于零矩阵的充要条件是其所有约当块的 k 次幂收敛于零矩阵. 设

$$\boldsymbol{J}_0 = \begin{pmatrix} \lambda_0 & 1 & & \\ & \lambda_0 & \ddots & \\ & & \ddots & 1 \\ & & & \lambda_0 \end{pmatrix}_{r\times r}$$

为 $\boldsymbol{J}$ 的任一个约当块，

$$\boldsymbol{J}_0^k = \begin{pmatrix} \lambda_0^k & k\lambda_0^{k-1} & \cdots & \binom{k}{r-1}\lambda_0^{k-r+1} \\ & \lambda_0^k & \ddots & \vdots \\ & & \ddots & k\lambda_0^{k-1} \\ & & & \lambda_0^k \end{pmatrix}_{r\times r},$$

其中 $\binom{m}{n} = \begin{cases} \dfrac{m(m-1)\cdots(m-n+1)}{n!}, & m\geqslant n\geqslant 0, \\ 0, & \text{其他}. \end{cases}$ 由 $\boldsymbol{J}_0^k$ 的表达式知

$$\lim_{k\to\infty}\boldsymbol{J}_0^k = \boldsymbol{O} \Leftrightarrow |\lambda_0| < 1,$$

而λ_0为$\boldsymbol{A}$的特征值,故$\boldsymbol{A}^k$收敛于零矩阵的充要条件是$\boldsymbol{A}$的所有特征值的模小于1.证毕.

定理4　若有矩阵范数,使$\|\boldsymbol{A}\|<1$,则$\boldsymbol{A}^k\to\boldsymbol{O}(k\to\infty)$.

证明　$\|\boldsymbol{A}^k\|\leqslant\|\boldsymbol{A}\|^k\to 0(k\to\infty)$,所以$\|\boldsymbol{A}^k\|\to 0(k\to\infty)$,由定理1即有$\boldsymbol{A}^k\to\boldsymbol{O}(k\to\infty)$.

例2　判断矩阵序列$\boldsymbol{A}^k$的敛散性.

$$(1)\boldsymbol{A}=\frac{1}{6}\begin{pmatrix}1 & -8\\ -2 & 1\end{pmatrix};\qquad (2)\boldsymbol{A}=\begin{pmatrix}0.2 & 0.1 & 0.2\\ 0.5 & 0.5 & 0.4\\ 0.1 & 0.3 & 0.2\end{pmatrix}.$$

解　(1)由$|\lambda\boldsymbol{E}-\boldsymbol{A}|=0$可求得特征值$\lambda_1=\frac{5}{6}$,$\lambda_2=-\frac{1}{2}$,于是由定理3知$\boldsymbol{A}^k$收敛于零矩阵;

(2)因为$\|\boldsymbol{A}\|_1=0.9<1$,所以由定理4知$\boldsymbol{A}^k\to\boldsymbol{O}(k\to\infty)$.

第五节　矩阵幂级数的收敛性

矩阵幂级数是定义矩阵函数的基础,本节将讨论矩阵幂级数的性质,首先从矩阵级数入手.

给定$\mathbf{C}^{m\times n}$中一个矩阵序列$\boldsymbol{A}_0,\boldsymbol{A}_1,\cdots,\boldsymbol{A}_k,\cdots$,其和式

$$\sum_{k=0}^{\infty}\boldsymbol{A}_k=\boldsymbol{A}_0+\boldsymbol{A}_1+\cdots+\boldsymbol{A}_k+\cdots$$

称为**矩阵级数**.

记$\sum\limits_{k=0}^{N}\boldsymbol{A}_k$为$\boldsymbol{S}_N$,若矩阵序列$\{\boldsymbol{S}_N\}$收敛到矩阵$\boldsymbol{S}$,则称$\boldsymbol{S}$为矩阵级数$\sum\limits_{k=0}^{\infty}\boldsymbol{A}_k$的和,即

$$\boldsymbol{S}=\sum_{k=0}^{\infty}\boldsymbol{A}_k.$$

$\mathbf{C}^{m\times n}$中一个矩阵级数相当于mn个普通的数项级数.而且,如果这mn个数项级数都绝对收敛,则称矩阵级数**绝对收敛**.显然,由数项级数绝对收敛的性质可得,如果矩阵级数绝对收敛,则此矩阵级数也一定收敛,而且任意改变级数各项的位置后,级数仍绝对收敛且其和不变.

例 1　已知矩阵

$$\boldsymbol{A}_k=\begin{pmatrix}\frac{1}{2^k} & \frac{\pi}{4^k}\\ 0 & \frac{1}{(k+1)(k+2)}\end{pmatrix}\ (k=0,1,\cdots),$$

研究矩阵级数 $\sum\limits_{k=0}^{\infty}\boldsymbol{A}_k$ 的敛散性.

解

$$\sum_{k=0}^{\infty}\boldsymbol{A}_k=\begin{pmatrix}\sum\limits_{k=0}^{\infty}\frac{1}{2^k} & \sum\limits_{k=0}^{\infty}\frac{\pi}{4^k}\\ 0 & \sum\limits_{k=0}^{\infty}\frac{1}{(k+1)(k+2)}\end{pmatrix}=\begin{pmatrix}2 & \frac{4}{3}\pi\\ 0 & 1\end{pmatrix}=\boldsymbol{S},$$

由于数项级数 $\sum\limits_{k=0}^{\infty}\frac{1}{2^k}$，$\sum\limits_{k=0}^{\infty}\frac{\pi}{4^k}$，$\sum\limits_{k=0}^{\infty}\frac{1}{(k+1)(k+2)}$ 均收敛，因此矩阵级数 $\sum\limits_{k=0}^{\infty}\boldsymbol{A}_k$ 收敛，且其和为 $\boldsymbol{S}$.

判断一个 n 阶方阵级数是否绝对收敛，并不一定要对 n^2 个级数进行判别，下面的定理可以使问题简化.

定理 1　$\mathbf{C}^{n\times n}$ 中的方阵级数 $\sum\limits_{k=0}^{\infty}\boldsymbol{A}_k$ 绝对收敛的充要条件是：对任意一种方阵范数 $\|\cdot\|$，正项级数 $\sum\limits_{k=0}^{\infty}\|\boldsymbol{A}_k\|$ 收敛.

证明　由矩阵范数的等价性，只需任取一种范数证明即可.

设 $\boldsymbol{A}_k=(a_{ij}^{(k)})_{n\times n}$，若 $\sum\limits_{k=0}^{\infty}\boldsymbol{A}_k$ 绝对收敛，即对所有的 $1\leqslant i,j\leqslant n$，有 $\sum\limits_{k=0}^{\infty}\left|a_{ij}^{(k)}\right|$ 收敛，有限个绝对收敛的数项级数的和仍绝对收敛，所以 $\sum\limits_{k=0}^{\infty}\sum\limits_{i,j=1}^{n}\left|a_{ij}^{(k)}\right|$ 收敛. 对矩阵的 1 -范数，有

$$\|\boldsymbol{A}_k\|_1=\max_{1\leqslant j\leqslant n}\sum_{i=1}^{n}\left|a_{ij}^{(k)}\right|\leqslant\sum_{i,j=1}^{n}\left|a_{ij}^{(k)}\right|,$$

由正项级数的比较审敛法知 $\sum\limits_{k=0}^{\infty}\|\boldsymbol{A}_k\|_1$ 也收敛.

反之,如果 $\sum\limits_{k=0}^{\infty}\|\boldsymbol{A}_k\|_1$ 收敛,则因为对所有的 $1\leqslant i,j\leqslant n$,都有 $|a_{ij}^{(k)}|\leqslant\|\boldsymbol{A}_k\|_1$,所以 $\sum\limits_{k=1}^{n}|a_{ij}^{(k)}|$ 收敛,即 $\sum\limits_{k=0}^{\infty}\boldsymbol{A}_k$ 绝对收敛. 证毕.

定理 2 设 $\boldsymbol{P},\boldsymbol{Q}$ 为给定的矩阵,矩阵级数 $\sum\limits_{k=0}^{\infty}\boldsymbol{A}_k$ 收敛(或绝对收敛),则矩阵级数 $\sum\limits_{k=0}^{\infty}\boldsymbol{P}\boldsymbol{A}_k\boldsymbol{Q}$ 也收敛(或绝对收敛),且

$$\sum_{k=0}^{\infty}\boldsymbol{P}\boldsymbol{A}_k\boldsymbol{Q}=\boldsymbol{P}\left(\sum_{k=0}^{\infty}\boldsymbol{A}_k\right)\boldsymbol{Q}.$$

证明 设 $\sum\limits_{k=0}^{\infty}\boldsymbol{A}_k$ 收敛到 $\boldsymbol{S}$,即有 $\left\|\sum\limits_{k=0}^{N}\boldsymbol{A}_k-\boldsymbol{S}\right\|\to 0(N\to\infty)$,则

$$\begin{aligned}\left\|\sum_{k=0}^{N}\boldsymbol{P}\boldsymbol{A}_k\boldsymbol{Q}-\boldsymbol{P}\boldsymbol{S}\boldsymbol{Q}\right\|&=\left\|\boldsymbol{P}\left(\sum_{k=0}^{N}\boldsymbol{A}_k-\boldsymbol{S}\right)\boldsymbol{Q}\right\|\\&\leqslant\|\boldsymbol{P}\|\left\|\sum_{k=0}^{N}\boldsymbol{A}_k-\boldsymbol{S}\right\|\|\boldsymbol{Q}\|\to 0(N\to\infty),\end{aligned}$$

由第四节的定理 1 即有

$$\lim_{N\to\infty}\sum_{k=0}^{N}\boldsymbol{P}\boldsymbol{A}_k\boldsymbol{Q}=\boldsymbol{P}\boldsymbol{S}\boldsymbol{Q}=\boldsymbol{P}\left(\sum_{k=0}^{\infty}\boldsymbol{A}_k\right)\boldsymbol{Q}.$$

又 $\|\boldsymbol{P}\boldsymbol{A}_k\boldsymbol{Q}\|\leqslant\|\boldsymbol{P}\|\,\|\boldsymbol{A}_k\|\,\|\boldsymbol{Q}\|$,由正项级数的比较审敛法知,若 $\sum\limits_{k=0}^{\infty}\boldsymbol{A}_k$ 绝对收敛,则 $\sum\limits_{k=0}^{\infty}\|\boldsymbol{P}\boldsymbol{A}_k\boldsymbol{Q}\|$ 也收敛,即 $\sum\limits_{k=0}^{\infty}\boldsymbol{P}\boldsymbol{A}_k\boldsymbol{Q}$ 也绝对收敛. 证毕.

现在来定义矩阵幂级数. 给定方阵 $\boldsymbol{A}$ 和一个复数序列 $\{c_k\}$,则方阵级数

$$\sum_{k=0}^{\infty}c_k\boldsymbol{A}^k=c_0\boldsymbol{E}+c_1\boldsymbol{A}+c_2\boldsymbol{A}^2+\cdots$$

称为矩阵 $\boldsymbol{A}$ 的**幂级数**.

定理 3 若幂级数 $\sum\limits_{k=0}^{\infty}c_kz^k$ 的收敛半径为 R,矩阵 $\boldsymbol{A}$ 有一种范数小于 R:$\|\boldsymbol{A}\|<R$,则矩阵幂级数 $\sum\limits_{k=0}^{\infty}c_k\boldsymbol{A}^k$ 绝对收敛.

证明 $\|c_k\boldsymbol{A}^k\|\leqslant|c_k|\,\|\boldsymbol{A}\|^k$,而 $\|\boldsymbol{A}\|<R$,所以正项级数 $\sum\limits_{k=0}^{\infty}\|c_k\boldsymbol{A}^k\|$

收敛. 由定理 1,矩阵幂级数 $\sum_{k=0}^{\infty} c_k \boldsymbol{A}^k$ 绝对收敛. 证毕.

定义　设 $\boldsymbol{A} \in \mathbf{C}^{n\times n}$,$\lambda_1,\lambda_2,\cdots,\lambda_n$ 为 $\boldsymbol{A}$ 的全部特征值,则称

$$\rho(\boldsymbol{A}) = \max_{1\leqslant k\leqslant n} |\lambda_k|$$

为 $\boldsymbol{A}$ 的**谱半径**.

在矩阵幂级数的收敛性问题中,矩阵的谱半径是个重要的参数,其取值对矩阵幂级数的收敛与否起着关键的作用,因此在很多问题中需要对矩阵的谱半径作出估计.

定理 4　矩阵的谱半径不超过矩阵的范数.

证明　设 λ 是矩阵 $\boldsymbol{A}$ 的任一特征值,$\boldsymbol{x}$ 为属于它的一个特征向量:$\boldsymbol{Ax}=\lambda\boldsymbol{x}$,对于任意一种矩阵范数,都有

$$|\lambda|\ \|\boldsymbol{x}\| = \|\lambda\boldsymbol{x}\| = \|\boldsymbol{Ax}\| \leqslant \|\boldsymbol{A}\|\ \|\boldsymbol{x}\|.$$

因为 $\boldsymbol{x}$ 非零,所以 $\|\boldsymbol{x}\|>0$,由上式即得 $|\lambda|\leqslant\|\boldsymbol{A}\|$. 因为 λ 是任一特征值,所以有

$$\rho(\boldsymbol{A}) = \max|\lambda| \leqslant \|\boldsymbol{A}\|.$$

证毕.

特别地,若分别取矩阵范数为 1 -范数、∞ -范数和 2 -范数,则对矩阵 $\boldsymbol{A}=(a_{ij})_{n\times n}$ 可分别得估计式

$$\rho(\boldsymbol{A}) \leqslant \|\boldsymbol{A}\|_1 = \max_{1\leqslant j\leqslant n}\sum_{i=1}^{n}|a_{ij}|,$$

$$\rho(\boldsymbol{A}) \leqslant \|\boldsymbol{A}\|_\infty = \max_{1\leqslant i\leqslant n}\sum_{j=1}^{n}|a_{ij}|,$$

$$\rho(\boldsymbol{A}) \leqslant \|\boldsymbol{A}\|_2 = \sqrt{\rho(\boldsymbol{A}^{\mathrm{H}}\boldsymbol{A})}.$$

定理 5　若 $\boldsymbol{A}$ 为 n 阶正规矩阵,则 $\rho(\boldsymbol{A})=\|\boldsymbol{A}\|_2$.

证明　设 $\boldsymbol{A}$ 的特征值为 $\lambda_1,\lambda_2,\cdots,\lambda_n$ 且 $|\lambda_1|\geqslant|\lambda_2|\geqslant\cdots\geqslant|\lambda_n|$,则 $\rho(\boldsymbol{A})=|\lambda_1|$. 因为 $\boldsymbol{A}$ 为 n 阶正规矩阵,所以有酉矩阵 $\boldsymbol{P}$,使得

$$\boldsymbol{P}^{\mathrm{H}}\boldsymbol{AP} = \begin{pmatrix} \lambda_1 & & \\ & \ddots & \\ & & \lambda_n \end{pmatrix},$$

由此可得

$$\boldsymbol{P}^{\mathrm{H}}\boldsymbol{A}^{\mathrm{H}}\boldsymbol{P}=\begin{pmatrix}\bar{\lambda}_1 & & \\ & \ddots & \\ & & \bar{\lambda}_n\end{pmatrix},$$

从而

$$\boldsymbol{P}^{\mathrm{H}}\boldsymbol{A}^{\mathrm{H}}\boldsymbol{A}\boldsymbol{P}=\begin{pmatrix}\bar{\lambda}_1\lambda_1 & & \\ & \ddots & \\ & & \bar{\lambda}_n\lambda_n\end{pmatrix}=\begin{pmatrix}|\lambda_1|^2 & & \\ & \ddots & \\ & & |\lambda_n|^2\end{pmatrix}.$$

又由 $|\lambda_1|\geqslant|\lambda_2|\geqslant\cdots\geqslant|\lambda_n|$,可知 $\rho(\mathbf{A}^{\mathrm{H}}\mathbf{A})=|\lambda_1|^2$,即得

$$\rho(\mathbf{A})=|\lambda_1|=\sqrt{\rho(\mathbf{A}^{\mathrm{H}}\mathbf{A})}=\|\mathbf{A}\|_2.$$

证毕.

定理6 设 $\mathbf{A}$ 为给定的方阵,则对任何正数 ε,都存在某方阵范数 $\|\cdot\|$,使

$$\|\mathbf{A}\|\leqslant\rho(\mathbf{A})+\varepsilon.$$

证明 设 $\mathbf{A}\in\mathbf{C}^{n\times n}$,其约当标准形为 $\boldsymbol{J}$,则有可逆矩阵 $\boldsymbol{P}\in\mathbf{C}^{n\times n}$,使

$$\boldsymbol{P}^{-1}\boldsymbol{A}\boldsymbol{P}=\boldsymbol{J}=\begin{pmatrix}\lambda_1 & c_1 & & \\ & \lambda_2 & \ddots & \\ & & \ddots & c_{n-1} \\ & & & \lambda_n\end{pmatrix},$$

其中 λ_k 为 $\mathbf{A}$ 的特征值,c_k 等于 0 或 1. 令

$$\boldsymbol{D}=\begin{pmatrix}1 & & & \\ & \varepsilon & & \\ & & \ddots & \\ & & & \varepsilon^{n-1}\end{pmatrix},$$

则

$$D^{-1}P^{-1}APD = D^{-1}JD = \begin{pmatrix} \lambda_1 & \varepsilon c_1 & & \\ & \lambda_2 & \ddots & \\ & & \ddots & \varepsilon c_{n-1} \\ & & & \lambda_n \end{pmatrix}.$$

对 $\mathbf{C}^{n\times n}$ 中的任意一个矩阵 $\boldsymbol{Q}$，定义 $f(\boldsymbol{Q}) = \|\boldsymbol{D}^{-1}\boldsymbol{P}^{-1}\boldsymbol{QPD}\|_1$. 容易验证 $f(\boldsymbol{Q})$ 是一种矩阵范数，把它记为 $\|\boldsymbol{Q}\|$，则

$$\begin{aligned}\|\boldsymbol{A}\| &= \|\boldsymbol{D}^{-1}\boldsymbol{P}^{-1}\boldsymbol{APD}\|_1 \\ &= \max\{|\lambda_1|, |\varepsilon c_1|+|\lambda_2|, \cdots, |\varepsilon c_{n-1}|+|\lambda_n|\} \leqslant \varepsilon + \rho(\boldsymbol{A}).\end{aligned}$$

证毕.

注意定理中的范数是与 $\boldsymbol{A}$ 关联的，不等式只能保证对 $\boldsymbol{A}$ 成立. 若要使不等式对另一个矩阵 $\boldsymbol{B}$ 成立，则需要针对 $\boldsymbol{B}$ 去构造相应的范数.

定理 7　若幂级数 $\sum_{k=0}^{\infty} c_k z^k$ 的收敛半径为 R，$\boldsymbol{A} \in \mathbf{C}^{n\times n}$，则当 $\rho(\boldsymbol{A}) < R$ 时，$\sum_{k=0}^{\infty} c_k \boldsymbol{A}^k$ 绝对收敛；当 $\rho(\boldsymbol{A}) > R$ 时，$\sum_{k=0}^{\infty} c_k \boldsymbol{A}^k$ 发散.

证明　当 $\rho(\boldsymbol{A}) < R$ 时，由定理 6，存在方阵范数 $\|\boldsymbol{A}\|$ 使得 $\|\boldsymbol{A}\| < R$. 再由定理 3 知 $\sum_{k=0}^{\infty} c_k \boldsymbol{A}^k$ 绝对收敛. 反之，若 $\rho(\boldsymbol{A}) > R$，设 $\rho(\boldsymbol{A}) = \lambda_0 > R$，$\boldsymbol{x}_0$ 为从属于 λ_0 的单位特征向量. 如果 $\sum_{k=0}^{\infty} c_k \boldsymbol{A}^k$ 收敛，则

$$\begin{aligned}\boldsymbol{x}_0^{\mathrm{H}}\left(\sum_{k=0}^{\infty} c_k \boldsymbol{A}^k\right)\boldsymbol{x}_0 &= \sum_{k=0}^{\infty} c_k \boldsymbol{x}_0^{\mathrm{H}}\boldsymbol{A}^k \boldsymbol{x}_0 = \sum_{k=0}^{\infty} c_k \boldsymbol{x}_0^{\mathrm{H}}\lambda_0^k \boldsymbol{x}_0 \\ &= \sum_{k=0}^{\infty} c_k \lambda_0^k \boldsymbol{x}_0^{\mathrm{H}} \boldsymbol{x}_0 = \sum_{k=0}^{\infty} c_k \lambda_0^k \|\boldsymbol{x}_0\|^2 = \sum_{k=0}^{\infty} c_k \lambda_0^k.\end{aligned}$$

上式左边收敛而右边发散，矛盾. 故 $\sum_{k=0}^{\infty} c_k \boldsymbol{A}^k$ 不可能收敛. 证毕.

例 2　设 $\boldsymbol{A} = \begin{pmatrix} -2 & 1 & -1 \\ 1 & -2 & 0 \\ 0 & 0 & 3 \end{pmatrix}$，判别矩阵幂级数 $\sum_{k=1}^{\infty} \frac{1}{k(k+1)}\left(-\frac{\boldsymbol{A}}{4}\right)^k$ 的收敛性.

解 因为

$$|\lambda \boldsymbol{E}-\boldsymbol{A}|=\begin{vmatrix}\lambda+2 & -1 & 1\\ -1 & \lambda+2 & 0\\ 0 & 0 & \lambda-3\end{vmatrix}=(\lambda+3)(\lambda+1)(\lambda-3),$$

可得 $\rho(\boldsymbol{A})=\max\limits_{1\leqslant i\leqslant 3}|\lambda_i|=3$.

令 $c_k=\dfrac{1}{k(k+1)}\left(-\dfrac{1}{4}\right)^k, k=1,2,\cdots$，则 $R=\lim\limits_{k\to\infty}\dfrac{|c_k|}{|c_{k+1}|}=4$，从而 $\sum\limits_{k=1}^{\infty}\dfrac{1}{k(k+1)}\left(-\dfrac{z}{4}\right)^k$ 的收敛半径为 $R=4$. 由 $\rho(\boldsymbol{A})<R$ 可知，$\sum\limits_{k=1}^{\infty}\dfrac{1}{k(k+1)}\left(-\dfrac{\boldsymbol{A}}{4}\right)^k$ 绝对收敛.

例 3 计算矩阵幂级数 $\sum\limits_{k=0}^{\infty}\begin{pmatrix}\frac{1}{10} & \frac{7}{10}\\ \frac{3}{10} & \frac{3}{5}\end{pmatrix}^k$.

解 设 $\boldsymbol{A}=\begin{pmatrix}\frac{1}{10} & \frac{7}{10}\\ \frac{3}{10} & \frac{3}{5}\end{pmatrix}$，由于 $\|\boldsymbol{A}\|_\infty=\dfrac{9}{10}<1$，故矩阵幂级数 $\sum\limits_{k=0}^{\infty}\boldsymbol{A}^k$ 收敛，因为 $\sum\limits_{k=0}^{\infty}x^k=(1-x)^{-1}(|x|<1)$，所以

$$\sum_{k=0}^{\infty}\begin{pmatrix}\frac{1}{10} & \frac{7}{10}\\ \frac{3}{10} & \frac{3}{5}\end{pmatrix}^k=(\boldsymbol{E}-\boldsymbol{A})^{-1}=\begin{pmatrix}\frac{8}{3} & \frac{14}{3}\\ 2 & 6\end{pmatrix}.$$

习 题 三

1. 设线性空间 V 与 W 同构，V 中有范数 $\|\cdot\|_V$，对于 W 中的元素 $\boldsymbol{y}$，设 V 中的 $\boldsymbol{x}$ 与之对应，定义 $\|\boldsymbol{y}\|_W=\|\boldsymbol{x}\|_V$，证明：$\|\boldsymbol{y}\|_W$ 是 W 中的范数.

2. 设 $\boldsymbol{e}_1,\boldsymbol{e}_2,\cdots,\boldsymbol{e}_n$ 为数域 P 上线性空间 V 的一组基，$\|\cdot\|_P$ 为 P^n 中的范数. 对 V 中的向量 $\boldsymbol{x}$，设 $\boldsymbol{x}$ 在基 $\boldsymbol{e}_1,\boldsymbol{e}_2,\cdots,\boldsymbol{e}_n$ 下的坐标为 $\boldsymbol{a}=(\xi_1,\xi_2,\cdots,\xi_n)^{\mathrm{T}}$：$\boldsymbol{x}=\xi_1\boldsymbol{e}_1+\xi_2\boldsymbol{e}_2+\cdots+\xi_n\boldsymbol{e}_n$，定义 $\|\boldsymbol{x}\|_V=\|\boldsymbol{a}\|_P$，证明：$\|\boldsymbol{x}\|_V$ 是 V 中的范数.

3. 已知 $\boldsymbol{A}=\begin{pmatrix}-1 & 0 & \mathrm{i}\\ \mathrm{i} & 5 & -10\mathrm{i}\\ 2 & \mathrm{i} & -4\end{pmatrix}$，$\boldsymbol{x}=(-1,2,-\mathrm{i})^{\mathrm{T}}$，计算 $\|\boldsymbol{A}\|_1$，$\|\boldsymbol{A}\|_\infty$，$\|\boldsymbol{Ax}\|_2$.

4. 在直角坐标系中画出下列不等式决定的向量 $\boldsymbol{x}=(x_1,x_2)^{\mathrm{T}}$ 的全体所表示的几何图形：

(1) $\|\boldsymbol{x}\|_1\leqslant 1$；(2) $\|\boldsymbol{x}\|_2\leqslant 1$；(3) $\|\boldsymbol{x}\|_\infty\leqslant 1$.

5. $\boldsymbol{x}\in\mathbf{C}^n$，证明：

(1) $\|\boldsymbol{x}\|_2\leqslant\|\boldsymbol{x}\|_1\leqslant\sqrt{n}\,\|\boldsymbol{x}\|_2$；

(2) $\|\boldsymbol{x}\|_\infty\leqslant\|\boldsymbol{x}\|_1\leqslant n\,\|\boldsymbol{x}\|_\infty$；

(3) $\|\boldsymbol{x}\|_\infty\leqslant\|\boldsymbol{x}\|_2\leqslant\sqrt{n}\,\|\boldsymbol{x}\|_\infty$.

6. 证明：对任何 $\boldsymbol{x},\boldsymbol{y}\in\mathbf{C}^n$，总有

$$\boldsymbol{x}^{\mathrm{H}}\boldsymbol{y}+\boldsymbol{y}^{\mathrm{H}}\boldsymbol{x}=\frac{1}{2}(\|\boldsymbol{x}+\boldsymbol{y}\|_2^2-\|\boldsymbol{x}-\boldsymbol{y}\|_2^2).$$

7. 在向量空间 $\mathbf{C}^2$ 中，对于向量 $\boldsymbol{x}=(\xi_1,\xi_2)$，定义实数 $\|\boldsymbol{x}\|=\sqrt{4|\xi_1|^2+9|\xi_2|^2}$，证明：$\|\boldsymbol{x}\|$ 是 $\mathbf{C}^2$ 中的向量范数.

8. 设 $a_1,a_2,\cdots,a_n$ 均为正实数，证明：对任意 $\boldsymbol{x}=(x_1,x_2,\cdots,x_n)^{\mathrm{T}}\in\mathbf{C}^n$，

$$\|\boldsymbol{x}\|=\sqrt{\sum_{k=1}^{n}a_k|x_k|^2}$$

是 $\mathbf{C}^n$ 中的向量范数.

9. 设 $\boldsymbol{A}\in\mathbf{C}^{n\times n}$，证明：

$$\frac{1}{\sqrt{n}}\|\boldsymbol{A}\|_F\leqslant\|\boldsymbol{A}\|_2\leqslant\|\boldsymbol{A}\|_F.$$

10. 设 $\boldsymbol{A}\in\mathbf{C}^{n\times n}$，证明：

$$\|\boldsymbol{A}\|=n\max_{1\leqslant i,j\leqslant n}|a_{ij}|$$

是一种矩阵范数.

11. 设 $\boldsymbol{A}$ 为 $\mathbf{C}^{n\times n}$ 中的可逆矩阵，证明：对矩阵的任何算子范数都有 $\|\boldsymbol{A}^{-1}\|\geqslant\|\boldsymbol{A}\|^{-1}$.

12. 设 $\|\cdot\|_M$ 是 $\mathbf{C}^{n\times n}$ 中由向量范数 $\|\cdot\|_V$ 定义的矩阵算子范数，证明：

$$\|\boldsymbol{A}^{-1}\|_M^{-1}=\min_{\boldsymbol{x}\neq\boldsymbol{0}}\frac{\|\boldsymbol{Ax}\|_V}{\|\boldsymbol{x}\|_V}.$$

13. 已知方阵 $\boldsymbol{A},\boldsymbol{B},\boldsymbol{C}$ 满足 $\boldsymbol{B}=\boldsymbol{E}-\boldsymbol{AC}$，$\|\cdot\|$ 是算子范数，且 $\|\boldsymbol{B}\|<1$，证明：

(1)$\boldsymbol{A},\boldsymbol{C}$都是可逆矩阵；

(2) $\dfrac{\|\boldsymbol{B}\|}{\|\boldsymbol{A}\|\cdot\|\boldsymbol{C}\|}\leqslant\dfrac{\|\boldsymbol{A}^{-1}-\boldsymbol{C}\|}{\|\boldsymbol{C}\|}\leqslant\dfrac{\|\boldsymbol{B}\|}{1-\|\boldsymbol{B}\|}$.

14. 设$\boldsymbol{A}\in\mathbf{C}^{n\times n}$,若$\boldsymbol{A}^k\to\boldsymbol{O}(k\to\infty)$,证明:有矩阵范数$\|\cdot\|$,使得$\|\boldsymbol{A}\|<1$.

15. 判断下列矩阵幂级数的敛散性：

(1) $\displaystyle\sum_{k=1}^{\infty}\frac{1}{k^2}\begin{pmatrix}1 & 7\\ -1 & -3\end{pmatrix}^k$;　　(2) $\displaystyle\sum_{k=1}^{\infty}\frac{k}{6^k}\begin{pmatrix}1 & -8\\ -2 & 1\end{pmatrix}^k$.

第四章　矩阵函数及其应用

本章将对矩阵函数作出定义，给出计算矩阵函数的两种方法，并讨论矩阵函数的微分、积分，最后介绍矩阵函数在解线性微分方程组中的应用.

第一节　矩阵函数的定义
利用约当标准形计算矩阵函数

一、矩阵函数的定义

在上一章给出了矩阵多项式的定义，即给定多项式 $f(\lambda)$，以矩阵（方阵）$\boldsymbol{A}$ 代换其中的 λ，则得到矩阵多项式 $f(\boldsymbol{A})$. 因为多项式中对变量的运算只有加（减）、数乘、乘幂，这些运算对矩阵也是可行的，所以矩阵多项式的定义是很自然的. 多项式是一种函数，那么对于其他函数，如 e^x，$\sin x$，$\ln x$，能否定义出相应的矩阵函数呢？

一般函数都可用幂级数定义，而幂级数中也只有加（减）、数乘、乘幂这几种运算，因此很自然地可以用矩阵幂级数来定义矩阵函数.

定义　设函数 $f(\lambda)$ 可展成幂级数：$f(\lambda)=\sum\limits_{k=0}^{\infty}a_k\lambda^k$，其收敛半径为 R，当矩阵 $\boldsymbol{A}$ 的谱半径 $\rho(\boldsymbol{A})<R$ 时，定义 $\boldsymbol{A}$ 的幂级数 $\sum\limits_{k=0}^{\infty}a_k\boldsymbol{A}^k$ 的和为矩阵函数 $f(\boldsymbol{A})$.

例如，$e^\lambda=\sum\limits_{k=0}^{\infty}\dfrac{\lambda^k}{k!}$，收敛半径 $R=\infty$，因此对任何矩阵 $\boldsymbol{A}$，$e^{\boldsymbol{A}}=\sum\limits_{k=0}^{\infty}\dfrac{\boldsymbol{A}^k}{k!}$；$\sin\lambda=\sum\limits_{k=0}^{\infty}\dfrac{(-1)^k\lambda^{2k+1}}{(2k+1)!}$，$R=\infty$，因此对任何矩阵 $\boldsymbol{A}$，$\sin\boldsymbol{A}=\sum\limits_{k=0}^{\infty}\dfrac{(-1)^k\boldsymbol{A}^{2k+1}}{(2k+1)!}$；$\ln(1+\lambda)=\sum\limits_{k=1}^{\infty}\dfrac{(-1)^{k-1}\lambda^k}{k}$，$|\lambda|<1$，因此 $\ln(\boldsymbol{E}+\boldsymbol{A})=\sum\limits_{k=1}^{\infty}\dfrac{(-1)^{k-1}\boldsymbol{A}^k}{k}$，$\rho(\boldsymbol{A})<1$.

其中规定 $\boldsymbol{A}^0=\boldsymbol{E}$ 和多项式的情况一样，在转换成矩阵函数时，函数中的常

数项要乘以单位阵 $\boldsymbol{E}$,例如 $\ln(1+\lambda)$ 对应的矩阵函数是 $\ln(\boldsymbol{E}+\boldsymbol{A})$.

二、利用约当标准形计算矩阵函数

矩阵的计算本来就很复杂,用幂级数定义的矩阵函数的计算显然更加复杂,所以根据定义去计算幂级数往往是不可能的,那么有没有简化计算的方法呢? 先看下面的例子.

例 1 设 4 阶矩阵 $\boldsymbol{A}$ 的特征值为 $\pi,-\pi,0,0$,计算 $e^{\boldsymbol{A}},\sin\boldsymbol{A}$.

解 $\boldsymbol{A}$ 的特征多项式为 $f(\lambda)=(\lambda-\pi)(\lambda+\pi)\lambda^2=\lambda^4-\pi^2\lambda^2$,由凯莱-哈密顿定理,$f(\boldsymbol{A})=\boldsymbol{A}^4-\pi^2\boldsymbol{A}^2=\boldsymbol{O}$,故有 $\boldsymbol{A}^4=\pi^2\boldsymbol{A}^2$,两边逐次乘以 $\boldsymbol{A}$ 并反复应用此公式得:

$$\boldsymbol{A}^5=\pi^2\boldsymbol{A}^3,\boldsymbol{A}^6=\pi^2\boldsymbol{A}^4=\pi^4\boldsymbol{A}^2,\boldsymbol{A}^7=\pi^4\boldsymbol{A}^3,\boldsymbol{A}^8=\pi^4\boldsymbol{A}^4=\pi^6\boldsymbol{A}^2,\cdots,$$

一般有

$$\boldsymbol{A}^{2k}=\pi^{2k-2}\boldsymbol{A}^2,\boldsymbol{A}^{2k+1}=\pi^{2k-2}\boldsymbol{A}^3,k=2,3,\cdots.$$

这样可得

$$\begin{aligned}
e^{\boldsymbol{A}}&=\boldsymbol{E}+\boldsymbol{A}+\frac{\boldsymbol{A}^2}{2!}+\frac{\boldsymbol{A}^3}{3!}+\frac{\boldsymbol{A}^4}{4!}+\frac{\boldsymbol{A}^5}{5!}+\frac{\boldsymbol{A}^6}{6!}+\frac{\boldsymbol{A}^7}{7!}+\cdots\\
&=\boldsymbol{E}+\boldsymbol{A}+\frac{\boldsymbol{A}^2}{2!}+\frac{\boldsymbol{A}^3}{3!}+\frac{\pi^2\boldsymbol{A}^2}{4!}+\frac{\pi^2\boldsymbol{A}^3}{5!}+\frac{\pi^4\boldsymbol{A}^2}{6!}+\frac{\pi^4\boldsymbol{A}^3}{7!}+\cdots\\
&=\boldsymbol{E}+\boldsymbol{A}+\left(\frac{1}{2!}+\frac{\pi^2}{4!}+\frac{\pi^4}{6!}+\cdots\right)\boldsymbol{A}^2+\left(\frac{1}{3!}+\frac{\pi^2}{5!}+\frac{\pi^4}{7!}+\cdots\right)\boldsymbol{A}^3\\
&=\boldsymbol{E}+\boldsymbol{A}+\left[\left(1+\frac{\pi^2}{2!}+\frac{\pi^4}{4!}+\frac{\pi^6}{6!}+\cdots\right)-1\right]\frac{\boldsymbol{A}^2}{\pi^2}+\left[\left(\pi+\frac{\pi^3}{3!}+\frac{\pi^5}{5!}+\frac{\pi^7}{7!}+\cdots\right)-\pi\right]\frac{\boldsymbol{A}^3}{\pi^3}\\
&=\boldsymbol{E}+\boldsymbol{A}+\left(\frac{e^{\pi}+e^{-\pi}}{2}-1\right)\frac{\boldsymbol{A}^2}{\pi^2}+\left(\frac{e^{\pi}-e^{-\pi}}{2}-\pi\right)\frac{\boldsymbol{A}^3}{\pi^3}\\
&=\boldsymbol{E}+\boldsymbol{A}+\frac{\operatorname{ch}\pi-1}{\pi^2}\boldsymbol{A}^2+\frac{\operatorname{sh}\pi-\pi}{\pi^3}\boldsymbol{A}^3;
\end{aligned}$$

$$\begin{aligned}
\sin\boldsymbol{A}&=\boldsymbol{A}-\frac{\boldsymbol{A}^3}{3!}+\frac{\boldsymbol{A}^5}{5!}-\frac{\boldsymbol{A}^7}{7!}+\cdots=\boldsymbol{A}-\frac{\boldsymbol{A}^3}{3!}+\frac{\pi^2\boldsymbol{A}^3}{5!}-\frac{\pi^4\boldsymbol{A}^3}{7!}+\cdots\\
&=\boldsymbol{A}+\left[\left(\pi-\frac{\pi^3}{3!}+\frac{\pi^5}{5!}-\frac{\pi^7}{7!}+\cdots\right)-\pi\right]\frac{\boldsymbol{A}^3}{\pi^3}=\boldsymbol{A}+(\sin\pi-\pi)\frac{\boldsymbol{A}^3}{\pi^3}=\boldsymbol{A}-\frac{1}{\pi^2}\boldsymbol{A}^3.
\end{aligned}$$

从这个例子可见,对给定的矩阵,其矩阵函数的值等于一个多项式在此矩阵的值,这是因为矩阵的零化多项式的存在,使矩阵幂级数的高次项可化为低次项，从而使矩阵幂级数转化为系数为数项级数的多项式. 因此，计算矩阵函数可转化为计算矩阵多项式. 但是，一般来说利用递推公式是行不通的，因为只要递推公式稍稍复杂一点，就不可能找到所要的多项式. 例如，把例 1 中 $\boldsymbol{A}$ 的特征值改为 $\pi,\pi,0,0$，可得 $\boldsymbol{A}^4=2\pi\boldsymbol{A}^3-\pi^2\boldsymbol{A}^2$，这时就不可能建立简单的递推公式来得出 $\boldsymbol{A}$ 的矩阵函数值.

本章将介绍两种计算矩阵函数的方法，这一节先介绍利用约当标准形计算矩阵函数的方法，另一种方法即待定系数法放在下一节介绍.

在第三章已讨论了矩阵(幂)级数的一些性质，在后面的推导过程中要用到如下性质：

性质 1　若 $\sum\limits_{k=1}^{\infty}\boldsymbol{A}_k$ 收敛，则 $\sum\limits_{k=1}^{\infty}\boldsymbol{PA}_k\boldsymbol{Q}$ 也收敛，且 $\sum\limits_{k=1}^{\infty}\boldsymbol{PA}_k\boldsymbol{Q}=\boldsymbol{P}\left(\sum\limits_{k=1}^{\infty}\boldsymbol{A}_k\right)\boldsymbol{Q}$.

性质 2　若矩阵级数中所有项都是同型的分块对角阵，则此矩阵级数的和也是分块对角阵，且其对角块为各项中对应对角块的级数，即

$$\sum_{k=1}^{\infty}\begin{pmatrix}\boldsymbol{A}_1^{(k)} & & \\ & \ddots & \\ & & \boldsymbol{A}_s^{(k)}\end{pmatrix}=\begin{pmatrix}\sum\limits_{k=1}^{\infty}\boldsymbol{A}_1^{(k)} & & \\ & \ddots & \\ & & \sum\limits_{k=1}^{\infty}\boldsymbol{A}_s^{(k)}\end{pmatrix}.$$

设给定函数 $f(\lambda)=\sum\limits_{k=0}^{\infty}a_k\lambda^k$ 和矩阵 $\boldsymbol{A}$，并且 $\boldsymbol{A}$ 的约当标准形为 $\boldsymbol{J}$，相似变换矩阵为 $\boldsymbol{P}$，则

$$\boldsymbol{A}=\boldsymbol{PJP}^{-1},\boldsymbol{J}=\begin{pmatrix}\boldsymbol{J}_1 & & \\ & \ddots & \\ & & \boldsymbol{J}_s\end{pmatrix}.$$

根据上述级数性质可得：

$$f(\boldsymbol{A})=\sum_{k=0}^{\infty}a_k\boldsymbol{A}^k=\sum_{k=0}^{\infty}a_k\,(\boldsymbol{PJP}^{-1})^k=\sum_{k=0}^{\infty}a_k\boldsymbol{PJ}^k\boldsymbol{P}^{-1}=\boldsymbol{P}\left(\sum_{k=0}^{\infty}a_k\,\boldsymbol{J}^k\right)\boldsymbol{P}^{-1}$$

$$=\boldsymbol{P}\left(\sum_{k=0}^{\infty}a_k\begin{pmatrix}\boldsymbol{J}_1 & & \\ & \ddots & \\ & & \boldsymbol{J}_s\end{pmatrix}^k\right)\boldsymbol{P}^{-1}=\boldsymbol{P}\left(\sum_{k=0}^{\infty}a_k\begin{pmatrix}\boldsymbol{J}_1^k & & \\ & \ddots & \\ & & \boldsymbol{J}_s^k\end{pmatrix}\right)\boldsymbol{P}^{-1}$$

$$
=P\begin{pmatrix}\sum_{k=0}^{\infty}a_k J_1^k & & \\ & \ddots & \\ & & \sum_{k=0}^{\infty}a_k J_s^k\end{pmatrix}P^{-1}=P\begin{pmatrix}f(J_1) & & \\ & \ddots & \\ & & f(J_s)\end{pmatrix}P^{-1}.
$$

由此可见,矩阵函数的计算可转化为约当块函数的计算.

下面讨论约当块 J_0 的函数 $f(J_0)$ 的计算. 设 J_0 的阶数为 h,对角元素为 λ_0,函数 $f(\lambda)$ 在 $\lambda=\lambda_0$ 的泰勒展开式为

$$
\begin{aligned}
f(\lambda)&=f(\lambda_0)+f'(\lambda_0)(\lambda-\lambda_0)+\frac{f''(\lambda_0)}{2!}(\lambda-\lambda_0)^2+\cdots\\
&=\sum_{k=0}^{\infty}\frac{f^{(k)}(\lambda_0)}{k!}(\lambda-\lambda_0)^k,
\end{aligned}
$$

则有

$$
f(J_0)=\sum_{k=0}^{\infty}\frac{f^{(k)}(\lambda_0)}{k!}(J_0-\lambda_0 E)^k,
$$

其中$J_0-\lambda_0 E$ 为h 阶对角元素为0的约当块N,而N有如下性质(见第二章第六节),即k小于N的阶数时,N^k 的主对角线上方第k 条副对角线元素为1,其余元素全为零;k 大于等于N 的阶数时,$N^k=O$. 于是可得

$$
\begin{aligned}
f(J_0)&=\sum_{k=0}^{h-1}\frac{f^{(k)}(\lambda_0)}{k!}N^k\\
&=f(\lambda_0)E+f'(\lambda_0)N+\frac{f''(\lambda_0)}{2!}N^2+\cdots+\frac{f^{(h-1)}(\lambda_0)}{(h-1)!}N^{h-1}\\
&=\begin{pmatrix}
f(\lambda_0) & f'(\lambda_0) & \frac{f''(\lambda_0)}{2!} & \cdots & \frac{f^{(h-1)}(\lambda_0)}{(h-1)!}\\
 & f(\lambda_0) & f'(\lambda_0) & \cdots & \frac{f^{(h-2)}(\lambda_0)}{(h-2)!}\\
 & & f(\lambda_0) & \cdots & \frac{f^{(h-3)}(\lambda_0)}{(h-3)!}\\
 & & & \ddots & \vdots\\
 & & & & f(\lambda_0)
\end{pmatrix}.
\end{aligned}
$$

由此可见 $f(\boldsymbol{J}_0)$ 是上三角矩阵，它由 $f(\lambda)$ 在 λ_0 处的直到 $h-1$ 阶导数值完全确定. 因此，$f(\boldsymbol{J}_0)$ 存在的充分必要条件是 $f(\lambda)$ 在 λ_0 处有直到 $h-1$ 阶导数. 而 $f(\boldsymbol{A})$ 存在的充分必要条件是对 $\boldsymbol{A}$ 的约当标准形中各约当块 $\boldsymbol{J}_i$，$f(\boldsymbol{J}_i)$ 都存在. 每个约当块对应一个初等因子，同底的初等因子中，次数最高的属于 $\boldsymbol{A}$ 的最后一个不变因子，即最小多项式，因此又可得下面的定理：

定理　设矩阵 $\boldsymbol{A}$ 的最小多项式为 $m(\lambda)=(\lambda-\lambda_1)^{j_1}\cdots(\lambda-\lambda_t)^{j_t}$，则对于函数 $f(\lambda)$，$f(\boldsymbol{A})$ 存在的充分必要条件是 $f^{(k)}(\lambda_i)$ $(k=0,1,\cdots,j_i-1;i=1,\cdots,t)$ 都存在.

当 $f(\lambda)$ 是以幂级数的形式给出，且 $\rho(\boldsymbol{A})$ 小于 $f(\lambda)$ 的收敛半径 R 时，定理的条件当然是满足的. 而定理意义在于，对于不是以幂级数的形式给出的函数 $f(\lambda)$，给出了矩阵函数 $f(\boldsymbol{A})$ 存在的充分必要条件.

上面给出了用约当标准形计算矩阵函数 $f(\boldsymbol{A})$ 的方法，总结起来为以下几步：

第一步，求出 $\boldsymbol{A}$ 的约当标准形 $\boldsymbol{J}$ 和相似变换矩阵 $\boldsymbol{P}$：$\boldsymbol{A}=\boldsymbol{PJP}^{-1}$；

第二步，计算 $f(\boldsymbol{J})=\begin{pmatrix} f(\boldsymbol{J}_1) & & \\ & \ddots & \\ & & f(\boldsymbol{J}_s) \end{pmatrix}$，若约当块 $\boldsymbol{J}_i$ 的阶数为 n_i，对角元素为 λ_i，$i=1,2,\cdots,s$，则

$$f(\boldsymbol{J}_i)=\begin{pmatrix} f(\lambda_i) & f'(\lambda_i) & \cdots & \dfrac{f^{(n_i-1)}(\lambda_i)}{(n_i-1)!} \\ & f(\lambda_i) & \cdots & \dfrac{f^{(n_i-2)}(\lambda_i)}{(n_i-2)!} \\ & & \ddots & \vdots \\ & & & f(\lambda_i) \end{pmatrix};$$

第三步，计算 $f(\boldsymbol{A})=\boldsymbol{P}f(\boldsymbol{J})\boldsymbol{P}^{-1}$.

例 2　设

$$\boldsymbol{A}=\begin{pmatrix} 2 & 0 & 0 \\ 1 & 1 & 1 \\ 1 & -1 & 3 \end{pmatrix},$$

求 $\mathrm{e}^{\boldsymbol{A}}$，$\mathrm{e}^{\boldsymbol{A}t}$，$\sin\boldsymbol{A}$.

解 $\lambda\boldsymbol{E}-\boldsymbol{A}=\begin{pmatrix}\lambda-2 & 0 & 0\\ -1 & \lambda-1 & -1\\ -1 & 1 & \lambda-3\end{pmatrix}\xrightarrow{r_1\leftrightarrow r_3}\begin{pmatrix}-1 & 1 & \lambda-3\\ -1 & \lambda-1 & -1\\ \lambda-2 & 0 & 0\end{pmatrix}$

$$\xrightarrow[r_3+(\lambda-2)r_1]{r_2-r_1}\begin{pmatrix}-1 & 1 & \lambda-3\\ 0 & \lambda-2 & 2-\lambda\\ 0 & \lambda-2 & \lambda^2-5\lambda+6\end{pmatrix}\xrightarrow{r_3-r_2}\begin{pmatrix}-1 & 1 & \lambda-3\\ 0 & \lambda-2 & 2-\lambda\\ 0 & 0 & \lambda^2-4\lambda+4\end{pmatrix}$$

$$\rightarrow\begin{pmatrix}1 & 0 & 0\\ 0 & \lambda-2 & 0\\ 0 & 0 & (\lambda-2)^2\end{pmatrix},$$

得不变因子为 $1,\lambda-2,(\lambda-2)^2$,所以

$$\boldsymbol{J}=\begin{pmatrix}2 & 0 & 0\\ 0 & 2 & 1\\ 0 & 0 & 2\end{pmatrix}.$$

设相似变换矩阵 $\boldsymbol{P}=(\boldsymbol{p}_1,\boldsymbol{p}_2,\boldsymbol{p}_3)$,由 $\boldsymbol{AP}=\boldsymbol{PJ}$ 有

$$(2\boldsymbol{E}-\boldsymbol{A})\boldsymbol{p}_1=\boldsymbol{0},$$

$$(2\boldsymbol{E}-\boldsymbol{A})\boldsymbol{p}_2=\boldsymbol{0},$$

$$(2\boldsymbol{E}-\boldsymbol{A})\boldsymbol{p}_3=-\boldsymbol{p}_2.$$

因为

$$2\boldsymbol{E}-\boldsymbol{A}=\begin{pmatrix}0 & 0 & 0\\ -1 & 1 & -1\\ -1 & 1 & -1\end{pmatrix},$$

方程组 $(2\boldsymbol{E}-\boldsymbol{A})\boldsymbol{x}=\boldsymbol{0}$ 有基础解系 $(1,1,0)^{\mathrm{T}},(-1,0,1)^{\mathrm{T}}$. 取 $\boldsymbol{p}_1=(1,1,0)^{\mathrm{T}}$,$\boldsymbol{p}_2$ 的取值必须使第三个方程有解,故设

$$\boldsymbol{p}_2=c_1(1,1,0)^{\mathrm{T}}+c_2(-1,0,1)^{\mathrm{T}}=(c_1-c_2,c_1,c_2)^{\mathrm{T}},$$

$$(2\boldsymbol{E}-\boldsymbol{A},-\boldsymbol{p}_2)=\begin{pmatrix}0&0&0&-c_1+c_2\\-1&1&-1&-c_1\\-1&1&-1&-c_2\end{pmatrix},$$

显然为使第三个方程有解，应有 $c_1=c_2$，可取 $c_1=c_2=1$，所以 $\boldsymbol{p}_2=(0,1,1)^{\mathrm{T}}$，并可取 $\boldsymbol{p}_3=(1,0,0)^{\mathrm{T}}$，即 $\boldsymbol{P}=\begin{pmatrix}1&0&1\\1&1&0\\0&1&0\end{pmatrix}$，计算得$\boldsymbol{P}^{-1}=\begin{pmatrix}0&1&-1\\0&0&1\\1&-1&1\end{pmatrix}$.

对于 $\mathrm{e}^{\boldsymbol{A}}$，$f(\lambda)=\mathrm{e}^{\lambda}$，$f'(\lambda)=\mathrm{e}^{\lambda}$，

$$\begin{aligned}\mathrm{e}^{\boldsymbol{A}}&=f(\boldsymbol{A})=\boldsymbol{P}f(\boldsymbol{J})\boldsymbol{P}^{-1}\\&=\begin{pmatrix}1&0&1\\1&1&0\\0&1&0\end{pmatrix}\begin{pmatrix}\mathrm{e}^2&0&0\\0&\mathrm{e}^2&\mathrm{e}^2\\0&0&\mathrm{e}^2\end{pmatrix}\begin{pmatrix}0&1&-1\\0&0&1\\1&-1&1\end{pmatrix}\\&=\begin{pmatrix}\mathrm{e}^2&0&0\\\mathrm{e}^2&0&\mathrm{e}^2\\\mathrm{e}^2&-\mathrm{e}^2&2\mathrm{e}^2\end{pmatrix}=\mathrm{e}^2\begin{pmatrix}1&0&0\\1&0&1\\1&-1&2\end{pmatrix};\end{aligned}$$

对于 $\mathrm{e}^{\boldsymbol{A}t}$，$f(\lambda)=\mathrm{e}^{\lambda t}$，$f'(\lambda)=t\mathrm{e}^{\lambda t}$，

$$\mathrm{e}^{\boldsymbol{A}t}=f(\boldsymbol{A})=\boldsymbol{P}f(\boldsymbol{J})\boldsymbol{P}^{-1}=\begin{pmatrix}1&0&1\\1&1&0\\0&1&0\end{pmatrix}\begin{pmatrix}\mathrm{e}^{2t}&0&0\\0&\mathrm{e}^{2t}&t\mathrm{e}^{2t}\\0&0&\mathrm{e}^{2t}\end{pmatrix}\begin{pmatrix}0&1&-1\\0&0&1\\1&-1&1\end{pmatrix}$$

$$=\begin{pmatrix}\mathrm{e}^{2t}&0&0\\t\mathrm{e}^{2t}&(1-t)\mathrm{e}^{2t}&t\mathrm{e}^{2t}\\t\mathrm{e}^{2t}&-t\mathrm{e}^{2t}&(1+t)\mathrm{e}^{2t}\end{pmatrix}=\mathrm{e}^{2t}\begin{pmatrix}1&0&0\\t&1-t&t\\t&-t&1+t\end{pmatrix};$$

对于 $\sin\boldsymbol{A}$，$f(\lambda)=\sin\lambda$，$f'(\lambda)=\cos\lambda$，

$$\sin\boldsymbol{A}=f(\boldsymbol{A})=\boldsymbol{P}f(\boldsymbol{J})\boldsymbol{P}^{-1}=\begin{pmatrix}1&0&1\\1&1&0\\0&1&0\end{pmatrix}\begin{pmatrix}\sin2&0&0\\0&\sin2&\cos2\\0&0&\sin2\end{pmatrix}\begin{pmatrix}0&1&-1\\0&0&1\\1&-1&1\end{pmatrix}$$

$$=\begin{pmatrix}\sin2 & 0 & 0\\ \cos2 & \sin2-\cos2 & \cos2\\ \cos2 & -\cos2 & \sin2+\cos2\end{pmatrix}.$$

第二节　用待定系数法计算矩阵函数

在上一节推导用约当标准形计算矩阵函数的过程中，计算矩阵 $\boldsymbol{A}$ 的函数 $f(\boldsymbol{A})$，最终归结为计算 $\boldsymbol{A}$ 的约当标准形中各约当块 $\boldsymbol{J}_i$ 的函数 $f(\boldsymbol{J}_i)$. $f(\boldsymbol{J}_i)$ 为一上三角阵，其元素取决于函数在 $\boldsymbol{J}_i$ 的对角元素 λ_i 处的函数值和各阶导数值 $f^{(k)}(\lambda_i)$，$k=0,1,\cdots,n_i-1$，其中 n_i 为 $\boldsymbol{J}_i$ 的阶数.

因为对于给定的矩阵 $\boldsymbol{A}$ 和函数 $f(\lambda)$，只要各 $f(\boldsymbol{J}_i)$ 确定，或者说各 $f^{(k)}(\lambda_i)$ 确定，$\boldsymbol{A}$ 的函数 $f(\boldsymbol{A})$ 也就确定了，所以对于矩阵 $\boldsymbol{A}$ 和两个函数 $f(\lambda)$，$g(\lambda)$，只要对于各约当块 $\boldsymbol{J}_i$，都有

$$f(\boldsymbol{J}_i)=g(\boldsymbol{J}_i),$$

或

$$f^{(k)}(\lambda_i)=g^{(k)}(\lambda_i),k=0,1,\cdots,n_i-1, \tag{4-1}$$

就有 $f(\boldsymbol{A})=g(\boldsymbol{A})$.

$\boldsymbol{A}$ 的约当块由对应的初等因子决定，初等因子是一次式的方幂，而在底相同但次数不同的各初等因子中，次数最高者都属于 $\boldsymbol{A}$ 的最后一个不变因子，也就是 $\boldsymbol{A}$ 的最小多项式 $m(\lambda)$. 因此，只要对于 $m(\lambda)$ 中的各初等因子对应的约当块，若式(4-1)都成立，就有 $f(\boldsymbol{A})=g(\boldsymbol{A})$.

根据以上的讨论，自然而然地引入如下定义并可得相应的结论：

定义 1　设矩阵 $\boldsymbol{A}$ 的最小多项式为

$$m(\lambda)=(\lambda-\lambda_1)^{j_1}(\lambda-\lambda_2)^{j_2}\cdots(\lambda-\lambda_t)^{j_t},$$

则称集合$\{(\lambda_i,j_i),i=1,2,\cdots,t\}$为 $\boldsymbol{A}$ 的**谱**，记为 $\Lambda_{\boldsymbol{A}}$.

定义 2　称函数 $f(\lambda)$ 在 $\boldsymbol{A}$ 的谱 $\Lambda_{\boldsymbol{A}}$ 上给定，是指

$$f^{(k)}(\lambda_i),k=0,1,\cdots,j_i-1;i=1,2,\cdots,t$$

给定；并把集合$\{f^{(k)}(\lambda_i),k=0,1,\cdots,j_i-1;i=1,2,\cdots,t\}$称为 $f(\lambda)$ 在 $\boldsymbol{A}$ 的谱 $\Lambda_{\boldsymbol{A}}$ 上的值，记为 $f(\Lambda_{\boldsymbol{A}})$；称函数 $f(\lambda)$，$g(\lambda)$ 在 $\boldsymbol{A}$ 的谱 $\Lambda_{\boldsymbol{A}}$ 上相等，是指 $f(\Lambda_{\boldsymbol{A}})$ 和 $g(\Lambda_{\boldsymbol{A}})$

中对应元素都相等.

若 $m(\lambda)$ 的次数为 m,则有 $j_1+j_2+\cdots+j_t=m$,$f(\Lambda_A)$ 中共有 m 个函数或导数值.

由前面的讨论可得下面的定理:

定理 对于矩阵 $\boldsymbol{A}$ 和两个函数 $f(\lambda)$,$g(\lambda)$,有

$$f(\boldsymbol{A})=g(\boldsymbol{A})\Leftrightarrow f(\Lambda_A)=g(\Lambda_A).$$

矩阵函数虽然是用矩阵幂级数定义的,但是由于零化多项式的存在,矩阵函数的值等于一个多项式在此矩阵处的值.因此,矩阵函数的计算可通过定理转化为矩阵多项式的计算.

设 $g(\lambda)$ 为一个多项式,$g(\Lambda_A)=f(\Lambda_A)$ 给出了决定 $g(\lambda)$ 的 m 个条件.当 $g(\lambda)$ 为 $m-1$ 次多项式时,从这 m 个条件可得到以 $g(\lambda)$ 的 m 个系数为未知数的 m 个线性方程,可以证明这个线性方程组有唯一的一组解,由此可确定 $g(\lambda)$.

例 1 设

$$\boldsymbol{A}=\begin{pmatrix}2 & 0 & 0\\ 1 & 1 & 1\\ 1 & -1 & 3\end{pmatrix},$$

求 $e^{\boldsymbol{A}}$,$e^{\boldsymbol{A}t}$,$\sin\boldsymbol{A}$.

解 由上一节例 2 知,

$$\lambda\boldsymbol{E}-\boldsymbol{A}\cong\begin{pmatrix}1 & 0 & 0\\ 0 & \lambda-2 & 0\\ 0 & 0 & (\lambda-2)^2\end{pmatrix},$$

可得不变因子为 $1,\lambda-2,(\lambda-2)^2$,所以最小多项式为 $m(\lambda)=(\lambda-2)^2$,其次数 $m=2$,谱 $\Lambda_A=\{(2,2)\}$.设多项式 $g(\lambda)=a_0+a_1\lambda$.

对于 $e^{\boldsymbol{A}}$,$f(\lambda)=e^{\lambda}$,$f'(\lambda)=e^{\lambda}$,由 $g(\Lambda_A)=f(\Lambda_A)$ 得

$$g(2)=f(2)\Rightarrow a_0+2a_1=e^2,$$

$$g'(2)=f'(2)\Rightarrow a_1=e^2,$$

解得 $a_1=e^2$,$a_0=-e^2$,所以

$$e^{\boldsymbol{A}}=f(\boldsymbol{A})=g(\boldsymbol{A})=a_0\boldsymbol{E}+a_1\boldsymbol{A}=-e^2\boldsymbol{E}+e^2\boldsymbol{A}$$

$$= -e^2\begin{pmatrix}1&0&0\\0&1&0\\0&0&1\end{pmatrix}+e^2\begin{pmatrix}2&0&0\\1&1&1\\1&-1&3\end{pmatrix}=e^2\begin{pmatrix}1&0&0\\1&0&1\\1&-1&2\end{pmatrix};$$

对于 e^{At}，$f(\lambda)=e^{\lambda t}$，$f'(\lambda)=te^{\lambda t}$，由 $g(\Lambda_A)=f(\Lambda_A)$ 得

$$g(2)=f(2)\Rightarrow a_0+2a_1=e^{2t},$$

$$g'(2)=f'(2)\Rightarrow a_1=te^{2t},$$

解得 $a_1=te^{2t}$，$a_0=(1-2t)e^{2t}$，所以

$$e^{At}=f(A)=g(A)=a_0E+a_1A=(1-2t)e^{2t}E+te^{2t}A$$

$$=(1-2t)e^{2t}\begin{pmatrix}1&0&0\\0&1&0\\0&0&1\end{pmatrix}+te^{2t}\begin{pmatrix}2&0&0\\1&1&1\\1&-1&3\end{pmatrix}$$

$$=e^{2t}\begin{pmatrix}1&0&0\\t&1-t&t\\t&-t&1+t\end{pmatrix};$$

对于 $\sin A$，$f(\lambda)=\sin\lambda$，$f'(\lambda)=\cos\lambda$，由 $g(\Lambda_A)=f(\Lambda_A)$ 得

$$g(2)=f(2)\Rightarrow a_0+2a_1=\sin 2,$$

$$g'(2)=f'(2)\Rightarrow a_1=\cos 2,$$

解得 $a_1=\cos 2$，$a_0=\sin 2-2\cos 2$，所以

$$\sin A=f(A)=g(A)=a_0E+a_1A=(\sin 2-2\cos 2)E+\cos 2A$$

$$=(\sin 2-2\cos 2)\begin{pmatrix}1&0&0\\0&1&0\\0&0&1\end{pmatrix}+\cos 2\begin{pmatrix}2&0&0\\1&1&1\\1&-1&3\end{pmatrix}$$

$$=\begin{pmatrix}\sin 2&0&0\\\cos 2&\sin 2-\cos 2&\cos 2\\\cos 2&-\cos 2&\sin 2+\cos 2\end{pmatrix}.$$

例 2　设

$$A=\begin{pmatrix}0&1&0\\0&0&1\\2&3&0\end{pmatrix},$$

求 e^{At}.

解

$$\lambda E-A=\begin{pmatrix}\lambda&-1&0\\0&\lambda&-1\\-2&-3&\lambda\end{pmatrix},$$

可得 $D_3=\lambda^3-3\lambda-2$，因为 $M_{31}=-1$，所以 $D_2=1$，可得 $m(\lambda)=d_3(\lambda)=D_3=\lambda^3-3\lambda-2=(\lambda-2)(\lambda+1)^2$，$m=3$，$\Lambda_A=\{(2,1),(-1,2)\}$. 设 $g(\lambda)=a_0+a_1\lambda+a_2\lambda^2$，对于 e^{At}，$f(\lambda)=e^{\lambda t}$，$f'(\lambda)=te^{\lambda t}$，由 $g(\Lambda_A)=f(\Lambda_A)$ 得

$$g(2)=f(2)\Rightarrow a_0+2a_1+4a_2=e^{2t},$$

$$g(-1)=f(-1)\Rightarrow a_0-a_1+a_2=e^{-t},$$

$$g'(-1)=f'(-1)\Rightarrow a_1-2a_2=te^{-t},$$

解得

$$a_0=\frac{1}{9}[e^{2t}+(8+6t)e^{-t}],$$

$$a_1=\frac{1}{9}[2e^{2t}-(2-3t)e^{-t}],$$

$$a_2=\frac{1}{9}[e^{2t}-(1+3t)e^{-t}],$$

$$\begin{aligned}e^{At}&=f(A)=g(A)=a_0E+a_1A+a_2A^2\\&=\frac{1}{9}\begin{pmatrix}e^{2t}+(8+6t)e^{-t}&2e^{2t}-(2-3t)e^{-t}&e^{2t}-(1+3t)e^{-t}\\2e^{2t}-(2+6t)e^{-t}&4e^{2t}+(5-3t)e^{-t}&2e^{2t}-(2-3t)e^{-t}\\4e^{2t}-(4-6t)e^{-t}&8e^{2t}-(8-3t)e^{-t}&4e^{2t}+(5-3t)e^{-t}\end{pmatrix}.\end{aligned}$$

第三节 函数矩阵的微分和积分

一、单变量函数矩阵的微分和积分

设矩阵$\boldsymbol{A}$的元素a_{ij}都为变量t的函数,则称$\boldsymbol{A}$为(变量t的)**函数矩阵**,记为$\boldsymbol{A}(t)$:$\boldsymbol{A}(t)=(a_{ij}(t))$.

定义1 若函数矩阵中每个元素$a_{ij}(t)$都在点t_0或t的区间I内可导,则称$\boldsymbol{A}(t)$在点t_0或区间I内可导,其导数$\boldsymbol{A}'(t)$定义为$\boldsymbol{A}'(t)=(a'_{ij}(t))$,或记为$\frac{\mathrm{d}}{\mathrm{d}t}\boldsymbol{A}(t)=\left(\frac{\mathrm{d}a_{ij}(t)}{\mathrm{d}t}\right)$.

类似可定义函数矩阵$\boldsymbol{A}(t)$的高阶导数:$\boldsymbol{A}^{(k+1)}(t)=(\boldsymbol{A}^{(k)}(t))'$. 显然有$\boldsymbol{A}^{(k)}(t)=(a_{ij}^{(k)}(t))$.

函数矩阵的导数具有如下性质(α,β为常数,$\boldsymbol{A},\boldsymbol{B}$为函数矩阵):

(1) 常数矩阵的导数为零矩阵;

(2) $[\alpha\boldsymbol{A}(t)+\beta\boldsymbol{B}(t)]'=\alpha\boldsymbol{A}'(t)+\beta\boldsymbol{B}'(t)$;

(3) $[\boldsymbol{A}(t)\boldsymbol{B}(t)]'=\boldsymbol{A}'(t)\boldsymbol{B}(t)+\boldsymbol{A}(t)\boldsymbol{B}'(t)$;

(4) 函数矩阵$\boldsymbol{A}(u)$中,u为t的可微函数:$u=f(t)$,则

$$[\boldsymbol{A}(f(t))]'=\boldsymbol{A}'(u)\big|_{u=f(t)}f'(t);$$

(5) $[\boldsymbol{A}'(t)]^{\mathrm{T}}=[\boldsymbol{A}^{\mathrm{T}}(t)]'$;

(6) 若$\boldsymbol{A}(t)$及其逆矩阵都可导,则有

$$[\boldsymbol{A}^{-1}(t)]'=-\boldsymbol{A}^{-1}(t)\boldsymbol{A}'(t)\boldsymbol{A}^{-1}(t).$$

证明 (1)~(5)显然,(6)的证明如下:

对$\boldsymbol{A}(t)\boldsymbol{A}^{-1}(t)\equiv\boldsymbol{E}$两边求导,得$\boldsymbol{A}'(t)\boldsymbol{A}^{-1}(t)+\boldsymbol{A}(t)[\boldsymbol{A}^{-1}(t)]'=\boldsymbol{O}$,移项后两边左乘$\boldsymbol{A}^{-1}(t)$即可.

由于向量可视为矩阵的特例,故函数向量的导数及性质不另作定义和说明,可都按矩阵的情况来处理.

例1 设有微分方程组

$$\begin{aligned}
x_1'(t)&=a_{11}x_1(t)+a_{12}x_2(t)+\cdots+a_{1n}x_n(t),\\
x_2'(t)&=a_{21}x_1(t)+a_{22}x_2(t)+\cdots+a_{2n}x_n(t),\\
&\vdots\\
x_n'(t)&=a_{n1}x_1(t)+a_{n2}x_2(t)+\cdots+a_{nn}x_n(t).
\end{aligned}$$

若记 $\boldsymbol{x}(t)=[x_1(t),\cdots,x_n(t)]^{\mathrm{T}}$，$\boldsymbol{A}=(a_{ij})_{n\times n}$，则此微分方程组可简单地记为

$$\boldsymbol{x}'(t)=\boldsymbol{A}\boldsymbol{x}(t).$$

例 2　设函数矩阵

$$\boldsymbol{A}(t)=\begin{pmatrix}1 & t\\ \dfrac{2}{t} & \sin t\end{pmatrix},0<t<\pi,$$

求 $\boldsymbol{A}'(t),\boldsymbol{A}''(t),\dfrac{\mathrm{d}}{\mathrm{d}t}|\boldsymbol{A}(t)|,[\boldsymbol{A}^{-1}(t)]'$.

解　$\boldsymbol{A}'(t)=\begin{pmatrix}0 & 1\\ -\dfrac{2}{t^2} & \cos t\end{pmatrix}$；$\boldsymbol{A}''(t)=\begin{pmatrix}0 & 0\\ \dfrac{4}{t^3} & -\sin t\end{pmatrix}$；

$$|\boldsymbol{A}(t)|=\sin t-2,\frac{\mathrm{d}}{\mathrm{d}t}|\boldsymbol{A}(t)|=\cos t;$$

$$\boldsymbol{A}^{-1}(t)=\frac{1}{\sin t-2}\begin{pmatrix}\sin t & -t\\ -\dfrac{2}{t} & 1\end{pmatrix}=\begin{pmatrix}1+\dfrac{2}{\sin t-2} & \dfrac{-t}{\sin t-2}\\ \dfrac{2}{(2-\sin t)t} & \dfrac{1}{\sin t-2}\end{pmatrix},$$

$$[\boldsymbol{A}^{-1}(t)]'=\begin{pmatrix}\dfrac{-2\cos t}{(\sin t-2)^2} & \dfrac{2-\sin t+t\cos t}{(\sin t-2)^2}\\ \dfrac{2(\sin t+t\cos t-2)}{(2-\sin t)^2t^2} & \dfrac{-\cos t}{(\sin t-2)^2}\end{pmatrix}.$$

又可得

$$\begin{aligned}[\boldsymbol{A}^{-1}(t)]'&=-\boldsymbol{A}^{-1}(t)\boldsymbol{A}'(t)\boldsymbol{A}^{-1}(t)\\ &=-\frac{1}{\sin t-2}\begin{pmatrix}\sin t & -t\\ -\dfrac{2}{t} & 1\end{pmatrix}\begin{pmatrix}0 & 1\\ -\dfrac{2}{t^2} & \cos t\end{pmatrix}\frac{1}{\sin t-2}\begin{pmatrix}\sin t & -t\\ -\dfrac{2}{t} & 1\end{pmatrix}\\ &=\begin{pmatrix}\dfrac{-2\cos t}{(\sin t-2)^2} & \dfrac{2-\sin t+t\cos t}{(\sin t-2)^2}\\ \dfrac{2(\sin t+t\cos t-2)}{(2-\sin t)^2t^2} & \dfrac{-\cos t}{(\sin t-2)^2}\end{pmatrix}.\end{aligned}$$

对于多变量函数矩阵,其偏导数的计算和性质可视为单变量的情况,故不再赘述.

定义 2 若函数矩阵 $\boldsymbol{A}(t)$ 的每个元素 $a_{ij}(t)$ 在 t 的区间 I 内都有原函数,则定义 $\boldsymbol{A}(t)$ 在 I 内的不定积分为

$$\int \boldsymbol{A}(t)\mathrm{d}t=\left(\int a_{ij}(t)\mathrm{d}t\right);$$

若函数矩阵 $\boldsymbol{A}(t)$ 的每个元素 $a_{ij}(t)$ 在$[a,b]$内都可积,则定义 $\boldsymbol{A}(t)$ 在$[a,b]$内的定积分为

$$\int_a^b \boldsymbol{A}(t)\mathrm{d}t=\left(\int_a^b a_{ij}(t)\mathrm{d}t\right).$$

例 3 函数矩阵 $\boldsymbol{A}(t)$ 同例 2,求$\int \boldsymbol{A}(t)\mathrm{d}t$,$\int_1^x \boldsymbol{A}(t)\mathrm{d}t$,$\dfrac{\mathrm{d}}{\mathrm{d}x}\int_1^x \boldsymbol{A}(t)\mathrm{d}t$.

解

$$\int \boldsymbol{A}(t)\mathrm{d}t=\begin{pmatrix}\int 1\mathrm{d}t & \int t\mathrm{d}t\\ \int \dfrac{2}{t}\mathrm{d}t & \int \sin t\mathrm{d}t\end{pmatrix}=\begin{pmatrix}t & \dfrac{t^2}{2}\\ 2\ln t & -\cos t\end{pmatrix}+\begin{pmatrix}c_1 & c_2\\ c_3 & c_4\end{pmatrix};$$

$$\int_1^x \boldsymbol{A}(t)\mathrm{d}t=\begin{pmatrix}\int_1^x 1\mathrm{d}t & \int_1^x t\mathrm{d}t\\ \int_1^x \dfrac{2}{t}\mathrm{d}t & \int_1^x \sin t\mathrm{d}t\end{pmatrix}=\begin{pmatrix}x-1 & \dfrac{x^2-1}{2}\\ 2\ln x & \cos 1-\cos x\end{pmatrix};$$

$$\frac{\mathrm{d}}{\mathrm{d}x}\int_1^x \boldsymbol{A}(t)\mathrm{d}t=\begin{pmatrix}1 & x\\ \dfrac{2}{x} & \sin x\end{pmatrix}=\boldsymbol{A}(x).$$

根据函数矩阵的微分、积分的定义和积分上限函数的性质立即可得:

$$\frac{\mathrm{d}}{\mathrm{d}x}\int_a^x \boldsymbol{A}(t)\mathrm{d}t=\boldsymbol{A}(x).$$

例 3 验证了这个性质.

二、矩阵对矩阵的导数

定义 3 设 $m\times n$ 矩阵 $\boldsymbol{A}$ 中每个元素 a_{ij} 都是 $p\times q$ 矩阵 $\boldsymbol{B}$ 的元素 b_{kl} 的函数:$a_{ij}=f_{ij}(b_{kl})k=1,\cdots,p;l=1,\cdots,q$,则定义 $\boldsymbol{A}$ 对 $\boldsymbol{B}$ 的导数为

$$\frac{\mathrm{d}\boldsymbol{A}}{\mathrm{d}\boldsymbol{B}}=\begin{pmatrix}\frac{\partial \boldsymbol{A}}{\partial b_{11}} & \cdots & \frac{\partial \boldsymbol{A}}{\partial b_{1q}}\\ \vdots & \ddots & \vdots\\ \frac{\partial \boldsymbol{A}}{\partial b_{p1}} & \cdots & \frac{\partial \boldsymbol{A}}{\partial b_{pq}}\end{pmatrix}=\left(\frac{\partial \boldsymbol{A}}{\partial b_{kl}}\right),$$

其中$\frac{\partial \boldsymbol{A}}{\partial b_{kl}}=\begin{pmatrix}\frac{\partial a_{11}}{\partial b_{kl}} & \cdots & \frac{\partial a_{1n}}{\partial b_{kl}}\\ \vdots & \ddots & \vdots\\ \frac{\partial a_{m1}}{\partial b_{kl}} & \cdots & \frac{\partial a_{mn}}{\partial b_{kl}}\end{pmatrix}$, $k=1,\cdots,p;l=1,\cdots,q$.

由定义可见，$\frac{\mathrm{d}\boldsymbol{A}}{\mathrm{d}\boldsymbol{B}}$是$p\times q$分块矩阵，而每个块都是$m\times n$矩阵，因此$\frac{\mathrm{d}\boldsymbol{A}}{\mathrm{d}\boldsymbol{B}}$是$mp\times nq$矩阵.

为叙述方便，引入如下定义：

定义 4　设矩阵$\boldsymbol{A}\in\mathbf{C}^{m\times n}$，$\boldsymbol{B}\in\mathbf{C}^{p\times q}$，则$\boldsymbol{A}$与$\boldsymbol{B}$的 Kronecker 积$\boldsymbol{A}\otimes\boldsymbol{B}$定义为

$$\boldsymbol{A}\otimes\boldsymbol{B}=\begin{pmatrix}a_{11}\boldsymbol{B} & \cdots & a_{1n}\boldsymbol{B}\\ \vdots & \ddots & \vdots\\ a_{m1}\boldsymbol{B} & \cdots & a_{mn}\boldsymbol{B}\end{pmatrix},$$

或简单记为

$$\boldsymbol{A}\otimes\boldsymbol{B}=(a_{ij}\boldsymbol{B}).$$

$\boldsymbol{A}\otimes\boldsymbol{B}$的行数为$\boldsymbol{A},\boldsymbol{B}$行数之积，$\boldsymbol{A}\otimes\boldsymbol{B}$的列数为$\boldsymbol{A},\boldsymbol{B}$列数之积.

例 4　设$\boldsymbol{A}=\begin{pmatrix}1 & 2\\ 3 & 4\end{pmatrix}$，$\boldsymbol{B}=\begin{pmatrix}5 & 6\\ 7 & 8\end{pmatrix}$，则

$$\boldsymbol{A}\otimes\boldsymbol{B}=\begin{pmatrix}\boldsymbol{B} & 2\boldsymbol{B}\\ 3\boldsymbol{B} & 4\boldsymbol{B}\end{pmatrix}=\begin{pmatrix}5 & 6 & 10 & 12\\ 7 & 8 & 14 & 16\\ 15 & 18 & 20 & 24\\ 21 & 24 & 28 & 32\end{pmatrix},$$

$$B\otimes A=\begin{pmatrix}5A & 6A\\ 7A & 8A\end{pmatrix}=\begin{pmatrix}5 & 10 & 6 & 12\\ 15 & 20 & 18 & 24\\ 7 & 14 & 8 & 16\\ 21 & 28 & 24 & 32\end{pmatrix}.$$

显然，Kronecker 积一般不满足交换律. 按定义，可得 Kronecker 积有如下一些性质：

(1) $(\alpha A)\otimes B=A\otimes(\alpha B)=\alpha(A\otimes B)$；

(2) $(A\otimes B)\otimes C=A\otimes(B\otimes C)$；

(3) $(A+B)\otimes C=A\otimes C+B\otimes C$, $A\otimes(B+C)=A\otimes B+A\otimes C$；

(4) $(A\otimes B)^{H}=A^{H}\otimes B^{H}$；

(5) 给定矩阵 A,B,C,D，若 A 与 C 可相乘，B 与 D 可相乘，则

$$(A\otimes B)(C\otimes D)=(AC)\otimes(BD);$$

(6) 若 A,B 可逆，则

$$(A\otimes B)^{-1}=A^{-1}\otimes B^{-1}.$$

性质(1) ～ (4) 由定义直接可得，(5)(6) 的证明如下：

由 Kronecker 积的定义和分块矩阵乘法规则，可得

$$(A\otimes B)(C\otimes D)=(a_{ij}B)(c_{jk}D)=\left(\sum a_{ij}c_{jk}BD\right)=(AC)\otimes(BD),$$

这就证明了性质(5). 利用性质(5)，并注意$E_m\otimes E_n=E_{mn}$，即可得性质(6).

现在再回到矩阵 A 对矩阵 B 的导数$\dfrac{dA}{dB}$. 引入算子矩阵∇_B：

$$\nabla_B=\left(\frac{\partial}{\partial b_{kl}}\right)=\begin{pmatrix}\frac{\partial}{\partial b_{11}} & \cdots & \frac{\partial}{\partial b_{1q}}\\ \vdots & \ddots & \vdots\\ \frac{\partial}{\partial b_{p1}} & \cdots & \frac{\partial}{\partial b_{pq}}\end{pmatrix},$$

则$\dfrac{dA}{dB}$可简单地记为$\dfrac{dA}{dB}=\left(\dfrac{\partial A}{\partial b_{kl}}\right)=\nabla_B\otimes A$.

矩阵对矩阵的导数遵循如下运算法则：

(1) $\dfrac{\mathrm{d}(\alpha \boldsymbol{A}_1+\beta \boldsymbol{A}_2)}{\mathrm{d}\boldsymbol{B}}=\alpha \dfrac{\mathrm{d}\boldsymbol{A}_1}{\mathrm{d}\boldsymbol{B}}+\beta \dfrac{\mathrm{d}\boldsymbol{A}_2}{\mathrm{d}\boldsymbol{B}}$;

(2) $\dfrac{\mathrm{d}(\boldsymbol{A}_1\boldsymbol{A}_2)}{\mathrm{d}\boldsymbol{B}}=\dfrac{\mathrm{d}\boldsymbol{A}_1}{\mathrm{d}\boldsymbol{B}}(\boldsymbol{E}_q\otimes \boldsymbol{A}_2)+(\boldsymbol{E}_p\otimes \boldsymbol{A}_1)\dfrac{\mathrm{d}\boldsymbol{A}_2}{\mathrm{d}\boldsymbol{B}}$,

其中 p,q 分别为 $\boldsymbol{B}$ 的行、列数.

法则(1) 可由定义及矩阵运算法则立即得到,法则(2) 证明如下:

$$\frac{\mathrm{d}(\boldsymbol{A}_1\boldsymbol{A}_2)}{\mathrm{d}\boldsymbol{B}}=\left(\frac{\partial(\boldsymbol{A}_1\boldsymbol{A}_2)}{\partial b_{ij}}\right)=\left(\frac{\partial \boldsymbol{A}_1}{\partial b_{ij}}\boldsymbol{A}_2+\boldsymbol{A}_1\frac{\partial \boldsymbol{A}_2}{\partial b_{ij}}\right)=\left(\frac{\partial \boldsymbol{A}_1}{\partial b_{ij}}\boldsymbol{A}_2\right)+\left(\boldsymbol{A}_1\frac{\partial \boldsymbol{A}_2}{\partial b_{ij}}\right)$$

$$=\left(\frac{\partial \boldsymbol{A}_1}{\partial b_{ij}}\right)(\boldsymbol{E}_q\otimes \boldsymbol{A}_2)+(\boldsymbol{E}_p\otimes \boldsymbol{A}_1)\left(\frac{\partial \boldsymbol{A}_2}{\partial b_{ij}}\right)=\frac{\mathrm{d}\boldsymbol{A}_1}{\mathrm{d}\boldsymbol{B}}(\boldsymbol{E}_q\otimes \boldsymbol{A}_2)+(\boldsymbol{E}_p\otimes \boldsymbol{A}_1)\frac{\mathrm{d}\boldsymbol{A}_2}{\mathrm{d}\boldsymbol{B}}.$$

例 5　设

$$\boldsymbol{A}=\begin{pmatrix} x_1^2+x_2^2 & \sin(x_1x_3) \\ \cos(x_2x_4) & x_3^2+x_4^2 \end{pmatrix},\boldsymbol{B}=\begin{pmatrix} x_1 & x_2 \\ x_3 & x_4 \end{pmatrix},$$

求$\dfrac{\mathrm{d}\boldsymbol{A}}{\mathrm{d}\boldsymbol{B}}$.

解

$$\frac{\mathrm{d}\boldsymbol{A}}{\mathrm{d}\boldsymbol{B}}=\nabla_{\boldsymbol{B}}\otimes \boldsymbol{A}=\begin{pmatrix} \dfrac{\partial \boldsymbol{A}}{\partial x_1} & \dfrac{\partial \boldsymbol{A}}{\partial x_2} \\ \dfrac{\partial \boldsymbol{A}}{\partial x_3} & \dfrac{\partial \boldsymbol{A}}{\partial x_4} \end{pmatrix}=\begin{pmatrix} 2x_1 & x_3\cos(x_1x_3) & 2x_2 & 0 \\ 0 & 0 & -x_4\sin(x_2x_4) & 0 \\ 0 & x_1\cos(x_1x_3) & 0 & 0 \\ 0 & 2x_3 & -x_2\sin(x_2x_4) & 2x_4 \end{pmatrix}.$$

例 6　设

$$\boldsymbol{X}=\begin{pmatrix} x_{11} & \cdots & x_{1n} \\ \vdots & \ddots & \vdots \\ x_{m1} & \cdots & x_{mn} \end{pmatrix},y=\sum_{i=1}^{m}\sum_{j=1}^{n}x_{ij}^2,$$

求$\dfrac{\mathrm{d}y}{\mathrm{d}\boldsymbol{X}}$.

解　y 可视为 1×1 矩阵,故

$$\frac{\mathrm{d}y}{\mathrm{d}\boldsymbol{X}}=\nabla_{\boldsymbol{X}}\otimes y=\left(\frac{\partial y}{\partial x_{ij}}\right)=\begin{pmatrix} 2x_{11} & \cdots & 2x_{1n} \\ \vdots & \ddots & \vdots \\ 2x_{m1} & \cdots & 2x_{mn} \end{pmatrix}=2\boldsymbol{X}.$$

例 7　设 $\boldsymbol{x}=(x_1,\cdots,x_n)^{\mathrm{T}}\in\mathbf{R}^n$, $\boldsymbol{A}=(a_{ij})_{n\times n}\in\mathbf{R}^{n\times n}$, $\boldsymbol{A}^{\mathrm{T}}=\boldsymbol{A}$, $y=\boldsymbol{x}^{\mathrm{T}}\boldsymbol{A}\boldsymbol{x}$，求$\dfrac{\mathrm{d}y}{\mathrm{d}\boldsymbol{x}}$.

解　$\dfrac{\mathrm{d}y}{\mathrm{d}\boldsymbol{x}}=\left(\dfrac{\partial y}{\partial x_1},\cdots,\dfrac{\partial y}{\partial x_n}\right)^{\mathrm{T}}$，对于 $k=1,\cdots,n$，

$$
\begin{aligned}
y=\sum_{i,j=1}^{n}a_{ij}x_ix_j&=\sum_{i,j\neq k}a_{ij}x_ix_j+\sum_{i\neq k}a_{ik}x_ix_k+\sum_{j\neq k}a_{kj}x_kx_j+a_{kk}x_k^2\\
&=\sum_{i,j\neq k}a_{ij}x_ix_j+2\sum_{j\neq k}a_{kj}x_kx_j+a_{kk}x_k^2,
\end{aligned}
$$

所以

$$
\frac{\partial y}{\partial x_k}=2\sum_{j=1}^{n}a_{kj}x_j,
$$

$$
\frac{\mathrm{d}y}{\mathrm{d}\boldsymbol{x}}=\left(\frac{\partial y}{\partial x_1},\cdots,\frac{\partial y}{\partial x_n}\right)^{\mathrm{T}}=2\left(\sum_{j=1}^{n}a_{1j}x_j,\cdots,\sum_{j=1}^{n}a_{nj}x_j\right)^{\mathrm{T}}=2\boldsymbol{A}\boldsymbol{x}.
$$

例 8　设 $\boldsymbol{x}=(x_1,\cdots,x_n)^{\mathrm{T}}$, $\boldsymbol{p}(\boldsymbol{x})=(p_1(x),\cdots,p_m(x))^{\mathrm{T}}$，求$\dfrac{\mathrm{d}\boldsymbol{p}^{\mathrm{T}}}{\mathrm{d}\boldsymbol{x}}$，$\dfrac{\mathrm{d}\boldsymbol{p}}{\mathrm{d}\boldsymbol{x}^{\mathrm{T}}}$.

解　
$$
\frac{\mathrm{d}\boldsymbol{p}^{\mathrm{T}}}{\mathrm{d}\boldsymbol{x}}=\nabla_x\otimes\boldsymbol{p}^{\mathrm{T}}=\begin{pmatrix}\dfrac{\partial\boldsymbol{p}^{\mathrm{T}}}{\partial x_1}\\ \vdots\\ \dfrac{\partial\boldsymbol{p}^{\mathrm{T}}}{\partial x_n}\end{pmatrix}=\begin{pmatrix}\dfrac{\partial p_1}{\partial x_1}&\cdots&\dfrac{\partial p_m}{\partial x_1}\\ \vdots&\ddots&\vdots\\ \dfrac{\partial p_1}{\partial x_n}&\cdots&\dfrac{\partial p_m}{\partial x_n}\end{pmatrix};
$$

$$
\frac{\mathrm{d}\boldsymbol{p}}{\mathrm{d}\boldsymbol{x}^{\mathrm{T}}}=\nabla\boldsymbol{x}^{\mathrm{T}}\otimes\boldsymbol{p}=\left(\frac{\partial\boldsymbol{p}}{\partial x_1},\cdots,\frac{\partial\boldsymbol{p}}{\partial x_n}\right)=\begin{pmatrix}\dfrac{\partial p_1}{\partial x_1}&\cdots&\dfrac{\partial p_1}{\partial x_n}\\ \vdots&\ddots&\vdots\\ \dfrac{\partial p_m}{\partial x_1}&\cdots&\dfrac{\partial p_m}{\partial x_n}\end{pmatrix}=\left(\frac{\mathrm{d}\boldsymbol{p}^{\mathrm{T}}}{\mathrm{d}\boldsymbol{x}}\right)^{\mathrm{T}}.
$$

第四节　矩阵指数函数的一些性质

本节根据矩阵函数的定义，推导出矩阵指数函数的一些有用的性质.

性质 1　$\mathrm{e}^{2k\pi\mathrm{i}\boldsymbol{E}}=\boldsymbol{E}$, $k=0,\pm1,\pm2,\cdots$，特别地，有 $\mathrm{e}^{\boldsymbol{O}}=\boldsymbol{E}$.

证明　由于 $2\pi\mathrm{i}\boldsymbol{E}$ 为对角元素为 $2\pi\mathrm{i}$ 的对角阵，根据矩阵函数的计算方

法，有

$$e^{2k\pi i E}=\begin{pmatrix} e^{2k\pi i} & & \\ & \ddots & \\ & & e^{2k\pi i}\end{pmatrix}=E, k=0,\pm 1,\pm 2,\cdots.$$

性质 2　当 $AB=BA$ 时，$f(A)g(B)=g(B)f(A)$，特别地有 $f(A)g(A)=g(A)f(A)$.

证明　根据已知条件，有 $A^kB=BA^k, k=0,1,2,\cdots$，再根据矩阵级数的性质有 $f(A)B=Bf(A)$，对此式再用一次所得结论，即有 $f(A)g(B)=g(B)f(A)$.

性质 3　$\dfrac{de^{At}}{dt}=(e^{At})'=Ae^{At}=e^{At}A$.

证明　若把矩阵 M 的第 i 行第 j 列元素记为 $(M)_{ij}$，则 e^{At} 的第 i 行第 j 列元素对 t 的导数为

$$\frac{d\,(e^{At})_{ij}}{dt}=\frac{d\left(\sum\limits_{k=0}^{\infty}\dfrac{A^kt^k}{k!}\right)_{ij}}{dt}=\frac{d\left[\sum\limits_{k=0}^{\infty}\dfrac{(A^k)_{ij}}{k!}t^k\right]}{dt}.$$

由于 $|(A^k)_{ij}|\leqslant\|A^k\|\leqslant\|A\|^k$，而 t 的幂级数 $\sum\limits_{k=0}^{\infty}\dfrac{\|A\|^k}{k!}t^k$ 的收敛半径为 ∞，故幂级数 $\sum\limits_{k=0}^{\infty}\dfrac{(A^k)_{ij}}{k!}t^k$ 绝对收敛，可以逐项求导，所以有

$$\frac{d\,(e^{At})_{ij}}{dt}=\frac{d\left[\sum\limits_{k=0}^{\infty}\dfrac{(A^k)_{ij}}{k!}t^k\right]}{dt}=\sum_{k=1}^{\infty}\frac{(A^k)_{ij}}{(k-1)!}t^{k-1}=\sum_{k=0}^{\infty}\frac{(A^{k+1})_{ij}}{k!}t^k,$$

从而得

$$\frac{de^{At}}{dt}=\sum_{k=0}^{\infty}\frac{A^{k+1}}{k!}t^k=A\sum_{k=0}^{\infty}\frac{A^k}{k!}t^k=Ae^{At},$$

或

$$\frac{de^{At}}{dt}=\sum_{k=0}^{\infty}\frac{A^{k+1}}{k!}t^k=\left(\sum_{k=0}^{\infty}\frac{A^k}{k!}t^k\right)A=e^{At}A.$$

性质 4　$(e^{A})^{-1}=e^{-A}$.

证明　构造函数矩阵 $P(t)=e^{At}e^{-At}$，则由求导法则和性质 3、性质 2，有

$$\boldsymbol{P}'(t)=\boldsymbol{A}\mathrm{e}^{\boldsymbol{A}t}\mathrm{e}^{-\boldsymbol{A}t}+\mathrm{e}^{\boldsymbol{A}t}(-\boldsymbol{A})\mathrm{e}^{-\boldsymbol{A}t}=\boldsymbol{A}\mathrm{e}^{\boldsymbol{A}t}\mathrm{e}^{-\boldsymbol{A}t}-\boldsymbol{A}\mathrm{e}^{\boldsymbol{A}t}\mathrm{e}^{-\boldsymbol{A}t}\equiv\boldsymbol{O},$$

故 $\boldsymbol{P}(t)$ 为常数矩阵,取 $t=0$,由性质 1 知 $\boldsymbol{P}(t)\equiv\boldsymbol{E}$,从而 $(\mathrm{e}^{\boldsymbol{A}t})^{-1}=\mathrm{e}^{-\boldsymbol{A}t}$. 令 $t=1$,即有 $(\mathrm{e}^{\boldsymbol{A}})^{-1}=\mathrm{e}^{-\boldsymbol{A}}$.

性质 5 当 $\boldsymbol{AB}=\boldsymbol{BA}$ 时,$\mathrm{e}^{\boldsymbol{A}+\boldsymbol{B}}=\mathrm{e}^{\boldsymbol{A}}\mathrm{e}^{\boldsymbol{B}}=\mathrm{e}^{\boldsymbol{B}}\mathrm{e}^{\boldsymbol{A}}$.

证明 证明方法类似性质 4,构造函数矩阵 $\boldsymbol{P}(t)=\mathrm{e}^{(\boldsymbol{A}+\boldsymbol{B})t}\mathrm{e}^{-\boldsymbol{A}t}\mathrm{e}^{-\boldsymbol{B}t}$,则

$$\boldsymbol{P}'(t)=(\boldsymbol{A}+\boldsymbol{B})\mathrm{e}^{(\boldsymbol{A}+\boldsymbol{B})t}\mathrm{e}^{-\boldsymbol{A}t}\mathrm{e}^{-\boldsymbol{B}t}+\mathrm{e}^{(\boldsymbol{A}+\boldsymbol{B})t}(-\boldsymbol{A})\mathrm{e}^{-\boldsymbol{A}t}\mathrm{e}^{-\boldsymbol{B}t}+\mathrm{e}^{(\boldsymbol{A}+\boldsymbol{B})t}\mathrm{e}^{-\boldsymbol{A}t}(-\boldsymbol{B})\mathrm{e}^{-\boldsymbol{B}t}.$$

由于 $\boldsymbol{AB}=\boldsymbol{BA}$,并利用性质 2,可得 $\boldsymbol{P}'(t)=(\boldsymbol{A}+\boldsymbol{B}-\boldsymbol{A}-\boldsymbol{B})\mathrm{e}^{(\boldsymbol{A}+\boldsymbol{B})t}\mathrm{e}^{-\boldsymbol{A}t}\mathrm{e}^{-\boldsymbol{B}t}\equiv\boldsymbol{O}$,故 $\boldsymbol{P}(t)$ 为常数矩阵. 取 $t=0$,由性质 1 得 $\boldsymbol{P}(t)=\mathrm{e}^{(\boldsymbol{A}+\boldsymbol{B})t}\mathrm{e}^{-\boldsymbol{A}t}\mathrm{e}^{-\boldsymbol{B}t}\equiv\boldsymbol{E}$,再由性质 4 和性质 2 得 $\mathrm{e}^{(\boldsymbol{A}+\boldsymbol{B})t}=\mathrm{e}^{\boldsymbol{B}t}\mathrm{e}^{\boldsymbol{A}t}=\mathrm{e}^{\boldsymbol{A}t}\mathrm{e}^{\boldsymbol{B}t}$,令 $t=1$ 即得 $\mathrm{e}^{\boldsymbol{A}+\boldsymbol{B}}=\mathrm{e}^{\boldsymbol{A}}\mathrm{e}^{\boldsymbol{B}}=\mathrm{e}^{\boldsymbol{B}}\mathrm{e}^{\boldsymbol{A}}$.

性质 6 欧拉(Euler)公式成立:

$$\mathrm{e}^{\boldsymbol{A}\mathrm{i}}=\cos\boldsymbol{A}+\mathrm{i}\sin\boldsymbol{A}\ \text{或}\ \cos\boldsymbol{A}=\frac{1}{2}(\mathrm{e}^{\boldsymbol{A}\mathrm{i}}+\mathrm{e}^{-\boldsymbol{A}\mathrm{i}}),\sin\boldsymbol{A}=\frac{1}{2\mathrm{i}}(\mathrm{e}^{\boldsymbol{A}\mathrm{i}}-\mathrm{e}^{-\boldsymbol{A}\mathrm{i}}).$$

证明 把第一个式子两端分别展开成幂级数并加以比较即可,后两式直接由第一个式子得到.

性质 7 $\sin\boldsymbol{O}=\boldsymbol{O},\cos\boldsymbol{O}=\boldsymbol{E},\sin(-\boldsymbol{A})=-\sin\boldsymbol{A},\cos(-\boldsymbol{A})=\cos\boldsymbol{A}$.

性质 8 $\sin(\boldsymbol{A}+2\pi\boldsymbol{E})=\sin\boldsymbol{A},\cos(\boldsymbol{A}+2\pi\boldsymbol{E})=\cos\boldsymbol{A}$.

性质 9 $\cos(\boldsymbol{A}\pm\boldsymbol{B})=\cos\boldsymbol{A}\cos\boldsymbol{B}\mp\sin\boldsymbol{A}\sin\boldsymbol{B}$.

$\sin(\boldsymbol{A}\pm\boldsymbol{B})=\sin\boldsymbol{A}\cos\boldsymbol{B}\pm\cos\boldsymbol{A}\sin\boldsymbol{B}$.

性质 10 $\sin^2\boldsymbol{A}+\cos^2\boldsymbol{A}=\boldsymbol{E}$.

性质 7 ~ 10 的证明可利用欧拉公式及前面相关性质直接得到.

第五节 常系数线性微分方程组

微分方程组在系统工程和控制理论中有着重要的应用,矩阵函数可使微分方程组的表现形式和求解问题得到简化. 本节先讨论常系数线性微分方程组.

一、线性常系数齐次微分方程组的定解问题

给定变量 t 的 n 个未知函数 $x_1(t),x_2(t),\cdots,x_n(t)$ 的一阶线性常系数齐次微分方程组

$$\begin{cases} x_1'(t)=a_{11}x_1(t)+a_{12}x_2(t)+\cdots+a_{1n}x_n(t), \\ x_2'(t)=a_{21}x_1(t)+a_{22}x_2(t)+\cdots+a_{2n}x_n(t), \\ \qquad\vdots \\ x_n'(t)=a_{n1}x_1(t)+a_{n2}x_2(t)+\cdots+a_{nn}x_n(t), \end{cases}$$

并设 $x_1(t),x_2(t),\cdots,x_n(t)$ 满足初始条件

$$x_1(0)=x_1^0,x_2(0)=x_2^0,\cdots,x_n(0)=x_n^0.$$

若记 $x(t)=(x_1(t),x_2(t),\cdots,x_n(t))^{\mathrm{T}}$，$\boldsymbol{A}=(a_{ij})_{n\times n}$，$\boldsymbol{x}^0=(x_1^0,x_2^0,\cdots,x_n^0)^{\mathrm{T}}$，则此微分方程组满足初始条件的定解问题可简单地表示为

$$\begin{cases} \boldsymbol{x}'(t)=\boldsymbol{A}\boldsymbol{x}(t), \\ \boldsymbol{x}(0)=\boldsymbol{x}^0. \end{cases} \tag{4-2}$$

定理 1　定解问题(4-2)有唯一解 $\boldsymbol{x}(t)=\mathrm{e}^{\boldsymbol{A}t}\boldsymbol{x}^0$.

证明　对于 $\boldsymbol{x}(t)=\mathrm{e}^{\boldsymbol{A}t}\boldsymbol{x}^0$，有

$$\boldsymbol{x}'(t)=(\mathrm{e}^{\boldsymbol{A}t}\boldsymbol{x}^0)'=\boldsymbol{A}\mathrm{e}^{\boldsymbol{A}t}\boldsymbol{x}^0=\boldsymbol{A}\boldsymbol{x}(t),$$

且 $\boldsymbol{x}(0)=\mathrm{e}^{\boldsymbol{A}0}\boldsymbol{x}^0=\boldsymbol{E}\boldsymbol{x}^0=\boldsymbol{x}^0$，所以 $\boldsymbol{x}(t)=\mathrm{e}^{\boldsymbol{A}t}\boldsymbol{x}^0$ 为式(4-2)的解.

假设式(4-2)还有解 $\boldsymbol{p}(t)$，即 $\boldsymbol{p}(t)$ 满足 $\boldsymbol{p}'(t)=\boldsymbol{A}\boldsymbol{p}(t)$，$\boldsymbol{p}(0)=\boldsymbol{x}^0$，令 $\boldsymbol{y}(t)=\mathrm{e}^{-\boldsymbol{A}t}\boldsymbol{p}(t)$，则

$$\boldsymbol{y}'(t)=(\mathrm{e}^{-\boldsymbol{A}t}\boldsymbol{p}(t))'=-\boldsymbol{A}\mathrm{e}^{-\boldsymbol{A}t}\boldsymbol{p}(t)+\mathrm{e}^{-\boldsymbol{A}t}\boldsymbol{A}\boldsymbol{p}(t)=\boldsymbol{0},$$

故 $\boldsymbol{y}(t)$ 为常数向量. 令 $t=0$ 得 $\boldsymbol{y}(t)\equiv\boldsymbol{x}^0$，这样可得 $\boldsymbol{p}(t)=\mathrm{e}^{\boldsymbol{A}t}\boldsymbol{x}^0$，可见 $\boldsymbol{x}(t)=\mathrm{e}^{\boldsymbol{A}t}\boldsymbol{x}^0$ 是式(4-2)的唯一解. 证毕.

若初始条件不是 $t=0$，而是 $t=t_0$，即定解问题为

$$\begin{cases} \boldsymbol{x}'(t)=\boldsymbol{A}\boldsymbol{x}(t), \\ \boldsymbol{x}(t_0)=\boldsymbol{x}^0, \end{cases}$$

利用变量代换 $u=t-t_0$ 的方法，可得唯一解为 $\boldsymbol{x}(t)=\mathrm{e}^{\boldsymbol{A}(t-t_0)}\boldsymbol{x}^0$.

若定解问题(4-2)中的 $\boldsymbol{x}(t)$ 不是 n 维列向量，而是 $n\times m$ 矩阵，定理 1 仍成立.

例 1 求定解问题

$$\begin{cases}\boldsymbol{x}'(t)=\boldsymbol{A}\boldsymbol{x}(t),\\ \boldsymbol{x}(0)=\boldsymbol{x}^0\end{cases}$$

的解 $\boldsymbol{x}(t)$,其中

$$\boldsymbol{A}=\begin{pmatrix}2 & 2 & -1\\ -1 & -1 & 1\\ -1 & -2 & 2\end{pmatrix},\boldsymbol{x}^0=\begin{pmatrix}1\\1\\3\end{pmatrix}.$$

解 $\boldsymbol{x}(t)=\mathrm{e}^{\boldsymbol{A}t}\boldsymbol{x}^0$,先求 $\mathrm{e}^{\boldsymbol{A}t}$.

$$\lambda\boldsymbol{E}-\boldsymbol{A}=\begin{pmatrix}\lambda-2 & -2 & 1\\ 1 & \lambda+1 & -1\\ 1 & 2 & \lambda-2\end{pmatrix}\xrightarrow{r_1\leftrightarrow r_3}\begin{pmatrix}1 & 2 & \lambda-2\\ 1 & \lambda+1 & -1\\ \lambda-2 & -2 & 1\end{pmatrix}$$

$$\xrightarrow[r_3-(\lambda-2)r_1]{r_2-r_1}\begin{pmatrix}1 & 2 & \lambda-2\\ 0 & \lambda-1 & 1-\lambda\\ 0 & 2-2\lambda & -\lambda^2+4\lambda-3\end{pmatrix}\xrightarrow{r_3+2r_2}\begin{pmatrix}1 & 2 & \lambda-2\\ 0 & \lambda-1 & 1-\lambda\\ 0 & 0 & -\lambda^2+2\lambda-1\end{pmatrix}$$

$$\to\begin{pmatrix}1 & 0 & 0\\ 0 & \lambda-1 & 0\\ 0 & 0 & (\lambda-1)^2\end{pmatrix},$$

立即可得

$$\boldsymbol{J}=\begin{pmatrix}1 & 1 & 0\\ 0 & 1 & 0\\ 0 & 0 & 1\end{pmatrix}.$$

设 $\boldsymbol{A}=\boldsymbol{P}\boldsymbol{J}\boldsymbol{P}^{-1}$,$\boldsymbol{P}=(\boldsymbol{p}_1,\boldsymbol{p}_2,\boldsymbol{p}_3)$,$(\boldsymbol{E}-\boldsymbol{A})\boldsymbol{p}_1=\boldsymbol{0}$,$(\boldsymbol{E}-\boldsymbol{A})\boldsymbol{p}_2=-\boldsymbol{p}_1$,$(\boldsymbol{E}-\boldsymbol{A})\boldsymbol{p}_3=\boldsymbol{0}$.
先解第 1 个方程:

$$\boldsymbol{E}-\boldsymbol{A}=\begin{pmatrix}-1 & -2 & 1\\ 1 & 2 & -1\\ 1 & 2 & -1\end{pmatrix},$$

得基础解系$(2,-1,0)^T,(1,0,1)^T$，令

$$\boldsymbol{p}_1=c_1(2,-1,0)^T+c_2(1,0,1)^T=(2c_1+c_2,-c_1,c_2)^T,$$

代入第 2 个方程，其增广矩阵为

$$(\boldsymbol{E}-\boldsymbol{A},-\boldsymbol{p}_1)=\begin{pmatrix}-1&-2&1&-2c_1-c_2\\1&2&-1&c_1\\1&2&-1&-c_2\end{pmatrix}\to\begin{pmatrix}-1&-2&1&-2c_1-c_2\\0&0&0&-c_1-c_2\\0&0&0&-2c_1-2c_2\end{pmatrix},$$

为使第 2 个方程有解，应有$c_1+c_2=0$，取$c_1=1,c_2=-1$，得

$$\boldsymbol{p}_1=(1,-1,-1)^T,\boldsymbol{p}_2=(1,0,0)^T.$$

第 3 个方程同第 1 个，取$\boldsymbol{p}_3=(1,0,1)^T$，于是

$$\boldsymbol{P}=\begin{pmatrix}1&1&1\\-1&0&0\\-1&0&1\end{pmatrix},\boldsymbol{P}^{-1}=\begin{pmatrix}0&-1&0\\1&2&-1\\0&-1&1\end{pmatrix}.$$

最后得

$$\boldsymbol{x}(t)=e^{\boldsymbol{A}t}\boldsymbol{x}^0=\boldsymbol{P}e^{\boldsymbol{J}t}\boldsymbol{P}^{-1}\boldsymbol{x}^0=\begin{pmatrix}1&1&1\\-1&0&0\\-1&0&1\end{pmatrix}\begin{pmatrix}e^t&te^t&0\\0&e^t&0\\0&0&e^t\end{pmatrix}\begin{pmatrix}0&-1&0\\1&2&-1\\0&-1&1\end{pmatrix}\begin{pmatrix}1\\1\\3\end{pmatrix}=\begin{pmatrix}e^t\\e^t\\3e^t\end{pmatrix}.$$

二、线性常系数非齐次微分方程组的定解问题

若在式(4-2)的方程后面加上一项$\boldsymbol{Bu}(t)$，$\boldsymbol{B}$为已知的$n\times m$矩阵，$\boldsymbol{u}(t)$为已知的m维函数列向量，则得线性常系数非齐次微分方程组的定解问题为

$$\begin{cases}\boldsymbol{x}'(t)=\boldsymbol{Ax}(t)+\boldsymbol{Bu}(t),\\\boldsymbol{x}(0)=\boldsymbol{x}^0.\end{cases}\tag{4-3}$$

定解问题(4-3)的微分方程在工程上称为线性系统的**状态方程**，函数向量$\boldsymbol{x}(t)$和$\boldsymbol{u}(t)$分别称为**状态变量**和**输入变量**，矩阵$\boldsymbol{A}$和$\boldsymbol{B}$分别称为**系统矩阵**和**控制矩阵**. 确定线性系统的关键在于通过定解问题(4-3)来求出状态变量$\boldsymbol{x}(t)$. 定解问题(4-2)是(4-3)在$\boldsymbol{B}=\boldsymbol{O}$时的特例.

方程(4-3)中非齐次微分方程所对应的齐次微分方程为

$$x'(t)=Ax(t),$$

其解为$x(t)=e^{At}c$,其中c为常数向量.现在用常数变易法来求式(4-3)的解,即设式(4-3)的解为

$$x(t)=e^{At}c(t),$$

则

$$x'(t)=Ae^{At}c(t)+e^{At}c'(t),$$

代入(4-3)中第一个式子得

$$c'(t)=e^{-At}Bu(t),$$

故

$$c(t)=\int_0^t e^{-A\tau}Bu(\tau)d\tau+c,$$

所以$x(t)=e^{At}\left(\int_0^t e^{-A\tau}Bu(\tau)d\tau+c\right)$,令$t=0$即可得$c=x^0$,代入上式得

$$x(t)=e^{At}x^0+\int_0^t e^{A(t-\tau)}Bu(\tau)d\tau.$$

定理 2 $x(t)=e^{At}x^0+\int_0^t e^{A(t-\tau)}Bu(\tau)d\tau$是定解问题(4-3)的唯一解.

证明 $x'(t)=\left(e^{At}x^0+\int_0^t e^{A(t-\tau)}Bu(\tau)d\tau\right)'=\left(e^{At}x^0+e^{At}\int_0^t e^{-A\tau}Bu(\tau)d\tau\right)'$

$$=Ae^{At}x^0+Ae^{At}\int_0^t e^{-A\tau}Bu(\tau)d\tau+e^{At}e^{-At}Bu(t)$$
$$=Ax(t)+Bu(t),$$

$$x(0)=e^{A0}x^0+\int_0^0 e^{A(0-\tau)}Bu(\tau)d\tau=x^0,$$

故$x(t)=e^{At}x^0+\int_0^t e^{A(t-\tau)}Bu(\tau)d\tau$是定解问题(4-3)的解.下面证明唯一性.

设式(4-3)还有一个解$p(t)$,即$p(t)$也满足$p'(t)=Ap(t)+Bu(t)$,$p(0)=x^0$,令$v(t)=p(t)-x(t)$,则$v(t)$满足定解问题:

$$v'(t)=Av(t),v(0)=0.$$

由定理1,$v(t)=e^{At}0=0$,即$p(t)\equiv x(t)$,这就证明了唯一性.定理2证毕.

例 2　求定解问题

$$\boldsymbol{x}'(t)=\boldsymbol{A}\boldsymbol{x}(t)+\boldsymbol{B}\boldsymbol{u}(t),\boldsymbol{x}(0)=\boldsymbol{x}^0,$$

的解 $\boldsymbol{x}(t)$，其中

$$\boldsymbol{A}=\begin{pmatrix}2&-1&1\\0&3&-1\\2&1&3\end{pmatrix},\boldsymbol{B}=\begin{pmatrix}1&0\\0&0\\0&1\end{pmatrix},\boldsymbol{u}(t)=\begin{pmatrix}e^{2t}\\te^{2t}\end{pmatrix},\boldsymbol{x}^0=\begin{pmatrix}1\\1\\1\end{pmatrix}.$$

解　$\boldsymbol{x}(t)=e^{\boldsymbol{A}t}\boldsymbol{x}^0+\int_0^t e^{\boldsymbol{A}(t-\tau)}\boldsymbol{B}\boldsymbol{u}(\tau)d\tau$，先求 $e^{\boldsymbol{A}t}$. 对于矩阵 $\boldsymbol{A}$，可得

$$D_3=|\lambda\boldsymbol{E}-\boldsymbol{A}|=\begin{vmatrix}\lambda-2&1&-1\\0&\lambda-3&1\\-2&-1&\lambda-3\end{vmatrix}=(\lambda-2)^2(\lambda-4),$$

$$M_{11}=\begin{vmatrix}\lambda-3&1\\-1&\lambda-3\end{vmatrix}=\lambda^2-6\lambda+10,M_{13}=\begin{vmatrix}0&\lambda-3\\-2&-1\end{vmatrix}=2(\lambda-3),$$

$\lambda\boldsymbol{E}-\boldsymbol{A}$ 的二阶子式 M_{11} 与 M_{12} 互质，故 $D_2=1$，由此得 $d_1=d_2=1,d_3=(\lambda-2)^2(\lambda-4)=m(\lambda),\Lambda_{\boldsymbol{A}}=\{(2,2),(4,1)\}$，可设 $e^{\boldsymbol{A}t}=g(\boldsymbol{A})=a_0+a_1\boldsymbol{A}+a_2\boldsymbol{A}^2$，则

$$g(2)=a_0+2a_1+4a_2=e^{2t},$$

$$g'(2)=a_1+4a_2=te^{2t},$$

$$g(4)=a_0+4a_1+16a_2=e^{4t},$$

解得

$$a_0=e^{4t}-4te^{2t},a_1=-e^{4t}+(1+3t)e^{2t},a_2=\frac{1}{4}[e^{4t}-(1+2t)e^{2t}],$$

由此可得

$$e^{\boldsymbol{A}t}=g(\boldsymbol{A})=a_0+a_1\boldsymbol{A}+a_2\boldsymbol{A}^2$$

$$=\frac{e^{2t}}{2}\begin{pmatrix}e^{2t}+1-2t&-2t&e^{2t}-1\\-e^{2t}+1+2t&2+2t&-e^{2t}+1\\e^{2t}-1+2t&2t&e^{2t}+1\end{pmatrix},$$

$$\mathrm{e}^{\boldsymbol{A}t}\boldsymbol{x}^0=\frac{\mathrm{e}^{2t}}{2}\begin{pmatrix}\mathrm{e}^{2t}+1-2t & -2t & \mathrm{e}^{2t}-1\\ -\mathrm{e}^{2t}+1+2t & 2+2t & -\mathrm{e}^{2t}+1\\ \mathrm{e}^{2t}-1+2t & 2t & \mathrm{e}^{2t}+1\end{pmatrix}\begin{pmatrix}1\\1\\1\end{pmatrix}=\mathrm{e}^{2t}\begin{pmatrix}\mathrm{e}^{2t}-2t\\ -\mathrm{e}^{2t}+2(1+t)\\ \mathrm{e}^{2t}+2t\end{pmatrix},$$

$$\mathrm{e}^{\boldsymbol{A}(t-\tau)}\boldsymbol{Bu}(\tau)=\frac{\mathrm{e}^{2(t-\tau)}}{2}\begin{pmatrix}\mathrm{e}^{2(t-\tau)}+1-2(t-\tau) & -2(t-\tau) & \mathrm{e}^{2(t-\tau)}-1\\ -\mathrm{e}^{2(t-\tau)}+1+2(t-\tau) & 2+2(t-\tau) & -\mathrm{e}^{2(t-\tau)}+1\\ \mathrm{e}^{2(t-\tau)}-1+2(t-\tau) & 2(t-\tau) & \mathrm{e}^{2(t-\tau)}+1\end{pmatrix}\begin{pmatrix}1&0\\0&0\\0&1\end{pmatrix}\begin{pmatrix}\mathrm{e}^{2\tau}\\ \tau\mathrm{e}^{2\tau}\end{pmatrix}$$

$$=\frac{\mathrm{e}^{2t}}{2}\begin{pmatrix}(1+\tau)\mathrm{e}^{2t-2\tau}+1-2t+\tau\\ -(1+\tau)\mathrm{e}^{2t-2\tau}+1+2t-\tau\\ (1+\tau)\mathrm{e}^{2t-2\tau}-1+2t-\tau\end{pmatrix},$$

$$\int_0^t\mathrm{e}^{\boldsymbol{A}(t-\tau)}\boldsymbol{Bu}(\tau)\mathrm{d}\tau=\mathrm{e}^{2t}\begin{pmatrix}\frac{3}{8}\mathrm{e}^{2t}-\frac{3}{8}+\frac{t}{4}-\frac{3t^2}{4}\\ -\frac{3}{8}\mathrm{e}^{2t}+\frac{3}{8}+\frac{3t}{4}+\frac{3t^2}{4}\\ \frac{3}{8}\mathrm{e}^{2t}-\frac{3}{8}-\frac{3t}{4}+\frac{3t^2}{4}\end{pmatrix},$$

$$\boldsymbol{x}(t)=\mathrm{e}^{\boldsymbol{A}t}\boldsymbol{x}^0+\int_0^t\mathrm{e}^{\boldsymbol{A}(t-\tau)}\boldsymbol{Bu}(\tau)\mathrm{d}\tau=\mathrm{e}^{2t}\begin{pmatrix}\frac{11}{8}\mathrm{e}^{2t}-\frac{3}{8}-\frac{7t}{4}-\frac{3t^2}{4}\\ -\frac{11}{8}\mathrm{e}^{2t}+\frac{19}{8}+\frac{11t}{4}+\frac{3t^2}{4}\\ \frac{11}{8}\mathrm{e}^{2t}-\frac{3}{8}+\frac{5t}{4}+\frac{3t^2}{4}\end{pmatrix}.$$

三、n 阶常系数线性微分方程的定解问题

给定 n 阶常系数线性微分方程和初始条件：

$$\begin{cases}y^{(n)}(t)+a_1y^{(n-1)}(t)+a_2y^{(n-2)}(t)+\cdots+a_ny(t)=u(t),\\ y^{(k)}(0)=y_0^{(k)},k=0,1,\cdots,n-1.\end{cases}\tag{4-4}$$

当 $u(t)\equiv 0$ 时，称此微分方程为齐次的，否则称为非齐次的. 通过变量代换，可分别转换为定解问题(4-2)或(4-3)来处理.

令

$$\begin{cases} x_1(t)=y(t), \\ x_2(t)=y'(t)=x_1'(t), \\ \qquad\vdots \\ x_n(t)=y^{(n-1)}(t)=x_{n-1}'(t), \end{cases}$$

则

$$x_k(0)=y_0^{(k-1)}, k-1,2,\cdots,n,$$

这样,式(4－4)转化为矩阵微分方程

$$\begin{pmatrix} x_1'(t) \\ x_2'(t) \\ \vdots \\ x_{n-1}'(t) \\ x_n'(t) \end{pmatrix} = \begin{pmatrix} 0 & 1 & 0 & \cdots & 0 \\ 0 & 0 & 1 & \cdots & 0 \\ \vdots & \vdots & \vdots & & \vdots \\ 0 & 0 & 0 & \cdots & 1 \\ -a_n & -a_{n-1} & -a_{n-2} & \cdots & -a_1 \end{pmatrix} \begin{pmatrix} x_1(t) \\ x_2(t) \\ \vdots \\ x_{n-1}(t) \\ x_n(t) \end{pmatrix} + \begin{pmatrix} 0 \\ 0 \\ \vdots \\ 0 \\ 1 \end{pmatrix} u(t)$$

和初始条件

$$\begin{pmatrix} x_1(0) \\ x_2(0) \\ \vdots \\ x_{n-1}(0) \\ x_n(0) \end{pmatrix} = \begin{pmatrix} y_0^{(0)} \\ y_0^{(1)} \\ \vdots \\ y_0^{(n-2)} \\ y_0^{(n-1)} \end{pmatrix}.$$

若 $u(t)\equiv 0$,则为定解问题(4－2),否则为定解问题(4－3). 这里的系统矩阵为友矩阵(见第二章第四节例 3).

例 3　求解下面 3 阶线性微分方程的定解问题:

$$y^{(3)}(t)-6y''(t)+11y'(t)-6y(t)=\sin t, y(0)=y'(0)=y''(0)=0.$$

解　令 $x_1(t)=y(t), x_2(t)=y'(t), x_3(t)=y''(t)$, 并记 $\boldsymbol{x}(t)=(x_1(t),x_2(t),x_3(t))^{\mathrm{T}}$,所给定解问题变为

$$\boldsymbol{x}'(t)=\boldsymbol{A}\boldsymbol{x}(t)+\boldsymbol{B}\sin t, \boldsymbol{x}(0)=(0,0,0)^{\mathrm{T}},$$

其中

$$A=\begin{pmatrix}0&1&0\\0&0&1\\6&-11&6\end{pmatrix},B=\begin{pmatrix}0\\0\\1\end{pmatrix}.$$

根据定理 2 以及初始值为零向量,$x(t)$ 有解,则

$$x(t)=e^{At}x(0)+\int_0^t e^{A(t-\tau)}B\sin\tau d\tau=\int_0^t e^{A(t-\tau)}B\sin\tau d\tau.$$

先求 e^{At}. 因为

$$|\lambda E-A|=\begin{vmatrix}\lambda&-1&0\\0&\lambda&-1\\-6&11&\lambda-6\end{vmatrix}=(\lambda-1)(\lambda-2)(\lambda-3),$$

所以 A 有 3 个互不相同的特征值 1,2,3,因此可相似于对角阵

$$\Lambda=\begin{pmatrix}1&0&0\\0&2&0\\0&0&3\end{pmatrix},$$

由友矩阵的性质知这 3 个特征值有特征向量 $(1,1,1)^T,(1,2,4)^T,(1,3,9)^T$,得相似变换矩阵

$$P=\begin{pmatrix}1&1&1\\1&2&3\\1&4&9\end{pmatrix},P^{-1}=\frac{1}{2}\begin{pmatrix}6&-5&1\\-6&8&-2\\2&-3&1\end{pmatrix},$$

使得 $A=P\Lambda P^{-1}$,因此

$$e^{At}=Pe^{\Lambda t}P^{-1}=\frac{1}{2}\begin{pmatrix}1&1&1\\1&2&3\\1&4&9\end{pmatrix}\begin{pmatrix}e^t&0&0\\0&e^{2t}&0\\0&0&e^{3t}\end{pmatrix}\begin{pmatrix}6&-5&1\\-6&8&-2\\2&-3&1\end{pmatrix},$$

$$e^{A(t-\tau)}B\sin\tau=\frac{1}{2}\begin{pmatrix}1&1&1\\1&2&3\\1&4&9\end{pmatrix}\begin{pmatrix}e^{t-\tau}&0&0\\0&e^{2(t-\tau)}&0\\0&0&e^{3(t-\tau)}\end{pmatrix}\begin{pmatrix}6&-5&1\\-6&8&-2\\2&-3&1\end{pmatrix}\begin{pmatrix}0\\0\\1\end{pmatrix}\sin\tau$$

$$=\frac{1}{2}\begin{pmatrix} e^{t-\tau}-2e^{2(t-\tau)}+e^{3(t-\tau)} \\ e^{t-\tau}-4e^{2(t-\tau)}+3e^{3(t-\tau)} \\ e^{t-\tau}-8e^{2(t-\tau)}+9e^{3(t-\tau)} \end{pmatrix}\sin\tau,$$

$$\boldsymbol{x}(t)=\int_0^t e^{\boldsymbol{A}(t-\tau)}\boldsymbol{B}\sin\tau\mathrm{d}\tau=\frac{1}{20}\begin{pmatrix} 5e^t-4e^{2t}+e^{3t}-2\cos t \\ 5e^t-8e^{2t}+3e^{3t}+2\sin t \\ 5e^t-16e^{2t}+9e^{3t}+2\cos t \end{pmatrix},$$

最后得

$$y(t)=x_1(t)=\frac{1}{20}(5e^t-4e^{2t}+3e^{3t}-2\cos t).$$

第六节　变系数线性微分方程组

一、变系数线性齐次微分方程组和状态转移矩阵

现在讨论系数也是关于时间的函数的线性微分方程组，即变系数线性微分方程组的定解问题. 先看齐次的情况：

$$\begin{cases} \boldsymbol{x}'(t)=\boldsymbol{A}(t)\boldsymbol{x}(t), \\ \boldsymbol{x}\mid_{t=t_0}=\boldsymbol{x}(t_0), \end{cases} \tag{4-5}$$

其中系统矩阵 $\boldsymbol{A}(t)$ 是 t 的函数矩阵，初始条件 $\boldsymbol{x}(t_0)$ 是在时刻 t_0 的已知状态. 为了求解定解问题(4-5)，先引入如下概念：

定义　设函数矩阵 $\boldsymbol{\Phi}(t,t_0)$ 满足

$$\begin{cases} \boldsymbol{\Phi}'(t,t_0)=\boldsymbol{A}(t)\boldsymbol{\Phi}(t,t_0), \\ \boldsymbol{\Phi}(t_0,t_0)=\boldsymbol{E}, \end{cases} \tag{4-6}$$

则称 $\boldsymbol{\Phi}(t,t_0)$ 为 $\boldsymbol{A}(t)$ 的**状态转移矩阵**，简称**转移矩阵**.

例如，

$$\boldsymbol{\Phi}(t,t_0)=\begin{pmatrix} e^{2(t-t_0)}\cos(t-t_0) & -e^{2t-t_0}\sin(t-t_0) \\ e^{t-2t_0}\sin(t-t_0) & e^{t-t_0}\cos(t-t_0) \end{pmatrix}$$

是 $\boldsymbol{A}(t)=\begin{pmatrix} 2 & -e^t \\ e^{-t} & 1 \end{pmatrix}$ 的状态转移矩阵.

定理 1 状态转移矩阵是可逆的,即 $|\boldsymbol{\Phi}(t,t_0)|\neq 0$.

证明 设 $\boldsymbol{A}(t)=(a_{ij}(t))_{n\times n}$,$\boldsymbol{\Phi}(t,t_0)$ 的行向量为 $\boldsymbol{\alpha}_i(t)$,$i=1,2,\cdots,n$,则由式(4-6)可得

$$\boldsymbol{\alpha}_i'(t)=\sum_{k=1}^{n}a_{ik}(t)\boldsymbol{\alpha}_k(t).$$

记 $|\boldsymbol{\Phi}(t,t_0)|=v$,由行列式的运算法则知

$$\frac{\mathrm{d}v}{\mathrm{d}t}=\det\begin{pmatrix}\boldsymbol{\alpha}_1'(t)\\\boldsymbol{\alpha}_2(t)\\\vdots\\\boldsymbol{\alpha}_n(t)\end{pmatrix}+\det\begin{pmatrix}\boldsymbol{\alpha}_1(t)\\\boldsymbol{\alpha}_2'(t)\\\vdots\\\boldsymbol{\alpha}_n(t)\end{pmatrix}+\cdots+\det\begin{pmatrix}\boldsymbol{\alpha}_1(t)\\\boldsymbol{\alpha}_2(t)\\\vdots\\\boldsymbol{\alpha}_n'(t)\end{pmatrix}$$

$$=\det\begin{pmatrix}\sum_{k=1}^{n}a_{1k}(t)\boldsymbol{\alpha}_k(t)\\\boldsymbol{\alpha}_2(t)\\\vdots\\\boldsymbol{\alpha}_n(t)\end{pmatrix}+\det\begin{pmatrix}\boldsymbol{\alpha}_1(t)\\\sum_{k=1}^{n}a_{2k}(t)\boldsymbol{\alpha}_k(t)\\\vdots\\\boldsymbol{\alpha}_n(t)\end{pmatrix}+\cdots+\det\begin{pmatrix}\boldsymbol{\alpha}_1(t)\\\boldsymbol{\alpha}_2(t)\\\vdots\\\sum_{k=1}^{n}a_{nk}(t)\boldsymbol{\alpha}_k(t)\end{pmatrix}$$

$$=(a_{11}(t)+a_{22}(t)+\cdots+a_{nn}(t))\det\begin{pmatrix}\boldsymbol{\alpha}_1(t)\\\boldsymbol{\alpha}_2(t)\\\vdots\\\boldsymbol{\alpha}_n(t)\end{pmatrix}=\mathrm{tr}(\boldsymbol{A}(t))v,$$

所以

$$\frac{\mathrm{d}v}{v}=\mathrm{tr}(\boldsymbol{A}(t))\mathrm{d}t.$$

上式两边从 t_0 到 t 积分,并注意 $v|_{t=t_0}=1$,得

$$v=\mathrm{e}^{\int_{t_0}^{t}\mathrm{tr}(\boldsymbol{A}(\tau))\mathrm{d}\tau}\neq 0.$$

证毕.

定理 2 状态转移矩阵存在,则必是唯一的.

证明　设 $\boldsymbol{\Phi}(t,t_0)$ 和 $\boldsymbol{\Psi}(t,t_0)$ 都是 $\boldsymbol{A}(t)$ 的状态转移矩阵，即都满足式(4-6)，由定理 1 知 $\boldsymbol{\Phi}(t,t_0)$ 可逆. 令 $\boldsymbol{P}(t)=\boldsymbol{\Phi}^{-1}(t,t_0)\boldsymbol{\Psi}(t,t_0)$，则

$$
\begin{aligned}
\boldsymbol{P}'(t) &= [\boldsymbol{\Phi}^{-1}(t,t_0)]'\boldsymbol{\Psi}(t,t_0)+\boldsymbol{\Phi}^{-1}(t,t_0)\boldsymbol{\Psi}'(t,t_0)\\
&= -\boldsymbol{\Phi}^{-1}(t,t_0)\boldsymbol{\Phi}'(t,t_0)\boldsymbol{\Phi}^{-1}(t,t_0)\boldsymbol{\Psi}(t,t_0)+\boldsymbol{\Phi}^{-1}(t,t_0)\boldsymbol{\Psi}'(t,t_0)\\
&= -\boldsymbol{\Phi}^{-1}(t,t_0)\boldsymbol{A}(t)\boldsymbol{\Phi}(t,t_0)\boldsymbol{\Phi}^{-1}(t,t_0)\boldsymbol{\Psi}(t,t_0)+\boldsymbol{\Phi}^{-1}(t,t_0)\boldsymbol{A}(t)\boldsymbol{\Psi}(t,t_0)\\
&= -\boldsymbol{\Phi}^{-1}(t,t_0)\boldsymbol{A}(t)\boldsymbol{\Psi}(t,t_0)+\boldsymbol{\Phi}^{-1}(t,t_0)\boldsymbol{A}(t)\boldsymbol{\Psi}(t,t_0)=\boldsymbol{O},
\end{aligned}
$$

故 $\boldsymbol{P}(t)$ 恒为常数矩阵. 因为 $\boldsymbol{P}(t_0)=\boldsymbol{\Phi}^{-1}(t_0,t_0)\boldsymbol{\Psi}(t_0,t_0)=\boldsymbol{E}$，所以 $\boldsymbol{P}(t)\equiv\boldsymbol{E}$，这样得到 $\boldsymbol{\Psi}(t,t_0)=\boldsymbol{\Phi}(t,t_0)$. 证毕.

下面将证明 $\boldsymbol{A}(t)$ 的状态转移矩阵在一定条件下是存在的. 为了证明的需要，先给出一个引理：

引理　设 $a\leqslant b$，则

$$\left\|\int_a^b \boldsymbol{A}(x)\mathrm{d}x\right\|\leqslant\int_a^b\|\boldsymbol{A}(x)\|\mathrm{d}x;$$

若 $b<a$，则

$$\left\|\int_a^b \boldsymbol{A}(x)\mathrm{d}x\right\|\leqslant\int_b^a\|\boldsymbol{A}(x)\|\mathrm{d}x;$$

这里 $\|\cdot\|$ 为矩阵的 ∞-范数：$\|(a_{ij})_{n\times n}\|=\max\limits_{1\leqslant i\leqslant n}\sum\limits_{j=1}^n|a_{ij}|$.

证明

$$
\begin{aligned}
\left\|\int_a^b \boldsymbol{A}(x)\mathrm{d}x\right\| &= \max_{1\leqslant i\leqslant n}\sum_{j=1}^n\left|\int_a^b a_{ij}(x)\mathrm{d}x\right|\leqslant\max_{1\leqslant i\leqslant n}\sum_{j=1}^n\int_a^b|a_{ij}(x)|\mathrm{d}x\\
&= \max_{1\leqslant i\leqslant n}\int_a^b\Big(\sum_{j=1}^n|a_{ij}(x)|\Big)\mathrm{d}x\leqslant\int_a^b\Big(\max_{1\leqslant i\leqslant n}\sum_{j=1}^n|a_{ij}(x)|\Big)\mathrm{d}x\\
&= \int_a^b\|\boldsymbol{A}(x)\|\mathrm{d}x\quad(a\leqslant b).
\end{aligned}
$$

定理 3　设 $\boldsymbol{A}(t)=(a_{ij}(t))_{n\times n}$ 的每个元素 $a_{ij}(t)$ 都在 t 的某个区间 I 上连续，则在 I 上 $\boldsymbol{A}(t)$ 的状态转移矩阵存在.

证明　证明的方法是构造一个收敛的函数矩阵序列，其极限就是所求的转移矩阵. 设 $\|\boldsymbol{A}\|=\max\limits_{t\in I}\|\boldsymbol{A}(t)\|$，这里的矩阵范数为引理中所用的 ∞-范数. 构造矩阵序列：

$$\boldsymbol{\Phi}_0(t,t_0)\equiv \boldsymbol{E},\boldsymbol{\Phi}_{k+1}(t,t_0)=\boldsymbol{E}+\int_{t_0}^{t}\boldsymbol{A}(\tau)\boldsymbol{\Phi}_k(\tau,t_0)\mathrm{d}\tau,k=0,1,2,\cdots.$$

当 $t,t_0\in I$ 时,由引理可得

$$\|\boldsymbol{\Phi}_1(t,t_0)-\boldsymbol{\Phi}_0(t,t_0)\|=\left\|\int_{t_0}^{t}\boldsymbol{A}(\tau)\mathrm{d}\tau\right\|\leqslant\|\boldsymbol{A}\|\ |t-t_0|.$$

一般地,若

$$\|\boldsymbol{\Phi}_k(t,t_0)-\boldsymbol{\Phi}_{k-1}(t,t_0)\|\leqslant\frac{\|\boldsymbol{A}\|^k\ |t-t_0|^k}{k!},$$

则有

$$\begin{aligned}
&\|\boldsymbol{\Phi}_{k+1}(t,t_0)-\boldsymbol{\Phi}_k(t,t_0)\|\\
=&\left\|\int_{t_0}^{t}\boldsymbol{A}(\tau)[\boldsymbol{\Phi}_k(t,t_0)-\boldsymbol{\Phi}_{k-1}(t,t_0)]\mathrm{d}\tau\right\|\\
\leqslant&\left|\int_{t_0}^{t}\|\boldsymbol{A}(\tau)[\boldsymbol{\Phi}_k(t,t_0)-\boldsymbol{\Phi}_{k-1}(t,t_0)]\|\mathrm{d}\tau\right|\\
\leqslant&\left|\int_{t_0}^{t}\|\boldsymbol{A}(\tau)\|\ \|\boldsymbol{\Phi}_k(t,t_0)-\boldsymbol{\Phi}_{k-1}(t,t_0)\|\mathrm{d}\tau\right|\\
\leqslant&\left|\int_{t_0}^{t}\|\boldsymbol{A}(\tau)\|\ \frac{\|\boldsymbol{A}\|^k\ |t-t_0|^k}{k!}\mathrm{d}\tau\right|\\
\leqslant&\frac{\|\boldsymbol{A}\|^{k+1}\ |t-t_0|^{k+1}}{(k+1)!}.
\end{aligned}$$

因此,如此构造的矩阵序列对一切正整数 k 满足

$$\|\boldsymbol{\Phi}_k(t,t_0)-\boldsymbol{\Phi}_{k-1}(t,t_0)\|\leqslant\frac{\|\boldsymbol{A}\|^k\ |t-t_0|^k}{k!}.$$

再构造一个函数矩阵级数 $\sum_{k=0}^{\infty}\boldsymbol{U}_k(t)$,其中

$$\boldsymbol{U}_0=\boldsymbol{E},\boldsymbol{U}_k(t)=\boldsymbol{\Phi}_k(t,t_0)-\boldsymbol{\Phi}_{k-1}(t,t_0),k=1,2,\cdots.$$

由于

$$\|\boldsymbol{U}_k(t)\|=\|\boldsymbol{\Phi}_k(t,t_0)-\boldsymbol{\Phi}_{k-1}(t,t_0)\|\leqslant\frac{\|\boldsymbol{A}\|^k\ |t-t_0|^k}{k!},$$

而幂级数 $\sum_{k=0}^{\infty}\frac{\|\boldsymbol{A}\|^k\ |t-t_0|^k}{k!}$ 的收敛半径为 ∞,故级数 $\sum_{k=0}^{\infty}\boldsymbol{U}_k(t)$ 在 t 的任何有

限范围内都一致且绝对收敛. 由于$\boldsymbol{A}(t)$的每个元素$a_{ij}(t)$都在t的某个区间I上连续,故$\boldsymbol{U}_k(t)$也在I上连续,$\sum\limits_{k=0}^{\infty}\boldsymbol{U}_k(t)$的和函数也为$I$中的连续函数,记为$\boldsymbol{\Phi}(t,t_0)$,即

$$\boldsymbol{\Phi}(t,t_0)=\sum_{k=0}^{\infty}\boldsymbol{U}_k(t)=\lim_{m\to\infty}\sum_{k=0}^{m}\boldsymbol{U}_k(t)=\lim_{m\to\infty}\boldsymbol{\Phi}_m(t,t_0).$$

在$\boldsymbol{\Phi}_{k+1}(t,t_0)=\boldsymbol{E}+\int_{t_0}^{t}\boldsymbol{A}(\tau)\boldsymbol{\Phi}_k(\tau,t_0)\mathrm{d}\tau$中,令$k\to\infty$,取极限得

$$\boldsymbol{\Phi}(t,t_0)=\boldsymbol{E}+\int_{t_0}^{t}\boldsymbol{A}(\tau)\boldsymbol{\Phi}(\tau,t_0)\mathrm{d}\tau.$$

上式中对t求导得$\boldsymbol{\Phi}'(t,t_0)=\boldsymbol{A}(t)\boldsymbol{\Phi}(t,t_0)$,且有$\boldsymbol{\Phi}(t_0,t_0)=\boldsymbol{E}$,所以$\boldsymbol{\Phi}(t,t_0)$为所求的状态转移矩阵. 定理 3 证毕.

此定理的证明过程给出了构造状态转移矩阵的方法. 一般来说,状态转移矩阵$\boldsymbol{\Phi}(t,t_0)$不能精确求得,可用定理中的$\boldsymbol{\Phi}_m(t,t_0)$作为近似解,误差估计为

$$\begin{aligned}&\|\boldsymbol{\Phi}(t,t_0)-\boldsymbol{\Phi}_m(t,t_0)\|\\&=\left\|\sum_{k=m+1}^{\infty}\boldsymbol{U}_k(t)\right\|\leqslant\sum_{k=m+1}^{\infty}\|\boldsymbol{U}_k(t)\|\leqslant\sum_{k=m+1}^{\infty}\frac{\|\boldsymbol{A}\|^k\,|t-t_0|^k}{k!}\\&\leqslant\frac{\|\boldsymbol{A}\|^{m+1}\,|t-t_0|^{m+1}}{(m+1)!}\,\frac{m+2}{m+2-\|\boldsymbol{A}\|\,|t-t_0|}.\end{aligned}$$

现在用状态转移矩阵来求解定解问题(4-5),有如下结果:

定理 4　设$\boldsymbol{\Phi}(t,t_0)$为$\boldsymbol{A}(t)$的状态转移矩阵,则定解问题(4-5)有唯一解$\boldsymbol{x}(t)=\boldsymbol{\Phi}(t,t_0)\boldsymbol{x}(t_0)$.

证明　根据$\boldsymbol{\Phi}(t,t_0)$的定义立即可验证,$\boldsymbol{x}(t)=\boldsymbol{\Phi}(t,t_0)\boldsymbol{x}(t_0)$为式(4-5)的解. 现在证明此解唯一. 假设$\boldsymbol{y}(t)$也是式(4-5)的解,令$\boldsymbol{p}(t)=\boldsymbol{\Phi}^{-1}(t,t_0)\boldsymbol{y}(t)$,则

$$\begin{aligned}\boldsymbol{p}'(t)&=[\boldsymbol{\Phi}^{-1}(t,t_0)]'\boldsymbol{y}(t)+\boldsymbol{\Phi}^{-1}(t,t_0)\boldsymbol{y}'(t)\\&=-\boldsymbol{\Phi}^{-1}(t,t_0)\boldsymbol{\Phi}'(t,t_0)\boldsymbol{\Phi}^{-1}(t,t_0)\boldsymbol{y}(t)+\boldsymbol{\Phi}^{-1}(t,t_0)\boldsymbol{y}'(t)\\&=-\boldsymbol{\Phi}^{-1}(t,t_0)\boldsymbol{A}(t)\boldsymbol{\Phi}(t,t_0)\boldsymbol{\Phi}^{-1}(t,t_0)\boldsymbol{y}(t)+\boldsymbol{\Phi}^{-1}(t,t_0)\boldsymbol{A}(t)\boldsymbol{y}(t)\\&=-\boldsymbol{\Phi}^{-1}(t,t_0)\boldsymbol{A}(t)\boldsymbol{y}(t)+\boldsymbol{\Phi}^{-1}(t,t_0)\boldsymbol{A}(t)\boldsymbol{y}(t)=\boldsymbol{O},\end{aligned}$$

故$\boldsymbol{p}(t)$为常数矩阵. 由于$\boldsymbol{p}(t_0)=\boldsymbol{\Phi}^{-1}(t_0,t_0)\boldsymbol{y}(t_0)=\boldsymbol{x}(t_0)$,故$\boldsymbol{y}(t)=\boldsymbol{\Phi}(t,t_0)\boldsymbol{x}(t_0)=\boldsymbol{x}(t)$. 证毕.

定理 5 状态转移矩阵 $\boldsymbol{\Phi}(t,t_0)$ 满足：

$$\boldsymbol{\Phi}(t,t_0)=\boldsymbol{\Phi}(t,t_1)\boldsymbol{\Phi}(t_1,t_0),\boldsymbol{\Phi}^{-1}(t,t_0)=\boldsymbol{\Phi}(t_0,t).$$

证明 任取初始值 $\boldsymbol{x}(t_0)$，得 $\boldsymbol{x}(t)=\boldsymbol{\Phi}(t,t_0)\boldsymbol{x}(t_0)$. 当 $t=t_1$ 时，$\boldsymbol{x}(t_1)=\boldsymbol{\Phi}(t_1,t_0)\boldsymbol{x}(t_0)$，以此 $\boldsymbol{x}(t_1)$ 为初始值得定解问题：

$$\begin{cases}\boldsymbol{x}'(t)=\boldsymbol{A}(t)\boldsymbol{x}(t),\\ \boldsymbol{x}\mid_{t=t_1}=\boldsymbol{x}(t_1).\end{cases}\tag{4-7}$$

显然，

$$\boldsymbol{x}(t)=\boldsymbol{\Phi}(t,t_0)\boldsymbol{x}(t_0)$$

和

$$\boldsymbol{x}(t)=\boldsymbol{\Phi}(t,t_1)\boldsymbol{x}(t_1)=\boldsymbol{\Phi}(t,t_1)\boldsymbol{\Phi}(t_1,t_0)\boldsymbol{x}(t_0)$$

都是定解问题(4-7)的解. 由解的唯一性知

$$\boldsymbol{\Phi}(t,t_0)\boldsymbol{x}(t_0)=\boldsymbol{\Phi}(t,t_1)\boldsymbol{\Phi}(t_1,t_0)\boldsymbol{x}(t_0),$$

而由于初始值 $\boldsymbol{x}(t_0)$ 是任取的，故有

$$\boldsymbol{\Phi}(t,t_0)=\boldsymbol{\Phi}(t,t_1)\boldsymbol{\Phi}(t_1,t_0),$$

上式中令 $t=t_0$，即得

$$\boldsymbol{\Phi}(t_0,t_1)\boldsymbol{\Phi}(t_1,t_0)=\boldsymbol{\Phi}(t_0,t_0)=\boldsymbol{E},$$

故

$$\boldsymbol{\Phi}^{-1}(t,t_0)=\boldsymbol{\Phi}(t_0,t).$$

定理 5 证毕.

例 定解问题

$$\begin{cases}\boldsymbol{x}'(t)=\boldsymbol{A}(t)\boldsymbol{x}(t),\\ \boldsymbol{x}\mid_{t=0}=\boldsymbol{x}(0)\end{cases}$$

中，$\boldsymbol{A}(t)=\begin{pmatrix}t & 1\\ 2 & t\end{pmatrix}$，$\boldsymbol{x}(0)=\begin{pmatrix}1\\ -1\end{pmatrix}$，$t\in I=[-0.1,0.1]$，求 $\boldsymbol{x}(t)$ 的近似解并估计误差.

解 先求状态转移矩阵的近似序列：

$$\boldsymbol{\Phi}_0=\boldsymbol{E},\boldsymbol{\Phi}_1(t,0)=\boldsymbol{E}+\int_0^t\boldsymbol{A}(\tau)\mathrm{d}\tau=\begin{pmatrix}1+\dfrac{t^2}{2} & t\\ 2t & 1+\dfrac{t^2}{2}\end{pmatrix},$$

$$\boldsymbol{\Phi}_2(t,0)=\boldsymbol{E}+\int_0^t\boldsymbol{A}(\tau)\boldsymbol{\Phi}_1(\tau,0)\mathrm{d}\tau=\begin{pmatrix}1+\dfrac{3t^2}{2}+\dfrac{t^4}{8} & t+\dfrac{t^3}{2}\\ 2t+t^3 & 1+\dfrac{3t^2}{2}+\dfrac{t^4}{8}\end{pmatrix},$$

用 $\boldsymbol{\Phi}_2(t,0)$ 近似代替 $\boldsymbol{\Phi}(t,0)$，得

$$\boldsymbol{x}(t)\approx\boldsymbol{\Phi}_2(t,0)\boldsymbol{x}(0)=\begin{pmatrix}1+\dfrac{3t^2}{2}+\dfrac{t^4}{8} & t+\dfrac{t^3}{2}\\ 2t+t^3 & 1+\dfrac{3t^2}{2}+\dfrac{t^4}{8}\end{pmatrix}\begin{pmatrix}1\\-1\end{pmatrix}$$

$$=\begin{pmatrix}1-t+\dfrac{3t^2}{2}-\dfrac{t^3}{2}+\dfrac{t^4}{8}\\ -1+2t-\dfrac{3t^2}{2}+t^3-\dfrac{t^4}{8}\end{pmatrix}.$$

误差估计：

$$\|\boldsymbol{x}(t)-\boldsymbol{\Phi}_2(t,0)\boldsymbol{x}(0)\|$$

$$=\|[\boldsymbol{\Phi}(t,0)-\boldsymbol{\Phi}_2(t,0)]\boldsymbol{x}(0)\|$$

$$\leqslant\|\boldsymbol{\Phi}(t,0)-\boldsymbol{\Phi}_2(t,0)\|\cdot\|\boldsymbol{x}(0)\|$$

$$\leqslant\frac{\|\boldsymbol{A}\|^{2+1}\,|t-0|^{2+1}}{(2+1)!}\,\frac{2+2}{2+2-\|\boldsymbol{A}\|\,|t-0|}\|\boldsymbol{x}(0)\|$$

$$\leqslant 0.00163.$$

其中矩阵和向量的范数都为 ∞-范数，取 $\|\boldsymbol{A}\|=2.1$，$\|\boldsymbol{x}(0)\|=1$，$|t-0|\leqslant0.1$.

二、变系数线性非齐次微分方程

若在常系数线性非齐次微分方程中，系统矩阵 $\boldsymbol{A}$ 和控制矩阵 $\boldsymbol{B}$ 都变为 t 的函数矩阵，则成为变系数线性非齐次微分方程，其定解问题为

$$\begin{cases} \boldsymbol{x}'(t)=\boldsymbol{A}(t)\boldsymbol{x}(t)+\boldsymbol{B}(t)\boldsymbol{u}(t), \\ \boldsymbol{x}\mid_{t=t_0}=\boldsymbol{x}(t_0). \end{cases} \tag{4-8}$$

与常系数的情况一样,定解问题式(4-8)的解也可用常数变易法推导出来.式(4-8)所对应的齐次问题为式(4-5),式(4-5)的解为 $\boldsymbol{x}(t)=\boldsymbol{\Phi}(t,t_0)\boldsymbol{x}(t_0)$,现在 设式(4-8)的解为

$$\boldsymbol{x}(t)=\boldsymbol{\Phi}(t,t_0)\boldsymbol{c}(t), \tag{4-9}$$

代入式(4-8)中的微分方程,得

$$[\boldsymbol{\Phi}(t,t_0)\boldsymbol{c}(t)]'=\boldsymbol{A}(t)\boldsymbol{\Phi}(t,t_0)\boldsymbol{c}(t)+\boldsymbol{B}(t)\boldsymbol{u}(t).$$

由 $\boldsymbol{\Phi}'(t,t_0)=\boldsymbol{A}(t)\boldsymbol{\Phi}(t,t_0)$ 和 $\boldsymbol{\Phi}^{-1}(t,t_0)=\boldsymbol{\Phi}(t_0,t)$ 得

$$\boldsymbol{c}'(t)=\boldsymbol{\Phi}(t_0,t)\boldsymbol{B}(t)\boldsymbol{u}(t),$$

因此

$$\boldsymbol{c}(t)=\int_{t_0}^{t}\boldsymbol{\Phi}(t_0,\tau)\boldsymbol{B}(\tau)\boldsymbol{u}(\tau)\mathrm{d}\tau+\boldsymbol{c},$$

代入式(4-9),并利用转移矩阵的性质 $\boldsymbol{\Phi}(t,t_1)\boldsymbol{\Phi}(t_1,t_0)=\boldsymbol{\Phi}(t,t_0)$ 和初始条件 $\boldsymbol{x}\mid_{t=t_0}=\boldsymbol{x}(t_0)$ 得

$$\boldsymbol{x}(t)=\boldsymbol{\Phi}(t,t_0)\boldsymbol{x}(t_0)+\int_{t_0}^{t}\boldsymbol{\Phi}(t,\tau)\boldsymbol{B}(\tau)\boldsymbol{u}(\tau)\mathrm{d}\tau.$$

容易验证这确实为式(4-8)的解,而且用与常系数非齐次方程情况一样的方法可证明解的唯一性.

同齐次的情况一样,当 $\boldsymbol{\Phi}(t,t_0)$ 的精确解无法求出时,可用 $\boldsymbol{\Phi}_m(t,t_0)$ 近似代替.对于这样得到的近似解 $\boldsymbol{x}^*(t)$,容易推导出其误差估计为

$$\|\boldsymbol{x}(t)-\boldsymbol{x}^*(t)\|\leqslant\frac{\|\boldsymbol{A}\|^{m+1}\,|t-t_0|^{m+1}}{(m+1)!}\cdot\frac{m+2}{m+2-\|\boldsymbol{A}\|\,|t-t_0|}\cdot\left[\|\boldsymbol{x}(t_0)\|+\frac{\|\boldsymbol{B}\|\,\|\boldsymbol{u}\|\,|t-t_0|}{m+2}\right],$$

其中 $\|\boldsymbol{B}\|=\max\limits_{t\in I}\|\boldsymbol{B}(t)\|_\infty$, $\|\boldsymbol{u}\|=\max\limits_{t\in I}\|\boldsymbol{u}(t)\|_\infty$.

习 题 四

1. 用约当标准形法和待定系数法计算下列矩阵 $\boldsymbol{A}$ 的矩阵函数 $e^{\boldsymbol{A}}, \sin\boldsymbol{A}, e^{\boldsymbol{A}t}$：

(1) $\boldsymbol{A}=\begin{pmatrix}4&2&-5\\6&4&-9\\5&3&-7\end{pmatrix}$；　　(2) $\boldsymbol{A}=\begin{pmatrix}2&-2&3\\1&1&1\\1&3&-1\end{pmatrix}$；

(3) $\boldsymbol{A}=\begin{pmatrix}0&1&0\\0&0&1\\-8&-12&-6\end{pmatrix}$；　　(4) $\boldsymbol{A}=\begin{pmatrix}-2&1&3\\0&-3&0\\0&2&-2\end{pmatrix}$；

(5) $\boldsymbol{A}=\begin{pmatrix}3&1&-1\\1&2&-1\\2&1&0\end{pmatrix}$；　　(6) $\boldsymbol{A}=\begin{pmatrix}6&2&2\\-2&2&0\\0&0&2\end{pmatrix}$.

2. 已知矩阵 $\boldsymbol{A}(t)$ 如下，求 $\dfrac{d\boldsymbol{A}(t)}{dt}, \dfrac{d^2\boldsymbol{A}(t)}{dt^2}, \dfrac{d\,|\boldsymbol{A}(t)|}{dt}$：

(1) $\boldsymbol{A}(t)=\begin{pmatrix}\cos t&\sin t\\-\sin t&\cos t\end{pmatrix}$；　　(2) $\boldsymbol{A}(t)=\begin{pmatrix}\sin t&\cos t&t\\0&te^t&t^2\\1&0&t^3\end{pmatrix}$.

3. 设

$$\boldsymbol{A}=\begin{pmatrix}\cos a&\sin a\\\cos t&\sin t\end{pmatrix},\boldsymbol{B}=\begin{pmatrix}\cos t&\cos a\\\sin t&\sin a\end{pmatrix},$$

求 $\dfrac{d(\boldsymbol{AB})}{dt}$.

4. 已知 $\boldsymbol{y}(t)=[y_1(t),y_2(t),\cdots,y_n(t)]^{T}, \boldsymbol{A}\in\mathbf{R}^{n\times n}, \boldsymbol{A}^{T}=\boldsymbol{A}, f(t)=\boldsymbol{y}^{T}(t)\boldsymbol{A}\boldsymbol{y}(t)$. 证明：

(1) $\dfrac{d}{dt}\|\boldsymbol{y}(t)\|_2^2=2\,\boldsymbol{y}^{T}(t)\boldsymbol{y}'(t)$；　　(2) $\dfrac{df(t)}{dt}=2\,\boldsymbol{y}^{T}(t)\boldsymbol{A}\boldsymbol{y}'(t)$.

5. 已知

$$\boldsymbol{A}(t)=\begin{pmatrix}e^{2t}&te^t&1\\e^{-t}&2e^{2t}&0\\3t&0&0\end{pmatrix},$$

求 $\int\boldsymbol{A}(t)dt, \int_0^1\boldsymbol{A}(t)dt, \dfrac{d}{dx}\int_0^{x^2}\boldsymbol{A}(t)dt$.

6. 已知 $\boldsymbol{A}=\begin{pmatrix}u^2+v^2&\sin(u+v)\\\cos(u+v)&e^{uv}\end{pmatrix}, \boldsymbol{B}=(u,v)$，求 $\dfrac{d\boldsymbol{A}}{d\boldsymbol{B}}$.

7. 求微分方程组$\frac{\mathrm{d}\boldsymbol{x}}{\mathrm{d}t}=\boldsymbol{A}\boldsymbol{x}$ 满足初始条件$\boldsymbol{x}\mid_{t=0}=\boldsymbol{x}(0)$的解:

(1)$\boldsymbol{A}=\begin{pmatrix}1&2\\4&3\end{pmatrix},\boldsymbol{x}(0)=\begin{pmatrix}1\\3\end{pmatrix}$; (2)$\boldsymbol{A}=\begin{pmatrix}3&-1&1\\2&0&-1\\1&-1&2\end{pmatrix},\boldsymbol{x}(0)=\begin{pmatrix}1\\1\\1\end{pmatrix}$.

8. 求微分方程组$\frac{\mathrm{d}\boldsymbol{x}}{\mathrm{d}t}=\boldsymbol{A}\boldsymbol{x}+\boldsymbol{B}u$ 满足初始条件$\boldsymbol{x}\mid_{t=0}=\boldsymbol{x}(0)$的解:

(1)$\boldsymbol{A}=\begin{pmatrix}1&2\\4&3\end{pmatrix},\boldsymbol{B}=\begin{pmatrix}-1\\4\end{pmatrix},u=\mathrm{e}^{-t},\boldsymbol{x}(0)=\begin{pmatrix}1\\3\end{pmatrix}$;

(2)$\boldsymbol{A}=\begin{pmatrix}-6&1&0\\-11&0&1\\-6&0&0\end{pmatrix},\boldsymbol{B}=\begin{pmatrix}2\\6\\2\end{pmatrix},u=1,\boldsymbol{x}(0)=\begin{pmatrix}1\\0\\-1\end{pmatrix}$.

9. 求方程$\frac{\mathrm{d}^3y}{\mathrm{d}t^3}+6\frac{\mathrm{d}^2y}{\mathrm{d}t^2}+11\frac{\mathrm{d}y}{\mathrm{d}t}+6y=\mathrm{e}^{-t}$ 满足$y(0)=y'(0)=y''(0)=0$的解.

10. 对于齐次微分方程组的初值问题,有

$$\boldsymbol{x}'(t)=\boldsymbol{A}\boldsymbol{x}(t),\boldsymbol{x}\mid_{t=0}=\boldsymbol{x}(0).$$

若$\boldsymbol{A}$为2阶矩阵,有两个相异特征值λ_1,λ_2,特征向量分别为$\boldsymbol{p}_1,\boldsymbol{p}_2$.试证明:方程组的解$\boldsymbol{x}$可表示为

$$\boldsymbol{x}=c_1\mathrm{e}^{\lambda_1t}\boldsymbol{p}_1+c_2\mathrm{e}^{\lambda_2t}\boldsymbol{p}_2,$$

其中常数c_1,c_2满足$c_1\boldsymbol{p}_1+c_2\boldsymbol{p}_2=\boldsymbol{x}(0)$.请把此结果推广到$\boldsymbol{A}$为$n$阶矩阵的情形.

11. 已知$\boldsymbol{A}(t)=\begin{pmatrix}2&-\mathrm{e}^t\\\mathrm{e}^{-t}&1\end{pmatrix}$,验证$\boldsymbol{\Phi}(t,0)=\begin{pmatrix}\mathrm{e}^{2t}\cos t&-\mathrm{e}^{2t}\sin t\\\mathrm{e}^t\sin t&\mathrm{e}^t\cos t\end{pmatrix}$是$\boldsymbol{A}(t)$的状态转移矩阵.

12. 已知变系数齐次微分方程组$\boldsymbol{x}'(t)=\boldsymbol{A}(t)\boldsymbol{x}(t),\boldsymbol{x}\mid_{t=0}=\boldsymbol{x}(0)$,其中

$$\boldsymbol{A}(t)=\begin{pmatrix}2&-\mathrm{e}^t\\\mathrm{e}^{-t}&1\end{pmatrix},\boldsymbol{x}(0)=\begin{pmatrix}1\\1\end{pmatrix},$$

用$\boldsymbol{\Phi}_2(t,0)$代替$\boldsymbol{\Phi}(t,0)$,求$\boldsymbol{x}(t)$的近似解,并估计此近似解在$t\in[0,0.2]$时的误差.

第五章　矩阵分解

矩阵分解就是把矩阵表示成一些特定类型的矩阵乘积，在矩阵分析理论及数值计算中具有重要的作用.本章将主要介绍几种常用的矩阵分解形式：三角分解、满秩分解、QR 分解及奇异值分解.

第一节　矩阵的三角分解

定义 1　设矩阵 $\boldsymbol{A} \in \mathbf{C}^{n\times n}$，如果存在下三角矩阵 $\boldsymbol{L} \in \mathbf{C}^{n\times n}$ 和上三角矩阵 $\boldsymbol{U} \in \mathbf{C}^{n\times n}$，使得 $\boldsymbol{A}=\boldsymbol{LU}$，则称 $\boldsymbol{A}$ 可以作**三角分解**.

定理 1　设 $\boldsymbol{A}$ 为 n 阶非奇异矩阵.则 $\boldsymbol{A}$ 可以作三角分解的充分必要条件是 $|\boldsymbol{A}_k| \neq 0(k=1,2,\cdots,n-1)$，其中 $\boldsymbol{A}_k$ 为 $\boldsymbol{A}$ 的 k 阶顺序主子矩阵.

证明　必要性.设非奇异矩阵 $\boldsymbol{A}$ 有三角分解 $\boldsymbol{A}=\boldsymbol{LU}$，其分块形式为

$$\begin{pmatrix} \boldsymbol{A}_k & \boldsymbol{A}_{12} \\ \boldsymbol{A}_{21} & \boldsymbol{A}_{22} \end{pmatrix} = \begin{pmatrix} \boldsymbol{L}_k & \boldsymbol{O} \\ \boldsymbol{L}_{21} & \boldsymbol{L}_{22} \end{pmatrix} \begin{pmatrix} \boldsymbol{U}_k & \boldsymbol{U}_{12} \\ \boldsymbol{O} & \boldsymbol{U}_{22} \end{pmatrix}.$$

其中 $\boldsymbol{A}_k,\boldsymbol{L}_k$ 和 $\boldsymbol{U}_k$ 分别为 $\boldsymbol{A},\boldsymbol{L}$ 和 $\boldsymbol{U}$ 的 k 阶顺序主子矩阵.首先由 $|\boldsymbol{A}| \neq 0$ 知 $|\boldsymbol{L}| \neq 0$，$|\boldsymbol{U}| \neq 0$，可得 $|\boldsymbol{L}_k| \neq 0$，$|\boldsymbol{U}_k| \neq 0$，因此

$$|\boldsymbol{A}_k| = |\boldsymbol{L}_k| \cdot |\boldsymbol{U}_k| \neq 0(k=1,2,\cdots,n-1).$$

充分性.当 $n=1$ 时，$\boldsymbol{A}_1=(a_{11})=(1)(a_{11})$，结论成立.设对 $n=k$ 结论成立，即 $\boldsymbol{A}_k=\boldsymbol{L}_k\boldsymbol{U}_k$，其中 $\boldsymbol{L}_k$ 和 $\boldsymbol{U}_k$ 分别是下三角矩阵和上三角矩阵.若 $|\boldsymbol{A}_k| \neq 0$，则由 $\boldsymbol{A}_k=\boldsymbol{L}_k\boldsymbol{U}_k$，易知 $\boldsymbol{L}_k$ 和 $\boldsymbol{U}_k$ 可逆.当 $n=k+1$ 时，有

$$\boldsymbol{A}_{k+1} = \begin{pmatrix} \boldsymbol{A}_k & \boldsymbol{b}_k \\ \boldsymbol{c}_k^{\mathrm{T}} & a_{k+1,k+1} \end{pmatrix} = \begin{pmatrix} \boldsymbol{L}_k & \boldsymbol{O} \\ \boldsymbol{c}_k^{\mathrm{T}}\boldsymbol{U}_k^{-1} & 1 \end{pmatrix} \begin{pmatrix} \boldsymbol{U}_k & \boldsymbol{L}_k^{-1}\boldsymbol{b}_k \\ \boldsymbol{O}^{\mathrm{T}} & a_{k+1,k+1}-\boldsymbol{c}_k^{\mathrm{T}}\boldsymbol{U}_k^{-1}\boldsymbol{L}_k^{-1}\boldsymbol{b}_k \end{pmatrix},$$

结论也成立，由数学归纳法知 $\boldsymbol{A}$ 可作三角分解.

定理 1 给出了非奇异矩阵可作三角分解的充要条件. 由于 $\boldsymbol{A}=\begin{pmatrix}0 & 1\\ 1 & 0\end{pmatrix}$ 不满足定理 1 的条件,所以它不能作三角分解. 但是注意对于奇异矩阵,下面的例子说明也可以作三角分解.

$$\boldsymbol{A}=\begin{pmatrix}0 & 0\\ 1 & 2\end{pmatrix}=\begin{pmatrix}0 & 0\\ 1 & 1\end{pmatrix}\begin{pmatrix}1 & 1\\ 0 & 1\end{pmatrix}=\begin{pmatrix}0 & 0\\ 1 & 2\end{pmatrix}\begin{pmatrix}1 & 1\\ 0 & \frac{1}{2}\end{pmatrix}.$$

还需指出,即使方阵 $\boldsymbol{A}$ 可作三角分解,它的分解式也不是唯一的. 事实上,对于任意的非奇异对角矩阵 $\boldsymbol{D}$,有 $\boldsymbol{A}=\boldsymbol{LU}=(\boldsymbol{LD})(\boldsymbol{D}^{-1}\boldsymbol{U})=\widetilde{\boldsymbol{L}}\widetilde{\boldsymbol{U}}$,这样 $\boldsymbol{A}$ 的分解式不唯一. 为讨论唯一性问题,需规范化矩阵的三角分解.

定义 2 设矩阵 $\boldsymbol{A}\in\mathbf{C}^{n\times n}$,若存在对角元素为 1 的下三角矩阵 $\boldsymbol{L}$(即单位下三角阵)、对角阵 $\boldsymbol{D}$ 和对角元素为 1 的上三角矩阵 $\boldsymbol{U}$(即单位上三角阵) 使得 $\boldsymbol{A}=\boldsymbol{LDU}$,则称 $\boldsymbol{A}$ 可以作 **$\boldsymbol{LDU}$ 分解**.

定理 2 n 阶非奇异矩阵 $\boldsymbol{A}$ 有唯一 $\boldsymbol{LDU}$ 分解的充要条件是

$$|\boldsymbol{A}_k|\neq 0\ (k=1,2,\cdots,n-1).$$

证明 必要性的证明类似于定理 1(证明略).

下面证明充分性. 由于 $|\boldsymbol{A}_k|\neq 0\ (k=1,2,\cdots,n-1)$,根据定理 1 知 $\boldsymbol{A}$ 有三角分解 $\boldsymbol{A}=\boldsymbol{LU}$. 现记 $\boldsymbol{D}_L$ 表示 $\boldsymbol{L}$ 的对角元构成的对角阵,记 $\boldsymbol{D}_U$ 表示 $\boldsymbol{U}$ 的对角元构成的对角阵. 因为矩阵 $\boldsymbol{A}$ 非奇异,从而 $\boldsymbol{D}_L$ 和 $\boldsymbol{D}_U$ 也非奇异,所以

$$\boldsymbol{A}=\boldsymbol{LU}=(\boldsymbol{L}\boldsymbol{D}_L^{-1})(\boldsymbol{D}_L\boldsymbol{D}_U)(\boldsymbol{D}_U^{-1}\boldsymbol{U})$$

是 $\boldsymbol{A}$ 的 $\boldsymbol{LDU}$ 分解.

现证唯一性. 设 $\boldsymbol{A}$ 有两个 $\boldsymbol{LDU}$ 分解,

$$\boldsymbol{A}=\boldsymbol{LDU}=\widetilde{\boldsymbol{L}}\widetilde{\boldsymbol{D}}\widetilde{\boldsymbol{U}},$$

可得

$$\widetilde{\boldsymbol{L}}^{-1}\boldsymbol{L}=\widetilde{\boldsymbol{D}}\widetilde{\boldsymbol{U}}\boldsymbol{U}^{-1}\boldsymbol{D}^{-1}.$$

由于上式左边是单位下三角阵,右边是单位上三角阵,所以都是单位阵,即有

$$\widetilde{\boldsymbol{L}}^{-1}\boldsymbol{L}=\boldsymbol{E},\ \widetilde{\boldsymbol{D}}\widetilde{\boldsymbol{U}}\boldsymbol{U}^{-1}\boldsymbol{D}^{-1}=\boldsymbol{E}.$$

因此

$$\boldsymbol{L}=\widetilde{\boldsymbol{L}},\widetilde{\boldsymbol{U}}\boldsymbol{U}^{-1}=\widetilde{\boldsymbol{D}}^{-1}\boldsymbol{D}.$$

又由于$\widetilde{\boldsymbol{U}}\boldsymbol{U}^{-1}$是单位上三角阵，$\widetilde{\boldsymbol{D}}^{-1}\boldsymbol{D}$为对角阵，可得$\widetilde{\boldsymbol{U}}\boldsymbol{U}^{-1}=\boldsymbol{E}$和$\widetilde{\boldsymbol{D}}^{-1}\boldsymbol{D}=\boldsymbol{E}$. 从而有$\widetilde{\boldsymbol{U}}=\boldsymbol{U}$，$\widetilde{\boldsymbol{D}}=\boldsymbol{D}$，故$\boldsymbol{A}$的$\boldsymbol{LDU}$分解是唯一的. 证毕.

下面我们来讨论如何计算$\boldsymbol{LU}$分解和$\boldsymbol{LDU}$分解. 一个方阵总可以用行初等变换化为上三角矩阵. 若只用第i行乘数k加到第j行($i<j$)型初等变换能把$\boldsymbol{A}$化为上三角阵$\boldsymbol{U}$，则有下三角形可逆阵$\boldsymbol{P}$，使得$\boldsymbol{PA}=\boldsymbol{U}$，从而$\boldsymbol{A}$有$\boldsymbol{LU}$分解，$\boldsymbol{A}=\boldsymbol{LU}$，其中$\boldsymbol{L}=\boldsymbol{P}^{-1}$.

例　设

$$\boldsymbol{A}=\begin{pmatrix}2&2&3\\4&7&7\\-2&4&5\end{pmatrix},$$

求$\boldsymbol{A}$的$\boldsymbol{LU}$分解和$\boldsymbol{LDU}$分解.

解　对矩阵$(\boldsymbol{A}\quad\boldsymbol{E})$作初等行变换，

$$(\boldsymbol{A}\quad\boldsymbol{E})=\begin{pmatrix}2&2&3&1&0&0\\4&7&7&0&1&0\\-2&4&5&0&0&1\end{pmatrix}\to\begin{pmatrix}2&2&3&1&0&0\\0&3&1&-2&1&0\\0&6&8&1&0&1\end{pmatrix}$$

$$\to\begin{pmatrix}2&2&3&1&0&0\\0&3&1&-2&1&0\\0&0&6&5&-2&1\end{pmatrix},$$

因此

$$\boldsymbol{U}=\begin{pmatrix}2&2&3\\0&3&1\\0&0&6\end{pmatrix},\boldsymbol{P}=\begin{pmatrix}1&0&0\\-2&1&0\\5&-2&1\end{pmatrix}.$$

令

$$\boldsymbol{L}=\boldsymbol{P}^{-1}=\begin{pmatrix}1&0&0\\2&1&0\\-1&2&1\end{pmatrix},$$

则 $\boldsymbol{A}=\boldsymbol{LU}$. 易知 $\boldsymbol{A}$ 的 $\boldsymbol{LDU}$ 分解为

$$\boldsymbol{A}=\boldsymbol{LU}=\boldsymbol{LD}_U(\boldsymbol{D}_U^{-1}\boldsymbol{U})=\begin{pmatrix}1&0&0\\2&1&0\\-1&2&1\end{pmatrix}\begin{pmatrix}2&&\\&3&\\&&6\end{pmatrix}\begin{pmatrix}1&1&\frac{3}{2}\\0&1&\frac{1}{3}\\0&0&1\end{pmatrix}=\boldsymbol{LDV}.$$

利用 $\boldsymbol{LU}$ 分解可以求解线性方程组. 设 $\boldsymbol{A}=\boldsymbol{LU}$,则

$$\boldsymbol{Ax}=\boldsymbol{b}\Leftrightarrow\boldsymbol{LUx}=\boldsymbol{b}\Leftrightarrow\begin{cases}\boldsymbol{Ly}=\boldsymbol{b},\\\boldsymbol{Ux}=\boldsymbol{y}.\end{cases}$$

上式表明:求解方程组 $\boldsymbol{Ax}=\boldsymbol{b}$ 的问题可以转化为两个易于求解的方程组 $\boldsymbol{Ly}=\boldsymbol{b}$ 和 $\boldsymbol{Ux}=\boldsymbol{y}$ 的求解问题.

第二节　矩阵的满秩分解

定义　设 $\boldsymbol{A}\in P^{m\times n}$,$R(\boldsymbol{A})=r$,若存在秩为 r 的矩阵 $\boldsymbol{F}\in P^{m\times r}$,$\boldsymbol{G}\in P^{r\times n}$,使得

$$\boldsymbol{A}=\boldsymbol{FG},$$

称其为 $\boldsymbol{A}$ 的一个**满秩分解**.

由于对任意 r 阶可逆方阵 $\boldsymbol{D}$,有

$$\boldsymbol{A}=\boldsymbol{FG}=(\boldsymbol{FD})(\boldsymbol{D}^{-1}\boldsymbol{G})=\boldsymbol{F}_1\boldsymbol{G}_1,$$

所以满秩分解不是唯一的.

定理　任何非零矩阵都存在满秩分解.

证明　设 $R(\boldsymbol{A})=r>0$. 对 $\boldsymbol{A}$ 进行初等行变换化为阶梯形矩阵 $\boldsymbol{B}$,即

$$\boldsymbol{A}\xrightarrow{\text{行}}\boldsymbol{B}=\begin{pmatrix}\boldsymbol{G}\\\boldsymbol{O}\end{pmatrix},\boldsymbol{G}\in P^{r\times n}\text{ 且 }R(\boldsymbol{G})=r.$$

于是存在有限个 m 阶初等矩阵的乘积,记作 $\boldsymbol{P}$,使得

$$\boldsymbol{PA}=\boldsymbol{B}\text{ 或 }\boldsymbol{A}=\boldsymbol{P}^{-1}\boldsymbol{B}.$$

将 $\boldsymbol{P}^{-1}$ 分块为

$$\boldsymbol{P}^{-1}=(\boldsymbol{F}\quad\boldsymbol{M}),\boldsymbol{F}\in P^{m\times r},\boldsymbol{M}\in P^{m\times(n-r)},$$

则有

$$\boldsymbol{A}=\boldsymbol{P}^{-1}\boldsymbol{B}=(\boldsymbol{F}\quad\boldsymbol{M})\begin{pmatrix}\boldsymbol{G}\\ \boldsymbol{O}\end{pmatrix}=\boldsymbol{F}\boldsymbol{G}.$$

其中 $\boldsymbol{F}$ 为列满秩矩阵,$\boldsymbol{G}$ 为行满秩矩阵.

例 1　求矩阵

$$\boldsymbol{A}=\begin{pmatrix}1&2\\3&4\\2&1\end{pmatrix}$$

的满秩分解.

解　由于矩阵为列满秩,所以其满秩分解为

$$\boldsymbol{A}=\begin{pmatrix}1&2\\3&4\\2&1\end{pmatrix}\begin{pmatrix}1&0\\0&1\end{pmatrix}.$$

例 2　求矩阵

$$\boldsymbol{A}=\begin{pmatrix}-1&0&1&2\\1&2&-1&1\\2&2&-2&-1\end{pmatrix}$$

的满秩分解.

解　对矩阵$(\boldsymbol{A}\quad\boldsymbol{E})$进行初等行变换,把 $\boldsymbol{A}$ 化为阶梯形矩阵:

$$(\boldsymbol{A}\quad\boldsymbol{E})=\begin{pmatrix}-1&0&1&2&1&0&0\\1&2&-1&1&0&1&0\\2&2&-2&-1&0&0&1\end{pmatrix}\xrightarrow{\text{行}}\begin{pmatrix}-1&0&1&2&1&0&0\\0&2&0&3&1&1&0\\0&0&0&0&1&-1&1\end{pmatrix}.$$

根据上式知,

$$\boldsymbol{G}=\begin{pmatrix}-1&0&1&2\\0&2&0&3\end{pmatrix},\boldsymbol{P}=\begin{pmatrix}1&0&0\\1&1&0\\1&-1&1\end{pmatrix},r=2.$$

从而

$$P^{-1}=\begin{pmatrix}1&0&0\\-1&1&0\\-2&1&1\end{pmatrix},$$

进一步得

$$F=\begin{pmatrix}1&0\\-1&1\\-2&1\end{pmatrix},$$

从而得 $A=FG$.

类似于例 2 中的初等行变换,我们可以对 $\begin{pmatrix}A\\E\end{pmatrix}$ 进行初等列变换,从而对 A 进行满秩分解.

无论是用初等行变换还是用初等列变换作满秩分解,都会遇到求逆矩阵的问题,有时比较麻烦.为此,下面介绍另一种满秩分解的方法,可以避免求逆矩阵.

设矩阵 $A\in\mathbf{C}^{m\times n}$,且 A 的秩为 r,则 A 有 r 个线性无关的列向量.不妨设前 r 个列向量线性无关,于是后 $n-r$ 个列向量均可以用前 r 个列向量线性表示.用分块矩阵表示为

$$A=(F\quad A_2)=(F\quad FQ),$$

其中 F 是 A 的前 r 个列向量构成的 $m\times r$ 列满秩矩阵,Q 是一个 $r\times(n-r)$ 阶矩阵.于是

$$A=F(E_r\quad Q)=FG,$$

其中 $G=(E_r\quad Q)$ 是 $r\times n$ 行满秩矩阵.

由此得到求矩阵 A 满秩分解的另一种方法:首先对 A 进行初等行变换,将其化为行最简形式的矩阵 $\begin{pmatrix}G\\O\end{pmatrix}$.再去掉全为零的 $m-r$ 行,即得 G.然后再根据 G 中的单位矩阵 E_r 对应的列,找出矩阵 A 中的相对应列向量 $\alpha_{j_1},\alpha_{j_2},\cdots,\alpha_{j_r}$.令 $F=(\alpha_{j_1},\alpha_{j_2},\cdots,\alpha_{j_r})$,则 F 为列满秩,且 $A=FG$ 就是 A 的一个满秩分解.

例 3　求矩阵

$$A=\begin{pmatrix}1 & 2 & -1 & 1\\ 2 & 3 & 3 & -2\\ 3 & 5 & 2 & -1\\ -1 & -3 & 6 & -5\end{pmatrix}$$

的一个满秩分解.

解　对 $\boldsymbol{A}$ 进行初等行变换将其化为行最简形矩阵：

$$A=\begin{pmatrix}1 & 2 & -1 & 1\\ 2 & 3 & 3 & -2\\ 3 & 5 & 2 & -1\\ -1 & -3 & 6 & -5\end{pmatrix}\longrightarrow\begin{pmatrix}1 & 0 & 9 & -7\\ 0 & 1 & -5 & 4\\ 0 & 0 & 0 & 0\\ 0 & 0 & 0 & 0\end{pmatrix}.$$

令 $G=\begin{pmatrix}1 & 0 & 9 & -7\\ 0 & 1 & -5 & 4\end{pmatrix}$，$\boldsymbol{G}$ 的前两列构成单位矩阵，因此 $\boldsymbol{A}$ 的前两列构成矩阵 $\boldsymbol{F}$，即

$$F=\begin{pmatrix}1 & 2\\ 2 & 3\\ 3 & 5\\ -1 & -3\end{pmatrix},$$

从而有

$$A=FG=\begin{pmatrix}1 & 2\\ 2 & 3\\ 3 & 5\\ -1 & -3\end{pmatrix}\begin{pmatrix}1 & 0 & 9 & -7\\ 0 & 1 & -5 & 4\end{pmatrix}.$$

第三节　矩阵的 QR 分解

定义 1　如果方阵 $\boldsymbol{A}$ 可以分解为一个酉(正交)矩阵 $\boldsymbol{Q}$ 和一个复(实)的上三角矩阵 $\boldsymbol{R}$ 的乘积,即

$$\boldsymbol{A}=\boldsymbol{QR},$$

则称上式为 $\boldsymbol{A}$ 的一个 $\boldsymbol{QR}$ 分解.

定理 1　如果 n 阶方阵 $\boldsymbol{A}=(a_{ij})_{n\times n}\in\mathbf{C}^{n\times n}(\mathbf{R}^{n\times n})$ 非奇异,则存在酉(正交)矩阵 $\boldsymbol{Q}$ 和复(实)的正上三角矩阵 $\boldsymbol{R}$,使得 $\boldsymbol{A}=\boldsymbol{QR}$.

证明　设 $\boldsymbol{A}=(\boldsymbol{\alpha}_1,\boldsymbol{\alpha}_2,\cdots,\boldsymbol{\alpha}_n)$,由于 $\boldsymbol{A}$ 非奇异,则向量组 $\boldsymbol{\alpha}_1,\boldsymbol{\alpha}_2,\cdots,\boldsymbol{\alpha}_n$ 线性无关. 由 Schmidt 正交化方法,可得

$$\begin{gathered}\boldsymbol{\beta}_1=\boldsymbol{\alpha}_1,\\ \boldsymbol{\beta}_2=\boldsymbol{\alpha}_2-k_{21}\boldsymbol{\beta}_1,\\ \vdots\\ \boldsymbol{\beta}_n=\boldsymbol{\alpha}_n-k_{n1}\boldsymbol{\beta}_1-\cdots-k_{n,n-1}\boldsymbol{\beta}_{n-1},\end{gathered}$$

其中 $k_{ij}=\dfrac{(\boldsymbol{\alpha}_i,\boldsymbol{\beta}_j)}{(\boldsymbol{\beta}_j,\boldsymbol{\beta}_j)}(j<i)$. 于是

$$(\boldsymbol{\alpha}_1,\boldsymbol{\alpha}_2,\cdots,\boldsymbol{\alpha}_n)=(\boldsymbol{\beta}_1,\boldsymbol{\beta}_2,\cdots,\boldsymbol{\beta}_n)\begin{pmatrix}1 & k_{21} & \cdots & k_{n1}\\ & 1 & \cdots & k_{n2}\\ & & \ddots & \vdots\\ & & & 1\end{pmatrix},$$

再对 $\boldsymbol{\beta}_1,\boldsymbol{\beta}_2,\cdots,\boldsymbol{\beta}_n$ 单位化,得

$$\boldsymbol{\gamma}_i=\frac{1}{\|\boldsymbol{\beta}_i\|}\boldsymbol{\beta}_i(i=1,2,\cdots,n),$$

则

$$\boldsymbol{A}=(\boldsymbol{\gamma}_1,\boldsymbol{\gamma}_2,\cdots,\boldsymbol{\gamma}_n)\begin{pmatrix}\|\boldsymbol{\beta}_1\| & & & \\ & \|\boldsymbol{\beta}_2\| & & \\ & & \ddots & \\ & & & \|\boldsymbol{\beta}_n\|\end{pmatrix}\begin{pmatrix}1 & k_{21} & \cdots & k_{n1}\\ & 1 & \cdots & k_{n2}\\ & & \ddots & \vdots\\ & & & 1\end{pmatrix}.$$

令 $Q=(\boldsymbol{\gamma}_1,\boldsymbol{\gamma}_2,\cdots,\boldsymbol{\gamma}_n)$，则 Q 是酉（正交）矩阵，再令

$$\boldsymbol{R}=\begin{pmatrix}\|\boldsymbol{\beta}_1\| & & & \\ & \|\boldsymbol{\beta}_2\| & & \\ & & \ddots & \\ & & & \|\boldsymbol{\beta}_n\|\end{pmatrix}\begin{pmatrix}1 & k_{21} & \cdots & k_{n1} \\ & 1 & \cdots & k_{n2} \\ & & \ddots & \vdots \\ & & & 1\end{pmatrix}$$

$$=\begin{pmatrix}\|\boldsymbol{\beta}_1\| & \frac{(\boldsymbol{\alpha}_2,\boldsymbol{\beta}_1)}{\|\boldsymbol{\beta}_1\|} & \cdots & \frac{(\boldsymbol{\alpha}_{n-1},\boldsymbol{\beta}_1)}{\|\boldsymbol{\beta}_1\|} & \frac{(\boldsymbol{\alpha}_n,\boldsymbol{\beta}_1)}{\|\boldsymbol{\beta}_1\|} \\ 0 & \|\boldsymbol{\beta}_2\| & \cdots & \frac{(\boldsymbol{\alpha}_{n-1},\boldsymbol{\beta}_2)}{\|\boldsymbol{\beta}_2\|} & \frac{(\boldsymbol{\alpha}_n,\boldsymbol{\beta}_2)}{\|\boldsymbol{\beta}_2\|} \\ \vdots & \vdots & & \vdots & \vdots \\ 0 & 0 & \cdots & \|\boldsymbol{\beta}_{n-1}\| & \frac{(\boldsymbol{\alpha}_n,\boldsymbol{\beta}_{n-1})}{\|\boldsymbol{\beta}_{n-1}\|} \\ 0 & 0 & \cdots & 0 & \|\boldsymbol{\beta}_n\|\end{pmatrix}$$

$$=\begin{pmatrix}\|\boldsymbol{\beta}_1\| & (\boldsymbol{\alpha}_2,\boldsymbol{\gamma}_1) & \cdots & (\boldsymbol{\alpha}_{n-1},\boldsymbol{\gamma}_1) & (\boldsymbol{\alpha}_n,\boldsymbol{\gamma}_1) \\ 0 & \|\boldsymbol{\beta}_2\| & \cdots & (\boldsymbol{\alpha}_{n-1},\boldsymbol{\gamma}_2) & (\boldsymbol{\alpha}_n,\boldsymbol{\gamma}_2) \\ \vdots & \vdots & & \vdots & \vdots \\ 0 & 0 & \cdots & \|\boldsymbol{\beta}_{n-1}\| & (\boldsymbol{\alpha}_n,\boldsymbol{\gamma}_{n-1}) \\ 0 & 0 & \cdots & 0 & \|\boldsymbol{\beta}_n\|\end{pmatrix},$$

由于 $\|\boldsymbol{\beta}_i\|>0(i=1,2,\cdots,n)$ 为正实数，$\boldsymbol{R}$ 为正上三角矩阵，从而 $\boldsymbol{A}$ 有 $\boldsymbol{QR}$ 分解，为

$$\boldsymbol{A}=\boldsymbol{QR}.$$

这种分解方法称为 **Schmidt 正交化方法**.

注意：关于非奇异矩阵 $\boldsymbol{A}$ 的 $\boldsymbol{QR}$ 分解，除相差一个对角元的模（绝对值）全等于 1 的对角阵 $\boldsymbol{D}$ 的因子外，分解是唯一的.

例 1　用 Schmidt 正交化方法求

$$\boldsymbol{A}=\begin{pmatrix}3 & 14 & 9 \\ 6 & 43 & 3 \\ 6 & 22 & 15\end{pmatrix}$$

的 QR 分解.

解 记矩阵 A 的列向量为

$$\boldsymbol{\alpha}_1=\begin{pmatrix}3\\6\\6\end{pmatrix},\boldsymbol{\alpha}_2=\begin{pmatrix}14\\43\\22\end{pmatrix},\boldsymbol{\alpha}_3=\begin{pmatrix}9\\3\\15\end{pmatrix},$$

将其正交化得

$$\boldsymbol{\beta}_1=\begin{pmatrix}3\\6\\6\end{pmatrix},\boldsymbol{\beta}_2=\boldsymbol{\alpha}_2-\frac{16}{3}\boldsymbol{\beta}_1=\begin{pmatrix}-2\\11\\-10\end{pmatrix},\boldsymbol{\beta}_3=\boldsymbol{\alpha}_3+\frac{3}{5}\boldsymbol{\beta}_2-\frac{5}{3}\boldsymbol{\beta}_1=\frac{1}{5}\begin{pmatrix}14\\-2\\-5\end{pmatrix}.$$

然后单位化,得

$$\boldsymbol{\gamma}_1=\frac{1}{3}\begin{pmatrix}1\\2\\2\end{pmatrix},\boldsymbol{\gamma}_2=\frac{1}{15}\begin{pmatrix}2\\11\\-10\end{pmatrix},\boldsymbol{\gamma}_3=\frac{1}{15}\begin{pmatrix}14\\-2\\-5\end{pmatrix}.$$

故得正交矩阵为

$$\boldsymbol{Q}=(\boldsymbol{\gamma}_1,\boldsymbol{\gamma}_2,\boldsymbol{\gamma}_3)=\frac{1}{15}\begin{pmatrix}5&-2&14\\10&11&-2\\10&-10&-5\end{pmatrix},$$

上三角矩阵为

$$\boldsymbol{R}=\begin{pmatrix}9&0&0\\0&15&0\\0&0&3\end{pmatrix}\begin{pmatrix}1&\frac{16}{3}&\frac{5}{3}\\0&1&-\frac{3}{5}\\0&0&1\end{pmatrix}=\begin{pmatrix}9&48&15\\0&15&-9\\0&0&3\end{pmatrix}.$$

因此,

$$\boldsymbol{A}=\boldsymbol{QR}=\frac{1}{15}\begin{pmatrix}5&-2&14\\10&11&-2\\10&-10&-5\end{pmatrix}\begin{pmatrix}9&48&15\\0&15&-9\\0&0&3\end{pmatrix}.$$

如果矩阵是列满秩时，利用 Schmidt 方法可以得到矩阵的 $\boldsymbol{QR}$ 分解；如果矩阵不是列满秩时，事实上也可以利用这一方法得到矩阵的 $\boldsymbol{QR}$ 分解.

例 2　已知矩阵

$$\boldsymbol{A}=\begin{pmatrix}1&2&1\\0&0&1\\1&2&1\end{pmatrix},$$

求 $\boldsymbol{A}$ 的 $\boldsymbol{QR}$ 分解.

解　令 $\boldsymbol{A}=(\boldsymbol{\alpha}_1,\boldsymbol{\alpha}_2,\boldsymbol{\alpha}_3)$，对 $\boldsymbol{\alpha}_1,\boldsymbol{\alpha}_2,\boldsymbol{\alpha}_3$ 进行 Schmidt 正交化得

$$\boldsymbol{\beta}_1=\boldsymbol{\alpha}_1=(1,0,1)^{\mathrm{T}},$$

$$\boldsymbol{\beta}_2=\boldsymbol{\alpha}_2-\frac{(\boldsymbol{\alpha}_2,\boldsymbol{\beta}_1)}{(\boldsymbol{\beta}_1,\boldsymbol{\beta}_1)}\boldsymbol{\beta}_1=(0,0,0)^{\mathrm{T}},$$

$$\boldsymbol{\beta}_3=\boldsymbol{\alpha}_3-\frac{(\boldsymbol{\alpha}_3,\boldsymbol{\beta}_1)}{(\boldsymbol{\beta}_1,\boldsymbol{\beta}_1)}\boldsymbol{\beta}_1-\frac{(\boldsymbol{\alpha}_3,\boldsymbol{\beta}_2)}{(\boldsymbol{\beta}_2,\boldsymbol{\beta}_2)}\boldsymbol{\beta}_2=(0,1,0)^{\mathrm{T}}.$$

再进行单位化，得

$$\boldsymbol{\gamma}_1=\frac{\boldsymbol{\beta}_1}{\|\boldsymbol{\beta}_1\|}=\frac{1}{\sqrt{2}}(1,0,1)^{\mathrm{T}},\boldsymbol{\gamma}_2=(0,0,0)^{\mathrm{T}},\boldsymbol{\gamma}_3=\frac{\boldsymbol{\beta}_3}{\|\boldsymbol{\beta}_3\|}=(0,1,0)^{\mathrm{T}},$$

$$\boldsymbol{A}=(\boldsymbol{\gamma}_1,\boldsymbol{\gamma}_2,\boldsymbol{\gamma}_3)\begin{pmatrix}\|\boldsymbol{\beta}_1\|&(\boldsymbol{\alpha}_2,\boldsymbol{\gamma}_1)&(\boldsymbol{\alpha}_3,\boldsymbol{\gamma}_1)\\0&\|\boldsymbol{\beta}_2\|&(\boldsymbol{\alpha}_3,\boldsymbol{\gamma}_2)\\0&0&\|\boldsymbol{\beta}_3\|\end{pmatrix}$$

$$=\begin{pmatrix}\frac{1}{\sqrt{2}}&0&0\\0&0&1\\\frac{1}{\sqrt{2}}&0&0\end{pmatrix}\begin{pmatrix}\sqrt{2}&\sqrt{2}&\sqrt{2}\\0&0&0\\0&0&1\end{pmatrix}.$$

由于上式结果中左边矩阵不是正交阵，因此上式结果不是矩阵 $\boldsymbol{A}$ 的 $\boldsymbol{QR}$ 分解. 但是上式结果中左边矩阵中的第二列取任何值都不影响等式，故可取第二列为 $\left(-\frac{1}{\sqrt{2}},0,\frac{1}{\sqrt{2}}\right)^{\mathrm{T}}$. 于是

$$A=\begin{pmatrix}\frac{1}{\sqrt{2}} & -\frac{1}{\sqrt{2}} & 0\\ 0 & 0 & 1\\ \frac{1}{\sqrt{2}} & \frac{1}{\sqrt{2}} & 0\end{pmatrix}\begin{pmatrix}\sqrt{2} & \sqrt{2} & \sqrt{2}\\ 0 & 0 & 0\\ 0 & 0 & 1\end{pmatrix},$$

此式即为 $\boldsymbol{A}$ 的 $\boldsymbol{QR}$ 分解.

对于不是列满秩的矩阵,也可以利用下列的 Householder 方法得到矩阵的 $\boldsymbol{QR}$ 分解.

定义 2 设 $\boldsymbol{u}\in\mathbf{C}^n$ 是单位向量,令

$$\boldsymbol{H}=\boldsymbol{E}-2\boldsymbol{u}\boldsymbol{u}^{\mathrm{H}},$$

称 $\boldsymbol{H}$ 为 **Householder 矩阵或 Householder 变换**.

引理 设 $\boldsymbol{z}\in\mathbf{R}^n$ 是单位向量,则对任意的非零向量 $\boldsymbol{x}\in\mathbf{R}^n$,存在 Householder 矩阵 $\boldsymbol{H}=\boldsymbol{E}-2\boldsymbol{u}\boldsymbol{u}^{\mathrm{T}}$,使得 $\boldsymbol{Hx}=a\boldsymbol{z}$,其中 $a=\|\boldsymbol{x}\|_2$.

证明 当 $\boldsymbol{x}=a\boldsymbol{z}$ 时,取单位向量 $\boldsymbol{u}$ 满足 $\boldsymbol{u}^{\mathrm{T}}\boldsymbol{x}=\boldsymbol{0}$,则有

$$\boldsymbol{Hx}=(\boldsymbol{E}-2\boldsymbol{u}\boldsymbol{u}^{\mathrm{T}})\boldsymbol{x}=\boldsymbol{x}-2\boldsymbol{u}(\boldsymbol{u}^{\mathrm{T}}\boldsymbol{x})=\boldsymbol{x}=a\boldsymbol{z}.$$

当 $\boldsymbol{x}\neq a\boldsymbol{z}$ 时,由 $\boldsymbol{Hx}=a\boldsymbol{z}$ 得

$$2(\boldsymbol{u}^{\mathrm{T}}\boldsymbol{x})\boldsymbol{u}=\boldsymbol{x}-a\boldsymbol{z},$$

故可取

$$\boldsymbol{u}=\frac{\boldsymbol{x}-a\boldsymbol{z}}{\|\boldsymbol{x}-a\boldsymbol{z}\|_2},$$

使得

$$\boldsymbol{Hx}=a\boldsymbol{z}.$$

对于任意 n 阶矩阵 $\boldsymbol{A}=(\boldsymbol{\alpha}_1,\boldsymbol{\alpha}_2,\cdots,\boldsymbol{\alpha}_n)$,不妨设 $\boldsymbol{\alpha}_1\neq\boldsymbol{0}$,构造 n 阶 Householder 矩阵 $\boldsymbol{H}_1$,使得

$$\boldsymbol{H}_1\boldsymbol{\alpha}_1=(\|\boldsymbol{\alpha}_1\|,0,\cdots,0)^{\mathrm{T}}.$$

再对 $\boldsymbol{H}_1\boldsymbol{A}$ 右下方 $n-1$ 阶矩阵 $\boldsymbol{A}^{(1)}$ 的第一列 $\boldsymbol{\alpha}_1^{(1)}$ 构造 $n-1$ 阶 Householder 矩阵 $\boldsymbol{H}_2$,使得 $\boldsymbol{H}_2\boldsymbol{\alpha}_1^{(1)}=(\|\boldsymbol{\alpha}_1^{(1)}\|,0,\cdots,0)^{\mathrm{T}}$,一直进行下去,就可以得到如下定理.

定理 2 设 $\boldsymbol{A}$ 为任意 n 阶矩阵,则必存在 n 阶酉矩阵 $\boldsymbol{Q}$ 和 n 阶上三角阵 $\boldsymbol{R}$,

使得

$$\boldsymbol{A}=\boldsymbol{QR}.$$

例 3　已知矩阵

$$\boldsymbol{A}=\begin{pmatrix}0&3&1\\0&4&-2\\2&1&2\end{pmatrix},$$

求 $\boldsymbol{A}$ 的 $\boldsymbol{QR}$ 分解.

解　方法 1:利用 Householder 变换.

因为 $\boldsymbol{\alpha}_1=(0,0,2)^{\mathrm{T}}$,取 $a_1=\|\boldsymbol{\alpha}_1\|_2=2$,作单位向量

$$\boldsymbol{u}_1=\frac{\boldsymbol{\alpha}_1-a_1\boldsymbol{e}_1}{\|\boldsymbol{\alpha}_1-a_1\boldsymbol{e}_1\|_2}=\frac{1}{\sqrt{2}}(-1,0,1)^{\mathrm{T}},$$

于是

$$\boldsymbol{H}_1=\boldsymbol{I}-2\boldsymbol{u}_1\boldsymbol{u}_1^{\mathrm{T}}=\begin{pmatrix}0&0&1\\0&1&0\\1&0&0\end{pmatrix},\boldsymbol{H}_1\boldsymbol{A}=\begin{pmatrix}2&1&2\\0&4&-2\\0&3&1\end{pmatrix}.$$

又令 $\boldsymbol{\beta}_1=(4,3)^{\mathrm{T}}$,取 $a_2=\|\boldsymbol{\beta}_1\|_2=5$,作单位向量

$$\tilde{\boldsymbol{u}}_2=\frac{\boldsymbol{\beta}_1-a_2\tilde{\boldsymbol{e}}_1}{\|\boldsymbol{\beta}_1-a_2\tilde{\boldsymbol{e}}_1\|_2}=\frac{1}{\sqrt{10}}(-1,3)^{\mathrm{T}},$$

于是

$$\tilde{\boldsymbol{H}}_2=\boldsymbol{I}-2\tilde{\boldsymbol{u}}_2\tilde{\boldsymbol{u}}_2^{\mathrm{T}}=\frac{1}{5}\begin{pmatrix}4&3\\3&-4\end{pmatrix}.$$

记

$$\boldsymbol{H}_2=\begin{pmatrix}1&0^{\mathrm{T}}\\0&\tilde{\boldsymbol{H}}_2\end{pmatrix},\boldsymbol{H}_2\boldsymbol{H}_1\boldsymbol{A}=\begin{pmatrix}2&1&2\\0&5&-1\\0&0&-2\end{pmatrix}=\boldsymbol{R},$$

所以 $\boldsymbol{A}$ 的 $\boldsymbol{QR}$ 分解为

$$A=(H_1H_2)R=\begin{pmatrix}0 & \frac{3}{5} & -\frac{4}{5}\\ 0 & \frac{4}{5} & \frac{3}{5}\\ 1 & 0 & 0\end{pmatrix}\begin{pmatrix}2 & 1 & 2\\ 0 & 5 & -1\\ 0 & 0 & -2\end{pmatrix}.$$

方法 2:利用 Schmidt 正交化方法(作为练习,略).

第四节　矩阵的奇异值分解

定义　设矩阵 $\mathbf{A}\in\mathbf{C}^{n\times n}$,$R(\mathbf{A})=r$,则 n 阶 Hermite 矩阵 $\mathbf{A}^{\mathrm{H}}\mathbf{A}$ 是半正定的,因而特征值 $\lambda_i(i=1,2,\cdots,n)$ 均为非负实数,可表示为

$$\lambda_1\geqslant\lambda_2\geqslant\cdots\geqslant\lambda_r>\lambda_{r+1}=\cdots=\lambda_n=0,$$

则称 $\sigma_i=\sqrt{\lambda_i}(i=1,2,\cdots,n)$ 为矩阵 $\mathbf{A}$ 的**奇异值**.

定理　设矩阵 $\mathbf{A}\in\mathbf{C}^{m\times n}$,$R(\mathbf{A})=r$,则存在 m 阶酉矩阵 $\boldsymbol{U}$ 及 n 阶酉矩阵 $\mathbf{V}$,使得

$$\mathbf{A}=\boldsymbol{U}\begin{pmatrix}\boldsymbol{\Sigma} & \boldsymbol{O}\\ \boldsymbol{O} & \boldsymbol{O}\end{pmatrix}\mathbf{V}^{\mathrm{H}},$$

其中 $\boldsymbol{\Sigma}=\mathrm{diag}(\sigma_1,\sigma_2,\cdots,\sigma_r)$,且 $\sigma_1\geqslant\sigma_2\geqslant\cdots\geqslant\sigma_r>0$,$\sigma_i(i=1,2,\cdots,r)$ 是 $\mathbf{A}$ 的正奇异值.

证明　设 $\mathbf{A}\in\mathbf{C}^{m\times n}$ 的秩为 r,则 $\mathbf{A}^{\mathrm{H}}\mathbf{A}$ 的秩也为 r,且有 r 个特征值大于 0,其余 $n-r$ 个特征值等于 0. 设 $d_1^2\geqslant\cdots\geqslant d_r^2>0$ 为 $\mathbf{A}^{\mathrm{H}}\mathbf{A}$ 的 r 个正特征值,其对应的单位正交特征向量为

$$\boldsymbol{q}_1,\cdots,\boldsymbol{q}_r,\mathbf{A}^{\mathrm{H}}\mathbf{A}\boldsymbol{q}_i=d_i^2\boldsymbol{q}_i.$$

令 $\boldsymbol{p}_i=\frac{1}{d_i}\mathbf{A}\boldsymbol{q}_i$,有

$$\mathbf{A}\boldsymbol{q}_i=d_i\boldsymbol{p}_i,\mathbf{A}^{\mathrm{H}}\boldsymbol{p}_i=d_i\boldsymbol{q}_i,$$

且 $\boldsymbol{p}_1,\cdots,\boldsymbol{p}_r$ 也是标准正交向量组,

$$(\boldsymbol{p}_i,\boldsymbol{p}_j)=\boldsymbol{p}_j^{\mathrm{H}}\boldsymbol{p}_i=\left(\frac{1}{d_j}\mathbf{A}\boldsymbol{q}_j\right)^{\mathrm{H}}\frac{1}{d_i}\mathbf{A}\boldsymbol{q}_i=\frac{1}{d_id_j}\boldsymbol{q}_j^{\mathrm{H}}\mathbf{A}^{\mathrm{H}}\mathbf{A}\boldsymbol{q}_i$$

$$=\frac{1}{d_i d_j}\boldsymbol{q}_j^{\mathrm{H}} d_i^2 \boldsymbol{q}_i=\frac{d_i}{d_j}\boldsymbol{q}_j^{\mathrm{H}}\boldsymbol{q}_i=\delta_{ij}.$$

$\boldsymbol{p}_1,\cdots,\boldsymbol{p}_r$ 是 $\boldsymbol{AA}^{\mathrm{H}}$ 的特征向量，对应的特征值分别为 $d_1^2,\cdots,d_r^2$，

$$\boldsymbol{AA}^{\mathrm{H}}\boldsymbol{p}_i=\boldsymbol{A}d_i\boldsymbol{q}_i=d_i\boldsymbol{A}\boldsymbol{q}_i=d_i^2\boldsymbol{p}_i.$$

0 为 $\boldsymbol{A}^{\mathrm{H}}\boldsymbol{A}$ 的 $n-r$ 重特征值，设其对应的特征向量为 $\boldsymbol{q}_{r+1},\cdots,\boldsymbol{q}_n$（已单位化、正交化），则 $\boldsymbol{q}_1,\cdots,\boldsymbol{q}_n$ 为 $\mathbf{C}^n$ 的一组标准正交基；同理，0 为 $\boldsymbol{AA}^{\mathrm{H}}$ 的 $m-r$ 重特征值，设其对应的单位正交特征向量为 $\boldsymbol{p}_{r+1},\cdots,\boldsymbol{p}_m$，则 $\boldsymbol{p}_1,\cdots,\boldsymbol{p}_m$ 为 $\mathbf{C}^m$ 的一组标准正交基. 令 $\boldsymbol{V}=(\boldsymbol{q}_1,\cdots,\boldsymbol{q}_n)$，$\boldsymbol{U}=(\boldsymbol{p}_1,\cdots,\boldsymbol{p}_m)$，则 $\boldsymbol{U},\boldsymbol{V}$ 分别为 m,n 阶酉矩阵，且

$$\boldsymbol{U}^{\mathrm{H}}\boldsymbol{AV}=\begin{pmatrix}\boldsymbol{p}_1^{\mathrm{H}}\\ \vdots\\ \boldsymbol{p}_m^{\mathrm{H}}\end{pmatrix}(\boldsymbol{A}\boldsymbol{q}_1,\cdots,\boldsymbol{A}\boldsymbol{q}_n)=\begin{pmatrix}\boldsymbol{p}_1^{\mathrm{H}}\\ \vdots\\ \boldsymbol{p}_m^{\mathrm{H}}\end{pmatrix}(d_1\boldsymbol{p}_1,\cdots,d_r\boldsymbol{p}_r,0,\cdots,0)$$

$$=\begin{pmatrix}d_1 & & & \\ & \ddots & & \\ & & d_r & \\ & & & \boldsymbol{O}\end{pmatrix}_{m\times n}=\begin{pmatrix}\boldsymbol{\Sigma} & \boldsymbol{O}\\ \boldsymbol{O} & \boldsymbol{O}\end{pmatrix}_{m\times n},$$

从而有

$$\boldsymbol{A}=\boldsymbol{U}\begin{pmatrix}\boldsymbol{\Sigma} & \boldsymbol{O}\\ \boldsymbol{O} & \boldsymbol{O}\end{pmatrix}\boldsymbol{V}^{\mathrm{H}}.$$

从定理的证明过程可看出，$\boldsymbol{A}$ 的奇异值由 $\boldsymbol{A}$ 唯一确定，但是酉矩阵 $\boldsymbol{U}$ 和 $\boldsymbol{V}$ 一般不唯一，因此 $\boldsymbol{A}$ 的奇异值分解一般也不唯一.

例　求矩阵

$$\boldsymbol{A}=\begin{pmatrix}1 & 0 & 1\\ 0 & 1 & 1\\ 0 & 0 & 0\end{pmatrix}$$

的奇异值分解.

解　由已知得

$$A^{H}A=\begin{pmatrix}1&0&1\\0&1&1\\1&1&2\end{pmatrix},$$

可知$|\lambda E-A^{H}A|=(\lambda-3)(\lambda-1)\lambda$,所以$A^{H}A$的特征值为$\lambda_1=3,\lambda_2=1,\lambda_3=0$,$r(A)=2,\sigma_1=\sqrt{3},\sigma_2=1,\sigma_3=0$,因而有$\Sigma=\mathrm{diag}(\sqrt{3},1)$.又$A^{H}A$的特征值$\lambda_1=3$,$\lambda_2=1,\lambda_3=0$的对应特征向量分别是

$$p_1=\begin{pmatrix}1\\1\\2\end{pmatrix},p_2=\begin{pmatrix}1\\-1\\0\end{pmatrix},p_3=\begin{pmatrix}1\\1\\-1\end{pmatrix}.$$

将p_1,p_2,p_3单位化得正交矩阵

$$V=\begin{pmatrix}\frac{1}{\sqrt{6}}&\frac{1}{\sqrt{2}}&\frac{1}{\sqrt{3}}\\\frac{1}{\sqrt{6}}&-\frac{1}{\sqrt{2}}&\frac{1}{\sqrt{3}}\\\frac{2}{\sqrt{6}}&0&-\frac{1}{\sqrt{3}}\end{pmatrix}.$$

因此,

$$U_1=AV_1\Sigma^{-1}=\begin{pmatrix}\frac{1}{\sqrt{2}}&\frac{1}{\sqrt{2}}\\\frac{1}{\sqrt{2}}&-\frac{1}{\sqrt{2}}\\0&0\end{pmatrix}.$$

取U_1的正交补空间$U_1^{\perp}$的标准正交基$u_3=(0,0,1)^{\mathrm{T}}$,得

$$U=(U_1\quad u_3)=\begin{pmatrix}\frac{1}{\sqrt{2}}&\frac{1}{\sqrt{2}}&0\\\frac{1}{\sqrt{2}}&-\frac{1}{\sqrt{2}}&0\\0&0&1\end{pmatrix}.$$

所以 A 的奇异值分解为

$$A = U\begin{pmatrix} \sqrt{3} & & \\ & 1 & \\ & & 0 \end{pmatrix}V^{\mathrm{H}}.$$

习 题 五

1. 举例说明：可逆矩阵不一定有 LU 分解.

2. 判定矩阵

$$A = \begin{pmatrix} 3 & 2 & -1 \\ -1 & 0 & 0 \\ -1 & 3 & 0 \end{pmatrix}, B = \begin{pmatrix} 0 & 2 & -1 \\ -1 & 4 & -1 \\ 1 & 3 & -5 \end{pmatrix}$$

能否进行 LU 分解，说明理由. 若能分解，试将其分解.

3. 已知

$$A = \begin{pmatrix} 2 & 1 & -5 & 1 \\ 1 & -3 & 0 & -6 \\ 0 & 2 & -1 & 2 \\ 1 & 4 & -7 & 6 \end{pmatrix}, b = \begin{pmatrix} -9 \\ 1 \\ -4 \\ -15 \end{pmatrix}.$$

(1) 求 A 的 LU 分解；

(2) 利用(1) 的 LU 分解求解方程 $Ax = b$.

4. 求下列矩阵的 LDU 分解：

(1) $A = \begin{pmatrix} 2 & -1 & 3 \\ 1 & 2 & 1 \\ 2 & 4 & 2 \end{pmatrix}$；　　(2) $A = \begin{pmatrix} 1 & 0 & 2 & 0 \\ 0 & 1 & 0 & 0 \\ 2 & 0 & -1 & 1 \\ 0 & 0 & 1 & 1 \end{pmatrix}$.

5. 设 n 阶矩阵 A 的秩为 r，且 A 的 k 阶顺序主子式 $\det(A_k) \neq 0, k = 0, 1, \cdots, r$. 证明：$A$ 可以进行三角分解 $A = LU$，且 L 或 U 是可逆矩阵.

6. 求下列矩阵的满秩分解：

(1) $A = \begin{pmatrix} 1 & 0 & 1 & 1 \\ 2 & 1 & 2 & 1 \\ 2 & 0 & 2 & 2 \\ 4 & 2 & 4 & 2 \end{pmatrix}$；　　(2) $A = \begin{pmatrix} 1 & 0 & -1 & 1 \\ 1 & -2 & -3 & -1 \\ -1 & 4 & 5 & 3 \end{pmatrix}$.

7. 设矩阵 $\boldsymbol{A}$ 满足 $\boldsymbol{A}^2=\boldsymbol{A}$，且 $\boldsymbol{A}$ 的满秩分解为 $\boldsymbol{A}=\boldsymbol{BC}$. 证明：$\boldsymbol{CB}=\boldsymbol{E}_r$.

8. 设矩阵 $\boldsymbol{F}\in\mathbf{C}_r^{m\times r}$（列满秩），$\boldsymbol{G}\in\mathbf{C}_r^{r\times n}$（行满秩）. 证明：$\boldsymbol{FG}$ 的秩为 r.

9. 用 Schmidt 正交化方法求下列矩阵的 $\boldsymbol{QR}$ 分解：

(1) $\boldsymbol{A}=\begin{pmatrix}0&1&1\\1&1&0\\1&0&1\end{pmatrix}$；　　(2) $\boldsymbol{A}=\begin{pmatrix}1&2&2\\2&1&2\\1&2&1\end{pmatrix}$.

10. 用 Householder 变换求下列矩阵的 $\boldsymbol{QR}$ 分解：

(1) $\boldsymbol{A}=\begin{pmatrix}1&0&0\\2&2&0\\2&1&6\end{pmatrix}$；　　(2) $\boldsymbol{A}=\begin{pmatrix}3&0&1&-4\\0&2&2&4\\0&0&0&5\\4&0&-2&3\end{pmatrix}$.

11. 设 $\boldsymbol{A}$ 是可逆实矩阵，证明：$\boldsymbol{A}$ 可以表示成一个正交矩阵 $\boldsymbol{Q}$ 与一个正定矩阵 $\boldsymbol{S}$ 的乘积.

12. 求下列矩阵的奇异值分解：

(1) $\boldsymbol{A}=\begin{pmatrix}2&0&1\\1&2&0\end{pmatrix}$；　　(2) $\boldsymbol{A}=\begin{pmatrix}1&0&0&-1\\0&1&0&1\\0&0&0&0\end{pmatrix}$.

13. 设 $\boldsymbol{A}$ 是正规矩阵，证明：$\boldsymbol{A}$ 的奇异值是 $\boldsymbol{A}$ 的特征值的模.

14. 设 σ_1 与 σ_n 是矩阵 $\boldsymbol{A}$ 的最大奇异值与最小奇异值. 证明：

(1) $\sigma_1=\|\boldsymbol{A}\|_2$；(2) 若 $\boldsymbol{A}$ 非奇异，则 $\|\boldsymbol{A}^{-1}\|_2=\dfrac{1}{\sigma_n}$.

15. 设 $\boldsymbol{A}\in\mathbf{C}^{m\times n}$，$\boldsymbol{B}\in\mathbf{C}^{n\times s}$，记 $\sigma_1(\boldsymbol{M})$ 为矩阵 $\boldsymbol{M}$ 的最大奇异值. 证明：

(1) $\sigma_1(\boldsymbol{A}+\boldsymbol{B})\leqslant\sigma_1(\boldsymbol{A})+\sigma_1(\boldsymbol{B})$；

(2) $\sigma_1(\boldsymbol{AB})\leqslant\sigma_1(\boldsymbol{A})\sigma_1(\boldsymbol{B})$.

第六章　矩阵特征值的估计与广义逆矩阵

从前面的章节可以看到，特征值在矩阵理论中起着重要的作用，但是特征值的计算往往是很困难的，好在实际问题中一般只需要对特征值的范围做粗略的估计，本章将就此进行讨论.

逆矩阵是线性代数和矩阵理论中的重要概念，但是在许多需要逆矩阵来解决的实际问题中，所涉及的矩阵却是不可逆的. 能否找到一种逆矩阵的替代品，或者说能否把逆矩阵的概念推广到一般的矩阵上，为解决此问题本章将引入广义逆矩阵的概念并对其性质进行讨论.

第一节　矩阵特征值的估计

一、特征值的界的估计

任给一个 n 阶矩阵 $\boldsymbol{A}$，令

$$\boldsymbol{V}=\frac{1}{2}(\boldsymbol{A}+\boldsymbol{A}^{\mathrm{H}}),\boldsymbol{W}=\frac{1}{2}(\boldsymbol{A}-\boldsymbol{A}^{\mathrm{H}}),$$

则 $\boldsymbol{V}$ 和 $\boldsymbol{W}$ 分别为埃尔米特矩阵和反埃尔米特矩阵，且 $\boldsymbol{A}=\boldsymbol{V}+\boldsymbol{W}$. 根据埃尔米特矩阵和反埃尔米特矩阵的性质知，$\boldsymbol{V}$ 的特征值全为实数，$\boldsymbol{W}$ 的特征值全为零或纯虚数.

定理 1　设矩阵 $\boldsymbol{A}$ 的特征值为 $\lambda_i,i=1,2,\cdots,n$，则

(1) $\sum\limits_{i=1}^{n}|\lambda_i|^2\leqslant\sum\limits_{i,j=1}^{n}|a_{ij}|^2=\|\boldsymbol{A}\|_F^2$,

(2) $\sum\limits_{i=1}^{n}|\mathrm{Re}(\lambda_i)|^2\leqslant\sum\limits_{i,j=1}^{n}|v_{ij}|^2=\|\boldsymbol{V}\|_F^2$,

(3) $\sum\limits_{i=1}^{n}|\mathrm{Im}(\lambda_i)|^2\leqslant\sum\limits_{i,j=1}^{n}|w_{ij}|^2=\|\boldsymbol{W}\|_F^2$,

其中 a_{ij},v_{ij},w_{ij} 分别为 $\boldsymbol{A},\boldsymbol{V},\boldsymbol{W}$ 的元素.

证明　(1) 由舒尔定理(第二章第二节定理 3) 可知,$\boldsymbol{A}$ 酉相似于上三角阵,即有酉矩阵 $\boldsymbol{U}$ 和上三角阵 $\boldsymbol{T}$,使得

$$\boldsymbol{A}=\boldsymbol{U}^{\mathrm{H}}\boldsymbol{T}\boldsymbol{U},$$

所以有

$$\boldsymbol{V}=\boldsymbol{U}^{\mathrm{H}}\left(\frac{\boldsymbol{T}+\boldsymbol{T}^{\mathrm{H}}}{2}\right)\boldsymbol{U},\quad \boldsymbol{W}=\boldsymbol{U}^{\mathrm{H}}\left(\frac{\boldsymbol{T}-\boldsymbol{T}^{\mathrm{H}}}{2}\right)\boldsymbol{U}.$$

由于$\boldsymbol{A}$与$\boldsymbol{T}$相似,因此它们有相同的特征值,三角阵的对角元素即为其特征值,故 $\boldsymbol{T}$ 的对角元素即为 $\boldsymbol{A}$ 的特征值 λ_i. 又由于矩阵的 F 范数在酉变换下不变,则

$$\begin{aligned}\sum_{i=1}^{n}|\lambda_i|^2 &\leqslant \sum_{i=1}^{n}|\lambda_i|^2+\sum_{1\leqslant i<j\leqslant n}|t_{ij}|^2\\ &=\|\boldsymbol{T}\|_F=\|\boldsymbol{A}\|_F^2=\sum_{i,j=1}^{n}|a_{ij}|^2.\end{aligned}$$

(2) 因为$\dfrac{\boldsymbol{T}+\boldsymbol{T}^{\mathrm{H}}}{2}$的对角元素为$\dfrac{\lambda_i+\bar{\lambda}_i}{2}=\mathrm{Re}(\lambda_i)$,同理可得

$$\sum_{i=1}^{n}|\mathrm{Re}(\lambda_i)|^2\leqslant\sum_{i,j=1}^{n}|v_{ij}|^2=\|\boldsymbol{V}\|_F^2.$$

(3) 中不等式同理可证. 证毕.

推论 1　对 $\boldsymbol{A}$ 的任一特征值λ,有

$$|\lambda|\leqslant n\max|a_{ij}|,\ |\mathrm{Re}(\lambda)|\leqslant n\max|v_{ij}|,\ |\mathrm{Im}(\lambda)|\leqslant n\max|w_{ij}|.$$

证明　$$\begin{aligned}|\lambda|^2&\leqslant\sum_{i=1}^{n}|\lambda_i|^2\leqslant\sum_{i,j=1}^{n}|a_{ij}|^2\\ &\leqslant n^2\max|a_{ij}|^2=n^2(\max|a_{ij}|)^2,\end{aligned}$$

两边开方即得第 1 个不等式,另两个不等式同理可证.

推论 2　若 $\boldsymbol{A}$ 为实矩阵,则对 $\boldsymbol{A}$ 的任一特征值λ 有

$$|\mathrm{Im}(\lambda)|\leqslant\sqrt{\frac{n(n-1)}{2}}\max|w_{ij}|.$$

证明　由于 $\boldsymbol{A}$ 为实矩阵,其特征多项式的系数全是实数,故其特征值成对出现,即其特征值的共轭复数也是特征值. 由于 $|\mathrm{Im}(\lambda)|=|\mathrm{Im}(\bar{\lambda})|$,由定理 1

中的(3)，注意到此时 $\boldsymbol{W}$ 的对角元素全为零，则

$$2|\mathrm{Im}(\lambda)|^2=|\mathrm{Im}(\lambda)|^2+|\mathrm{Im}(\bar{\lambda})|^2\leqslant\sum_{i=1}^{n}|\mathrm{Im}(\lambda_i)|^2$$

$$\leqslant\sum_{i,j=1}^{n}|w_{ij}|^2\leqslant n(n-1)(\max|w_{ij}|)^2,$$

移项开方即得推论 2 的结论.

例　设矩阵

$$\boldsymbol{A}=\begin{pmatrix}1 & 1 & 0\\ -0.25 & 2 & 0.25\\ 0.25 & 0 & 3\end{pmatrix},$$

估计 $\boldsymbol{A}$ 的特征值的界.

解

$$\boldsymbol{V}=\frac{\boldsymbol{A}+\boldsymbol{A}^{\mathrm{H}}}{2}=\begin{pmatrix}1 & 0.375 & 0.125\\ 0.375 & 2 & 0.125\\ 0.125 & 0.125 & 3\end{pmatrix},$$

$$\boldsymbol{W}=\frac{\boldsymbol{A}-\boldsymbol{A}^{\mathrm{H}}}{2}=\begin{pmatrix}0 & 0.625 & -0.125\\ -0.625 & 0 & 0.125\\ 0.125 & -0.125 & 0\end{pmatrix}.$$

对 $\boldsymbol{A}$ 的任一特征值 λ，根据推论 1 得

$$|\lambda|\leqslant 3\times 3=9,\ |\mathrm{Re}(\lambda)|\leqslant 3\times 3=9,\ |\mathrm{Im}(\lambda)|\leqslant 3\times 0.625=1.875,$$

根据推论 2 得

$$|\mathrm{Im}(\lambda)|\leqslant\sqrt{3}\times 0.625=1.0826,$$

实际上 $\boldsymbol{A}$ 的 3 个特征值分别为 $3.0268, 1.4866\pm 0.2019\mathrm{i}$.

二、圆盘定理

下面将介绍的圆盘定理给出了矩阵特征值存在的范围.

定义　设 n 阶矩阵 $\boldsymbol{A}=(a_{ij})_{n\times n}$，复平面上的 n 个圆

$$|z-a_{ii}|=\sum_{n}|a_{ik}| \quad (i=1,2,\cdots,n)$$

称为 A 的**盖尔(Gerschgorin)圆**.

定理2(盖尔第一圆盘定理)　矩阵的任一特征值都在此矩阵的某个盖尔圆中,即对矩阵 $A=(a_{ij})_{n\times n}$ 的任一特征值 λ,至少有一个 $i\in\{1,2,\cdots,n\}$,使得

$$|\lambda-a_{ii}|\leqslant\sum_{n}|a_{ik}|.$$

证明　设 λ 为矩阵 A 的一个特征值,$x=(x_1,x_2,\cdots,x_n)^{\mathrm{T}}$ 为其一个特征向量,$Ax=\lambda x$,并设 $|x_i|=\max\limits_{1\leqslant k\leqslant n}|x_k|$. 由于 x 为非零向量,因此 $|x_i|>0$. $Ax=\lambda x$ 中的第 i 个方程为

$$a_{i1}x_1+\cdots+a_{ii}x_i+\cdots+a_{in}x_n=\lambda x_i,$$

由此可得

$$|\lambda-a_{ii}|=\left|\sum_{n}a_{ik}\frac{x_k}{x_i}\right|\leqslant\sum_{n}\left|a_{ik}\frac{x_k}{x_i}\right|\leqslant\sum_{n}|a_{ik}|,$$

即 λ 在 A 的第 i 个盖尔圆中. 证毕.

定理3(盖尔第二圆盘定理)　矩阵的任一由 k 个盖尔圆围成的连通区域中,有且只有此矩阵的 k 个特征值(相同的圆或相同的特征值都按重复次数计算个数).

证明　设矩阵 $A=(a_{ij})_{n\times n}$,矩阵 D 为以 A 的对角元素构成的对角阵,B 为把 A 的对角元素全换为 0 后所得的矩阵,即 $B=A-D$. 令 $A(\varepsilon)=D+\varepsilon B$,则 $A(0)=D$,$A(1)=A$. $A(\varepsilon)$ 与 A 的盖尔圆有相同的圆心,但前者的半径是后者的 ε 倍. 因此对于 $\varepsilon\in[0,1]$,$A(\varepsilon)$ 的盖尔圆都在 A 的盖尔圆内. $A(0)$ 的特征值就是 A 的对角元素,其盖尔圆的半径都为 0. 当 ε 从 0 连续地变为 1 时,A 的 n 个特征值连续变化,因此在复平面上画出 n 条连续的曲线. 每条曲线的起点分别为 A 的一个对角元素,即一个盖尔圆的圆心,终点为 A 的一个特征值. 由定理 2 知,这些曲线不能超出所有的盖尔圆之外. 因此,A 的 k 个盖尔圆所围成的连通区域中有且只有 k 条曲线,即有且只有 A 的 k 个特征值. 证毕.

注意:在若干个盖尔圆所围成的连通区域中,并不一定每个圆中都有特征值,例如例 1 中有 3 个盖尔圆:$|z-1|\leqslant 1$,$|z-2|\leqslant 0.5$,$|z-3|\leqslant 0.25$,其中前两个圆构成一个连通区域,但这个连通区域中的两个特征值都在第一个圆中而不在第二个圆中.

第二节　线性方程组的求解问题与广义逆矩阵 A^-

一、广义逆矩阵 A^- 的定义

若把矩阵$\boldsymbol{A}$的列向量所张成的线性空间记为$S(\boldsymbol{A})$，则线性方程组$\boldsymbol{Ax}=\boldsymbol{b}$有解（或者说相容）的充分必要条件是$\boldsymbol{b}\in S(\boldsymbol{A})$. 若$\boldsymbol{A}$可逆，则此方程组必定有解，其解为$\boldsymbol{x}=\boldsymbol{A}^{-1}\boldsymbol{b}$. 但是若$\boldsymbol{A}$不可逆，对于相容方程组$\boldsymbol{Ax}=\boldsymbol{b}$，现在提出这样的问题：能否找到只与$\boldsymbol{A}$有关的矩阵$\boldsymbol{G}$，使$\boldsymbol{x}=\boldsymbol{Gb}$就是方程组的解？或者说，这样的$\boldsymbol{G}$应满足什么条件？

定理 1　对任何$\boldsymbol{b}\in S(\boldsymbol{A})$，存在矩阵$\boldsymbol{G}$使得$\boldsymbol{x}=\boldsymbol{Gb}$为相容线性方程组$\boldsymbol{Ax}=\boldsymbol{b}$的解的充分必要条件是，$\boldsymbol{G}$满足

$$\boldsymbol{AGA}=\boldsymbol{A}. \tag{6-1}$$

证明　必要性：假设对于任何$\boldsymbol{b}\in S(\boldsymbol{A})$，矩阵$\boldsymbol{G}$使得$\boldsymbol{x}=\boldsymbol{Gb}$为$\boldsymbol{Ax}=\boldsymbol{b}$的解，即$\boldsymbol{AGb}=\boldsymbol{b}$. 设$\boldsymbol{A}\in\mathbf{C}^{m\times n}$，那么对任何$\boldsymbol{z}\in\mathbf{C}^n$，取$\boldsymbol{b}=\boldsymbol{Az}$，代入上式有$\boldsymbol{AGAz}=\boldsymbol{Az}$，由$\boldsymbol{z}$的任意性即得$\boldsymbol{AGA}=\boldsymbol{A}$.

充分性：假设$\boldsymbol{G}$满足$\boldsymbol{AGA}=\boldsymbol{A}$. 对于任何$\boldsymbol{b}\in S(\boldsymbol{A})$，不妨设$\boldsymbol{b}=\boldsymbol{Az}$，则

$$\boldsymbol{A}(\boldsymbol{Gb})=\boldsymbol{A}(\boldsymbol{GAz})=(\boldsymbol{AGA})\boldsymbol{z}=\boldsymbol{Az}=\boldsymbol{b},$$

即$\boldsymbol{x}=\boldsymbol{Gb}$就是$\boldsymbol{Ax}=\boldsymbol{b}$的解. 证毕.

由于式(6-1)与方程组的解之间的关系，很自然地引入如下的概念：

定义 1　设$\boldsymbol{A}\in\mathbf{C}^{m\times n}$，若存在$\boldsymbol{G}\in\mathbf{C}^{n\times m}$，使得

$$\boldsymbol{AGA}=\boldsymbol{A},$$

则称$\boldsymbol{G}$为$\boldsymbol{A}$的一个**g 逆**，记为$\boldsymbol{A}^-$.

由定义有$\boldsymbol{A}\boldsymbol{A}^-\boldsymbol{A}=\boldsymbol{A}$，且$\boldsymbol{x}=\boldsymbol{A}^-\boldsymbol{b}$就是相容方程组$\boldsymbol{Ax}=\boldsymbol{b}$的解.

注意：矩阵的g逆可能不唯一，且矩阵与其g逆的关系不是对称的，即$\boldsymbol{G}$为$\boldsymbol{A}$的g逆但$\boldsymbol{A}$未必是$\boldsymbol{G}$的g逆.

例如，$\boldsymbol{A}=\begin{pmatrix}1&2\\0&0\end{pmatrix}$，$\boldsymbol{G}=\begin{pmatrix}1&b\\0&c\end{pmatrix}$，$b,c$任取，则$\boldsymbol{G}$为$\boldsymbol{A}$的g逆，即$\boldsymbol{AGA}=\boldsymbol{A}$. 但是当$c\neq 0$时，$\boldsymbol{GAG}\neq\boldsymbol{G}$，即这时$\boldsymbol{A}$不是$\boldsymbol{G}$的g逆.

二、矩阵的左逆、右逆及其性质

给出了矩阵g逆的定义后,自然要提出g逆是否存在和如何计算的问题.矩阵的左逆和右逆有助于这些问题的解决.

定义2 设 $\boldsymbol{A}\in\mathbf{C}^{m\times n}$,若存在 $\boldsymbol{G}\in\mathbf{C}^{n\times m}$,使得

$$\boldsymbol{AG}=\boldsymbol{E}(\boldsymbol{GA}=\boldsymbol{E}),$$

则称 $\boldsymbol{G}$ 为 $\boldsymbol{A}$ 的一个**右(左)逆**,记为 $\boldsymbol{A}_{\mathrm{R}}^{-1}(\boldsymbol{A}_{\mathrm{L}}^{-1})$,即

$$\boldsymbol{A}\boldsymbol{A}_{\mathrm{R}}^{-1}=\boldsymbol{E}(\boldsymbol{A}_{\mathrm{L}}^{-1}\boldsymbol{A}=\boldsymbol{E}).$$

当 $\boldsymbol{A}$ 为方阵(即 $m=n$)时,显然左、右逆存在的充分必要条件是 $\boldsymbol{A}$ 可逆,且 $\boldsymbol{A}$ 可逆时有 $\boldsymbol{A}_{\mathrm{R}}^{-1}=\boldsymbol{A}_{\mathrm{L}}^{-1}=\boldsymbol{A}^{-1}$;而当 $m\neq n$ 时,$\boldsymbol{AG}$ 和 $\boldsymbol{GA}$ 不可能同时满秩,故左逆和右逆不可能同时存在(当然也可能都不存在).

定理2 若 $\boldsymbol{A}$ 是行(列)满秩,则 $\boldsymbol{A}$ 的右逆(左逆)存在,且

$$\boldsymbol{A}_{\mathrm{R}}^{-1}=\boldsymbol{A}^{\mathrm{H}}(\boldsymbol{A}\boldsymbol{A}^{\mathrm{H}})^{-1}(\boldsymbol{A}_{\mathrm{L}}^{-1}=(\boldsymbol{A}^{\mathrm{H}}\boldsymbol{A})^{-1}\boldsymbol{A}^{\mathrm{H}}).$$

证明 若 $\boldsymbol{A}$ 是行满秩,则 $\boldsymbol{A}\boldsymbol{A}^{\mathrm{H}}$ 满秩,$(\boldsymbol{A}\boldsymbol{A}^{\mathrm{H}})^{-1}$ 存在,可直接验证 $\boldsymbol{A}^{\mathrm{H}}(\boldsymbol{A}\boldsymbol{A}^{\mathrm{H}})^{-1}$ 为 $\boldsymbol{A}$ 的右逆.列满秩的情况同理可证.证毕.

当 $m\neq n$ 时,左逆(或右逆)即使存在也不是唯一的,定理2中所得的是其中之一.

定理3 若把用定理2的方法计算出来的左逆(或右逆)记为 $\boldsymbol{G}$,则 $\boldsymbol{G}$ 具有如下四个性质:

性质1 $\boldsymbol{AGA}=\boldsymbol{A}$.

性质2 $\boldsymbol{GAG}=\boldsymbol{G}$.

性质3 $(\boldsymbol{AG})^{\mathrm{H}}=\boldsymbol{AG}$.

性质4 $(\boldsymbol{GA})^{\mathrm{H}}=\boldsymbol{GA}$.

证明 当 $\boldsymbol{G}=\boldsymbol{A}_{\mathrm{R}}^{-1}=\boldsymbol{A}^{\mathrm{H}}(\boldsymbol{A}\boldsymbol{A}^{\mathrm{H}})^{-1}$ 时,$\boldsymbol{AG}=\boldsymbol{E}$,显然前3个性质中的等式是成立的,现在验证性质4中的等式.

$$\begin{aligned}(\boldsymbol{GA})^{\mathrm{H}}&=\boldsymbol{A}^{\mathrm{H}}\boldsymbol{G}^{\mathrm{H}}=\boldsymbol{A}^{\mathrm{H}}(\boldsymbol{A}^{\mathrm{H}}(\boldsymbol{A}\boldsymbol{A}^{\mathrm{H}})^{-1})^{\mathrm{H}}=\boldsymbol{A}^{\mathrm{H}}((\boldsymbol{A}\boldsymbol{A}^{\mathrm{H}})^{-1})^{\mathrm{H}}\boldsymbol{A}\\&=\boldsymbol{A}^{\mathrm{H}}((\boldsymbol{A}\boldsymbol{A}^{\mathrm{H}})^{\mathrm{H}})^{-1}\boldsymbol{A}=\boldsymbol{A}^{\mathrm{H}}(\boldsymbol{A}\boldsymbol{A}^{\mathrm{H}})^{-1}\boldsymbol{A}=\boldsymbol{GA}.\end{aligned}$$

同理可验证 $\boldsymbol{G}$ 为左逆的情况.证毕.

以后把满足性质1的矩阵集合记为 $\boldsymbol{A}\{1\}$,即 $\boldsymbol{A}\{1\}=\{\boldsymbol{G}\mid\boldsymbol{AGA}=\boldsymbol{A}\}$.若 $\boldsymbol{G}\in\boldsymbol{A}\{1\}$,则意为 $\boldsymbol{G}$ 满足性质1,即 $\boldsymbol{AGA}=\boldsymbol{A}$ 成立.

同理,可定义集合

$$A\{1,2\}=\{G \mid AGA=A, GAG=G\},$$

$$A\{1,2,3\}=\{G \mid AGA=A, GAG=G, (AG)^{\mathrm{H}}=AG\},$$

等等.

三、g 逆 A^{-} 的存在性

若 A 为零矩阵,则任何既能与 A 左乘又能与 A 右乘的矩阵 G,都满足 $AGA=A$,言下之意为零矩阵的 g 逆总是存在的.但是讨论零矩阵的广义逆矩阵似乎无多大的意义,下面假设 A 总是非零矩阵.

定理 4　任何非零矩阵的 g 逆都是存在的.

证明　设非零矩阵 $A\in \mathbf{C}^{m\times n}$,分两种情况讨论:

(1)A 为行满秩或列满秩,这时 A 的右逆或左逆存在,而右逆或左逆都满足 g 逆的定义,即 A 行满秩时,可取

$$A^{-}=A_{\mathrm{R}}^{-1}=A^{\mathrm{H}}(AA^{\mathrm{H}})^{-1},$$

A 列满秩时,可取

$$A^{-}=A_{\mathrm{L}}^{-1}=(A^{\mathrm{H}}A)^{-1}A^{\mathrm{H}}.$$

(2)A 既非行满秩又非列满秩,设 A 的秩 $R(A)=r$,$0<r<\min\{m,n\}$,则存在可逆矩阵 P,Q,使

$$PAQ=\begin{pmatrix} A_r & O \\ O & O \end{pmatrix}=\begin{pmatrix} A_r \\ O \end{pmatrix}(E_r \quad O),$$

其中 A_r 为 r 阶可逆矩阵,E_r 为 r 阶单位阵.于是

$$A=P^{-1}\begin{pmatrix} A_r \\ O \end{pmatrix}(E_r \quad O)Q^{-1}=BD,$$

即 A 可满秩分解为 $A=BD$,其中 $B=P^{-1}\begin{pmatrix} A_r \\ O \end{pmatrix}\in \mathbf{C}^{m\times r}$ 为列满秩矩阵,$D=(E_r O)Q^{-1}\in \mathbf{C}^{r\times n}$ 为行满秩矩阵.由定理 2,可得 B 的左逆 B_{L}^{-1} 和 D 的右逆 D_{R}^{-1}.容易验证,$D_{\mathrm{R}}^{-1}B_{\mathrm{L}}^{-1}$ 为 A 的一个 g 逆:$A^{-}=D_{\mathrm{R}}^{-1}B_{\mathrm{L}}^{-1}$.

因此,A 的 g 逆总是存在的.证毕.

A 的 g 逆可能不唯一,定理 4 只是构造了其中的一个 g 逆,但这已足以证明 g 逆的存在性.

定理 5　用定理 4 的方法构造出的 A 的 g 逆 A^- 满足 $A^- \in A\{1,2,3,4\}$.

证明　若 A 为行满秩或列满秩,则用定理 4 的方法构造出的 A^- 为 A 的右逆或左逆,由定理 3 知,$A^- \in A\{1,2,3,4\}$;若 A 既非行满秩又非列满秩,则 $A=BD$ 且 $A^-=D_R^{-1}B_L^{-1}$,容易验证性质 1:$AA^-A=A$ 和性质 2:$A^-AA^-=A^-$,又

$$(AA^-)^H=(BDD_R^{-1}B_L^{-1})^H=(BB_L^{-1})^H,$$

由定理 3 有

$$(BB_L^{-1})^H=BB_L^{-1}=BEB_L^{-1}=BDD_R^{-1}B_L^{-1}=AA^-,$$

即 A^- 满足性质 3:$(AA^-)^H=AA^-$.同理可证 A^- 满足性质 4:$(A^-A)^H=A^-A$.证毕.

四、g 逆 A^- 的一般表达式

定理 6　设 $A \in C^{m\times n}$,G 为 A 的一个 g 逆,则对任意 $V,W \in C^{n\times m}$,

$$G+V(E_m-AG)+(E_n-GA)W \tag{6-2}$$

也是 A 的 g 逆;反之,对 A 的任意一个 g 逆 G_0,必存在 $V,W \in C^{n\times m}$,使得 G_0 可表为式(6-2)的形式,也就是说,式(6-2)是 g 逆的一般表达式.

证明　由于 G 为 A 的一个 g 逆,满足 $AGA=A$,则

$$\begin{aligned}&A[G+V(E_m-AG)+(E_n-GA)W]A\\&=AGA+AV(E_m-AG)A+A(E_n-GA)WA\\&=A+AV(A-AGA)+(A-AGA)WA=A,\end{aligned}$$

故 $G+V(E_m-AG)+(E_n-GA)W$ 为 A 的 g 逆.设 G_0 为 A 的任意一个 g 逆,则 $AG_0A=A$,取 $V=G_0-G$,$W=G_0AG$,则

$$\begin{aligned}&G+V(E_m-AG)+(E_n-GA)W\\&=G+(G_0-G)(E_m-AG)+(E_n-GA)G_0AG\\&=G+G_0-G_0AG-G+GAG+G_0AG-GAG_0AG\\&=G_0,\end{aligned}$$

即任何 g 逆都可表示为式(6-2)的形式.证毕.

五、一般 g 逆的性质和反射 g 逆

矩阵的 g 逆一般不唯一，定理 3 所说的 4 个性质，除了性质 1 是 g 逆的定义，对所有 g 逆都适用，另 3 个性质并不一定适用于所有的 g 逆，而下面几个性质适用于所有的 g 逆.

性质 5　$(\boldsymbol{A}^{-})^{\mathrm{H}}=(\boldsymbol{A}^{\mathrm{H}})^{-}$.

证明　由 $\boldsymbol{A}\boldsymbol{A}^{-}\boldsymbol{A}=\boldsymbol{A}$ 得 $\boldsymbol{A}^{\mathrm{H}}(\boldsymbol{A}^{-})^{\mathrm{H}}\boldsymbol{A}^{\mathrm{H}}=\boldsymbol{A}^{\mathrm{H}}$，按定义得 $(\boldsymbol{A}^{-})^{\mathrm{H}}$ 为 $\boldsymbol{A}^{\mathrm{H}}$ 的 g 逆，即

$$(\boldsymbol{A}^{\mathrm{H}})^{-}=(\boldsymbol{A}^{-})^{\mathrm{H}}.$$

性质 6　$\boldsymbol{A}(\boldsymbol{A}^{\mathrm{H}}\boldsymbol{A})^{-}(\boldsymbol{A}^{\mathrm{H}}\boldsymbol{A})=\boldsymbol{A}$.

为了证明性质 6，先证明一个引理.

引理　$\boldsymbol{A}=\boldsymbol{O} \iff \boldsymbol{A}^{\mathrm{H}}\boldsymbol{A}=\boldsymbol{O}$.

证明　必要性(⇒)：显然，即 $\boldsymbol{A}=\boldsymbol{O}\Rightarrow\boldsymbol{A}^{\mathrm{H}}\boldsymbol{A}=\boldsymbol{O}$；

充分性(⇐)：

$$\boldsymbol{A}^{\mathrm{H}}\boldsymbol{A}=\boldsymbol{O} \Rightarrow \|\boldsymbol{A}\|_F=\mathrm{tr}(\boldsymbol{A}^{\mathrm{H}}\boldsymbol{A})=0 \Rightarrow \boldsymbol{A}=\boldsymbol{O}.$$

证毕.

性质 6 的证明：

$$\begin{aligned}&[\boldsymbol{A}(\boldsymbol{A}^{\mathrm{H}}\boldsymbol{A})^{-}(\boldsymbol{A}^{\mathrm{H}}\boldsymbol{A})-\boldsymbol{A}]^{\mathrm{H}}[\boldsymbol{A}(\boldsymbol{A}^{\mathrm{H}}\boldsymbol{A})^{-}(\boldsymbol{A}^{\mathrm{H}}\boldsymbol{A})-\boldsymbol{A}]\\&=[(\boldsymbol{A}^{\mathrm{H}}\boldsymbol{A})(\boldsymbol{A}^{\mathrm{H}}\boldsymbol{A})^{-}\boldsymbol{A}^{\mathrm{H}}-\boldsymbol{A}^{\mathrm{H}}][\boldsymbol{A}(\boldsymbol{A}^{\mathrm{H}}\boldsymbol{A})^{-}(\boldsymbol{A}^{\mathrm{H}}\boldsymbol{A})-\boldsymbol{A}]\\&=[(\boldsymbol{A}^{\mathrm{H}}\boldsymbol{A})(\boldsymbol{A}^{\mathrm{H}}\boldsymbol{A})^{-}-\boldsymbol{E}]\boldsymbol{A}^{\mathrm{H}}[\boldsymbol{A}(\boldsymbol{A}^{\mathrm{H}}\boldsymbol{A})^{-}(\boldsymbol{A}^{\mathrm{H}}\boldsymbol{A})-\boldsymbol{A}]\\&=[(\boldsymbol{A}^{\mathrm{H}}\boldsymbol{A})(\boldsymbol{A}^{\mathrm{H}}\boldsymbol{A})^{-}-\boldsymbol{E}][\boldsymbol{A}^{\mathrm{H}}\boldsymbol{A}(\boldsymbol{A}^{\mathrm{H}}\boldsymbol{A})^{-}(\boldsymbol{A}^{\mathrm{H}}\boldsymbol{A})-\boldsymbol{A}^{\mathrm{H}}\boldsymbol{A}]\\&=[(\boldsymbol{A}^{\mathrm{H}}\boldsymbol{A})(\boldsymbol{A}^{\mathrm{H}}\boldsymbol{A})^{-}-\boldsymbol{E}][\boldsymbol{A}^{\mathrm{H}}\boldsymbol{A}-\boldsymbol{A}^{\mathrm{H}}\boldsymbol{A}]=\boldsymbol{O},\end{aligned}$$

由引理，$\boldsymbol{A}(\boldsymbol{A}^{\mathrm{H}}\boldsymbol{A})^{-}(\boldsymbol{A}^{\mathrm{H}}\boldsymbol{A})-\boldsymbol{A}=\boldsymbol{O}$，即 $\boldsymbol{A}(\boldsymbol{A}^{\mathrm{H}}\boldsymbol{A})^{-}(\boldsymbol{A}^{\mathrm{H}}\boldsymbol{A})=\boldsymbol{A}$.

性质 7　$\boldsymbol{AGA}=\boldsymbol{A} \iff \boldsymbol{A}^{\mathrm{H}}\boldsymbol{AGA}=\boldsymbol{A}^{\mathrm{H}}\boldsymbol{A}$.

证明　必要性(⇒)：$\boldsymbol{AGA}=\boldsymbol{A} \Rightarrow \boldsymbol{A}^{\mathrm{H}}\boldsymbol{AGA}=\boldsymbol{A}^{\mathrm{H}}\boldsymbol{A}$；

充分性(⇐)：已知 $\boldsymbol{A}^{\mathrm{H}}\boldsymbol{AGA}=\boldsymbol{A}^{\mathrm{H}}\boldsymbol{A}$，现要证明 $\boldsymbol{AGA}=\boldsymbol{A}$.

$$\begin{aligned}&(\boldsymbol{AGA}-\boldsymbol{A})^{\mathrm{H}}(\boldsymbol{AGA}-\boldsymbol{A})\\&=(\boldsymbol{A}^{\mathrm{H}}\boldsymbol{G}^{\mathrm{H}}\boldsymbol{A}^{\mathrm{H}}-\boldsymbol{A}^{\mathrm{H}})(\boldsymbol{AGA}-\boldsymbol{A})\\&=(\boldsymbol{A}^{\mathrm{H}}\boldsymbol{G}^{\mathrm{H}}-\boldsymbol{E})(\boldsymbol{A}^{\mathrm{H}}\boldsymbol{AGA}-\boldsymbol{A}^{\mathrm{H}}\boldsymbol{A})=\boldsymbol{O},\end{aligned}$$

由引理即得 $\boldsymbol{AGA}-\boldsymbol{A}=\boldsymbol{O}$. 证毕.

性质 8 $R(\boldsymbol{A}^{-}) \geqslant R(\boldsymbol{A})$.

证明 由矩阵乘积的秩不大于其因子的秩和 $\boldsymbol{A}=\boldsymbol{A}\boldsymbol{A}^{-}\boldsymbol{A}$ 即得. 证毕.

前面已说过,g 逆的关系不是对称的,即 $\boldsymbol{G}=\boldsymbol{A}^{-}$ 未必有 $\boldsymbol{A}=\boldsymbol{G}^{-}$,现引入定义:

定义 3 若矩阵 $\boldsymbol{A},\boldsymbol{G}$ 满足

$$\boldsymbol{AGA}=\boldsymbol{A},\boldsymbol{GAG}=\boldsymbol{G},$$

则称 $\boldsymbol{G}$ 为 $\boldsymbol{A}$ 的**反射 g 逆**,记为 $\boldsymbol{G}=\boldsymbol{A}_r^{-}$.

显然,反射 g 逆的关系是对称的,即若 $\boldsymbol{G}$ 为 $\boldsymbol{A}$ 的反射 g 逆,则 $\boldsymbol{A}$ 也是 $\boldsymbol{G}$ 的反射 g 逆,或者说 $(\boldsymbol{A}_r^{-})_r^{-}=\boldsymbol{A}$. $\boldsymbol{G}=\boldsymbol{A}_r^{-}$ 也可用 $\boldsymbol{G}\in\boldsymbol{A}\{1,2\}$ 来表示.

由定理 5 知,按定理 4 的方法构造的 g 逆都是反射 g 逆.

性质 9 若 $\boldsymbol{G}_1,\boldsymbol{G}_2$ 为 $\boldsymbol{A}$ 的 g 逆,则 $\boldsymbol{G}=\boldsymbol{G}_1\boldsymbol{A}\boldsymbol{G}_2$ 为 $\boldsymbol{A}$ 的反射 g 逆.

证明 $\boldsymbol{AGA}=\boldsymbol{A}\boldsymbol{G}_1\boldsymbol{A}\boldsymbol{G}_2\boldsymbol{A}=\boldsymbol{A}\boldsymbol{G}_2\boldsymbol{A}=\boldsymbol{A}$,

$$\boldsymbol{GAG}=\boldsymbol{G}_1\boldsymbol{A}\boldsymbol{G}_2\boldsymbol{A}\boldsymbol{G}_1\boldsymbol{A}\boldsymbol{G}_2=\boldsymbol{G}_1\boldsymbol{A}\boldsymbol{G}_1\boldsymbol{A}\boldsymbol{G}_2=\boldsymbol{G}_1\boldsymbol{A}\boldsymbol{G}_2=\boldsymbol{G},$$

所以 $\boldsymbol{G}=\boldsymbol{A}_r^{-}$. 证毕.

六、矩阵 A 的 g 逆 A^{-} 的计算

在定理 4 的证明过程中,已给出了构造一个 g 逆的方法,下面通过几个具体的例子来说明. 若需要 g 逆的一般表达式,可用所求出的 g 逆,按定理 6 的方法给出一般表达式.

例 1 求下面矩阵的 g 逆:

$$(1)\boldsymbol{A}=\begin{pmatrix}1 & 2\mathrm{i} & 1\\ 1 & -1 & 0\end{pmatrix},\qquad (2)\boldsymbol{A}=\begin{pmatrix}1+\mathrm{i} & 2\\ 2 & 0\\ 3 & 1\end{pmatrix}.$$

解 (1) 由于 $\boldsymbol{A}$ 为行满秩,故可取

$$\boldsymbol{A}^{-}=\boldsymbol{A}_{\mathrm{R}}^{-1}=\boldsymbol{A}^{\mathrm{H}}(\boldsymbol{A}\boldsymbol{A}^{\mathrm{H}})^{-1}=\begin{pmatrix}1 & 1\\ -2\mathrm{i} & -1\\ 1 & 0\end{pmatrix}\left[\begin{pmatrix}1 & 2\mathrm{i} & 1\\ 1 & -1 & 0\end{pmatrix}\begin{pmatrix}1 & 1\\ -2\mathrm{i} & -1\\ 1 & 0\end{pmatrix}\right]^{-1}$$

$$=\begin{pmatrix}1 & 1\\ -2\mathrm{i} & -1\\ 1 & 0\end{pmatrix}\begin{pmatrix}6 & 1-2\mathrm{i}\\ 1+2\mathrm{i} & 2\end{pmatrix}^{-1}=\frac{1}{7}\begin{pmatrix}1 & 1\\ -2\mathrm{i} & -1\\ 1 & 0\end{pmatrix}\begin{pmatrix}2 & -1+2\mathrm{i}\\ -1-2\mathrm{i} & 6\end{pmatrix}$$

$$=\frac{1}{7}\begin{pmatrix}1-2\mathrm{i} & 5+2\mathrm{i}\\ 1-2\mathrm{i} & -2+2\mathrm{i}\\ 2 & -1+2\mathrm{i}\end{pmatrix}.$$

(2) 由于 $\boldsymbol{A}$ 为列满秩,故可取

$$\boldsymbol{A}^{-}=\boldsymbol{A}_{\mathrm{L}}^{-1}=(\boldsymbol{A}^{\mathrm{H}}\boldsymbol{A})^{-1}\boldsymbol{A}^{\mathrm{H}}=\left[\begin{pmatrix}1-\mathrm{i} & 2 & 3\\ 2 & 0 & 1\end{pmatrix}\begin{pmatrix}1+\mathrm{i} & 2\\ 2 & 0\\ 3 & 1\end{pmatrix}\right]^{-1}\begin{pmatrix}1-\mathrm{i} & 2 & 3\\ 2 & 0 & 1\end{pmatrix}$$

$$=\begin{pmatrix}15 & 5-2\mathrm{i}\\ 5+2\mathrm{i} & 5\end{pmatrix}^{-1}\begin{pmatrix}1-\mathrm{i} & 2 & 3\\ 2 & 0 & 1\end{pmatrix}=\frac{1}{46}\begin{pmatrix}5 & -5+2\mathrm{i}\\ -5-2\mathrm{i} & 15\end{pmatrix}\begin{pmatrix}1-\mathrm{i} & 2 & 3\\ 2 & 0 & 1\end{pmatrix}$$

$$=\frac{1}{46}\begin{pmatrix}-5-\mathrm{i} & 10 & 10+2\mathrm{i}\\ 23+3\mathrm{i} & -10-4\mathrm{i} & -6\mathrm{i}\end{pmatrix}.$$

若矩阵 $\boldsymbol{A}$ 既非行满秩又非列满秩,由定理 4 的证明(2) 知,$\boldsymbol{A}$ 有满秩分解

$$\boldsymbol{A}=\boldsymbol{P}^{-1}\begin{pmatrix}\boldsymbol{A}_r\\ \boldsymbol{O}\end{pmatrix}(\boldsymbol{E}_r\quad \boldsymbol{O})\,\boldsymbol{Q}^{-1}=\boldsymbol{BD},\tag{6-3}$$

则 $\boldsymbol{A}^{-}=\boldsymbol{D}_{\mathrm{R}}^{-1}\boldsymbol{B}_{\mathrm{L}}^{-1}$.

求 $\boldsymbol{P}$,$\boldsymbol{Q}$ 和 $\boldsymbol{A}_r$ 的方法如下:

先对$(\boldsymbol{A}\quad \boldsymbol{E})$ 进行初等行变换,当 $\boldsymbol{A}$ 变为 $\begin{pmatrix}\boldsymbol{A}_1\\ \boldsymbol{O}\end{pmatrix}$ 时,则 $\boldsymbol{E}$ 变为 $\boldsymbol{P}$,即

$$(\boldsymbol{A}\quad \boldsymbol{E})\xrightarrow{\text{行变换}}\begin{pmatrix}\boldsymbol{A}_1 & \\ \boldsymbol{O} & \boldsymbol{P}\end{pmatrix},\boldsymbol{PA}=\begin{pmatrix}\boldsymbol{A}_1\\ \boldsymbol{O}\end{pmatrix},$$

再对 $\begin{pmatrix}\boldsymbol{A}_1\\ \boldsymbol{E}\end{pmatrix}$ 进行初等列变换,当 $\boldsymbol{A}_1$ 变为$(\boldsymbol{A}_r\quad \boldsymbol{O})$ 时,则 $\boldsymbol{E}$ 变为 $\boldsymbol{Q}$,即

$$\begin{pmatrix}\boldsymbol{A}_1\\ \boldsymbol{E}\end{pmatrix}\xrightarrow{\text{列变换}}\begin{pmatrix}\boldsymbol{A}_r & \boldsymbol{O}\\ & \boldsymbol{Q}\end{pmatrix},\boldsymbol{A}_1\boldsymbol{Q}=(\boldsymbol{A}_r\quad \boldsymbol{O}),$$

如此即得到的式(6-3) 中的 $\boldsymbol{P}$,$\boldsymbol{Q}$ 和 $\boldsymbol{A}_r$.

例 2　设 $\boldsymbol{A}=\begin{pmatrix}1 & 2 & 0\\ 0 & 0 & 2\\ 2 & 4 & 1\end{pmatrix}$,求 $\boldsymbol{A}^{-}$.

解

$$(\boldsymbol{A}\quad \boldsymbol{E})=\begin{pmatrix}1&2&0&1&0&0\\0&0&2&0&1&0\\2&4&1&0&0&1\end{pmatrix}\xrightarrow{r_3-2r_1}\begin{pmatrix}1&2&0&1&0&0\\0&0&2&0&1&0\\0&0&1&-2&0&1\end{pmatrix}$$

$$\xrightarrow[r_3-2r_2]{r_2\leftrightarrow r_3}\begin{pmatrix}1&2&0&1&0&0\\0&0&1&-2&0&1\\0&0&0&4&1&-2\end{pmatrix},$$

所以$\boldsymbol{P}=\begin{pmatrix}1&0&0\\-2&0&1\\4&1&-2\end{pmatrix}$，$\boldsymbol{A}_1=\begin{pmatrix}1&2&0\\0&0&1\end{pmatrix}$，再对 $\boldsymbol{A}_1$ 进行列变换，求出 $\boldsymbol{Q}$ 和 $\boldsymbol{A}_r$：

$$\begin{pmatrix}\boldsymbol{A}_1\\\boldsymbol{E}\end{pmatrix}=\begin{pmatrix}1&2&0\\0&0&1\\1&0&0\\0&1&0\\0&0&1\end{pmatrix}\xrightarrow[c_2\leftrightarrow c_3]{c_2-2c_1}\begin{pmatrix}1&0&0\\0&1&0\\1&0&-2\\0&0&1\\0&1&0\end{pmatrix},$$

求得

$$\boldsymbol{Q}=\begin{pmatrix}1&0&-2\\0&0&1\\0&1&0\end{pmatrix},\boldsymbol{A}_r=\begin{pmatrix}1&0\\0&1\end{pmatrix}.$$

$$\boldsymbol{B}=\boldsymbol{P}^{-1}\begin{pmatrix}\boldsymbol{A}_r\\\boldsymbol{O}\end{pmatrix}=\begin{pmatrix}1&0&0\\-2&0&1\\4&1&-2\end{pmatrix}^{-1}\begin{pmatrix}1&0\\0&1\\0&0\end{pmatrix}=\begin{pmatrix}1&0&0\\0&2&1\\2&1&0\end{pmatrix}\begin{pmatrix}1&0\\0&1\\0&0\end{pmatrix}=\begin{pmatrix}1&0\\0&2\\2&1\end{pmatrix},$$

$$\boldsymbol{D}=(\boldsymbol{E}\quad \boldsymbol{O})\boldsymbol{Q}^{-1}=\begin{pmatrix}1&0&0\\0&1&0\end{pmatrix}\begin{pmatrix}1&0&-2\\0&0&1\\0&1&0\end{pmatrix}^{-1}=\begin{pmatrix}1&0&0\\0&1&0\end{pmatrix}\begin{pmatrix}1&2&0\\0&0&1\\0&1&0\end{pmatrix}=\begin{pmatrix}1&2&0\\0&0&1\end{pmatrix},$$

$$B_L^{-1}=(B^HB)^{-1}B^H=\left(\begin{pmatrix}1&0&2\\0&2&1\end{pmatrix}\begin{pmatrix}1&0\\0&2\\2&1\end{pmatrix}\right)^{-1}\begin{pmatrix}1&0&2\\0&2&1\end{pmatrix}=\begin{pmatrix}5&2\\2&5\end{pmatrix}^{-1}\begin{pmatrix}1&0&2\\0&2&1\end{pmatrix}$$

$$=\frac{1}{21}\begin{pmatrix}5&-2\\-2&5\end{pmatrix}\begin{pmatrix}1&0&2\\0&2&1\end{pmatrix}=\frac{1}{21}\begin{pmatrix}5&-4&8\\-2&10&1\end{pmatrix},$$

$$D_R^{-1}=D^H(DD^H)^{-1}=\begin{pmatrix}1&0\\2&0\\0&1\end{pmatrix}\left(\begin{pmatrix}1&2&0\\0&0&1\end{pmatrix}\begin{pmatrix}1&0\\2&0\\0&1\end{pmatrix}\right)^{-1}=\begin{pmatrix}1&0\\2&0\\0&1\end{pmatrix}\begin{pmatrix}5&0\\0&1\end{pmatrix}^{-1}$$

$$=\frac{1}{5}\begin{pmatrix}1&0\\2&0\\0&1\end{pmatrix}\begin{pmatrix}1&0\\0&5\end{pmatrix}=\frac{1}{5}\begin{pmatrix}1&0\\2&0\\0&5\end{pmatrix},$$

最后得

$$A^-=D_R^{-1}B_L^{-1}=\frac{1}{5}\times\frac{1}{21}\begin{pmatrix}1&0\\2&0\\0&5\end{pmatrix}\begin{pmatrix}5&-4&8\\-2&10&1\end{pmatrix}=\frac{1}{105}\begin{pmatrix}5&-4&8\\10&-8&16\\-10&50&5\end{pmatrix}.$$

七、用 A^- 表示相容方程组的通解

定理 7　设 $A\in C^{m\times n}$，$b\in C^m$，相容方程组 $Ax=b$ 的通解为

$$x=A^-b+(E-A^-A)y,$$

其中 y 为 C^n 中任意向量.

证明　因为方程组相容，所以有 x_0，使得 $Ax_0=b$，从而

$$Ax=AA^-b+A(E-A^-A)y=AA^-Ax_0+(A-AA^-A)y=Ax_0=b;$$

反之，若方程组有解 x_0：$Ax_0=b$，令 $y=x_0$，有

$$A^-b+(E-A^-A)y=A^-b+(E-A^-A)x_0$$

$$=A^-b+x_0-A^-Ax_0=A^-b+x_0-A^-b=x_0,$$

所以 $x=A^-b+(E-A^-A)y$ 为 $Ax=b$ 的通解. 证毕.

推论　齐次方程组 $Ax=0$ 的通解为

$$x=(E-A^{-}A)y.$$

尽管通解里的 y 有 n 个任意的分量,但这并不意味着解空间是 n 维的,这里 x 为 $E-A^{-}A$ 的列向量的全体线性组合,故解空间的维数应该为 $E-A^{-}A$ 的秩 $R(E-A^{-}A)$.

定理 8 $R(E-A^{-}A)=n-r$,其中 $r=R(A)$.

证明 对 A 进行满秩分解:$A=BD$,其中 B 为 $m\times r$ 列满秩矩阵,D 为 $r\times n$ 行满秩矩阵. 先取 A^{-} 为 $G=D_R^{-1}B_L^{-1}$,其中

$$D_R^{-1}=D^H(DD^H)^{-1},B_L^{-1}=(B^HB)^{-1}B^H.$$

则

$$E-A^{-}A=E-GA=E-D_R^{-1}B_L^{-1}BD=E-D_R^{-1}D.$$

构造一个行满秩的 $(n-r)\times n$ 矩阵 F,使 $DF^H=O$,$FD^H=O$,即 F 的行向量是由与 D 的行向量都正交的 $n-r$ 个线性无关的向量构成的. F 满足

$$FD_R^{-1}=FD^H(DD^H)^{-1}=O.$$

令 $P=\begin{pmatrix}D\\F\end{pmatrix}$,则 P 为 n 阶可逆矩阵.

$$P(E-GA)=P(E-D_R^{-1}D)=\begin{pmatrix}D\\F\end{pmatrix}(E-D_R^{-1}D)=\begin{pmatrix}D-DD_R^{-1}D\\F-FD_R^{-1}D\end{pmatrix}=\begin{pmatrix}O\\F\end{pmatrix},$$

由于 P 为可逆矩阵,故 $R(E-GA)=R\begin{pmatrix}O\\F\end{pmatrix}=n-r$.

对于一般的 g 逆 A^{-},由定理 6 知,总有 $V,W\in\mathbf{C}^{n\times m}$,使得

$$A^{-}=G+V(E-AG)+(E-GA)W,$$

则

$$\begin{aligned}E-A^{-}A&=E-[G+V(E-AG)+(E-GA)W]A\\&=(E-GA)(E-WA).\end{aligned}$$

由于矩阵乘积的秩不大于其因子的秩,故有

$$R(E-A^{-}A)\leqslant R(E-GA)=n-r.$$

同理,也有 $V_0,W_0\in\mathbf{C}^{n\times m}$,使得

$$G=A^{-}+V_0(E-AA^{-})+(E-A^{-}A)W_0,$$

又可得

$$\begin{aligned}E-GA&=E-[A^{-}+V_0(E-AA^{-})+(E-A^{-}A)W_0]A\\&=(E-A^{-}A)(E-W_0A),\end{aligned}$$

从而有

$$R(E-A^{-}A)\geqslant R(E-GA)=n-r.$$

综上所述，对任何 A^{-}，有 $R(E-A^{-}A)=n-r$. 证毕.

例 3　求 $Ax=b$ 的通解，其中

$$A=\begin{pmatrix}1&2&0\\0&0&2\\2&4&1\end{pmatrix},b=\begin{pmatrix}1\\2\\3\end{pmatrix}.$$

解　由例 2 知，

$$A^{-}=\frac{1}{105}\begin{pmatrix}5&-4&8\\10&-8&16\\-10&50&5\end{pmatrix},$$

故 $Ax=b$ 的通解为

$$\begin{aligned}x&=A^{-}b+(E-A^{-}A)y\\&=\frac{1}{105}\begin{pmatrix}5&-4&8\\10&-8&16\\-10&50&5\end{pmatrix}\begin{pmatrix}1\\2\\3\end{pmatrix}+\left[\begin{pmatrix}1&0&0\\0&1&0\\0&0&1\end{pmatrix}-\frac{1}{105}\begin{pmatrix}5&-4&8\\10&-8&16\\-10&50&5\end{pmatrix}\begin{pmatrix}1&2&0\\0&0&2\\2&4&1\end{pmatrix}\right]\begin{pmatrix}y_1\\y_2\\y_3\end{pmatrix}\\&=\begin{pmatrix}0.2\\0.4\\1\end{pmatrix}+\frac{1}{105}\begin{pmatrix}84&-42&0\\-42&21&0\\0&0&0\end{pmatrix}\begin{pmatrix}y_1\\y_2\\y_3\end{pmatrix}\\&=\begin{pmatrix}0.2\\0.4\\1\end{pmatrix}+y_1\begin{pmatrix}0.8\\-0.4\\0\end{pmatrix}+y_2\begin{pmatrix}-0.4\\0.2\\0\end{pmatrix}+y_3\begin{pmatrix}0\\0\\0\end{pmatrix}\end{aligned}$$

$$=\begin{pmatrix}0.2\\0.4\\1\end{pmatrix}+(0.4y_1-0.2y_2)\begin{pmatrix}2\\-1\\0\end{pmatrix}.$$

显然,此通解可表达为

$$x=\begin{pmatrix}0.2\\0.4\\1\end{pmatrix}+c\begin{pmatrix}2\\-1\\0\end{pmatrix}.$$

第三节　极小范数 g 逆 A_m^- 和最小二乘 g 逆 A_l^-

一、相容方程组的极小范数解和广义逆 A_m^-

相容线性方程组 $Ax=b$ 的解可能有很多,在许多实际问题中,往往要找出其中范数最小的那个解. 能否找到这样的矩阵 G,使 $x=Gb$ 不但是方程组的解,而且是范数最小的解呢? 首先,因为 $x=Gb$ 是解,则有 $G\in A\{1\}$,即 G 要满足 $AGA=A$. 当然仅仅这一个条件是不够的,下面讨论 G 还必须满足什么条件就够了.

这里用的向量范数为 2-范数: $\|x\|=\sqrt{x^{\mathrm{H}}x}$.

引理 1　对于给定的矩阵 $A\in \mathbf{C}^{m\times n}$ 和用 A 的列向量张成的线性空间 $S(A)$ 中任一向量 b,矩阵 G 使 $x=Gb$ 为相容方程组 $Ax=b$ 的最小范数解的充分必要条件是:

$$(GA)^{\mathrm{H}}(E-GA)=O.$$

证明　必要性:设 $(GA)^{\mathrm{H}}(E-GA)\neq O$,则必有 $z,y\in \mathbf{C}^n$,使得

$$z^{\mathrm{H}}(GA)^{\mathrm{H}}(E-GA)y\neq 0,$$

且不妨设 $\mathrm{Re}[z^{\mathrm{H}}(GA)^{\mathrm{H}}(E-GA)y]\neq 0$(因为若 $\mathrm{Re}[z^{\mathrm{H}}(GA)^{\mathrm{H}}(E-GA)y]=0$,则必有 $\mathrm{Im}[z^{\mathrm{H}}(GA)^{\mathrm{H}}(E-GA)y]\neq 0$,把 y 换为 $y\mathrm{i}$,即可使 $\mathrm{Re}[z^{\mathrm{H}}(GA)^{\mathrm{H}}(E-GA)y]\neq 0$). 令 $b=kAz$,k 为实数,$Gb=kGAz$ 为 $Ax=b$ 的一个解. 由通解的一般形式知,对上述的 b 和 y,

$$Gb+(E-GA)y=kGAz+(E-GA)y$$

也是解，其范数的平方为

$$\begin{aligned}&\|k\boldsymbol{GAz}+(\boldsymbol{E}-\boldsymbol{GA})\boldsymbol{y}\|^2\\=&\|k\boldsymbol{GAz}\|^2+\|(\boldsymbol{E}-\boldsymbol{GA})\boldsymbol{y}\|^2+2k\mathrm{Re}[\boldsymbol{z}^{\mathrm{H}}(\boldsymbol{GA})^{\mathrm{H}}(\boldsymbol{E}-\boldsymbol{GA})\boldsymbol{y}].\end{aligned}$$

由于 $\mathrm{Re}[\boldsymbol{z}^{\mathrm{H}}(\boldsymbol{GA})^{\mathrm{H}}(\boldsymbol{E}-\boldsymbol{GA})\boldsymbol{y}]\neq 0$，取 k 与它异号且适当选取 k 的绝对值，可使

$$\|(\boldsymbol{E}-\boldsymbol{GA})\boldsymbol{y}\|^2+2k\mathrm{Re}[\boldsymbol{z}^{\mathrm{H}}(\boldsymbol{GA})^{\mathrm{H}}(\boldsymbol{E}-\boldsymbol{GA})\boldsymbol{y}]<0,$$

这样有

$$\|k\boldsymbol{GAz}+(\boldsymbol{E}-\boldsymbol{GA})\boldsymbol{y}\|<\|k\boldsymbol{GAz}\|,$$

这就是说，对于上述的 $\boldsymbol{b}$ 和 $\boldsymbol{y}$，$\boldsymbol{x}=\boldsymbol{Gb}$ 不是 $\boldsymbol{Ax}=\boldsymbol{b}$ 的最小范数解.

充分性：设 $(\boldsymbol{GA})^{\mathrm{H}}(\boldsymbol{E}-\boldsymbol{GA})=\boldsymbol{O}$，又由于方程组 $\boldsymbol{Ax}=\boldsymbol{b}$ 相容，可设 $\boldsymbol{b}=\boldsymbol{Az}$，对于一般解 $\boldsymbol{Gb}+(\boldsymbol{E}-\boldsymbol{GA})\boldsymbol{y}$，有

$$\begin{aligned}&\|\boldsymbol{Gb}+(\boldsymbol{E}-\boldsymbol{GA})\boldsymbol{y}\|^2=\|\boldsymbol{GAz}+(\boldsymbol{E}-\boldsymbol{GA})\boldsymbol{y}\|^2\\=&\|\boldsymbol{GAz}\|^2+\|(\boldsymbol{E}-\boldsymbol{GA})\boldsymbol{y}\|^2+2\mathrm{Re}[\boldsymbol{z}^{\mathrm{H}}(\boldsymbol{GA})^{\mathrm{H}}(\boldsymbol{E}-\boldsymbol{GA})\boldsymbol{y}]\\=&\|\boldsymbol{GAz}\|^2+\|(\boldsymbol{E}-\boldsymbol{GA})\boldsymbol{y}\|^2\geqslant\|\boldsymbol{GAz}\|^2=\|\boldsymbol{Gb}\|^2,\end{aligned}$$

即 $\boldsymbol{Gb}$ 为范数最小的解. 证毕.

定理 1　对于给定的矩阵 $\boldsymbol{A}\in\mathbf{C}^{m\times n}$ 和用 $\boldsymbol{A}$ 的列向量张成的线性空间 $S(\boldsymbol{A})$ 中任一向量 $\boldsymbol{b}$，矩阵 $\boldsymbol{G}$ 使 $\boldsymbol{x}=\boldsymbol{Gb}$ 为相容方程组 $\boldsymbol{Ax}=\boldsymbol{b}$ 的最小范数解的充分必要条件是：$\boldsymbol{G}$ 满足

$$\boldsymbol{AGA}=\boldsymbol{A},\ (\boldsymbol{GA})^{\mathrm{H}}=\boldsymbol{GA},$$

或者说，$\boldsymbol{G}\in\boldsymbol{A}\{1,4\}$.

证明　必要性：设对于给定的矩阵 $\boldsymbol{A}$ 和 $S(\boldsymbol{A})$ 中任一向量 $\boldsymbol{b}$，矩阵 $\boldsymbol{G}$ 使 $\boldsymbol{x}=\boldsymbol{Gb}$ 为 $\boldsymbol{Ax}=\boldsymbol{b}$ 的最小范数解. 由于 $\boldsymbol{x}=\boldsymbol{Gb}$ 为解，故 $\boldsymbol{G}$ 满足 $\boldsymbol{AGA}=\boldsymbol{A}$，即 $\boldsymbol{G}\in\boldsymbol{A}\{1\}$. 又由引理知，$\boldsymbol{G}$ 满足 $(\boldsymbol{GA})^{\mathrm{H}}(\boldsymbol{E}-\boldsymbol{GA})=\boldsymbol{O}$，即有 $(\boldsymbol{GA})^{\mathrm{H}}=(\boldsymbol{GA})^{\mathrm{H}}\boldsymbol{GA}$，故

$$(\boldsymbol{GA})^{\mathrm{H}}=(\boldsymbol{GA})^{\mathrm{H}}\boldsymbol{GA}=[(\boldsymbol{GA})^{\mathrm{H}}\boldsymbol{GA}]^{\mathrm{H}}=[(\boldsymbol{GA})^{\mathrm{H}}]^{\mathrm{H}}=\boldsymbol{GA},$$

也就是 $\boldsymbol{G}\in\boldsymbol{A}\{4\}$.

充分性：设 $\boldsymbol{G}$ 满足 $\boldsymbol{AGA}=\boldsymbol{A}$，$(\boldsymbol{GA})^{\mathrm{H}}=\boldsymbol{GA}$，则 $\boldsymbol{x}=\boldsymbol{Gb}$ 为 $\boldsymbol{AxAx}=\boldsymbol{b}$ 的解，且

$$(\boldsymbol{GA})^{\mathrm{H}}(\boldsymbol{E}-\boldsymbol{GA})=\boldsymbol{GA}(\boldsymbol{E}-\boldsymbol{GA})=\boldsymbol{G}(\boldsymbol{A}-\boldsymbol{AGA})=\boldsymbol{O},$$

从而由引理 1 知 $x=Gb$ 为 $Ax=b$ 的最小范数解. 证毕.

定义 1 对于相容方程组 $Ax=b$,矩阵 G 使 $x=Gb$ 为最小范数解,则称 G 为 A 的**极小范数 g 逆**,记为 A_m^-.

由定理 1 知,$G=A_m^-$ 的充分必要条件是 G 满足

$$AGA=A,(GA)^{\mathrm{H}}=GA,$$

即 $G\in A\{1,4\}$.

一般来说,对于给定的矩阵 A,其极小范数 g 逆不是唯一的,但是其最小范数解是唯一的,唯一性证明如下:

给定相容方程组 $Ax=b$,G 为 A 的极小范数 g 逆,则 $x=Gb$ 为最小范数解. 假设还有一个最小范数解 x_0:$\|x_0\|=\|Gb\|$,由解的一般表达式知 x_0 可表示为 $x_0=Gb+(E-GA)y$,则有

$$\begin{aligned}\|Gb\|^2=\|x_0\|^2&=\|Gb+(E-GA)y\|^2\\&=\|Gb\|^2+\|(E-GA)y\|^2+2\mathrm{Re}[(Gb)^{\mathrm{H}}(E-GA)y],\end{aligned}$$

由于方程组相容,b 可表示为 $b=Az$,并注意 $(GA)^{\mathrm{H}}=GA$,有

$$\begin{aligned}\|Gb\|^2&=\|Gb\|^2+\|(E-GA)y\|^2+2\mathrm{Re}[(GAz)^{\mathrm{H}}(E-GA)y]\\&=\|Gb\|^2+\|(E-GA)y\|^2+2\mathrm{Re}[z^{\mathrm{H}}(GA)^{\mathrm{H}}(E-GA)y]\\&=\|Gb\|^2+\|(E-GA)y\|^2+2\mathrm{Re}[z^{\mathrm{H}}(GA)(E-GA)y]\\&=\|Gb\|^2+\|(E-GA)y\|^2+2\mathrm{Re}[z^{\mathrm{H}}G(A-AGA)y]\\&=\|Gb\|^2+\|(E-GA)y\|^2,\end{aligned}$$

于是得 $\|(E-GA)y\|^2=0$,从而 $(E-GA)y=\mathbf{0}$,由 x_0 的表达式得 $x_0=Gb$,这样证明了唯一性.

既然 A_m^- 不是唯一的,让我们来找出它的通式.

引理 2 已知 $G_0\in A\{1,4\}$,即 $AG_0A=A$,$(G_0A)^{\mathrm{H}}=G_0A$,则任一矩阵 $G\in A\{1,4\}$ 的充分必要条件是

$$GA=G_0A.$$

证明 充分性:设 $GA=G_0A$,则

$$AGA=AG_0A=A,(GA)^{\mathrm{H}}=(G_0A)^{\mathrm{H}}=G_0A=GA,$$

故有 $G\in A\{1,4\}$.

必要性：设 $\boldsymbol{G} \in \boldsymbol{A}\{1,4\}$，则

$$\boldsymbol{GA} = (\boldsymbol{GA})^{\mathrm{H}} = \boldsymbol{A}^{\mathrm{H}}\boldsymbol{G}^{\mathrm{H}} = (\boldsymbol{AG}_0\boldsymbol{A})^{\mathrm{H}}\boldsymbol{G}^{\mathrm{H}} = \boldsymbol{A}^{\mathrm{H}}\boldsymbol{G}_0^{\mathrm{H}}\boldsymbol{A}^{\mathrm{H}}\boldsymbol{G}^{\mathrm{H}}$$

$$= (\boldsymbol{G}_0\boldsymbol{A})^{\mathrm{H}}(\boldsymbol{GA})^{\mathrm{H}} = \boldsymbol{G}_0\boldsymbol{AGA} = \boldsymbol{G}_0\boldsymbol{A}.$$

证毕.

定理 2　设 $\boldsymbol{G}$ 为 $\boldsymbol{A}$ 的一个极小范数 g 逆，则 $\boldsymbol{A}$ 的任何极小范数 g 逆可表示为

$$\boldsymbol{A}_m^- = \boldsymbol{G} + \boldsymbol{Z}(\boldsymbol{E} - \boldsymbol{AG}),$$

其中 $\boldsymbol{Z}$ 为与 $\boldsymbol{G}$ 同型的任意矩阵.

证明　充分性：已知 $\boldsymbol{G}$ 为 $\boldsymbol{A}$ 的一个极小范数 g 逆，即 $\boldsymbol{G} \in \boldsymbol{A}\{1,4\}$，则

$$[\boldsymbol{G} + \boldsymbol{Z}(\boldsymbol{E} - \boldsymbol{AG})]\boldsymbol{A} = \boldsymbol{GA} + \boldsymbol{Z}(\boldsymbol{E} - \boldsymbol{AG})\boldsymbol{A} = \boldsymbol{GA},$$

由引理 2 知 $\boldsymbol{G} + \boldsymbol{Z}(\boldsymbol{E} - \boldsymbol{AG}) \in \boldsymbol{A}\{1,4\}$，即 $\boldsymbol{G} + \boldsymbol{Z}(\boldsymbol{E} - \boldsymbol{AG})$ 也为极小范数 g 逆.

必要性：设 $\boldsymbol{G}_0$ 也是一个极小范数 g 逆，由引理 2 有 $\boldsymbol{G}_0\boldsymbol{A} = \boldsymbol{GA}$，则

$$\boldsymbol{G}_0 = \boldsymbol{G} + \boldsymbol{G}_0 - \boldsymbol{G} = \boldsymbol{G} + (\boldsymbol{G}_0 - \boldsymbol{G}) - (\boldsymbol{G}_0\boldsymbol{A} - \boldsymbol{GA})\boldsymbol{G}$$

$$= \boldsymbol{G} + (\boldsymbol{G}_0 - \boldsymbol{G})(\boldsymbol{E} - \boldsymbol{AG}) = \boldsymbol{G} + \boldsymbol{Z}(\boldsymbol{E} - \boldsymbol{AG}),$$

其中 $\boldsymbol{Z} = \boldsymbol{G}_0 - \boldsymbol{G}$. 证毕.

在本章第二节中，定理 4 给出了构造 g 逆的方法，定理 5 指出这样构造的 g 逆属于 $\boldsymbol{A}\{1,2,3,4\}$，因此也属于 $\boldsymbol{A}\{1,4\}$，即 $\boldsymbol{A}_m^-$ 可按本章第二节定理 4 的方法构造出来.

二、方程组的最小二乘解和广义逆 $\boldsymbol{A}_l^-$

前面方程组求解问题的讨论都是在方程组相容的前提下进行的，但是在实际问题中，遇到的往往是不相容方程组. 对于这样的方程组，只能求出近似解，常用的是所谓最小二乘解：对于方程组 $\boldsymbol{Ax} = \boldsymbol{b}$，若 $\boldsymbol{x}$ 满足

$$\| \boldsymbol{Ax} - \boldsymbol{b} \| = \min,$$

则称 $\boldsymbol{x}$ 为方程组 $\boldsymbol{Ax} = \boldsymbol{b}$ 的**最小二乘解**. 其中向量范数 $\| \cdot \|$ 取 2-范数，即 $\| \boldsymbol{x} \| = \sqrt{\boldsymbol{x}^{\mathrm{H}}\boldsymbol{x}}$.

接下来自然会有这样的问题：是否存在矩阵 $\boldsymbol{G}$，使得 $\boldsymbol{x} = \boldsymbol{Gb}$ 就是方程组 $\boldsymbol{Ax} = \boldsymbol{b}$ 的最小二乘解？$\boldsymbol{G}$ 如果存在，应满足什么条件？

定理 3　给定矩阵 $\boldsymbol{A} \in \mathbf{C}^{m \times n}$，对于任意的向量 $\boldsymbol{b} \in \mathbf{C}^m$，矩阵 $\boldsymbol{G}$ 使得 $\boldsymbol{x} = \boldsymbol{Gb}$ 为方程组 $\boldsymbol{Ax} = \boldsymbol{b}$ 的最小二乘解的充分必要条件是：$\boldsymbol{G}$ 满足

$$AGA = A, (AG)^{\mathrm{H}} = AG,$$

或者说,$G \in A\{1,3\}$.

证明 必要性:设 $x = Gb$ 为 $Ax = b$ 的最小二乘解,对于任何 $x_0 \in \mathbf{C}^n$,

$$\begin{aligned}
&\| Ax_0 - b \|^2 \\
&= \| AGb - b + A(x_0 - Gb) \|^2 \\
&= \| AGb - b \|^2 + \| A(x_0 - Gb) \|^2 + (AGb - b)^{\mathrm{H}} A(x_0 - Gb) \\
&\quad + [A(x_0 - Gb)]^{\mathrm{H}} (AGb - b) \\
&= \| AGb - b \|^2 + \| A(x_0 - Gb) \|^2 + b^{\mathrm{H}} (AG - E)^{\mathrm{H}} A(x_0 - Gb) \\
&\quad + [A(x_0 - Gb)]^{\mathrm{H}} (AG - E) b.
\end{aligned}$$

由于 x_0 是任意的,取 $x_0 = Hb$,其中 H 满足 $AHA = A, (AH)^{\mathrm{H}} = AH$,即 $H \in A\{1,3\}$(由上一节定理 4 和定理 5 知,这样的 H 是存在并可求的),进而可得 H 满足

$$AH = AHAH = (AH)^{\mathrm{H}} AH, AG = AHAG = (AH)^{\mathrm{H}} AG,$$

于是有

$$\| A(x_0 - Gb) \|^2 = \| A(Hb - Gb) \|^2 = \| A(H - G) b \|^2,$$

$$\begin{aligned}
b^{\mathrm{H}} (AG - E)^{\mathrm{H}} A(x_0 - Gb) &= b^{\mathrm{H}} [(AG)^{\mathrm{H}} - E)](AH - AG) b \\
&= b^{\mathrm{H}} [(AG)^{\mathrm{H}} AH - AH - (AG)^{\mathrm{H}} AG + AG] b \\
&= b^{\mathrm{H}} [(AG)^{\mathrm{H}} AH - (AH)^{\mathrm{H}} AH - (AG)^{\mathrm{H}} AG \\
&\quad + (AH)^{\mathrm{H}} AG] b \\
&= -[A(H - G) b]^{\mathrm{H}} [A(H - G) b] \\
&= -\| A(H - G) b \|^2,
\end{aligned}$$

$$\begin{aligned}
[A(x_0 - Gb)]^{\mathrm{H}} (AG - E) b &= \overline{b^{\mathrm{H}} (AG - E)^{\mathrm{H}} A(x_0 - Gb)} \\
&= \overline{-\| A(H - G) b \|^2} = -\| A(H - G) b \|^2,
\end{aligned}$$

这样一来,有

$$\| Ax_0 - b \|^2 = \| AGb - b \|^2 - \| A(H - G) b \|^2.$$

但是由于 $x = Gb$ 为 $Ax = b$ 的最小二乘解,因此必须有 $\| A(H - G) b \|^2 = 0$,从而

有 $\boldsymbol{A}(\boldsymbol{H}-\boldsymbol{G})\boldsymbol{b}=\boldsymbol{0}$,由 $\boldsymbol{b}$ 的任意性可得 $\boldsymbol{A}(\boldsymbol{H}-\boldsymbol{G})=\boldsymbol{O}$,即 $\boldsymbol{AH}=\boldsymbol{AG}$,这样有

$$\boldsymbol{AGA}=\boldsymbol{AHA}=\boldsymbol{A},$$

$$(\boldsymbol{AG})^{\mathrm{H}}=(\boldsymbol{AH})^{\mathrm{H}}=\boldsymbol{AH}=\boldsymbol{AG},$$

即 $\boldsymbol{G}\in\boldsymbol{A}\{1,3\}$.

充分性:设 $\boldsymbol{G}\in\boldsymbol{A}\{1,3\}$,即 $\boldsymbol{AGA}=\boldsymbol{A}$,$(\boldsymbol{AG})^{\mathrm{H}}=\boldsymbol{AG}$,则有

$$\boldsymbol{G}\in\boldsymbol{A}\{1,3\},$$

$$\boldsymbol{A}^{\mathrm{H}}(\boldsymbol{AG}-\boldsymbol{E})=[(\boldsymbol{AG}-\boldsymbol{E})^{\mathrm{H}}\boldsymbol{A}]^{\mathrm{H}}=\boldsymbol{O}.$$

对于任何 $\boldsymbol{x}_0\in\mathbf{C}^n$,由必要性证明中的推导,有

$$\begin{aligned}
&\|\boldsymbol{A}\boldsymbol{x}_0-\boldsymbol{b}\|^2\\
=&\|\boldsymbol{AGb}-\boldsymbol{b}\|^2+\|\boldsymbol{A}(\boldsymbol{x}_0-\boldsymbol{Gb})\|^2+\boldsymbol{b}^{\mathrm{H}}(\boldsymbol{AG}-\boldsymbol{E})^{\mathrm{H}}\boldsymbol{A}(\boldsymbol{x}_0-\boldsymbol{Gb})\\
&+[\boldsymbol{A}(\boldsymbol{x}_0-\boldsymbol{Gb})]^{\mathrm{H}}(\boldsymbol{AG}-\boldsymbol{E})\boldsymbol{b}\\
=&\|\boldsymbol{AGb}-\boldsymbol{b}\|^2+\|\boldsymbol{A}(\boldsymbol{x}_0-\boldsymbol{Gb})\|^2+\boldsymbol{b}^{\mathrm{H}}(\boldsymbol{AG}-\boldsymbol{E})\boldsymbol{A}(\boldsymbol{x}_0-\boldsymbol{Gb})\\
&+(\boldsymbol{x}_0-\boldsymbol{Gb})^{\mathrm{H}}\boldsymbol{A}^{\mathrm{H}}[(\boldsymbol{AG})^{\mathrm{H}}-\boldsymbol{E}]\boldsymbol{b}\\
=&\|\boldsymbol{AGb}-\boldsymbol{b}\|^2+\|\boldsymbol{A}(\boldsymbol{x}_0-\boldsymbol{Gb})\|^2\geqslant\|\boldsymbol{AGb}-\boldsymbol{b}\|^2.
\end{aligned}$$

由于 $\boldsymbol{x}_0$ 是任意的,这就说明了 $\|\boldsymbol{AGb}-\boldsymbol{b}\|=\min$,即 $\boldsymbol{x}=\boldsymbol{Gb}$ 为 $\boldsymbol{Ax}=\boldsymbol{b}$ 的最小二乘解. 证毕.

定义 2　给定矩阵 $\boldsymbol{A}\in\mathbf{C}^{m\times n}$,对于任意的向量 $\boldsymbol{b}\in\mathbf{C}^m$,矩阵 $\boldsymbol{G}$ 使得 $\boldsymbol{x}=\boldsymbol{Gb}$ 为方程组 $\boldsymbol{Ax}=\boldsymbol{b}$ 的最小二乘解,则称 $\boldsymbol{G}$ 为 $\boldsymbol{A}$ 的**最小二乘 g 逆**,记为 $\boldsymbol{A}_l^-$.

由定理 3 知,$\boldsymbol{G}=\boldsymbol{A}_l^-$ 的充分必要条件是 $\boldsymbol{G}$ 满足

$$\boldsymbol{AGA}=\boldsymbol{A},(\boldsymbol{AG})^{\mathrm{H}}=\boldsymbol{AG},$$

即 $\boldsymbol{G}\in\boldsymbol{A}\{1,3\}$.

矩阵的最小二乘 g 逆可能不唯一,方程组的最小二乘解也可能不唯一.

例如方程组 $\boldsymbol{Ax}=\boldsymbol{b}$,其中

$$\boldsymbol{A}=\begin{pmatrix}1&2&1\\2&1&-1\\1&1&0\end{pmatrix},\boldsymbol{b}=\begin{pmatrix}1\\1\\0\end{pmatrix},$$

可验证

$$G_1=\frac{1}{33}\begin{pmatrix}-1&10&3\\10&-1&3\\11&-11&0\end{pmatrix},G_2=\frac{1}{33}\begin{pmatrix}32&43&36\\-23&-34&-30\\44&22&33\end{pmatrix}$$

都是 $\boldsymbol{A}$ 的最小二乘 g 逆,因此

$$\boldsymbol{x}_1=\boldsymbol{G}_1\boldsymbol{b}=\frac{1}{11}\begin{pmatrix}3\\3\\0\end{pmatrix},\boldsymbol{x}_2=\boldsymbol{G}_2\boldsymbol{b}=\frac{1}{11}\begin{pmatrix}25\\-19\\22\end{pmatrix}$$

都是最小二乘解,可验证 $\boldsymbol{Ax}_1=\boldsymbol{Ax}_2$.

既然矩阵的最小二乘 g 逆可能不唯一,下面来推导它的通式.

引理 3 已知 $\boldsymbol{G}_0\in\boldsymbol{A}\{1,3\}$,即 $\boldsymbol{AG}_0\boldsymbol{A}=\boldsymbol{A}$,$(\boldsymbol{AG}_0)^{\mathrm{H}}=\boldsymbol{AG}_0$,则任一矩阵 $\boldsymbol{G}\in\boldsymbol{A}\{1,3\}$ 的充分必要条件是

$$\boldsymbol{AG}=\boldsymbol{AG}_0.$$

证明 充分性:设 $\boldsymbol{AG}=\boldsymbol{AG}_0$,则

$$\boldsymbol{AGA}=\boldsymbol{AG}_0\boldsymbol{A}=\boldsymbol{A},$$

$$(\boldsymbol{AG})^{\mathrm{H}}=(\boldsymbol{AG}_0)^{\mathrm{H}}=\boldsymbol{AG}_0=\boldsymbol{AG},$$

即 $\boldsymbol{G}\in\boldsymbol{A}\{1,3\}$.

必要性:设 $\boldsymbol{G}\in\boldsymbol{A}\{1,3\}$,即 $\boldsymbol{AGA}=\boldsymbol{A}$,$(\boldsymbol{AG})^{\mathrm{H}}=\boldsymbol{AG}$,则

$$\begin{aligned}\boldsymbol{AG}&=\boldsymbol{AG}_0\boldsymbol{AG}=(\boldsymbol{AG}_0)^{\mathrm{H}}(\boldsymbol{AG})^{\mathrm{H}}=\boldsymbol{G}_0^{\mathrm{H}}\boldsymbol{A}^{\mathrm{H}}\boldsymbol{G}^{\mathrm{H}}\boldsymbol{A}^{\mathrm{H}}\\&=\boldsymbol{G}_0^{\mathrm{H}}(\boldsymbol{AGA})^{\mathrm{H}}=\boldsymbol{G}_0^{\mathrm{H}}\boldsymbol{A}^{\mathrm{H}}=(\boldsymbol{AG}_0)^{\mathrm{H}}=\boldsymbol{AG}_0.\end{aligned}$$

证毕.

定理 4 设 $\boldsymbol{G}$ 为 $\boldsymbol{A}$ 的一个最小二乘 g 逆,则 $\boldsymbol{A}$ 的任何最小二乘 g 逆 $\boldsymbol{A}_l^-$ 可表示为

$$\boldsymbol{A}_l^-=\boldsymbol{G}+(\boldsymbol{E}-\boldsymbol{GA})\boldsymbol{Z},$$

其中 $\boldsymbol{Z}$ 是任何与 $\boldsymbol{G}$ 同型的矩阵.

证明 $\boldsymbol{G}$ 为 $\boldsymbol{A}$ 的一个最小二乘 g 逆,即 $\boldsymbol{G}\in\boldsymbol{A}\{1,3\}$,先证 $\boldsymbol{G}+(\boldsymbol{E}-\boldsymbol{GA})\boldsymbol{Z}$ 也是 $\boldsymbol{A}$ 的最小二乘 g 逆:

$$\boldsymbol{A}[\boldsymbol{G}+(\boldsymbol{E}-\boldsymbol{GA})\boldsymbol{Z}]=\boldsymbol{AG}+(\boldsymbol{A}-\boldsymbol{AGA})\boldsymbol{Z}=\boldsymbol{AG},$$

由引理3知 $\boldsymbol{G}+(\boldsymbol{E}-\boldsymbol{GA})\boldsymbol{Z}\in\boldsymbol{A}\{1,3\}$，即 $\boldsymbol{G}+(\boldsymbol{E}-\boldsymbol{GA})\boldsymbol{Z}$ 也是 $\boldsymbol{A}$ 的最小二乘g逆.

再证 $\boldsymbol{A}$ 的任何一个最小二乘g逆都可表示为 $\boldsymbol{G}+(\boldsymbol{E}-\boldsymbol{GA})\boldsymbol{Z}$ 的形式：任取 $\boldsymbol{A}$ 的一个最小二乘g逆 $\boldsymbol{G}_0$，令 $\boldsymbol{Z}=\boldsymbol{G}_0-\boldsymbol{G}$，并注意由引理3有 $\boldsymbol{AG}=\boldsymbol{AG}_0$，则

$$\begin{aligned}\boldsymbol{G}+(\boldsymbol{E}-\boldsymbol{GA})\boldsymbol{Z}&=\boldsymbol{G}+(\boldsymbol{E}-\boldsymbol{GA})(\boldsymbol{G}_0-\boldsymbol{G})\\&=\boldsymbol{G}+\boldsymbol{G}_0-\boldsymbol{GA}\boldsymbol{G}_0-\boldsymbol{G}+\boldsymbol{GAG}=\boldsymbol{G}_0.\end{aligned}$$

证毕.

定理5　设 $\boldsymbol{G}$ 为 $\boldsymbol{A}$ 的一个最小二乘g逆，则方程组 $\boldsymbol{Ax}=\boldsymbol{b}$ 的最小二乘解的通式是

$$\boldsymbol{x}=\boldsymbol{Gb}+(\boldsymbol{E}-\boldsymbol{GA})\boldsymbol{y},$$

其中 $\boldsymbol{y}$ 是任一与 $\boldsymbol{x}$ 同型的向量.

证明　先证 $\boldsymbol{x}=\boldsymbol{Gb}+(\boldsymbol{E}-\boldsymbol{GA})\boldsymbol{y}$ 也是 $\boldsymbol{Ax}=\boldsymbol{b}$ 的最小二乘解. 因为 $\boldsymbol{Gb}$ 为 $\boldsymbol{Ax}=\boldsymbol{b}$ 的最小二乘解，$\|\boldsymbol{AGb}-\boldsymbol{b}\|=\min$，且 $\boldsymbol{G}\in\boldsymbol{A}\{1,3\}$，有

$$\boldsymbol{A}[\boldsymbol{Gb}+(\boldsymbol{E}-\boldsymbol{GA})\boldsymbol{y}]=\boldsymbol{AGb}+(\boldsymbol{A}-\boldsymbol{AGA})\boldsymbol{y}]=\boldsymbol{AGb},$$

所以 $\boldsymbol{x}=\boldsymbol{Gb}+(\boldsymbol{E}-\boldsymbol{GA})\boldsymbol{y}$ 也是 $\boldsymbol{Ax}=\boldsymbol{b}$ 的最小二乘解.

再证 $\boldsymbol{Ax}=\boldsymbol{b}$ 的任一最小二乘解 $\boldsymbol{x}_0$ 可表示为 $\boldsymbol{Gb}+(\boldsymbol{E}-\boldsymbol{GA})\boldsymbol{y}$ 的形式. 因为 $\boldsymbol{G}\in\boldsymbol{A}\{1,3\}$，可得

$$(\boldsymbol{AG}-\boldsymbol{E})^{\mathrm{H}}\boldsymbol{A}=[(\boldsymbol{AG})^{\mathrm{H}}-\boldsymbol{E}]\boldsymbol{A}=(\boldsymbol{AG}-\boldsymbol{E})\boldsymbol{A}=\boldsymbol{O},$$

$$\boldsymbol{A}^{\mathrm{H}}(\boldsymbol{AG}-\boldsymbol{E})=[(\boldsymbol{AG}-\boldsymbol{E})^{\mathrm{H}}\boldsymbol{A}]^{\mathrm{H}}=\boldsymbol{O},$$

所以

$$\begin{aligned}&\|\boldsymbol{Ax}_0-\boldsymbol{b}\|^2=\|\boldsymbol{AGb}-\boldsymbol{b}+\boldsymbol{A}(\boldsymbol{x}_0-\boldsymbol{Gb})\|^2\\&=\|\boldsymbol{AGb}-\boldsymbol{b}\|^2+\|\boldsymbol{A}(\boldsymbol{x}_0-\boldsymbol{Gb})\|^2+(\boldsymbol{AGb}-\boldsymbol{b})^{\mathrm{H}}\boldsymbol{A}(\boldsymbol{x}_0-\boldsymbol{Gb})\\&\quad+[\boldsymbol{A}(\boldsymbol{x}_0-\boldsymbol{Gb})]^{\mathrm{H}}(\boldsymbol{AGb}-\boldsymbol{b})\\&=\|\boldsymbol{AGb}-\boldsymbol{b}\|^2+\|\boldsymbol{A}(\boldsymbol{x}_0-\boldsymbol{Gb})\|^2+\boldsymbol{b}^{\mathrm{H}}(\boldsymbol{AG}-\boldsymbol{E})^{\mathrm{H}}\boldsymbol{A}(\boldsymbol{x}_0-\boldsymbol{Gb})\\&\quad+(\boldsymbol{x}_0-\boldsymbol{Gb})^{\mathrm{H}}\boldsymbol{A}^{\mathrm{H}}(\boldsymbol{AG}-\boldsymbol{E})\boldsymbol{b}\\&=\|\boldsymbol{AGb}-\boldsymbol{b}\|^2+\|\boldsymbol{A}(\boldsymbol{x}_0-\boldsymbol{Gb})\|^2+0+0.\end{aligned}$$

由于 $\boldsymbol{x}_0$ 也为最小二乘解，则 $\|\boldsymbol{Ax}_0-\boldsymbol{b}\|^2=\|\boldsymbol{AGb}-\boldsymbol{b}\|^2$，可得

$$\| \boldsymbol{A}(\boldsymbol{x}_0 - \boldsymbol{Gb}) \|^2 = 0,$$

从而

$$\boldsymbol{A}(\boldsymbol{x}_0 - \boldsymbol{Gb}) = \boldsymbol{0},$$

这说明$\boldsymbol{x}_0 - \boldsymbol{Gb}$为齐次线性方程组$\boldsymbol{Ax} = \boldsymbol{0}$的解,根据本章第二节定理7推论中齐次线性方程组$\boldsymbol{Ax} = \boldsymbol{0}$的通解形式知,存在向量$\boldsymbol{y}$使得$\boldsymbol{x}_0 - \boldsymbol{Gb} = (\boldsymbol{E} - \boldsymbol{GA})\boldsymbol{y}$,即

$$\boldsymbol{x}_0 = \boldsymbol{Gb} + (\boldsymbol{E} - \boldsymbol{GA})\boldsymbol{y}.$$

证毕.

同$\boldsymbol{A}_m^-$一样,$\boldsymbol{A}_l^-$也可用第六章第二节定理4的方法构造出来.

第四节　极小最小二乘 g 逆 $\boldsymbol{A}^+$

前文分别引入了矩阵$\boldsymbol{A}$的g逆、反射g逆、极小范数g逆、最小二乘g逆,它们分别属于$\boldsymbol{A}\{1\}$,$\boldsymbol{A}\{1,2\}$,$\boldsymbol{A}\{1,4\}$,$\boldsymbol{A}\{1,3\}$.本章第二节定理4给出了构造g逆的方法,用这种方法得到的g逆属于$\boldsymbol{A}\{1,2,3,4\}$.因此,这样得到的矩阵$\boldsymbol{G}$不但是$\boldsymbol{A}$的g逆,也是$\boldsymbol{A}$的反射逆.而且,$\boldsymbol{x} = \boldsymbol{Gb}$是方程组$\boldsymbol{Ax} = \boldsymbol{b}$的最小二乘解,若$\boldsymbol{Ax} = \boldsymbol{b}$相容,$\boldsymbol{x} = \boldsymbol{Gb}$还是极小范数解.但是,如果方程组$\boldsymbol{Ax} = \boldsymbol{b}$不相容,最小二乘解就可能不唯一,那么$\boldsymbol{x} = \boldsymbol{Gb}$是否仍然为极小最小二乘解,即范数最小的最小二乘解呢?下面的定理作了肯定的回答.

定理1　设方程组$\boldsymbol{Ax} = \boldsymbol{b}$不相容,$\boldsymbol{G} \in \boldsymbol{A}\{1,2,3,4\}$,则$\boldsymbol{x} = \boldsymbol{Gb}$为极小最小二乘解.

证明　由于$\boldsymbol{G} \in \boldsymbol{A}\{1,2,3,4\} \subseteq \boldsymbol{A}\{1,4\}$,$\boldsymbol{x} = \boldsymbol{Gb}$是一个最小二乘解,设$\boldsymbol{x} = \boldsymbol{x}_0$为任意一个最小二乘解,则

$$\begin{aligned}\| \boldsymbol{x}_0 \|^2 &= \| \boldsymbol{Gb} + (\boldsymbol{x}_0 - \boldsymbol{Gb}) \|^2 \\ &= \| \boldsymbol{Gb} \|^2 + \| \boldsymbol{x}_0 - \boldsymbol{Gb} \|^2 + \boldsymbol{b}^{\mathrm{H}}\boldsymbol{G}^{\mathrm{H}}(\boldsymbol{x}_0 - \boldsymbol{Gb}) + (\boldsymbol{x}_0 - \boldsymbol{Gb})^{\mathrm{H}}\boldsymbol{Gb},\end{aligned}$$

由最小二乘解的通式(本章第三节定理5)知,$\boldsymbol{x}_0$可表示为$\boldsymbol{x}_0 = \boldsymbol{Gb} + (\boldsymbol{E} - \boldsymbol{GA})\boldsymbol{y}$,故有

$$\boldsymbol{x}_0 - \boldsymbol{Gb} = (\boldsymbol{E} - \boldsymbol{GA})\boldsymbol{y},$$

又由于$\boldsymbol{G} \in \boldsymbol{A}\{1,2,3,4\}$,$(\boldsymbol{GA})^{\mathrm{H}} = \boldsymbol{GA}$且$\boldsymbol{GAG} = \boldsymbol{A}$,所以

$$b^H G^H (x_0 - Gb) = b^H G^H (E - GA) y = b^H G^H [E - (GA)^H] y$$
$$= b^H (G - GAG)^H y = 0,$$
$$(x_0 - Gb)^H Gb = \overline{b^H G^H (x_0 - Gb)} = 0,$$

于是有

$$\| x_0 \|^2 = \| Gb \|^2 + \| x_0 - Gb \|^2 \geqslant \| Gb \|^2,$$

即 $x = Gb$ 为极小最小二乘解. 证毕.

定义　给定矩阵 A，若矩阵 $G \in A\{1,2,3,4\}$，即 G 满足如下四个条件：

(1) $AGA = A$；

(2) $GAG = G$；

(3) $(AG)^H = AG$；

(4) $(GA)^H = GA$，

则称矩阵 G 为矩阵 A 的**极小最小二乘 g 逆**（或 Moore - Penrose 逆），记为 A^+.

定理 2　任给非零矩阵 A，A^+ 存在且唯一.

证明　存在性是显然的，因为对所给的矩阵 A，用本章第二节定理 4 的方法所构造的 g 逆属于 $A\{1,2,3,4\}$，这也就是 A^+.

下面证明唯一性. 假设矩阵 G_1，G_2 都是 A^+，则

$$G_1 = G_1 A G_1 = G_1 A G_2 A G_1 = (G_1 A)(G_2 A) G_1 = (G_1 A)^H (G_2 A)^H G_1$$
$$= A^H G_1^H A^H G_2^H G_1 = (A G_1 A)^H G_2^H G_1 = A^H G_2^H G_1 = (G_2 A)^H G_1$$
$$= G_2 A G_1 = G_2 A G_2 A G_1 = G_2 (A G_2)^H (A G_1)^H = G_2 G_2^H A^H G_1^H A^H$$
$$= G_2 G_2^H A^H = G_2 (A G_2)^H = G_2 A G_2 = G_2.$$

证毕.

推论　不相容方程组 $Ax = b$ 有唯一的极小最小二乘解 $x = A^+ b$.

证明　$x = A^+ b$ 为 $Ax = b$ 的极小最小二乘解. 设 x_0 也是 $Ax = b$ 的极小最小二乘解，则有 $\| x_0 \| = \| A^+ b \|$，且由最小二乘解的通解公式，有

$$x_0 = A^+ b + (E - A^+ A) y,$$

于是

$$\| x_0 \|^2 = \| A^+ b + (E - A^+ A) y \|^2$$
$$= \| A^+ b \|^2 + \| (E - A^+ A) y \|^2 + b^H (A^+)^H (E - A^+ A) y$$
$$+ y^H (E - A^+ A)^H A^+ b.$$

由于

$$(\boldsymbol{A}^{+})^{\mathrm{H}}(\boldsymbol{E}-\boldsymbol{A}^{+}\boldsymbol{A})=(\boldsymbol{A}^{+})^{\mathrm{H}}[\boldsymbol{E}-(\boldsymbol{A}^{+}\boldsymbol{A})^{\mathrm{H}}]=[(\boldsymbol{E}-\boldsymbol{A}^{+}\boldsymbol{A})\boldsymbol{A}^{+}]^{\mathrm{H}}=\boldsymbol{O},$$

上式右端后两项为零,故

$$\|\boldsymbol{x}_0\|^2=\|\boldsymbol{A}^{+}\boldsymbol{b}\|^2+\|(\boldsymbol{E}-\boldsymbol{A}^{+}\boldsymbol{A})\boldsymbol{y}\|^2.$$

又由 $\|\boldsymbol{x}_0\|=\|\boldsymbol{A}^{+}\boldsymbol{b}\|$ 可得 $\|(\boldsymbol{E}-\boldsymbol{A}^{+}\boldsymbol{A})\boldsymbol{y}\|^2=0$,从而$(\boldsymbol{E}-\boldsymbol{A}^{+}\boldsymbol{A})\boldsymbol{y}=\boldsymbol{0}$,这样得到$\boldsymbol{x}_0=\boldsymbol{A}^{+}\boldsymbol{b}$. 证毕.

从 $\boldsymbol{A}^{+}$ 所满足的其定义中的四个条件,可推导出 $\boldsymbol{A}^{+}$ 的其他一些性质.

定理 3 设 $\boldsymbol{A}\in\mathbf{C}^{m\times n}$,则 $\boldsymbol{A}^{+}$ 具有如下性质:

(1) $(\boldsymbol{A}^{+})^{+}=\boldsymbol{A}$;

(2) $(\boldsymbol{A}^{+})^{\mathrm{H}}=(\boldsymbol{A}^{\mathrm{H}})^{+}$;

(3) $(\lambda\boldsymbol{A})^{+}=\dfrac{1}{\lambda}\boldsymbol{A}^{+}$;

(4)$\boldsymbol{A}=\boldsymbol{A}\boldsymbol{A}^{\mathrm{H}}(\boldsymbol{A}^{\mathrm{H}})^{+}=(\boldsymbol{A}^{\mathrm{H}})^{+}\boldsymbol{A}^{\mathrm{H}}\boldsymbol{A}$;

(5)$\boldsymbol{A}^{\mathrm{H}}=\boldsymbol{A}^{\mathrm{H}}\boldsymbol{A}\boldsymbol{A}^{+}=\boldsymbol{A}^{+}\boldsymbol{A}\boldsymbol{A}^{\mathrm{H}}$;

(6) $(\boldsymbol{A}^{\mathrm{H}}\boldsymbol{A})^{+}=\boldsymbol{A}^{+}(\boldsymbol{A}^{\mathrm{H}})^{+}$,$(\boldsymbol{A}\boldsymbol{A}^{\mathrm{H}})^{+}=(\boldsymbol{A}^{\mathrm{H}})^{+}\boldsymbol{A}^{+}$;

(7)$\boldsymbol{A}^{+}=(\boldsymbol{A}^{\mathrm{H}}\boldsymbol{A})^{+}\boldsymbol{A}^{\mathrm{H}}=\boldsymbol{A}^{\mathrm{H}}(\boldsymbol{A}\boldsymbol{A}^{\mathrm{H}})^{+}$;

(8) $(\boldsymbol{UAV})^{+}=\boldsymbol{V}^{\mathrm{H}}\boldsymbol{A}^{+}\boldsymbol{U}^{\mathrm{H}}$,其中 $\boldsymbol{U},\boldsymbol{V}$ 分别为 m 和 n 阶酉矩阵;

(9)$\boldsymbol{A}^{+}\boldsymbol{AP}=\boldsymbol{A}^{+}\boldsymbol{AQ}\Leftrightarrow\boldsymbol{AP}=\boldsymbol{A}Q$;

(10)$R(\boldsymbol{A})=R(\boldsymbol{A}^{+})=R(\boldsymbol{A}\boldsymbol{A}^{+})=R(\boldsymbol{A}^{+}\boldsymbol{A})$;

(11)$m-R(\boldsymbol{E}_m-\boldsymbol{A}\boldsymbol{A}^{+})=n-R(\boldsymbol{E}_n-\boldsymbol{A}^{+}\boldsymbol{A})=R(\boldsymbol{A})$.

证明 性质(1) ~ (3) 可由 $\boldsymbol{A}^{+}$ 的定义直接验证,下面分别证明其他性质:

(4) $\boldsymbol{A}=\boldsymbol{A}\boldsymbol{A}^{+}\boldsymbol{A}=\boldsymbol{A}(\boldsymbol{A}^{+}\boldsymbol{A})^{\mathrm{H}}=\boldsymbol{A}\boldsymbol{A}^{\mathrm{H}}(\boldsymbol{A}^{+})^{\mathrm{H}}=\boldsymbol{A}\boldsymbol{A}^{\mathrm{H}}(\boldsymbol{A}^{\mathrm{H}})^{+}$,

$$\boldsymbol{A}=\boldsymbol{A}\boldsymbol{A}^{+}\boldsymbol{A}=(\boldsymbol{A}\boldsymbol{A}^{+})^{\mathrm{H}}\boldsymbol{A}=(\boldsymbol{A}^{+})^{\mathrm{H}}\boldsymbol{A}^{\mathrm{H}}\boldsymbol{A}=(\boldsymbol{A}^{\mathrm{H}})^{+}\boldsymbol{A}^{\mathrm{H}}\boldsymbol{A},$$

证明中用到了性质(2).

(5) 只需将性质(4) 的式子两端同时共轭转置并利用性质(2) 即可.

(6) 直接验证定义$(\boldsymbol{A}^{\mathrm{H}}\boldsymbol{A})^{+}$ 的四个条件并利用前面已证的性质即可.

(7) 设$(\boldsymbol{A}^{\mathrm{H}}\boldsymbol{A})^{+}\boldsymbol{A}^{\mathrm{H}}=\boldsymbol{G}$,则利用性质(2)、性质(6),有

$$\begin{aligned}\boldsymbol{GA}&=(\boldsymbol{A}^{\mathrm{H}}\boldsymbol{A})^{+}\boldsymbol{A}^{\mathrm{H}}\boldsymbol{A}=\boldsymbol{A}^{+}(\boldsymbol{A}^{\mathrm{H}})^{+}\boldsymbol{A}^{\mathrm{H}}\boldsymbol{A}=\boldsymbol{A}^{+}(\boldsymbol{A}^{+})^{\mathrm{H}}\boldsymbol{A}^{\mathrm{H}}\boldsymbol{A}\\&=\boldsymbol{A}^{+}(\boldsymbol{A}\boldsymbol{A}^{+})^{\mathrm{H}}\boldsymbol{A}=\boldsymbol{A}^{+}\boldsymbol{A}\boldsymbol{A}^{+}\boldsymbol{A}=\boldsymbol{A}^{+}\boldsymbol{A},\end{aligned}$$

$$\begin{aligned} \boldsymbol{AG} &= \boldsymbol{A}(\boldsymbol{A}^{\mathrm{H}}\boldsymbol{A})^{+}\boldsymbol{A}^{\mathrm{H}} = \boldsymbol{A}\boldsymbol{A}^{+}(\boldsymbol{A}^{\mathrm{H}})^{+}\boldsymbol{A}^{\mathrm{H}} = \boldsymbol{A}\boldsymbol{A}^{+}(\boldsymbol{A}^{+})^{\mathrm{H}}\boldsymbol{A}^{\mathrm{H}} \\ &= \boldsymbol{A}\boldsymbol{A}^{+}(\boldsymbol{A}\boldsymbol{A}^{+})^{\mathrm{H}} = \boldsymbol{A}\boldsymbol{A}^{+}\boldsymbol{A}\boldsymbol{A}^{+} = \boldsymbol{A}\boldsymbol{A}^{+}, \end{aligned}$$

由此可得 $\boldsymbol{G}$ 满足 $\boldsymbol{A}^{+}$ 的四个条件，故由 $\boldsymbol{A}^{+}$ 的唯一性有 $\boldsymbol{G}=\boldsymbol{A}^{+}$.

同理可证 $\boldsymbol{A}^{+}=\boldsymbol{A}^{\mathrm{H}}(\boldsymbol{A}\boldsymbol{A}^{\mathrm{H}})^{+}$.

(8) 直接验证定义 $(\boldsymbol{UAV})^{+}$ 的四个条件并利用 $\boldsymbol{A}^{+}$ 的性质即可.

(9) 充分性($\Leftarrow$)：显然；必要性($\Rightarrow$)：已知 $\boldsymbol{A}^{+}\boldsymbol{AP}=\boldsymbol{A}^{+}\boldsymbol{AQ}$，则

$$\boldsymbol{AP}=\boldsymbol{A}\boldsymbol{A}^{+}\boldsymbol{AP}=\boldsymbol{A}\boldsymbol{A}^{+}\boldsymbol{AQ}=\boldsymbol{AQ}.$$

(10) 由于矩阵的乘积的秩不大于其因子的秩，由于

$$R(\boldsymbol{A})=R(\boldsymbol{A}\boldsymbol{A}^{+}\boldsymbol{A})\leqslant R(\boldsymbol{A}\boldsymbol{A}^{+})\leqslant R(\boldsymbol{A}),$$

$$R(\boldsymbol{A})=R(\boldsymbol{A}\boldsymbol{A}^{+}\boldsymbol{A})\leqslant R(\boldsymbol{A}^{+}\boldsymbol{A})\leqslant R(\boldsymbol{A}),$$

$$R(\boldsymbol{A}^{+})=R(\boldsymbol{A}^{+}\boldsymbol{A}\boldsymbol{A}^{+})\leqslant R(\boldsymbol{A}^{+}\boldsymbol{A})\leqslant R(\boldsymbol{A}^{+}),$$

即得性质(10).

(11) 分别对 $\boldsymbol{A}$ 和 $\boldsymbol{A}^{+}$ 运用本章第二节定理 8 即可.

证毕.

从上面的讨论可见，$\boldsymbol{A}^{+}$ 的这些性质都适用于 $\boldsymbol{A}^{-1}$. 实际上，$\boldsymbol{A}$ 可逆时，$\boldsymbol{A}^{+}$ 就是 $\boldsymbol{A}^{-1}$；$\boldsymbol{A}$ 不可逆时，$\boldsymbol{A}^{+}$ 虽然不是 $\boldsymbol{A}^{-1}$（这时 $\boldsymbol{A}^{-1}$ 不存在），但 $\boldsymbol{A}^{+}$ 在很多场合起到 $\boldsymbol{A}^{-1}$ 的作用.

$\boldsymbol{A}^{+}$ 的计算仍可按照本章第二节定理 4 的方法，故不再赘述.

习　题　六

1. 设 λ 为矩阵

$$\boldsymbol{A}=\begin{pmatrix} 1 & 0.2 & 0.3+0.4\mathrm{i} \\ 0.4 & 1.5 & -0.4 \\ 0 & 0.3\mathrm{i} & 3 \end{pmatrix}$$

的特征值，估计 $|\lambda|$，$|\mathrm{Re}(\lambda)|$，$|\mathrm{Im}(\lambda)|$ 的界限.

2. 利用圆盘定理估计上题中矩阵 $\boldsymbol{A}$ 的特征值的分布范围.

3. 利用圆盘定理估计矩阵

$$A=\begin{pmatrix}-1 & 0.3 & 0.1 & 0.2\\ 0 & -4 & 0.5 & -0.3\\ 0.4 & -1 & 1 & -0.4\\ 0.1 & -0.6 & 0 & 5\end{pmatrix}$$

的特征值的分布范围.

4. 设 $\boldsymbol{A}$ 为 n 阶实矩阵,且其 n 个盖尔圆互不相交,证明 $\boldsymbol{A}$ 的特征值全是实数.

5. 求下列矩阵的广义逆:

(1) $\boldsymbol{A}=\begin{pmatrix}1 & 2\\ 2 & 1\\ 1 & 1\end{pmatrix}$;　　(2) $\boldsymbol{A}=\begin{pmatrix}1 & 0 & 2\\ 2 & 1 & 4\end{pmatrix}$;

(3) $\boldsymbol{A}=\begin{pmatrix}0 & 0 & 1\\ 0 & 0 & 2\\ 1 & 1 & 0\\ 1 & 1 & 1\end{pmatrix}$;　　(4) $\boldsymbol{A}=\begin{pmatrix}1 & 0 & 1 & 1\\ 2 & 1 & 2 & 1\\ 2 & 0 & 2 & 2\\ 4 & 2 & 4 & 2\end{pmatrix}$.

6. 利用逆矩阵求方程组 $\boldsymbol{Ax}=\boldsymbol{b}$ 的通解:

(1) $\boldsymbol{A}=\begin{pmatrix}1 & 0 & 2\\ 0 & 1 & 0\\ 1 & 0 & 2\\ 1 & 0 & 2\end{pmatrix}$, $\boldsymbol{b}=\begin{pmatrix}1\\ 0\\ 1\\ 1\end{pmatrix}$;　　(2) $\boldsymbol{A}=\begin{pmatrix}2 & 1 & 0 & 1\\ 1 & 0 & 1 & 1\\ 1 & 0 & 1 & 1\end{pmatrix}$, $\boldsymbol{b}=\begin{pmatrix}2\\ 1\\ 1\end{pmatrix}$.

7. 设 $\boldsymbol{A}\in\mathbf{C}^{m\times n}$, $R(\boldsymbol{A})=r<\min\{m,n\}$,对 $\boldsymbol{A}$ 进行一系列初等行变换,即用一个可逆矩阵 $\boldsymbol{P}$ 左乘 $\boldsymbol{A}$,可得 $\boldsymbol{PA}=\begin{pmatrix}\boldsymbol{B}\\ \boldsymbol{O}\end{pmatrix}$,其中 $\boldsymbol{B}$ 为 $r\times n$ 行满秩矩阵,$\boldsymbol{O}$ 为 $(m-r)\times n$ 零矩阵,把 $\begin{pmatrix}\boldsymbol{B}\\ \boldsymbol{O}\end{pmatrix}$ 记为 $\boldsymbol{A}_1$,证明:(1) $\boldsymbol{A}_1^-=(\boldsymbol{B}_R^{-1},\boldsymbol{O})_{n\times m}$;(2) $\boldsymbol{A}^-=\boldsymbol{A}_1^-\boldsymbol{P}$. 并考虑对 $\boldsymbol{A}$ 进行列变换,即右乘可逆矩阵 $\boldsymbol{Q}$,得 $\boldsymbol{AQ}=(\boldsymbol{B}\quad\boldsymbol{O})$ 的情况.

8. 用广义逆矩阵求下列不相容方程组 $\boldsymbol{Ax}=\boldsymbol{b}$ 的最小二乘解:

(1) $\boldsymbol{A}=\begin{pmatrix}0 & 0 & 1\\ 0 & 0 & 2\\ 1 & 1 & 0\\ 1 & 1 & 1\end{pmatrix}$, $\boldsymbol{b}=\begin{pmatrix}1\\ 2\\ 1\\ 2\end{pmatrix}$;　　(2) $\boldsymbol{A}=\begin{pmatrix}1 & 1 & 2\\ 0 & 2 & 2\\ 1 & 0 & 1\\ 1 & 0 & 1\end{pmatrix}$, $\boldsymbol{b}=\begin{pmatrix}0\\ 2\\ 0\\ 0\end{pmatrix}$.

9. 证明:

$$R(\boldsymbol{A})=R(\boldsymbol{A}^+)=R(\boldsymbol{A}^+\boldsymbol{A})=R(\boldsymbol{A}\boldsymbol{A}^+).$$

习题参考答案

习 题 一

1. 设 $\boldsymbol{\alpha}$ 和 $\boldsymbol{\beta}$ 都是线性空间 V 的零向量，则 $\boldsymbol{\alpha}=\boldsymbol{\alpha}+\boldsymbol{\beta}=\boldsymbol{\beta}$.

设 $\boldsymbol{a},\boldsymbol{b}$ 都是 $\boldsymbol{x}$ 的负向量，则

$$\boldsymbol{a}=\boldsymbol{a}+\boldsymbol{0}=\boldsymbol{a}+(\boldsymbol{x}+\boldsymbol{b})=(\boldsymbol{a}+\boldsymbol{x})+\boldsymbol{b}=\boldsymbol{0}+\boldsymbol{b}=\boldsymbol{b}.$$

$$0\boldsymbol{x}+\boldsymbol{x}=0\boldsymbol{x}+1\boldsymbol{x}=(0+1)\boldsymbol{x}=1\boldsymbol{x}=\boldsymbol{x},$$

$$0\boldsymbol{x}+\boldsymbol{y}=0\boldsymbol{x}+\boldsymbol{0}+\boldsymbol{y}=0\boldsymbol{x}+\boldsymbol{x}+(-\boldsymbol{x})+\boldsymbol{y}=\boldsymbol{x}+(-\boldsymbol{x})+\boldsymbol{y}=\boldsymbol{0}+\boldsymbol{y}=\boldsymbol{y}.$$

设 $k\neq 0$，则

$$k\boldsymbol{0}+\boldsymbol{x}=k\boldsymbol{0}+k\left(\frac{1}{k}\right)\boldsymbol{x}=k\left[\boldsymbol{0}+\left(\frac{1}{k}\right)\boldsymbol{x}\right]=k\left(\frac{1}{k}\right)\boldsymbol{x}=1\boldsymbol{x}=\boldsymbol{x},$$

故 $k\boldsymbol{0}=\boldsymbol{0}$. 若 $k=0$，则有 $0\boldsymbol{x}=\boldsymbol{0}$.

由

$$(-1)\boldsymbol{x}+\boldsymbol{x}=(-1)\boldsymbol{x}+1\boldsymbol{x}=(-1+1)\boldsymbol{x}=0\boldsymbol{x}=0,$$

所以 $(-1)\boldsymbol{x}=-\boldsymbol{x}$.

2. (1) 非；(2) 是；(3) 非.

3. **提示**：不构成线性空间. 例如，取 $\boldsymbol{A}=\boldsymbol{E}\in V$，但 $(2\boldsymbol{A})^2=4\boldsymbol{A}^2=4\boldsymbol{E}\neq 2\boldsymbol{E}$，因此 $2\boldsymbol{A}\notin V$.

4. 当 $a=0$ 或 -10 时，$\boldsymbol{\alpha}_1,\boldsymbol{\alpha}_2,\boldsymbol{\alpha}_3,\boldsymbol{\alpha}_4$ 线性相关. 当 $a=0$ 时，$\boldsymbol{\alpha}_1$ 是 $\boldsymbol{\alpha}_1,\boldsymbol{\alpha}_2,\boldsymbol{\alpha}_3,\boldsymbol{\alpha}_4$ 的一个最大线性无关组，且 $\boldsymbol{\alpha}_2=2\boldsymbol{\alpha}_1,\boldsymbol{\alpha}_3=3\boldsymbol{\alpha}_1,\boldsymbol{\alpha}_4=4\boldsymbol{\alpha}_1$；当 $a=-10$ 时，$\boldsymbol{\alpha}_2,\boldsymbol{\alpha}_3,\boldsymbol{\alpha}_4$ 是 $\boldsymbol{\alpha}_1,\boldsymbol{\alpha}_2,\boldsymbol{\alpha}_3,\boldsymbol{\alpha}_4$ 的一个最大线性无关组，且 $\boldsymbol{\alpha}_1=-\boldsymbol{\alpha}_2-\boldsymbol{\alpha}_3-\boldsymbol{\alpha}_4$.

5. $\boldsymbol{\beta}=\begin{pmatrix}5 & -1\\ 3 & 2\end{pmatrix}$ 在 $\boldsymbol{\alpha}_1,\boldsymbol{\alpha}_2,\boldsymbol{\alpha}_3,\boldsymbol{\alpha}_4$ 下的坐标为 $\left(\frac{85}{3},10,-11,-\frac{34}{3}\right)^{\mathrm{T}}$.

6. **提示**：对于对称矩阵，基为 $\{\boldsymbol{E}_{ij},1\leqslant i\leqslant j\leqslant n\}$，$\boldsymbol{E}_{ij}$ 为其第 i 行第 j 列和第 j 行第 i 列元素为 1，其余元素为 0 的矩阵，维数为 $\frac{n(n+1)}{2}$. 对于反对称矩阵，基为 $\{\boldsymbol{E}_{ij},1\leqslant i<j\leqslant n\}$，$\boldsymbol{E}_{ij}$ 为其第 i 行第 j 列元素为 1，第 j 行第 i 列元素为 -1，其余元素为 0 的矩阵，维数为 $\frac{n(n-1)}{2}$. 对

于上三角矩阵,基为$\{\boldsymbol{E}_{ij},1\leqslant i\leqslant j\leqslant n\}$,$\boldsymbol{E}_{ij}$ 为其第 i 行第 j 列元素为 1,其余元素为零的矩阵,维数为$\frac{n(n+1)}{2}$.

7. (1)$\boldsymbol{A}=\begin{pmatrix}1&0&0&1\\1&1&0&1\\0&1&1&1\\0&0&1&0\end{pmatrix}$,$\boldsymbol{a}=(\boldsymbol{x}_1,\boldsymbol{x}_2,\boldsymbol{x}_3,\boldsymbol{x}_4)\begin{pmatrix}\frac{3}{13}\\\frac{5}{13}\\-\frac{2}{13}\\-\frac{3}{13}\end{pmatrix}$;

(2)$\boldsymbol{A}=\frac{1}{4}\begin{pmatrix}3&7&2&-1\\1&-1&2&3\\-1&3&0&-1\\1&-1&0&-1\end{pmatrix}$,$\boldsymbol{a}=(\boldsymbol{y}_1,\boldsymbol{y}_2,\boldsymbol{y}_3,\boldsymbol{y}_4)\begin{pmatrix}-2\\-\frac{1}{2}\\4\\-\frac{3}{2}\end{pmatrix}$.

8. 提示:(1) 验证 M 对矩阵的线性运算封闭即可.

(2) 把 M 中矩阵的 9 个元素视为两个方程(即所给两个条件)的解,此方程组系数矩阵的秩为 2,故解空间的维数为 $9-2=7$. 下面 7 个矩阵是 M 的一组基:

$$\begin{pmatrix}1&0&0\\0&0&0\\0&0&0\end{pmatrix},\quad\begin{pmatrix}0&1&-1\\0&0&0\\0&0&0\end{pmatrix},\quad\begin{pmatrix}0&0&0\\1&0&0\\0&0&0\end{pmatrix},\quad\begin{pmatrix}0&0&0\\0&1&0\\0&0&1\end{pmatrix},$$

$$\begin{pmatrix}0&0&0\\0&0&1\\0&0&0\end{pmatrix},\quad\begin{pmatrix}0&0&0\\0&0&0\\1&0&0\end{pmatrix},\quad\begin{pmatrix}0&0&0\\0&0&0\\0&1&0\end{pmatrix}.$$

(3)$\boldsymbol{A}$ 在所给基下的坐标是$(1,2,4,-3,0,5,-1)^{\mathrm{T}}$.

9. 提示:设符合条件的向量在这两组基下相同的坐标为 $\boldsymbol{\xi}=(\xi_1,\xi_2,\xi_3,\xi_4)^{\mathrm{T}}$,则有$(x_1,x_2,x_3,x_4)\boldsymbol{\xi}=(y_1,y_2,y_3,y_4)\boldsymbol{\xi}$,即

$$[(x_1,x_2,x_3,x_4)-(y_1,y_2,y_3,y_4)]\boldsymbol{\xi}=\boldsymbol{0}.$$

解此齐次方程组得 $\boldsymbol{\xi}=c(1,1,1,-1)^{\mathrm{T}}$,故所求向量也为 $c(1,1,1,-1)^{\mathrm{T}}$.

10. 提示:必要性:显然. 充分性:$\mathrm{Span}\{\boldsymbol{x}_1,\boldsymbol{x}_2,\cdots,\boldsymbol{x}_r\}$ 中任一元素可由 $\boldsymbol{x}_1,\boldsymbol{x}_2,\cdots,\boldsymbol{x}_r$ 线性表示,而 $\boldsymbol{x}_1,\boldsymbol{x}_2,\cdots,\boldsymbol{x}_r$ 又可由 $\boldsymbol{y}_1,\boldsymbol{y}_2,\cdots,\boldsymbol{y}_s$ 线性表示,故 $\mathrm{Span}\{\boldsymbol{x}_1,\boldsymbol{x}_2,\cdots,\boldsymbol{x}_r\}$ 中任一元素可由 $\boldsymbol{y}_1,\boldsymbol{y}_2,\cdots,\boldsymbol{y}_s$ 线性表示,即 $\mathrm{Span}\{\boldsymbol{x}_1,\boldsymbol{x}_2,\cdots,\boldsymbol{x}_r\}\subset\mathrm{Span}\{\boldsymbol{y}_1,\boldsymbol{y}_2,\cdots,\boldsymbol{y}_s\}$. 同理,可证 $\mathrm{Span}\{\boldsymbol{y}_1,\boldsymbol{y}_2,\cdots,\boldsymbol{y}_s\}\subset\mathrm{Span}\{\boldsymbol{x}_1,\boldsymbol{x}_2,\cdots,\boldsymbol{x}_r\}$.

11. 提示：$V_1 \cap V_2$ 为方程组 $x_1+x_2+\cdots+x_n=0, x_1=x_2=\cdots=x_n$ 的解的集合，此方程组只有零解，故 $V_1+V_2=V_1 \oplus V_2$. 又因为 V_1 的维数为 $n-1$，V_2 的维数为 1，故 $V_1 \oplus V_2$ 的维数为 n. 而 $V_1 \oplus V_2$ 为 n 维空间 $\mathbf{R}^n$ 的子空间，所以 $\mathbf{R}^n = V_1 \oplus V_2$.

12. 提示：(1) 由

$$\begin{pmatrix} 2 & 3 & -1 & 0 \\ 1 & 2 & 1 & -1 \end{pmatrix} \to \begin{pmatrix} -2 & -3 & 1 & 0 \\ -3 & -5 & 0 & 1 \end{pmatrix},$$

可得

$$V_1 = \mathrm{Span}\left\{\begin{pmatrix} 1 & 0 \\ 2 & 3 \end{pmatrix}, \begin{pmatrix} 0 & 1 \\ 3 & 5 \end{pmatrix}\right\},$$

因此 V_1 的一组基为

$$\begin{pmatrix} 1 & 0 \\ 2 & 3 \end{pmatrix}, \begin{pmatrix} 0 & 1 \\ 3 & 5 \end{pmatrix},$$

则 $\dim(V_1)=2$.

(2) 当 $a \neq -1$ 时，$V_1 \cap V_2 = \{\mathbf{0}\}$，故 V_1+V_2 是直和. 当 $a=-1$ 时，$\begin{pmatrix} 1 & 0 \\ 2 & 3 \end{pmatrix}, \begin{pmatrix} 0 & 1 \\ 3 & 5 \end{pmatrix}$ 与 $\begin{pmatrix} 2 & -1 \\ 1 & 1 \end{pmatrix}, \begin{pmatrix} -1 & 2 \\ 4 & 7 \end{pmatrix}$ 等价，从而 $V_1=V_2$，因此 $V_1 \cap V_2 = V_1$，$\begin{pmatrix} 1 & 0 \\ 2 & 3 \end{pmatrix}, \begin{pmatrix} 0 & 1 \\ 3 & 5 \end{pmatrix}$ 为 $V_1 \cap V_2$ 的一组基，维数为 2.

13. (1) 和的维数 $= \dim[\mathrm{Span}(\boldsymbol{x}_1, \boldsymbol{x}_2, \boldsymbol{y}_1, \boldsymbol{y}_2)] = 3$，$\{\boldsymbol{x}_1, \boldsymbol{x}_2, \boldsymbol{y}_1\}$ 线性无关，可作和的一组基；$\dim[\mathrm{Span}(\boldsymbol{x}_1, \boldsymbol{x}_2)] = 2$，$\dim[\mathrm{Span}(\boldsymbol{y}_1, \boldsymbol{y}_2)] = 2$，所以由维数公式可得交的维数为 1，$\{(-5,2,3,4)\}$ 为一组基.

(2) 和的维数 $= \dim[\mathrm{Span}(\boldsymbol{x}_1, \boldsymbol{x}_2, \boldsymbol{x}_3, \boldsymbol{y}_1, \boldsymbol{y}_2)] = 4$，$\{\boldsymbol{x}_1, \boldsymbol{x}_2, \boldsymbol{x}_3, \boldsymbol{y}_2\}$ 线性无关，可作和的一组基；$\dim[\mathrm{Span}(\boldsymbol{x}_1, \boldsymbol{x}_2, \boldsymbol{x}_3)] = 3$，$\dim[\mathrm{Span}(\boldsymbol{y}_1, \boldsymbol{y}_2)] = 2$，所以交的维数为 1，$\{\boldsymbol{y}_1\}$ 为一组基.

14. (1) 非；(2) 非；(3) 非；(4) 是；(5) 是；(6) 是；(7) 是.

15. $\begin{pmatrix} a & b & 1 & & & \\ -b & a & & 1 & & \\ & & a & b & 1 & \\ & & -b & a & & 1 \\ & & & & a & b \\ & & & & -b & a \end{pmatrix}$.

16. $\begin{pmatrix} -1 & 1 & -2 \\ 2 & 2 & 0 \\ 3 & 0 & 2 \end{pmatrix}$.

17. 均为$\frac{1}{2}\begin{pmatrix} -4 & -3 & 3 \\ 2 & 3 & 3 \\ 2 & 1 & -5 \end{pmatrix}$.

18. 提示:(1) 按定义进行验证.

(2)T 在基$\boldsymbol{E}_{11},\boldsymbol{E}_{12},\boldsymbol{E}_{21},\boldsymbol{E}_{22}$ 下的矩阵为

$$\boldsymbol{B}=\begin{pmatrix} 1 & 0 & -1 & 0 \\ 0 & 1 & 0 & -1 \\ -1 & 0 & 1 & 0 \\ 0 & -1 & 0 & 1 \end{pmatrix}.$$

(3) 记$\boldsymbol{B}=(\boldsymbol{\beta}_1,\boldsymbol{\beta}_2,\boldsymbol{\beta}_3,\boldsymbol{\beta}_4)$,$R(\boldsymbol{B})=2$,且$\boldsymbol{\beta}_1,\boldsymbol{\beta}_2$ 是$\boldsymbol{\beta}_1,\boldsymbol{\beta}_2,\boldsymbol{\beta}_3,\boldsymbol{\beta}_4$ 的最大线性无关组,$\dim T(V)=2$.令 $\boldsymbol{B}_1=(\boldsymbol{E}_{11},\boldsymbol{E}_{12},\boldsymbol{E}_{21},\boldsymbol{E}_{22})\boldsymbol{\beta}_1=\begin{pmatrix} -1 & 0 \\ 1 & 0 \end{pmatrix}$,$\boldsymbol{B}_2=(\boldsymbol{E}_{11},\boldsymbol{E}_{12},\boldsymbol{E}_{21},\boldsymbol{E}_{22})\boldsymbol{\beta}_2=\begin{pmatrix} 0 & -1 \\ 0 & 1 \end{pmatrix}$,则 $T(V)=\mathrm{Span}\{\boldsymbol{B}_1,\boldsymbol{B}_2\}$.解方程组 $\boldsymbol{BX}=\boldsymbol{0}$ 的基础解系是 $\boldsymbol{\xi}_1=(1,0,1,0)^{\mathrm{T}}$,$\boldsymbol{\xi}_2=(0,1,0,1)^{\mathrm{T}}$.令 $\boldsymbol{B}_3=(\boldsymbol{E}_{11},\boldsymbol{E}_{12},\boldsymbol{E}_{21},\boldsymbol{E}_{22})\boldsymbol{\xi}_1=\begin{pmatrix} 1 & 0 \\ 1 & 0 \end{pmatrix}$,$\boldsymbol{B}_4=(\boldsymbol{E}_{11},\boldsymbol{E}_{12},\boldsymbol{E}_{21},\boldsymbol{E}_{22})\boldsymbol{\xi}_2=\begin{pmatrix} 0 & 1 \\ 0 & 1 \end{pmatrix}$,则 $\mathrm{Ker}(T)=\mathrm{Span}\{\boldsymbol{B}_3,\boldsymbol{B}_4\}$,$\boldsymbol{B}_3,\boldsymbol{B}_4$ 是 $\mathrm{Ker}(T)$ 的一组基.

19. 提示:设 T 在任意一组基下的矩阵都为 $\boldsymbol{A}$,由题意知 $\boldsymbol{A}=\boldsymbol{P}^{-1}\boldsymbol{AP}$,即 $\boldsymbol{PA}=\boldsymbol{AP}$ 对任何可逆矩阵 $\boldsymbol{P}$ 都成立,特别地,取 $\boldsymbol{P}$ 为初等方阵 $\boldsymbol{E}(i(k))$,可得 $\boldsymbol{A}$ 为对角阵,再取 $\boldsymbol{P}$ 为初等方阵 $\boldsymbol{E}(j(k),i)$,可得 $\boldsymbol{A}$ 的所有对角元素相等.

20. (1) $\begin{pmatrix} 2 & -3 & 3 & 2 \\ \frac{2}{3} & -\frac{4}{3} & \frac{10}{3} & \frac{10}{3} \\ \frac{8}{3} & -\frac{16}{3} & \frac{40}{3} & \frac{40}{3} \\ 0 & 1 & -7 & -8 \end{pmatrix}$;

(2)$T(V)=\mathrm{Span}\{T\boldsymbol{\xi}_1,T\boldsymbol{\xi}_2\}$,$T\boldsymbol{\xi}_1=\boldsymbol{\xi}_1-\boldsymbol{\xi}_2+\boldsymbol{\xi}_3+2\boldsymbol{\xi}_4$,$T\boldsymbol{\xi}_2=2\boldsymbol{\xi}_2+2\boldsymbol{\xi}_3-2\boldsymbol{\xi}_4$;

$\mathrm{Ker}(T)=\mathrm{Span}\{\boldsymbol{\alpha}_1,\boldsymbol{\alpha}_2\}$,$\boldsymbol{\alpha}_1=-4\boldsymbol{\xi}_1-3\boldsymbol{\xi}_2+2\boldsymbol{\xi}_3$,$\boldsymbol{\alpha}_2=-\boldsymbol{\xi}_1-2\boldsymbol{\xi}_2+\boldsymbol{\xi}_4$.

21. 提示:按定义进行验证.

22. 证明 (反证法)如果 $\boldsymbol{\alpha}_1,\boldsymbol{\alpha}_2,\cdots,\boldsymbol{\alpha}_n$ 线性相关,则有不全为零的 n 个数 $k_1,k_2,\cdots,k_n$,使

$$k_1\boldsymbol{\alpha}_1+k_2\boldsymbol{\alpha}_2+\cdots+k_n\boldsymbol{\alpha}_n=\boldsymbol{0}.$$

于是

$$k_1(\boldsymbol{\alpha}_i,\boldsymbol{\alpha}_1)+k_2(\boldsymbol{\alpha}_i,\boldsymbol{\alpha}_2)+\cdots+k_n(\boldsymbol{\alpha}_i,\boldsymbol{\alpha}_n)=(\boldsymbol{\alpha}_i,k_1\boldsymbol{\alpha}_1+k_2\boldsymbol{\alpha}_2+\cdots+k_n\boldsymbol{\alpha}_n)$$
$$=(\boldsymbol{\alpha}_i,\mathbf{0})=0,i=1,2,\cdots,n.$$

这说明所给行列式的列向量线性相关,从而行列式为零.

反之,若行列式为零,则其列向量线性相关,于是有不全为零的 n 个数 $k_1,k_2,\cdots,k_n$,使

$$k_1\begin{pmatrix}(\boldsymbol{\alpha}_1,\boldsymbol{\alpha}_1)\\(\boldsymbol{\alpha}_2,\boldsymbol{\alpha}_1)\\\vdots\\(\boldsymbol{\alpha}_n,\boldsymbol{\alpha}_1)\end{pmatrix}+k_2\begin{pmatrix}(\boldsymbol{\alpha}_1,\boldsymbol{\alpha}_2)\\(\boldsymbol{\alpha}_2,\boldsymbol{\alpha}_2)\\\vdots\\(\boldsymbol{\alpha}_n,\boldsymbol{\alpha}_2)\end{pmatrix}+\cdots+k_n\begin{pmatrix}(\boldsymbol{\alpha}_1,\boldsymbol{\alpha}_n)\\(\boldsymbol{\alpha}_2,\boldsymbol{\alpha}_n)\\\vdots\\(\boldsymbol{\alpha}_n,\boldsymbol{\alpha}_n)\end{pmatrix}=\begin{pmatrix}0\\0\\\vdots\\0\end{pmatrix},$$

即

$$(\boldsymbol{\alpha}_i,k_1\boldsymbol{\alpha}_1+k_2\boldsymbol{\alpha}_2+\cdots+k_n\boldsymbol{\alpha}_n)=0,i=1,2,\cdots,n.$$

把这 n 个等式分别乘以 k_i 再相加,得

$$(k_1\boldsymbol{\alpha}_1+k_2\boldsymbol{\alpha}_2+\cdots+k_n\boldsymbol{\alpha}_n,k_1\boldsymbol{\alpha}_1+k_2\boldsymbol{\alpha}_2+\cdots+k_n\boldsymbol{\alpha}_n)$$
$$=\|k_1\boldsymbol{\alpha}_1+k_2\boldsymbol{\alpha}_2+\cdots+k_n\boldsymbol{\alpha}_n\|^2=0,$$

所以

$$k_1\boldsymbol{\alpha}_1+k_2\boldsymbol{\alpha}_2+\cdots+k_n\boldsymbol{\alpha}_n=\mathbf{0},$$

即 $\boldsymbol{\alpha}_1,\boldsymbol{\alpha}_2,\cdots,\boldsymbol{\alpha}_n$ 线性相关.

23. 提示:按内积定义验证即可.

24. (1) 非;(2) 非;(3) 是.

25. 提示:按内积定义直接验证.

26. 提示:对向量$(|a_1|,|a_2|,\cdots,|a_n|)$和$(1,1,\cdots,1)$运用柯西-施瓦兹不等式.

27. $\frac{1}{\sqrt{26}}(4,0,1,-3)$.

28. (1)$\boldsymbol{\beta}_1=\frac{\sqrt{2}}{2}(\boldsymbol{e}_1+\boldsymbol{e}_5)$,$\boldsymbol{\beta}_2=\frac{\sqrt{10}}{10}(\boldsymbol{e}_1-2\boldsymbol{e}_2+2\boldsymbol{e}_4-\boldsymbol{e}_5)$,$\boldsymbol{\beta}_3=\frac{1}{2}(\boldsymbol{e}_1+\boldsymbol{e}_2+\boldsymbol{e}_3-\boldsymbol{e}_5)$;

(2)$\boldsymbol{\mu}_1=\frac{1}{\sqrt{3}}(\boldsymbol{e}_2-\boldsymbol{e}_3+\boldsymbol{e}_4)^{\mathrm{T}}$,$\boldsymbol{\mu}_2=\frac{1}{\sqrt[2]{15}}(-3\boldsymbol{e}_1+\boldsymbol{e}_2+5\boldsymbol{e}_3+4\boldsymbol{e}_4+3\boldsymbol{e}_5)^{\mathrm{T}}$.

29. (1)$\boldsymbol{e}_1=\frac{1}{\sqrt{10}}(1,2,2,-1)^{\mathrm{T}}$,$\boldsymbol{e}_2=\frac{1}{\sqrt{26}}(2,3,-3,2)^{\mathrm{T}}$,$\boldsymbol{e}_3=\frac{1}{\sqrt{10}}(2,-1,-1,-2)^{\mathrm{T}}$,

$\boldsymbol{e}_4=\frac{1}{\sqrt{26}}(3,-2,2,3)^{\mathrm{T}}$,$\boldsymbol{\alpha}=\sqrt{10}(\boldsymbol{e}_1+\boldsymbol{e}_3)$;

(2)$\boldsymbol{e}_1=\frac{1}{\sqrt{15}}(2,1,3,-1)^{\mathrm{T}}$,$\boldsymbol{e}_2=\frac{1}{\sqrt{23}}(3,2,-3,-1)^{\mathrm{T}}$,$\boldsymbol{e}_3=\frac{1}{\sqrt{127}}(1,5,1,10)^{\mathrm{T}}$,$\boldsymbol{e}_4=$

$\frac{1}{\sqrt{43815}}(-121,157,6,-67)^{\mathrm{T}}$，$\boldsymbol{\alpha}=\sqrt{15}\boldsymbol{e}_1$；

(3)$\boldsymbol{e}_1=1$，$\boldsymbol{e}_2=\sqrt{3}(2x-1)$，$\boldsymbol{e}_3=\sqrt{5}(6x^2-6x+1)$，$\boldsymbol{\alpha}=\frac{3}{2}\boldsymbol{e}_1+\frac{1}{2\sqrt{3}}\boldsymbol{e}_2$.

30. 先求得基础解系$(0,1,1,0,0)$，$(-1,1,0,1,0)$，$(4,-5,0,0,1)$. 再用施密特正交化方法化为标准正交基：

$$\frac{1}{\sqrt{2}}(0,1,1,0,0),\frac{1}{\sqrt{10}}(-2,1,-1,2,0),\frac{1}{\sqrt{315}}(7,-6,6,13,5).$$

31. 提示： 向量与V的所有元素正交的充要条件是与每个基向量正交. 在V中取一组正交基，证明$\boldsymbol{a}$在这组基下的坐标全为零即可.

32. 提示： 验证W非空且对加法和数乘封闭，因此为子空间. 把$\boldsymbol{a}$扩充为V的一组正交基，证明其余$n-1$个基元素所生成的子空间W_1即为W(证明$W_1\subset W$且$W_1\supset W$即可).

33. (1)$x_1=0$，$x_2=0$，$x_3=2$；(2)$x_1=\frac{13}{22}$，$x_2=-\frac{1}{2}$，$x_3=\frac{3}{22}$.

34. 提示： 按定义证明即可.

35. 提示： 欧氏空间中，正交变换在标准正交基下的矩阵为正交矩阵，由此得

$$T\boldsymbol{e}_3=\frac{1}{3}\boldsymbol{e}_1-\frac{2}{3}\boldsymbol{e}_2-\frac{2}{3}\boldsymbol{e}_3.$$

36. 由条件可设$W=\mathrm{Span}\{\boldsymbol{\alpha}_1,\boldsymbol{\alpha}_2,\cdots,\boldsymbol{\alpha}_{n-1}\}$，其中$\boldsymbol{\alpha}_1,\boldsymbol{\alpha}_2,\cdots,\boldsymbol{\alpha}_{n-1}$线性无关，将$\boldsymbol{\alpha}_1,\boldsymbol{\alpha}_2,\cdots,\boldsymbol{\alpha}_{n-1}$化为标准正交基$\boldsymbol{\eta}_1,\boldsymbol{\eta}_2,\cdots,\boldsymbol{\eta}_{n-1}$. 因为$(\boldsymbol{\alpha},\boldsymbol{\eta}_i)=0$，$i=0,1,\cdots,n-1$，故$\boldsymbol{\eta}_1,\boldsymbol{\eta}_2,\cdots,\boldsymbol{\eta}_{n-1},\boldsymbol{\alpha}$线性无关. 记$\boldsymbol{\eta}_n=\frac{\boldsymbol{\alpha}}{\|\boldsymbol{\alpha}\|}$，则$\boldsymbol{\eta}_1,\boldsymbol{\eta}_2,\cdots,\boldsymbol{\eta}_{n-1},\boldsymbol{\eta}_n$与$\boldsymbol{\eta}_1,\boldsymbol{\eta}_2,\cdots,\boldsymbol{\eta}_{n-1},-\boldsymbol{\eta}_n$都是$V$的标准正交基. 而$T(\boldsymbol{\eta}_i)=\boldsymbol{\eta}_i$，$i=0,1,\cdots,n-1$，$T(\boldsymbol{\eta}_n)=-\boldsymbol{\eta}_n$，$T$将标准正交基变为标准正交基，故$T$为$V$的一个正交变换.

37. 提示： 若$\boldsymbol{A}$为酉矩阵，则$\|\boldsymbol{Ax}\|^2=\boldsymbol{x}^{\mathrm{H}}\boldsymbol{A}^{\mathrm{H}}\boldsymbol{Ax}=\boldsymbol{x}^{\mathrm{H}}\boldsymbol{Ex}=\boldsymbol{x}^{\mathrm{H}}\boldsymbol{x}=\|\boldsymbol{x}\|^2$.

反之，若对任何$\boldsymbol{x}\in\mathbf{C}^n$，都有$\|\boldsymbol{Ax}\|=\|\boldsymbol{x}\|$，即有$\boldsymbol{x}^{\mathrm{H}}\boldsymbol{A}^{\mathrm{H}}\boldsymbol{Ax}=\boldsymbol{x}^{\mathrm{H}}\boldsymbol{x}$，$\boldsymbol{x}^{\mathrm{H}}(\boldsymbol{A}^{\mathrm{H}}\boldsymbol{A}-\boldsymbol{E})\boldsymbol{x}=0$. 令$\boldsymbol{B}=\boldsymbol{A}^{\mathrm{H}}\boldsymbol{A}-\boldsymbol{E}$，则$\boldsymbol{x}^{\mathrm{H}}\boldsymbol{Bx}=0$，展开得

$$\sum_{k,h=1}^{n}b_{kh}\bar{x}_kx_h=0.$$

在上式的向量$\boldsymbol{x}=(x_1,x_2,\cdots,x_n)^{\mathrm{T}}\in\mathbf{C}^n$中，先取$x_k=1$，$\boldsymbol{x}$的其余分量为零，可得$b_{kk}=0$. 取$x_k=x_h=1$，$\boldsymbol{x}$的其余分量为零，可得$b_{kh}+b_{hk}=0$；再取$x_k=1$，$x_h=\mathrm{i}$(虚单位)，$x$的其余分量为零，可得$b_{kh}-b_{hk}=0$，由此得$b_{kh}=b_{hk}=0$. 由$k,h$的任意性知$\boldsymbol{B}$为零矩阵，故得$\boldsymbol{A}^{\mathrm{H}}\boldsymbol{A}=\boldsymbol{E}$.

38. 提示： $\boldsymbol{A}^{\mathrm{H}}\boldsymbol{A}=\boldsymbol{A}\boldsymbol{A}^{\mathrm{H}}=\boldsymbol{E}$，

$$\boldsymbol{A}^{\mathrm{H}}\boldsymbol{A}=\begin{pmatrix}\boldsymbol{P}^{\mathrm{H}} & \boldsymbol{O}\\ \boldsymbol{B}^{\mathrm{H}} & \boldsymbol{Q}^{\mathrm{H}}\end{pmatrix}\begin{pmatrix}\boldsymbol{P} & \boldsymbol{B}\\ \boldsymbol{O} & \boldsymbol{Q}\end{pmatrix}=\begin{pmatrix}\boldsymbol{P}^{\mathrm{H}}\boldsymbol{P} & \boldsymbol{P}^{\mathrm{H}}\boldsymbol{B}\\ \boldsymbol{B}^{\mathrm{H}}\boldsymbol{P} & \boldsymbol{B}^{\mathrm{H}}\boldsymbol{B}+\boldsymbol{Q}^{\mathrm{H}}\boldsymbol{Q}\end{pmatrix}=\begin{pmatrix}\boldsymbol{E}_m & \boldsymbol{O}\\ \boldsymbol{O} & \boldsymbol{E}_n\end{pmatrix},$$

$$AA^{H}=\begin{pmatrix}P & B\\ O & Q\end{pmatrix}\begin{pmatrix}P^{H} & O\\ B^{H} & Q^{H}\end{pmatrix}=\begin{pmatrix}PP^{H}+BB^{H} & BQ^{H}\\ QB^{H} & QQ^{H}\end{pmatrix}=\begin{pmatrix}E_m & O\\ O & E_n\end{pmatrix},$$

比较得 $P^{H}P=PP^{H}=E_m, Q^{H}Q=QQ^{H}=E_n, BB^{H}=O, B^{H}B=O$.

习 题 二

1. **提示**:可验证与 a 正交的非零向量都是对应于特征值 1 的特征向量,在 n 维内积空间 V 中可找到 $n-1$ 个线性无关的与 a 正交的向量,而 a 即为对应于特征值 -1 的特征向量.

2. 特征值 $\lambda_1=\lambda_2=2,\lambda_3=4$;$T$ 的对应于 $\lambda_1=\lambda_2=2$ 的特征向量为 $(3k_1-2k_2)\boldsymbol{\alpha}_1+k_1\boldsymbol{\alpha}_2+k_2\boldsymbol{\alpha}_3$,$T$ 的对应于 $\lambda_3=4$ 的特征向量为 $k_3(-\boldsymbol{\alpha}_1+\boldsymbol{\alpha}_2+\boldsymbol{\alpha}_3)$.

3. (1)$\lambda_1=\lambda_2=\lambda_3=-1, \boldsymbol{p}=(1,1,-1)^{T}$,特征值 -1 的代数重数为 3、几何重数为 1.

(2)$\lambda_1=\lambda_2=\lambda_3=2, \boldsymbol{p}_1=(1,2,0)^{T}, \boldsymbol{p}_2=(0,0,1)^{T}$,特征值 2 的代数重数为 3、几何重数为 2.

4. 设 $Ax=\lambda x$,有 $-x=-Ex=A^2x=\lambda^2x$,得 $\lambda^2=-1,\lambda=\pm\mathrm{i}$.

5. 用反证法,设 A 可相似于对角阵 Λ,因为 A 非零,所以 Λ 的对角元素不全为零,并且有可逆阵 P,使 $A=P\Lambda P^{-1}$,从而 $A^k=P\Lambda^kP^{-1}=O$,得 $\Lambda^k=O$,故有 $\Lambda=O$,矛盾.

6. (1) $\begin{pmatrix}1&1&0\\1&1&0\\0&0&2\end{pmatrix}$;(2)$T$ 在基 $B_1=\begin{pmatrix}0&-1\\1&0\end{pmatrix}, B_2=\begin{pmatrix}-2&1\\1&0\end{pmatrix}, B_3=\begin{pmatrix}0&0\\0&1\end{pmatrix}$ 下的矩阵为对角阵.

7. 设 $R(A)=r$,则有可逆矩阵 P,Q,使 $PAQ=\begin{pmatrix}E_r&O\\O&O\end{pmatrix}$,因此

$$PABP^{-1}=PAQQ^{-1}BP^{-1}=\begin{pmatrix}E_r&O\\O&O\end{pmatrix}C,$$

其中 $C=Q^{-1}BP^{-1}$. 同理有

$$Q^{-1}BAQ=Q^{-1}BP^{-1}PAQ=C\begin{pmatrix}E_r&O\\O&O\end{pmatrix}.$$

记 $C=\begin{pmatrix}C_{11}&C_{12}\\C_{21}&C_{22}\end{pmatrix}$,其中 C_{11} 为 r 阶子块,则 $\begin{pmatrix}E_r&O\\O&O\end{pmatrix}C=\begin{pmatrix}C_{11}&C_{12}\\O&O\end{pmatrix}$,可见 $\begin{pmatrix}E_r&0\\O&O\end{pmatrix}C$ 的特征多项式为 $\lambda^{n-r}\mid\lambda E_r-C_{11}\mid$,同理可得这也是 $C\begin{pmatrix}E_r&O\\O&O\end{pmatrix}$ 的特征多项式. 因此,与它们相似的

AB 和 BA 的特征多项式也为 $\lambda^{n-r}|\lambda E_r - C_{11}|$.

8. $A = P\Lambda P^{-1} = \begin{pmatrix}1&0&1\\0&2&1\\3&1&4\end{pmatrix}\begin{pmatrix}1&&\\&2&\\&&3\end{pmatrix}\begin{pmatrix}7&1&-2\\3&1&-1\\-6&-1&2\end{pmatrix}$,

$$A^{100} = \begin{pmatrix}1&0&1\\0&2&1\\3&1&4\end{pmatrix}\begin{pmatrix}1&&\\&2^{100}&\\&&3^{100}\end{pmatrix}\begin{pmatrix}7&1&-2\\3&1&-1\\-6&-1&2\end{pmatrix}$$

$$= \begin{pmatrix}7-2\cdot 3^{101} & 1-3^{100} & -2+2\cdot 3^{100}\\ 3\cdot 2^{101}-2\cdot 3^{101} & 2^{101}-3^{100} & -2^{101}+2\cdot 3^{100}\\ 21+3\cdot 2^{100}-8\cdot 3^{101} & 3+2^{100}-4\cdot 3^{100} & -6-2^{100}+8\cdot 3^{100}\end{pmatrix}.$$

9. **提示**:相似矩阵有相同的特征多项式,故两个正规矩阵相似,它们的特征多项式相同.反之,若两个正规矩阵有相同的特征多项式,则它们相似于相同的对角阵,因此它们也相似.

10. **提示**:设 x,y 分别是非零向量 α 在基 $\alpha_1,\alpha_2,\cdots,\alpha_n$ 与 $\beta_1,\beta_2,\cdots,\beta_n$ 下的坐标,则 $x = Cy$. 当 $x=y$ 时,$x=y$ 为 C 的对应于特征值为 1 的特征向量 $(E-C)x=0$,则 $|E-C|=0$,故 1 为矩阵 C 的特征值;反之,设 C 有特征值 1,x 为对应的特征向量,则 $Cx=x$,若取 α 在基 $\beta_1,\beta_2,\cdots,\beta_n$ 下的坐标为 x,则 α 在 $\alpha_1,\alpha_2,\cdots,\alpha_n$ 下的坐标为 $y=Cx=x$,即这时 α 在两组基下坐标相同.

11. **提示**:若 AB 为埃尔米特矩阵,则 $(AB)^H = AB$,又 $(AB)^H = B^HA^H = BA$;反之,若 $AB = BA$,有 $AB = BA = B^HA^H = (AB)^H$,因此 AB 为埃尔米特矩阵.

12. **提示**:$A = \frac{1}{2}(A+A^H) + \frac{1}{2}(A-A^H)$.

13. (1) $\begin{pmatrix}\lambda & \\ & \lambda(\lambda^2-10\lambda-3)\end{pmatrix}$; (2) $\begin{pmatrix}1&&\\&\lambda&\\&&\lambda(\lambda+1)\end{pmatrix}$;

(3) $\begin{pmatrix}1&&\\&\lambda-1&\\&&(\lambda-1)^2(\lambda+1)\end{pmatrix}$; (4) $\begin{pmatrix}1&&&&\\&1&&&\\&&1&&\\&&&\lambda(\lambda-1)&\\&&&&\lambda^2(\lambda-1)\end{pmatrix}$.

14. (1) 初等因子:$\lambda,\lambda+1,\lambda,(\lambda+1)^2$;不变因子:$d_3=\lambda(\lambda+1)^2$, $d_2=\lambda(\lambda+1)$, $d_1=1$;行列式因子:$D_1=1$, $D_2=\lambda(\lambda+1)$, $D_3=\lambda^2(\lambda+1)^3$.

(2) 行列式因子:$D_4=\lambda^4+2\lambda^3-3\lambda^2-4\lambda+4=(\lambda-1)^2(\lambda+2)^2$, $D_3=D_2=D_1=1$,不变因子:$d_1=d_2=d_3=1$, $d_4=(\lambda-1)^2(\lambda+2)^2$,初等因子:$(\lambda-1)^2,(\lambda+2)^2$.

15. (1) $J = \begin{pmatrix}1&0&0\\0&\mathrm{i}&0\\0&0&-\mathrm{i}\end{pmatrix}$, $P = \begin{pmatrix}2&-1-3\mathrm{i}&-1+3\mathrm{i}\\-1&2\mathrm{i}&-2\mathrm{i}\\-1&-2+2\mathrm{i}&-2-2\mathrm{i}\end{pmatrix}$.

$$(2)\boldsymbol{J}=\begin{pmatrix}1&1&0\\0&1&0\\0&0&-3\end{pmatrix},\boldsymbol{P}=\begin{pmatrix}4&-1&2\\-1&0&-1\\-2&1&-1\end{pmatrix}.$$

$$(3)\boldsymbol{J}=\begin{pmatrix}-1&1&0\\0&-1&0\\0&0&0\end{pmatrix},\boldsymbol{P}=\begin{pmatrix}3&0&2\\3&-1&1\\-4&2&-1\end{pmatrix}.$$

$$(4)\boldsymbol{J}=\begin{pmatrix}1&1&0\\0&1&0\\0&0&1\end{pmatrix},\boldsymbol{P}=\begin{pmatrix}1&1&1\\2&0&1\\-1&0&0\end{pmatrix}.$$

$$(5)\boldsymbol{J}=\begin{pmatrix}1&1&0&0\\0&1&0&0\\0&0&1&1\\0&0&0&1\end{pmatrix},\boldsymbol{P}=\begin{pmatrix}2&1&0&0\\1&0&0&0\\0&0&1&1\\0&0&1&0\end{pmatrix}.$$

$$(6)\boldsymbol{J}=\begin{pmatrix}1&1&0&0\\0&1&1&0\\0&0&1&1\\0&0&0&1\end{pmatrix},\boldsymbol{P}=\begin{pmatrix}1&0&0&0\\0&\frac{1}{2}&-\frac{3}{8}&\frac{5}{16}\\0&0&\frac{1}{4}&-\frac{3}{8}\\0&0&0&\frac{1}{8}\end{pmatrix}.$$

$$(7)\boldsymbol{J}=\begin{pmatrix}1&0&0\\0&1&1\\0&0&1\end{pmatrix},\boldsymbol{P}=\begin{pmatrix}1&1&0\\1&2&0\\0&-1&-1\end{pmatrix}.$$

16. $\boldsymbol{A}=\boldsymbol{P\Lambda P}^{-1}$,其中

$$\boldsymbol{P}=\begin{pmatrix}1&2&1\\0&1&-2\\0&2&1\end{pmatrix},\boldsymbol{\Lambda}=\begin{pmatrix}1&&\\&5&\\&&-5\end{pmatrix},\boldsymbol{P}^{-1}=\frac{1}{5}\begin{pmatrix}5&0&-5\\0&1&2\\0&-2&1\end{pmatrix},$$

$$\boldsymbol{A}^k=\boldsymbol{P\Lambda}^k\boldsymbol{P}^{-1}=\frac{1}{5}\begin{pmatrix}5&2\cdot5^k-2\cdot(-5)^k&-5+4\cdot5^k+(-5)^k\\0&5^k+4\cdot(-5)^k&2\cdot5^k-2\cdot(-5)^k\\0&2\cdot5^k-2\cdot(-5)^k&4\cdot5^k+(-5)^k\end{pmatrix}.$$

17. $\begin{pmatrix}-10&48&-26\\0&88&-61\\0&-61&27\end{pmatrix}$.

18. $f(\lambda)=|\lambda\boldsymbol{E}-\boldsymbol{A}|=\lambda^2-6\lambda+7$,

$$2\lambda^4-12\lambda^3+19\lambda^2-29\lambda+36=f(\lambda)(2\lambda^2+5)+\lambda+1,$$

故

$$\boldsymbol{B}=2\boldsymbol{A}^4-12\boldsymbol{A}^3+19\boldsymbol{A}^2-29\boldsymbol{A}+36\boldsymbol{E}=f(\boldsymbol{A})(2\boldsymbol{A}^2+5\boldsymbol{E})+\boldsymbol{A}+\boldsymbol{E}=\boldsymbol{A}+\boldsymbol{E},$$

可计算得 $|\boldsymbol{B}|=|\boldsymbol{A}+\boldsymbol{E}|\neq 0$,所以 $\boldsymbol{B}$ 可逆.

$$\begin{aligned}\boldsymbol{O}=f(\boldsymbol{A})&=\boldsymbol{A}^2-6\boldsymbol{A}+7\boldsymbol{E}\\&=(\boldsymbol{B}-\boldsymbol{E})^2-6(\boldsymbol{B}-\boldsymbol{E})+7\boldsymbol{E}\\&=\boldsymbol{B}^2-8\boldsymbol{B}+14\boldsymbol{E}-\frac{1}{14}\boldsymbol{B}(\boldsymbol{B}-8\boldsymbol{E})=\boldsymbol{E},\end{aligned}$$

$$\boldsymbol{B}^{-1}=-\frac{1}{14}(\boldsymbol{B}-8\boldsymbol{E})=-\frac{1}{14}(\boldsymbol{A}-7\boldsymbol{E}).$$

19. $\boldsymbol{A}$ 的特征多项式 $f(\lambda)=(\lambda-1)(\lambda+1)(\lambda-2)$,设

$$\lambda^{10}=f(\lambda)q(\lambda)+a\lambda^2+b\lambda+c,$$

分别取 $\lambda=1,-1,2$ 得

$$a+b+c=1,a-b+c=1,4a+2b+c=2^{10},$$

解得 $a=\frac{1}{3}(2^{10}-1),b=0,c=\frac{1}{3}(4-2^{10})$,最后利用凯莱-哈密顿定理可得

$$\boldsymbol{A}^{10}=a\boldsymbol{A}^2+b\boldsymbol{A}+c\boldsymbol{E}=\frac{1}{3}[(2^{10}-1)\boldsymbol{A}^2+(4-2^{10})\boldsymbol{E}]=341\boldsymbol{A}^2-340\boldsymbol{E}.$$

20. 提示:由已知得 $(\boldsymbol{A}+2\boldsymbol{E})(\boldsymbol{A}-\boldsymbol{E})=\boldsymbol{O}$,故 $(\lambda+2)(\lambda-1)$ 为 $\boldsymbol{A}$ 的零化多项式,最小多项式可整除零化多项式,所以 $\boldsymbol{A}$ 的最小多项式无重根,$\boldsymbol{A}$ 可相似于对角阵.

21. 因为

$$\lambda\boldsymbol{E}-\boldsymbol{A}\to\begin{pmatrix}1&0&0\\0&\lambda-2&0\\0&0&(\lambda-2)(\lambda-4)\end{pmatrix},$$

可知 $\boldsymbol{A}$ 的最小多项式是 $m(\lambda)=(\lambda-2)(\lambda-4)$.

习 题 三

1. 提示:正定性:$\|\boldsymbol{y}\|_W=\|\boldsymbol{x}\|_V\geqslant 0$,且因为零元素与零元素同构对应,所以 $\boldsymbol{y}$ 为非零元素时,$\boldsymbol{x}$ 也必为非零元素,故这时 $\|\boldsymbol{y}\|_W=\|\boldsymbol{x}\|_V>0$;

齐次性:$\boldsymbol{y}$ 与 $\boldsymbol{x}$ 对应,则 $k\boldsymbol{y}$ 与 $k\boldsymbol{x}$ 对应,$\|k\boldsymbol{y}\|_W=\|k\boldsymbol{x}\|_V=k\|\boldsymbol{x}\|_V=k\|\boldsymbol{y}\|_W$;

三角不等式:设 $\boldsymbol{y}_k$ 与 $\boldsymbol{x}_k$ 对应,$k=1,2$,则 $\boldsymbol{y}_1+\boldsymbol{y}_2$ 与 $\boldsymbol{x}_1+\boldsymbol{x}_2$ 对应,

$$\|\boldsymbol{y}_1+\boldsymbol{y}_2\|_W=\|\boldsymbol{x}_1+\boldsymbol{x}_2\|_V\leqslant\|\boldsymbol{x}_1\|_V+\|\boldsymbol{x}_2\|_V=\|\boldsymbol{y}_1\|_W+\|\boldsymbol{y}_2\|_W.$$

2. 提示: 数域 P 上的 n 维线性空间 V 中取定了一组基后,令 V 中向量 $\boldsymbol{x}$ 与其在这组基下的坐标对应,则建立了 V 与 P^n 之间的同构对应. 由上题结果可知,可以用 $\boldsymbol{x}$ 的坐标在 P^n 中的范数来定义 $\boldsymbol{x}$ 在 V 中的范数.

3. $15, 16, 3\sqrt{5}$.

4.

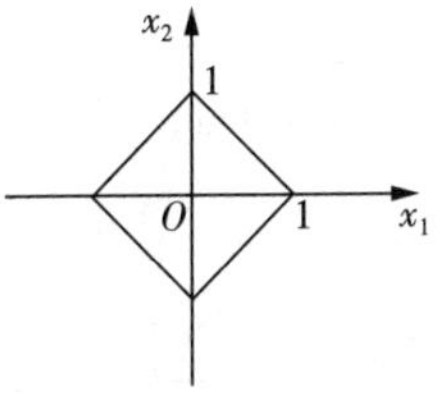

(1)

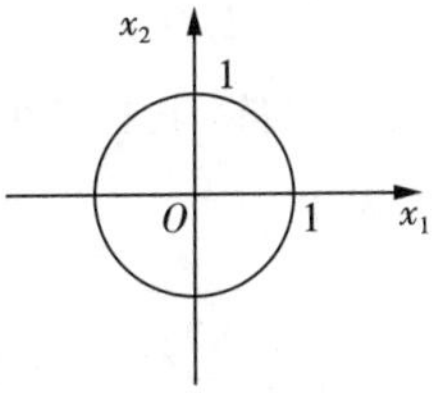

(2)

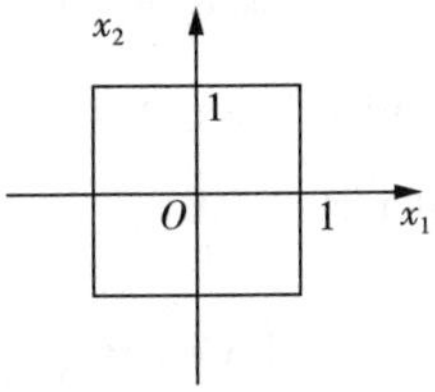

(3)

5. 提示:(1)
$$\begin{aligned}\|\boldsymbol{x}\|_1^2 &= (|x_1|+|x_2|+\cdots+|x_n|)^2\\ &\geqslant |x_1|^2+|x_2|^2+\cdots+|x_n|^2 = \|\boldsymbol{x}\|_2^2;\end{aligned}$$
$$\begin{aligned}\|\boldsymbol{x}\|_1^2 &= (1\cdot|x_1|+1\cdot|x_2|+\cdots+1\cdot|x_n|)^2\\ &\leqslant (1^2+1^2+\cdots+1^2)(|x_1|^2+|x_2|^2+\cdots+|x_n|^2) = n\|\boldsymbol{x}\|_2^2;\end{aligned}$$
(2)
$$\begin{aligned}\|\boldsymbol{x}\|_\infty &= \max_{0\leqslant k\leqslant n}|x_k| \leqslant |x_1|+|x_2|+\cdots+|x_n|\\ &= \|\boldsymbol{x}\|_1 \leqslant n\max_{0\leqslant k\leqslant n}|x_k| = n\|\boldsymbol{x}\|_\infty;\end{aligned}$$
(3)
$$\begin{aligned}\|\boldsymbol{x}\|_\infty^2 &= (\max_{0\leqslant k\leqslant n}|x_k|)^2 \leqslant |x_1|^2+|x_2|^2+\cdots+|x_n|^2\\ &= \|\boldsymbol{x}\|_2^2 \leqslant n(\max_{0\leqslant k\leqslant n}|x_k|)^2 = n\|\boldsymbol{x}\|_\infty.\end{aligned}$$

6. 提示: 设 $\boldsymbol{x}=(x_1,x_2,\cdots,x_n)^{\mathrm{T}}$, $\boldsymbol{y}=(y_1,y_2,\cdots,y_n)^{\mathrm{T}}$,则左右两边都为 $\sum_{k=1}^{n}(\bar{x}_k y_k + \bar{y}_k x_k)$.

7. 提示: 容易验证矩阵范数的正定性与齐次性. 三角不等式如下:

令 $\boldsymbol{B}=\begin{pmatrix}2 & 0\\ 0 & 3\end{pmatrix}$,则 $\|\boldsymbol{x}\|^2 = \boldsymbol{x}(\boldsymbol{B}\boldsymbol{B}^{\mathrm{H}})\boldsymbol{x}^{\mathrm{H}} = (\boldsymbol{x}\boldsymbol{B})(\boldsymbol{x}\boldsymbol{B})^{\mathrm{H}} = \|\boldsymbol{x}\boldsymbol{B}\|_2^2$. 于是,
$$\begin{aligned}\|\boldsymbol{x}+\boldsymbol{y}\| &= \|(\boldsymbol{x}+\boldsymbol{y})\boldsymbol{B}\|_2 = \|\boldsymbol{x}\boldsymbol{B}+\boldsymbol{y}\boldsymbol{B}\|_2 \leqslant \|\boldsymbol{x}\boldsymbol{B}\|_2 + \|\boldsymbol{y}\boldsymbol{B}\|_2\\ &= \|\boldsymbol{x}\| + \|\boldsymbol{y}\|.\end{aligned}$$

8. 提示: 先证明 $f(\boldsymbol{x},\boldsymbol{y}) = \sum_{k=1}^{n} a_k x_k \bar{y}_k$ 为 $\mathbf{C}^n$ 中的内积,则 $\sqrt{\sum_{k=1}^{n} a_k |x_k|^2}$ 为此内积定义的范数.

9. 设 $\boldsymbol{H}=(h_{ij})_{n\times n}$ 为埃尔米特矩阵,$\lambda_i (i=1,\cdots,n)$ 为其特征值,在其特征多项式

$$|\lambda\boldsymbol{E}-\boldsymbol{H}|=\begin{vmatrix}\lambda-h_{11} & -h_{12} & \cdots & -h_{1n}\\ -h_{21} & \lambda-h_{22} & \cdots & -h_{2n}\\ \vdots & \ddots & & \vdots\\ -h_{n1} & -h_{n2} & \cdots & \lambda-h_{nn}\end{vmatrix}=(\lambda-\lambda_1)\cdots(\lambda-\lambda_1)$$

中比较 λ^{n-1} 的系数可得 $\mathrm{tr}(\boldsymbol{H})=\sum_{k=1}^{n}h_{kk}=\sum_{k=1}^{n}\lambda_k$.

$\boldsymbol{A}^{\mathrm{H}}\boldsymbol{A}$ 为埃尔米特矩阵且为半正定矩阵，其特征值 $\lambda_i(i=1,\cdots,n)$ 非负，$\|\boldsymbol{A}\|_F=\sqrt{\mathrm{tr}(\boldsymbol{A}^{\mathrm{H}}\boldsymbol{A})}$，$\|\boldsymbol{A}\|_2=\sqrt{\lambda_{\max}(\boldsymbol{A}^{\mathrm{H}}\boldsymbol{A})}$，故有

$$\frac{1}{\sqrt{n}}\|\boldsymbol{A}\|_F=\sqrt{\frac{1}{n}\mathrm{tr}(\boldsymbol{A}^{\mathrm{H}}\boldsymbol{A})}=\sqrt{\frac{1}{n}\sum_{k=1}^{n}\lambda_k}\leqslant\sqrt{\lambda_{\max}}=\|\boldsymbol{A}\|_2\leqslant\sqrt{\sum_{k=1}^{n}\lambda_k}$$

$$=\sqrt{\mathrm{tr}(\boldsymbol{A}^{\mathrm{H}}\boldsymbol{A})}=\|\boldsymbol{A}\|_F.$$

10. 提示: 容易验证矩阵范数的正定性、齐次性和三角不等式. 相容性如下:

$$\|\boldsymbol{AB}\|=n\max_{1\leqslant i,j\leqslant n}\left|\sum_{k=1}^{n}a_{ik}b_{kj}\right|\leqslant n^2\max_{1\leqslant i,j\leqslant n}|a_{ij}|\max_{1\leqslant i,j\leqslant n}|b_{ij}|=\|\boldsymbol{A}\|\,\|\boldsymbol{B}\|.$$

11. 提示: 对任何算子范数都有 $\|\boldsymbol{E}\|=1$，所以

$$1=\|\boldsymbol{E}\|=\|\boldsymbol{AA}^{-1}\|\leqslant\|\boldsymbol{A}\|\,\|\boldsymbol{A}^{-1}\|.$$

12. 提示: 由

$$\|\boldsymbol{A}^{-1}\|_M=\max_{\boldsymbol{x}\neq\boldsymbol{0}}\frac{\|\boldsymbol{A}^{-1}\boldsymbol{x}\|_V}{\|\boldsymbol{x}\|_V}\xlongequal{\boldsymbol{A}^{-1}\boldsymbol{x}=\boldsymbol{y}}\max_{\boldsymbol{y}\neq\boldsymbol{0}}\frac{\|\boldsymbol{y}\|_V}{\|\boldsymbol{Ay}\|_V}=\frac{1}{\min\limits_{\boldsymbol{y}\neq\boldsymbol{0}}\frac{\|\boldsymbol{Ay}\|_V}{\|\boldsymbol{y}\|_V}},$$

有 $\|\boldsymbol{A}^{-1}\|_M^{-1}=\min\limits_{\boldsymbol{y}\neq\boldsymbol{0}}\frac{\|\boldsymbol{Ay}\|_V}{\|\boldsymbol{y}\|_V}$.

13. 提示: (1) 因为 $\|\boldsymbol{B}\|<1$，所以 $\boldsymbol{E}-\boldsymbol{B}$ 是可逆矩阵，从而 $|\boldsymbol{E}-\boldsymbol{B}|\neq 0$. 于是，

$$|\boldsymbol{A}|\cdot|\boldsymbol{C}|=|\boldsymbol{E}-\boldsymbol{B}|\neq 0,$$

所以，$\boldsymbol{A},\boldsymbol{C}$ 都是可逆矩阵.

(2) 因为

$$\|\boldsymbol{B}\|=\|\boldsymbol{A}(\boldsymbol{A}^{-1}-\boldsymbol{C})\|\leqslant\|\boldsymbol{A}\|\,\|\boldsymbol{A}^{-1}-\boldsymbol{C}\|,$$

则

$$\frac{\|\boldsymbol{B}\|}{\|\boldsymbol{A}\|\,\|\boldsymbol{C}\|}\leqslant\frac{\|\boldsymbol{A}^{-1}-\boldsymbol{C}\|}{\|\boldsymbol{C}\|},$$

且

$$\frac{\|\boldsymbol{A}^{-1}-\boldsymbol{C}\|}{\|\boldsymbol{C}\|}\leqslant\|\boldsymbol{C}^{-1}(\boldsymbol{A}^{-1}-\boldsymbol{C})\|=\|(\boldsymbol{E}-\boldsymbol{B})^{-1}-\boldsymbol{E}\|=\left\|\sum_{k=1}^{\infty}\boldsymbol{B}^k\right\|\leqslant\frac{\|\boldsymbol{B}\|}{1-\|\boldsymbol{B}\|}.$$

14. 提示: 若 $A^k \to O$,则 $\rho(A) < 1$(第四节定理 3),再由第五节定理 4,存在矩阵范数使 $\|A\| < \rho(A) + \varepsilon = 1$.

15. (1) 发散;(2) 收敛.

习 题 四

1. (1) $A = PJP^{-1} = \begin{pmatrix} 1 & -1 & 1 \\ 3 & 0 & 1 \\ 2 & -1 & 1 \end{pmatrix} \begin{pmatrix} 0 & 1 & 0 \\ 0 & 0 & 0 \\ 0 & 0 & 1 \end{pmatrix} \begin{pmatrix} -1 & 0 & 1 \\ 1 & 1 & -2 \\ 3 & 1 & -3 \end{pmatrix}$,

$$e^A = \begin{pmatrix} 3e-1 & e & -3e+1 \\ 3e & e+3 & -3e-3 \\ 3e-1 & e+1 & -3e \end{pmatrix}, \sin A = \begin{pmatrix} 3\sin 1+1 & \sin 1+1 & -3\sin 1-2 \\ 3\sin 1+3 & \sin 1+3 & -3\sin 1-6 \\ 3\sin 1+2 & \sin 1+2 & -3\sin 1-4 \end{pmatrix},$$

$$e^{At} = \begin{pmatrix} 3e^t+t-2 & e^t+t-1 & -3e^t-2t+3 \\ 3e^t+3t-3 & e^t+3t & -3e^t-6t+3 \\ 3e^t+2t-3 & e^t+2t-1 & -3e^t-4t+4 \end{pmatrix}.$$

(2) $A = PJP^{-1} = \begin{pmatrix} 1 & 1 & 11 \\ -1 & 1 & 1 \\ -1 & 1 & -14 \end{pmatrix} \begin{pmatrix} 1 & 0 & 0 \\ 0 & 3 & 0 \\ 0 & 0 & -2 \end{pmatrix} \begin{pmatrix} \frac{1}{2} & -\frac{5}{6} & \frac{1}{3} \\ \frac{1}{2} & \frac{1}{10} & \frac{2}{5} \\ 0 & \frac{1}{15} & -\frac{1}{15} \end{pmatrix}$,

$$e^A = \begin{pmatrix} \frac{1}{2}e+\frac{1}{2}e^3 & -\frac{5}{6}e+\frac{1}{10}e^3+\frac{11}{15}e^{-2} & \frac{1}{3}e+\frac{2}{5}e^3-\frac{11}{15}e^{-2} \\ -\frac{1}{2}e+\frac{1}{2}e^3 & \frac{5}{6}e+\frac{1}{10}e^3+\frac{1}{15}e^{-2} & -\frac{1}{3}e+\frac{2}{5}e^3-\frac{1}{15}e^{-2} \\ -\frac{1}{2}e+\frac{1}{2}e^3 & \frac{5}{6}e+\frac{1}{10}e^3-\frac{14}{15}e^{-2} & -\frac{1}{3}e+\frac{2}{5}e^3+\frac{14}{15}e^{-2} \end{pmatrix},$$

对于 $\sin A, e^{At}$,把 e^A 矩阵中的 e^k 分别换为 $\sin k$ 或 e^{kt} $(k = 1, 3, -2)$ 即可.

(3) $A = PJP^{-1} = \begin{pmatrix} 1 & 0 & 0 \\ -2 & 1 & 0 \\ 4 & -4 & 1 \end{pmatrix} \begin{pmatrix} -2 & 1 & 0 \\ 0 & -2 & 1 \\ 0 & 0 & -2 \end{pmatrix} \begin{pmatrix} 1 & 0 & 0 \\ 2 & 1 & 0 \\ 4 & 4 & 1 \end{pmatrix}$,

$$e^A = e^{-2} \begin{pmatrix} 5 & 3 & \frac{1}{2} \\ -4 & -1 & 0 \\ 0 & -4 & -1 \end{pmatrix},$$

$$\sin \boldsymbol{A}=\begin{pmatrix}\sin 2+2\cos 2 & 2\sin 2+\cos 2 & \dfrac{\sin 2}{2}\\ -4\sin 2 & -5\sin 2+2\cos 2 & -\sin 2+\cos 2\\ 8\sin 2-8\cos 2 & 8\sin 2-12\cos 2 & \sin 2-4\cos 2\end{pmatrix},$$

$$\mathrm{e}^{\boldsymbol{A}t}=\mathrm{e}^{-2t}\begin{pmatrix}1+2t+2t^2 & t+2t^2 & \dfrac{t^2}{2}\\ -4t^2 & 1+2t-4t^2 & t-t^2\\ -8t+8t^2 & -12t+8t^2 & 1-4t+2t^2\end{pmatrix}.$$

(4) $\boldsymbol{A}=\boldsymbol{PJP}^{-1}=\begin{pmatrix}3 & 0 & 5\\ 0 & 0 & 1\\ 0 & 1 & -2\end{pmatrix}\begin{pmatrix}-2 & 1 & 0\\ 0 & -2 & 0\\ 0 & 0 & -3\end{pmatrix}\begin{pmatrix}\dfrac{1}{3} & -\dfrac{5}{3} & 0\\ 0 & 2 & 1\\ 0 & 1 & 0\end{pmatrix},$

$$\mathrm{e}^{\boldsymbol{A}}=\begin{pmatrix}\mathrm{e}^{-2} & \mathrm{e}^{-2}+5\mathrm{e}^{-3} & 3\mathrm{e}^{-2}\\ 0 & \mathrm{e}^{-3} & 0\\ 0 & 2\mathrm{e}^{-2}-2\mathrm{e}^{-3} & \mathrm{e}^{-2}\end{pmatrix},$$

$$\sin \boldsymbol{A}=\begin{pmatrix}-\sin 2 & 5\sin 2+6\cos 2-5\sin 3 & 3\cos 2\\ 0 & -\sin 3 & 0\\ 0 & -2\sin 2+2\sin 3 & -\sin 2\end{pmatrix},$$

$$\mathrm{e}^{\boldsymbol{A}t}=\begin{pmatrix}\mathrm{e}^{-2t} & (-5+6t)\mathrm{e}^{-2t}+5\mathrm{e}^{-3t} & 3t\mathrm{e}^{-2t}\\ 0 & \mathrm{e}^{-3t} & 0\\ 0 & 2\mathrm{e}^{-2t}-2\mathrm{e}^{-3t} & \mathrm{e}^{-2t}\end{pmatrix}.$$

(5) $\boldsymbol{A}=\boldsymbol{PJP}^{-1}=\begin{pmatrix}1 & 0 & 0\\ 0 & 1 & 1\\ 1 & 0 & 1\end{pmatrix}\begin{pmatrix}2 & 1 & 0\\ 0 & 2 & 0\\ 0 & 0 & 1\end{pmatrix}\begin{pmatrix}1 & 0 & 0\\ 1 & 1 & -1\\ -1 & 0 & 1\end{pmatrix},$

$$\mathrm{e}^{\boldsymbol{A}}=\begin{pmatrix}2\mathrm{e}^2 & \mathrm{e}^2 & -\mathrm{e}^2\\ \mathrm{e}^2-\mathrm{e} & \mathrm{e}^2 & -\mathrm{e}^2+\mathrm{e}\\ 2\mathrm{e}^2-\mathrm{e} & \mathrm{e}^2 & -\mathrm{e}^2+\mathrm{e}\end{pmatrix},$$

$$\sin \boldsymbol{A}=\begin{pmatrix}\sin 2+\cos 2 & \cos 2 & -\cos 2\\ \sin 2-\sin 1 & \sin 2 & -\sin 2+\sin 1\\ \sin 2+\cos 2-\sin 1 & \cos 2 & -\cos 2+\sin 1\end{pmatrix},$$

$$\mathrm{e}^{\boldsymbol{A}t}=\begin{pmatrix}(1+t)\mathrm{e}^{2t} & t\mathrm{e}^{2t} & -t\mathrm{e}^{2t}\\ \mathrm{e}^{2t}-\mathrm{e}^{t} & \mathrm{e}^{2t} & -\mathrm{e}^{2t}+\mathrm{e}^{t}\\ (1+t)\mathrm{e}^{2t}-\mathrm{e}^{t} & t\mathrm{e}^{2t} & -t\mathrm{e}^{2t}+\mathrm{e}^{t}\end{pmatrix}.$$

$$(6)\boldsymbol{A}=\boldsymbol{PJP}^{-1}=\begin{pmatrix}1&\frac{1}{2}&0\\-1&0&1\\0&0&-1\end{pmatrix}\begin{pmatrix}4&1&0\\0&4&0\\0&0&2\end{pmatrix}\begin{pmatrix}0&-1&-1\\2&2&2\\0&0&-1\end{pmatrix},$$

$$\mathrm{e}^{\boldsymbol{A}}=\begin{pmatrix}3\mathrm{e}^4&2\mathrm{e}^4&2\mathrm{e}^4\\-2\mathrm{e}^4&-\mathrm{e}^4&-\mathrm{e}^4-\mathrm{e}^2\\0&0&\mathrm{e}^2\end{pmatrix},$$

$$\sin\boldsymbol{A}=\begin{pmatrix}\sin4+2\cos4&2\cos4&2\cos4\\-2\cos4&\sin4-2\cos4&\sin4-2\cos4-\sin2\\0&0&\sin2\end{pmatrix},$$

$$\mathrm{e}^{\boldsymbol{A}t}=\begin{pmatrix}(1+2t)\mathrm{e}^{4t}&2t\mathrm{e}^{4t}&2t\mathrm{e}^{4t}\\-2t\mathrm{e}^{4t}&(1-2t)\mathrm{e}^{4t}&(1-2t)\mathrm{e}^{4t}-\mathrm{e}^{2t}\\0&0&\mathrm{e}^{2t}\end{pmatrix}.$$

2. (1) $\dfrac{\mathrm{d}\boldsymbol{A}(t)}{\mathrm{d}t}=\begin{pmatrix}-\sin t&\cos t\\-\cos t&-\sin t\end{pmatrix},\dfrac{\mathrm{d}^2\boldsymbol{A}(t)}{\mathrm{d}t^2}=\begin{pmatrix}-\cos t&-\sin t\\\sin t&-\cos t\end{pmatrix}=-\boldsymbol{A}(t),$

$$|\boldsymbol{A}(t)|=\cos^2t+\sin^2t\equiv1,\therefore\frac{\mathrm{d}|\boldsymbol{A}(t)|}{\mathrm{d}t}=0.$$

(2) $\dfrac{\mathrm{d}\boldsymbol{A}(t)}{\mathrm{d}t}=\begin{pmatrix}\cos t&-\sin t&1\\0&(t+1)\mathrm{e}^t&2t\\0&0&3t^2\end{pmatrix},\dfrac{\mathrm{d}^2\boldsymbol{A}(t)}{\mathrm{d}t^2}=\begin{pmatrix}-\sin t&-\cos t&0\\0&(t+2)\mathrm{e}^t&2\\0&0&6t\end{pmatrix},$

$$|\boldsymbol{A}(t)|=t^4\mathrm{e}^t\sin t+t^2\cos t-t^2\mathrm{e}^t,$$

$$\frac{\mathrm{d}|\boldsymbol{A}(t)|}{\mathrm{d}t}=(4t^3\sin t+t^4\sin t+t^4\cos t-2t-t^2)\mathrm{e}^t+2t\cos t-t^2\sin t.$$

3. $\dfrac{\mathrm{d}(\boldsymbol{AB})}{\mathrm{d}t}=\begin{pmatrix}\sin(a-t)&0\\0&\sin(a-t)\end{pmatrix}.$

4. (1) $\dfrac{\mathrm{d}}{\mathrm{d}t}\|\boldsymbol{y}(t)\|_2^2=\dfrac{\mathrm{d}}{\mathrm{d}t}\sum_{i=1}^n y_i^2(t)=\sum_{i=1}^n 2y_i(t)y_i'(t)=2\boldsymbol{y}^{\mathrm{T}}(t)\boldsymbol{y}'(t).$

(2) $\dfrac{\mathrm{d}f(t)}{\mathrm{d}t}=\dfrac{\mathrm{d}}{\mathrm{d}t}\sum_{i=1}^n\sum_{j=1}^n a_{ij}y_i(t)y_j(t)$

$=\sum_{i=1}^n\sum_{j=1}^n a_{ij}y_i'(t)y_j(t)+\sum_{i=1}^n\sum_{j=1}^n a_{ij}y_i(t)y_j'(t)$（交换前一项中的 i,j，和不变）

$$= \sum_{j=1}^{n}\sum_{i=1}^{n} a_{ji} y_j'(t) y_i(t) + \sum_{i=1}^{n}\sum_{j=1}^{n} a_{ij} y_i(t) y_j'(t) (\because \boldsymbol{A}^{\mathrm{T}} = \boldsymbol{A}, \therefore a_{ij} = a_{ji})$$

$$= 2\sum_{i=1}^{n}\sum_{j=1}^{n} a_{ij} y_i(t) y_j'(t) = 2\,\boldsymbol{y}^{\mathrm{T}}(t)\boldsymbol{A}\boldsymbol{y}'(t).$$

5. $\int \boldsymbol{A}(t)\mathrm{d}t = \begin{pmatrix} \frac{\mathrm{e}^{2t}}{2} & (t-1)\mathrm{e}^{t} & t \\ -\mathrm{e}^{-t} & \mathrm{e}^{2t} & 0 \\ \frac{3t^2}{2} & 0 & 0 \end{pmatrix} + \boldsymbol{C}, \boldsymbol{C} = (c_{ij})_{3\times 3}$ 为任意常数矩阵,

$$\int_0^1 \boldsymbol{A}(t)\mathrm{d}t = \begin{pmatrix} \frac{\mathrm{e}^2-1}{2} & 1 & 1 \\ 1-\mathrm{e}^{-1} & \mathrm{e}^2-1 & 0 \\ \frac{3}{2} & 0 & 0 \end{pmatrix},$$

$$\frac{\mathrm{d}}{\mathrm{d}x}\int_0^{x^2} \boldsymbol{A}(t)\mathrm{d}t = \begin{pmatrix} 2x\mathrm{e}^{2x^2} & 2x^3\mathrm{e}^{x^2} & 2x \\ 2x\mathrm{e}^{-x^2} & 4x\mathrm{e}^{2x^2} & 0 \\ 6x^3 & 0 & 0 \end{pmatrix} = 2x\boldsymbol{A}(x^2).$$

6. $\frac{\mathrm{d}\boldsymbol{A}}{\mathrm{d}\boldsymbol{B}} = \nabla_{\boldsymbol{B}} \otimes \boldsymbol{A} = \left(\frac{\partial}{\partial u} \quad \frac{\partial}{\partial v}\right) \otimes \begin{pmatrix} u^2+v^2 & \sin(u+v) \\ \cos(u+v) & \mathrm{e}^{uv} \end{pmatrix}$

$$= \begin{pmatrix} 2u & \cos(u+v) & 2v & \cos(u+v) \\ -\sin(u+v) & v\mathrm{e}^{uv} & -\sin(u+v) & u\mathrm{e}^{uv} \end{pmatrix}.$$

7. (1)$\boldsymbol{x} = \frac{1}{3}\begin{pmatrix} 4\mathrm{e}^{5t}-\mathrm{e}^{-t} \\ 8\mathrm{e}^{5t}+\mathrm{e}^{-t} \end{pmatrix}$;(2)$\boldsymbol{x} = -\frac{1}{6}\begin{pmatrix} -1+3\mathrm{e}^{2t}-8\mathrm{e}^{3t} \\ -5+3\mathrm{e}^{2t}-4\mathrm{e}^{3t} \\ -2 \quad -4\mathrm{e}^{3t} \end{pmatrix}$.

8. (1)$\boldsymbol{x} = \frac{1}{2}\begin{pmatrix} 3\mathrm{e}^{5t}-\mathrm{e}^{-t}-4t\mathrm{e}^{-t} \\ 6\mathrm{e}^{5t}+4t\mathrm{e}^{-t} \end{pmatrix}$;(2)$\boldsymbol{x} = \frac{1}{3}\begin{pmatrix} 3\mathrm{e}^{-t}-12\mathrm{e}^{-2t}+11\mathrm{e}^{-3t}+1 \\ 15\mathrm{e}^{-t}-48\mathrm{e}^{-2t}+33\mathrm{e}^{-3t} \\ 18\mathrm{e}^{-t}-36\mathrm{e}^{-2t}+22\mathrm{e}^{-3t}-7 \end{pmatrix}$.

9. $y = \frac{2t-3}{4}\mathrm{e}^{-t} + \mathrm{e}^{-2t} - \frac{1}{4}\mathrm{e}^{-3t}$.

10. 令 $\boldsymbol{P} = (\boldsymbol{p}_1, \boldsymbol{p}_2)$,则有

$$\boldsymbol{x}=\mathrm{e}^{At}\boldsymbol{x}(0)=\boldsymbol{P}\begin{pmatrix}\mathrm{e}^{\lambda_1 t} & 0\\ 0 & \mathrm{e}^{\lambda_2 t}\end{pmatrix}\boldsymbol{P}^{-1}\boldsymbol{x}(0)=\boldsymbol{P}\begin{pmatrix}\mathrm{e}^{\lambda_1 t} & 0\\ 0 & \mathrm{e}^{\lambda_2 t}\end{pmatrix}\begin{pmatrix}c_1\\ c_2\end{pmatrix}=c_1\mathrm{e}^{\lambda_1 t}\boldsymbol{p}_1+c_2\mathrm{e}^{\lambda_2 t}\boldsymbol{p}_2,$$

其中 $\begin{pmatrix}c_1\\ c_2\end{pmatrix}=\boldsymbol{P}^{-1}\boldsymbol{x}(0)$，故 $\boldsymbol{x}(0)=\boldsymbol{P}\begin{pmatrix}c_1\\ c_2\end{pmatrix}=c_1\boldsymbol{p}_1+c_2\boldsymbol{p}_2$.

若 $\boldsymbol{A}$ 为 n 阶矩阵且有 n 个互异特征值 λ_i，对应的特征向量分别为 $\boldsymbol{p}_i$，$i=1,\cdots,n$，则有 $\boldsymbol{x}=\sum_{i=1}^{n}c_i\mathrm{e}^{\lambda_i t}\boldsymbol{p}_i$，其中常数 c_i 满足 $\sum_{i=1}^{n}c_i\boldsymbol{p}_i=\boldsymbol{x}(0)$. 证明方法同上.

11. 按定义验证即可.

12. $$\boldsymbol{\Phi}_2(t,0)=\begin{pmatrix}2+3t+2t^2-\mathrm{e}^t & 2+2t-(2+t)\mathrm{e}^t\\ 2+t-2(1+t)\mathrm{e}^{-t} & 2+\dfrac{t^2}{2}-\mathrm{e}^{-t}\end{pmatrix},$$

$$\boldsymbol{x}^*(t)=\boldsymbol{\Phi}_2(t,0)\boldsymbol{x}(0)=\begin{pmatrix}4+5t+2t^2-(3+t)\mathrm{e}^t\\ 4+t+\dfrac{t^2}{2}-(3+2t)\mathrm{e}^{-t}\end{pmatrix},$$

$$\|\boldsymbol{x}-\boldsymbol{x}^*\|\leqslant\frac{3.2214^3\times 0.2^3}{3!}\times\frac{4}{4-3.2214\times 0.2}\times 1=0.05313.$$

习 题 五

1. 取 $\boldsymbol{A}=\begin{pmatrix}0 & 1\\ 1 & 0\end{pmatrix}$. 假设 $\boldsymbol{A}$ 有 $\boldsymbol{LU}$ 分解，则可设

$$\boldsymbol{A}=\begin{pmatrix}l_{11} & 0\\ l_{21} & l_{22}\end{pmatrix}\begin{pmatrix}u_{11} & u_{12}\\ 0 & u_{22}\end{pmatrix}=\begin{pmatrix}l_{11}u_{11} & l_{11}u_{12}\\ l_{21}u_{11} & l_{21}u_{12}+l_{22}u_{22}\end{pmatrix}.$$

从而有 $l_{11}u_{11}=0$，$l_{11}u_{12}=1$，$l_{21}u_{11}=1$，但这不可能同时成立. 因此，$\boldsymbol{A}$ 没有 $\boldsymbol{LU}$ 分解.

2. $\boldsymbol{B}$ 不能进行 $\boldsymbol{LU}$ 分解，$\boldsymbol{A}$ 可以.

$$\boldsymbol{A}=\begin{pmatrix}1 & 0 & 0\\ -\dfrac{1}{3} & 1 & 0\\ -\dfrac{1}{3} & \dfrac{11}{2} & 1\end{pmatrix}\begin{pmatrix}3 & 2 & -1\\ 0 & \dfrac{2}{3} & -\dfrac{1}{3}\\ 0 & 0 & \dfrac{3}{2}\end{pmatrix}.$$

3. 提示:

(1)

$$A=\begin{pmatrix}1&0&0&0\\ \frac{1}{2}&1&0&0\\ 0&-\frac{4}{7}&1&0\\ \frac{1}{2}&-1&-\frac{14}{3}&1\end{pmatrix}\begin{pmatrix}2&1&-5&1\\ 0&-\frac{7}{2}&\frac{5}{2}&-\frac{13}{2}\\ 0&0&\frac{3}{7}&-\frac{12}{7}\\ 0&0&0&-9\end{pmatrix}$$

(2) 令 $\boldsymbol{Ux}=\boldsymbol{y}$,则 $\boldsymbol{Lx}=\boldsymbol{b}$. 于是,

$$\begin{pmatrix}1&0&0&0\\ \frac{1}{2}&1&0&0\\ 0&-\frac{4}{7}&1&0\\ \frac{1}{2}&-1&-\frac{14}{3}&1\end{pmatrix}\boldsymbol{y}=\begin{pmatrix}-9\\ 1\\ -4\\ -15\end{pmatrix}$$

的解为 $\boldsymbol{y}=\left(-9,\ \frac{11}{2},\ -\frac{6}{7},\ -9\right)^{\mathrm{T}}$. 由

$$\begin{pmatrix}2&1&-5&1\\ 0&-\frac{7}{2}&\frac{5}{2}&-\frac{13}{2}\\ 0&0&\frac{3}{7}&-\frac{12}{7}\\ 0&0&0&-9\end{pmatrix}\boldsymbol{x}=\begin{pmatrix}-9\\ \frac{11}{2}\\ -\frac{6}{7}\\ -9\end{pmatrix}$$

得 $\boldsymbol{x}=(1,\ -2,\ 2,\ 1)^{\mathrm{T}}$.

4. (1)$\boldsymbol{A}=\begin{pmatrix}1&0&0\\ \frac{1}{2}&1&0\\ 1&2&1\end{pmatrix}\begin{pmatrix}2&0&0\\ 0&\frac{5}{2}&0\\ 0&0&0\end{pmatrix}\begin{pmatrix}1&-\frac{1}{2}&\frac{3}{2}\\ 0&1&-\frac{1}{5}\\ 0&0&1\end{pmatrix}$;

(2)$\boldsymbol{A}=\begin{pmatrix}1&0&0&0\\ 0&1&0&0\\ 2&0&1&0\\ 0&0&-\frac{1}{5}&1\end{pmatrix}\begin{pmatrix}1&0&0&0\\ 0&1&0&0\\ 0&0&-5&0\\ 0&0&0&\frac{6}{5}\end{pmatrix}\begin{pmatrix}1&0&2&0\\ 0&1&0&0\\ 0&0&1&-\frac{1}{5}\\ 0&0&0&1\end{pmatrix}$.

5. 将 $\boldsymbol{A}$ 分成 $\boldsymbol{A}=\begin{pmatrix}\boldsymbol{A}_r & \boldsymbol{A}_{12}\\ \boldsymbol{A}_{21} & \boldsymbol{A}_{22}\end{pmatrix}$. 由于 $\boldsymbol{A}$ 的 k 阶顺序主子式 $\det(\boldsymbol{A}_k)\neq 0, k=0,1,\cdots,r$，所以 $\boldsymbol{A}_r$ 可以进行三角分解 $\boldsymbol{A}_r=\boldsymbol{L}_r\boldsymbol{U}_r$. 注意到 $\boldsymbol{A}$ 的后 $n-r$ 行可以用前 r 行线性表示，即存在 $\boldsymbol{K}\in\mathbf{C}^{(n-r)\times r}$ 使得 $(\boldsymbol{A}_{21},\boldsymbol{A}_{22})=\boldsymbol{K}(\boldsymbol{A}_r,\boldsymbol{A}_{12})$. 由此得到，$\boldsymbol{A}_{21}=\boldsymbol{K}\boldsymbol{A}_r$，$\boldsymbol{A}_{22}=\boldsymbol{K}\boldsymbol{A}_{12}$. 因此，

$$\boldsymbol{A}=\begin{pmatrix}\boldsymbol{A}_r & \boldsymbol{A}_{12}\\ \boldsymbol{K}\boldsymbol{A}_r & \boldsymbol{K}\boldsymbol{A}_{12}\end{pmatrix}=\begin{pmatrix}\boldsymbol{L}_r & \boldsymbol{O}\\ \boldsymbol{K}\boldsymbol{L}_r & \boldsymbol{I}_{n-r}\end{pmatrix}\begin{pmatrix}\boldsymbol{U}_r & \boldsymbol{L}_r^{-1}\boldsymbol{A}_{12}\\ \boldsymbol{O} & \boldsymbol{O}\end{pmatrix}=\begin{pmatrix}\boldsymbol{L}_r & \boldsymbol{O}\\ \boldsymbol{K}\boldsymbol{L}_r & \boldsymbol{O}\end{pmatrix}\begin{pmatrix}\boldsymbol{U}_r & \boldsymbol{L}_r^{-1}\boldsymbol{A}_{12}\\ \boldsymbol{O} & \boldsymbol{E}_{n-r}\end{pmatrix}.$$

这表明 $\boldsymbol{A}$ 可以进行三角分解，$\boldsymbol{A}=\boldsymbol{L}\boldsymbol{U}$，且 $\boldsymbol{L}$ 或 $\boldsymbol{U}$ 是可逆矩阵.

6. (1) $\boldsymbol{A}\longrightarrow\begin{pmatrix}1&0&1&1\\0&1&0&-1\\0&0&0&0\\0&0&0&0\end{pmatrix}$，$\boldsymbol{A}=\boldsymbol{F}\boldsymbol{G}=\begin{pmatrix}1&0\\2&1\\2&0\\4&2\end{pmatrix}\begin{pmatrix}1&0&1&1\\0&1&0&-1\end{pmatrix}$；

(2) $\boldsymbol{A}\longrightarrow\begin{pmatrix}1&0&-1&1\\0&1&1&1\\0&0&0&0\end{pmatrix}$，$\boldsymbol{A}=\boldsymbol{F}\boldsymbol{G}=\begin{pmatrix}1&0\\1&-2\\-1&4\end{pmatrix}\begin{pmatrix}1&0&-1&1\\0&1&1&1\end{pmatrix}$.

7. 设 $\boldsymbol{A}$ 的秩为 r. 因为 $\boldsymbol{A}^2=\boldsymbol{A}$，且 $\boldsymbol{A}$ 的满秩分解为 $\boldsymbol{A}=\boldsymbol{B}\boldsymbol{C}$，故 $\boldsymbol{B}\boldsymbol{C}\boldsymbol{B}\boldsymbol{C}=\boldsymbol{B}\boldsymbol{C}$，从而 $\boldsymbol{B}(\boldsymbol{C}\boldsymbol{B}-\boldsymbol{E}_r)\boldsymbol{C}=\boldsymbol{O}$，于是，$\boldsymbol{B}^{\mathrm{H}}\boldsymbol{B}(\boldsymbol{C}\boldsymbol{B}-\boldsymbol{E}_r)\boldsymbol{C}\boldsymbol{C}^{\mathrm{H}}=\boldsymbol{O}$. 注意到 $\boldsymbol{B}^{\mathrm{H}}\boldsymbol{B}$ 与 $\boldsymbol{C}\boldsymbol{C}^{\mathrm{H}}$ 的秩是 r，因此 $\boldsymbol{B}^{\mathrm{H}}\boldsymbol{B}$ 与 $\boldsymbol{C}\boldsymbol{C}^{\mathrm{H}}$ 都是可逆矩阵，从而 $\boldsymbol{C}\boldsymbol{B}-\boldsymbol{E}_r=\boldsymbol{O}$，即 $\boldsymbol{C}\boldsymbol{B}=\boldsymbol{E}_r$.

8. 提示：令 $\boldsymbol{A}=\boldsymbol{F}\boldsymbol{G}$，则 $\mathrm{rank}(\boldsymbol{A})\leqslant\mathrm{rank}(\boldsymbol{F})=r$. 因为 $\boldsymbol{F}$ 为列满秩，故 $\boldsymbol{F}^{\mathrm{H}}\boldsymbol{F}$ 可逆. 于是，

$$\boldsymbol{G}=(\boldsymbol{F}^{\mathrm{H}}\boldsymbol{F})^{-1}\boldsymbol{F}^{\mathrm{H}}\boldsymbol{F}\boldsymbol{G}=(\boldsymbol{F}^{\mathrm{H}}\boldsymbol{F})^{-1}\boldsymbol{F}^{\mathrm{H}}\boldsymbol{A}.$$

因此，$r=\mathrm{rank}(\boldsymbol{G})\leqslant\mathrm{rank}(\boldsymbol{A})$. 故有 $\mathrm{rank}(\boldsymbol{A})=r$.

9. (1) $\boldsymbol{A}=\boldsymbol{Q}\boldsymbol{R}=\begin{pmatrix}0&\frac{2}{\sqrt6}&\frac{1}{\sqrt3}\\ \frac{1}{\sqrt2}&\frac{1}{\sqrt6}&-\frac{1}{\sqrt3}\\ \frac{1}{\sqrt2}&-\frac{1}{\sqrt6}&\frac{1}{\sqrt3}\end{pmatrix}\begin{pmatrix}\sqrt2&\frac{1}{\sqrt2}&\frac{1}{\sqrt2}\\ 0&\frac{3}{\sqrt6}&\frac{1}{\sqrt6}\\ 0&0&\frac{2}{\sqrt3}\end{pmatrix}$；

(2) $\boldsymbol{A}=\boldsymbol{Q}\boldsymbol{R}=\begin{pmatrix}\frac{1}{\sqrt6}&\frac{1}{\sqrt3}&\frac{1}{\sqrt2}\\ \frac{2}{\sqrt6}&-\frac{1}{\sqrt3}&0\\ \frac{1}{\sqrt6}&\frac{1}{\sqrt3}&-\frac{1}{\sqrt2}\end{pmatrix}\begin{pmatrix}\sqrt6&\sqrt6&\frac{7}{\sqrt6}\\ 0&\sqrt3&\frac{1}{\sqrt3}\\ 0&0&\frac{1}{\sqrt2}\end{pmatrix}$.

10. (1)$A = QR = \frac{1}{3}\begin{pmatrix} 1 & -2 & -2 \\ 2 & 2 & -1 \\ 2 & -1 & 2 \end{pmatrix}\begin{pmatrix} 3 & 2 & 4 \\ 0 & 1 & -2 \\ 0 & 0 & 4 \end{pmatrix}$;

(2)$A = QR = \frac{1}{5}\begin{pmatrix} 3 & 0 & 4 & 0 \\ 0 & 5 & 0 & 0 \\ 0 & 0 & 0 & 5 \\ 4 & 0 & -3 & 0 \end{pmatrix}\begin{pmatrix} 5 & 0 & -1 & 0 \\ 0 & 2 & 2 & 4 \\ 0 & 0 & 2 & -5 \\ 0 & 0 & 0 & 5 \end{pmatrix}$.

11. 构造矩阵 $B = A^{\mathrm{T}}A$,因为 A 是可逆实矩阵,故 B 是正定矩阵. 于是存在正交矩阵 Q 使得 $Q^{\mathrm{T}}BQ = \Lambda$,其中 Λ 为对角阵,其对角元素 $\lambda_1, \lambda_2, \cdots, \lambda_n > 0$. 从而,$B = Q\Lambda Q^{\mathrm{T}} = Q\Lambda_1^2 Q^{\mathrm{T}}$,其中 Λ_1 为对角阵,其对角元素为 $\sqrt{\lambda_1}, \sqrt{\lambda_2}, \cdots, \sqrt{\lambda_n} > 0$. 令 $S = Q\Lambda_1 Q^{\mathrm{T}}$,则 S 是正定矩阵,且 $B = S^2 = SQ^{\mathrm{T}}QS = (QS)^{\mathrm{T}}(QS)$. 因此,$A = QS$.

12. (1)$A = U\begin{pmatrix} \sqrt{7} & & \\ & \sqrt{3} & \\ & & 0 \end{pmatrix}V^{\mathrm{H}}, U = \begin{pmatrix} \frac{1}{\sqrt{2}} & \frac{1}{\sqrt{2}} \\ \frac{1}{\sqrt{2}} & -\frac{1}{\sqrt{2}} \end{pmatrix}, V = \begin{pmatrix} \frac{3}{\sqrt{14}} & \frac{2}{\sqrt{14}} & \frac{1}{\sqrt{14}} \\ \frac{3}{\sqrt{6}} & -\frac{2}{\sqrt{6}} & \frac{1}{\sqrt{6}} \\ \frac{2}{\sqrt{21}} & -\frac{1}{\sqrt{21}} & -\frac{4}{\sqrt{21}} \end{pmatrix}$;

(2)$A = U\begin{pmatrix} 1 & 0 & 0 & 0 \\ 0 & \sqrt{3} & 0 & 0 \\ 0 & 0 & 0 & 0 \end{pmatrix}V^{\mathrm{H}}, U = \begin{pmatrix} \frac{1}{\sqrt{2}} & -\frac{1}{\sqrt{2}} & 0 \\ \frac{1}{\sqrt{2}} & \frac{1}{\sqrt{2}} & 0 \\ 0 & 0 & 1 \end{pmatrix}, V = \begin{pmatrix} \frac{1}{\sqrt{2}} & -\frac{1}{\sqrt{6}} & 0 & \frac{1}{\sqrt{3}} \\ \frac{1}{\sqrt{2}} & \frac{1}{\sqrt{6}} & 0 & -\frac{1}{\sqrt{3}} \\ 0 & 0 & 1 & 0 \\ 0 & \frac{2}{\sqrt{6}} & 0 & \frac{1}{\sqrt{3}} \end{pmatrix}$.

13. 因为 A 为正规矩阵,所以 A 酉相似于对角矩阵,即存在 n 阶酉矩阵 U 使得 $U^{\mathrm{H}}AU = \mathrm{diag}(\lambda_1, \lambda_2, \cdots, \lambda_n)$,其中 $\lambda_1, \lambda_2, \cdots, \lambda_n$ 为 A 的特征值. 于是,

$$U^{\mathrm{H}}A^{\mathrm{H}}U = (U^{\mathrm{H}}A^{\mathrm{H}}U)^{\mathrm{H}} = \mathrm{diag}(\bar{\lambda}_1, \bar{\lambda}_2, \cdots, \bar{\lambda}_n),$$

从而得到 $U^{\mathrm{H}}A^{\mathrm{H}}AU = U^{\mathrm{H}}A^{\mathrm{H}}UU^{\mathrm{H}}AU = \mathrm{diag}(|\lambda_1|^2, |\lambda_2|^2, \cdots, |\lambda_n|^2)$. 因此,$A$ 的奇异值为 $|\lambda_1|, |\lambda_2|, \cdots, |\lambda_n|$.

14. 提示: (1) 由 $\|A\|_2^2 = \lambda_{\max}(A^{\mathrm{H}}A) = \sigma_1^2$,可得 $\|A\|_2 = \sigma_1$;

(2) 若 $\boldsymbol{A}$ 非奇异,则 $\boldsymbol{A}^{\mathrm{H}}\boldsymbol{A}$ 与 $\boldsymbol{A}\boldsymbol{A}^{\mathrm{H}}$ 都是埃尔米特正定矩阵,故特征值都大于零,且

$$\|\boldsymbol{A}^{-1}\|_2^2=\lambda_{\max}[(\boldsymbol{A}^{-1})^{\mathrm{H}}\boldsymbol{A}^{-1}]=\lambda_{\max}[(\boldsymbol{A}\boldsymbol{A}^{\mathrm{H}})^{-1}]=\frac{1}{\lambda_{\min}(\boldsymbol{A}\boldsymbol{A}^{\mathrm{H}})}=\frac{1}{\lambda_{\min}(\boldsymbol{A}^{\mathrm{H}}\boldsymbol{A})}=\frac{1}{\sigma_n^2}.$$

15. 提示:(1) 由上题结论可得,$\sigma_1(\boldsymbol{A}+\boldsymbol{B})=\|\boldsymbol{A}+\boldsymbol{B}\|_2\leqslant\|\boldsymbol{A}\|_2+\|\boldsymbol{B}\|_2=\sigma_1(\boldsymbol{A})+\sigma_1(\boldsymbol{B})$. 类似可以证明(2).

习 题 六

1. 根据第六章第一节定理 1 的推论 1 可得 $|\lambda|\leqslant 9$, $|\mathrm{Re}(\lambda)|\leqslant 9$, $|\mathrm{Im}(\lambda)|\leqslant 0.75$.

2. 设 $D_1:|z-1|\leqslant 0.7$,$D_2:|z-1.5|\leqslant 0.8$,$D_3:|z-3|\leqslant 0.3$. 由圆盘定理,$\boldsymbol{A}$ 的特征值都在 $D_1\cup D_2\cup D_3$ 中,且 $D_1\cup D_2$ 中有两个,D_3 中有一个.

3. 设 $D_1:|z+1|\leqslant 0.6$,$D_2:|z+4|\leqslant 0.8$,$D_3:|z-1|\leqslant 1.8$,$D_4:|z-5|\leqslant 0.7$. 此四个圆盘互不相交,每个圆盘中有一个特征值.

4. 设 $\boldsymbol{A}\boldsymbol{x}=\lambda\boldsymbol{x}$,两边取共轭有 $\bar{\lambda}\bar{\boldsymbol{x}}=\bar{\boldsymbol{A}}\bar{\boldsymbol{x}}=\boldsymbol{A}\bar{\boldsymbol{x}}$,这说明 λ 与 $\bar{\lambda}$ 都是特征值. 由题意,$\boldsymbol{A}$ 的盖尔圆的圆心都在实轴上,故 λ 与 $\bar{\lambda}$ 必在同一个盖尔圆中,但由圆盘定理 2,$\boldsymbol{A}$ 的每个盖尔圆中有且只有一个特征值,所以 $\lambda=\bar{\lambda}$,即 λ 为实数.

5. (1) $\boldsymbol{A}^{-}=\frac{1}{11}\begin{pmatrix}-4&7&1\\7&-4&1\end{pmatrix}$; (2) $\boldsymbol{A}^{-}=\frac{1}{5}\begin{pmatrix}1&0\\-10&5\\2&0\end{pmatrix}$;

(3) $\boldsymbol{A}^{-}=\frac{1}{22}\begin{pmatrix}-1&-2&6&5\\-1&-2&6&5\\4&8&-2&2\end{pmatrix}$; (4) $\boldsymbol{A}^{-}=\frac{1}{25}\begin{pmatrix}0&1&0&2\\-5&3&-10&6\\0&1&0&2\\5&-2&10&-4\end{pmatrix}$.

6. (1) $\boldsymbol{A}^{+}=\frac{1}{15}\begin{pmatrix}1&0&1&1\\0&15&0&0\\2&0&2&2\end{pmatrix}$, $\boldsymbol{x}=\frac{1}{5}\begin{pmatrix}1\\0\\2\end{pmatrix}+\frac{c_1}{5}\begin{pmatrix}4\\0\\-2\end{pmatrix}+c_2\begin{pmatrix}0\\0\\0\end{pmatrix}+\frac{c_3}{5}\begin{pmatrix}-2\\0\\1\end{pmatrix}$;

(2) $\boldsymbol{A}^{+}=\frac{1}{6}\begin{pmatrix}2&0&0\\2&-1&-1\\-2&2&2\\0&1&1\end{pmatrix}$,

$$x=\frac{1}{3}\begin{pmatrix}2\\1\\0\\1\end{pmatrix}+\frac{c_1}{3}\begin{pmatrix}1\\-1\\0\\-1\end{pmatrix}+\frac{c_2}{3}\begin{pmatrix}-1\\2\\1\\0\end{pmatrix}+\frac{c_3}{3}\begin{pmatrix}0\\1\\1\\-1\end{pmatrix}+\frac{c_4}{3}\begin{pmatrix}-1\\0\\-1\\2\end{pmatrix}.$$

7. (1) $\boldsymbol{A}_1(\boldsymbol{B}_{\mathrm{R}}^{-1}\quad \boldsymbol{O})\boldsymbol{A}_1=\begin{pmatrix}\boldsymbol{B}\\\boldsymbol{O}\end{pmatrix}(\boldsymbol{B}_{\mathrm{R}}^{-1}\quad \boldsymbol{O})\begin{pmatrix}\boldsymbol{B}\\\boldsymbol{O}\end{pmatrix}=\begin{pmatrix}\boldsymbol{E}_r & \boldsymbol{O}\\\boldsymbol{O} & \boldsymbol{O}\end{pmatrix}\begin{pmatrix}\boldsymbol{B}\\\boldsymbol{O}\end{pmatrix}=\begin{pmatrix}\boldsymbol{B}\\\boldsymbol{O}\end{pmatrix}=\boldsymbol{A}_1.$

(2) $\because \boldsymbol{A}=\boldsymbol{P}^{-1}\boldsymbol{A}_1$，$\therefore \boldsymbol{A}\boldsymbol{A}_1^{-}\boldsymbol{P}\boldsymbol{A}=\boldsymbol{P}^{-1}\boldsymbol{A}_1\boldsymbol{A}_1^{-}\boldsymbol{P}\boldsymbol{P}^{-1}\boldsymbol{A}_1=\boldsymbol{P}^{-1}\boldsymbol{A}_1\boldsymbol{A}_1^{-}\boldsymbol{A}_1=\boldsymbol{P}^{-1}\boldsymbol{A}_1=\boldsymbol{A}.$

对于 $\boldsymbol{A}\boldsymbol{Q}=(\boldsymbol{B}\quad \boldsymbol{O})$ 的情况，令 $\boldsymbol{A}_2=(\boldsymbol{B},\boldsymbol{O})$，同理可证：$\boldsymbol{A}_2^{-}=\begin{pmatrix}\boldsymbol{B}_{\mathrm{L}}^{-1}\\\boldsymbol{O}\end{pmatrix}$，$\boldsymbol{A}^{-}=\boldsymbol{Q}\boldsymbol{A}_2^{-}$.

8. (1) $\boldsymbol{A}^{+}=\frac{1}{22}\begin{pmatrix}-1 & -2 & 6 & 5\\-1 & -2 & 6 & 5\\4 & 8 & -2 & 2\end{pmatrix}$，$\boldsymbol{x}=\frac{1}{2}\begin{pmatrix}1\\1\\2\end{pmatrix}$；

(2) $\boldsymbol{A}^{+}=\frac{1}{42}\begin{pmatrix}6 & -10 & 11 & 11\\0 & 14 & -7 & -7\\6 & 4 & 4 & 4\end{pmatrix}$，$\boldsymbol{x}=\frac{2}{21}\begin{pmatrix}-5\\7\\2\end{pmatrix}$.

9. 由矩阵乘积的秩不大于因子的秩和 $\boldsymbol{A}^{+}\in \boldsymbol{A}\{1,2,3,4\}$，可得

$$R(\boldsymbol{A})=R(\boldsymbol{A}\boldsymbol{A}^{+}\boldsymbol{A})\leqslant R(\boldsymbol{A}^{+}\boldsymbol{A})\leqslant R(\boldsymbol{A}^{+})=R(\boldsymbol{A}^{+}\boldsymbol{A}\boldsymbol{A}^{+})\leqslant R(\boldsymbol{A}\boldsymbol{A}^{+})\leqslant R(\boldsymbol{A}).$$

参考文献

[1] 黄有度,朱士信. 矩阵理论及其应用[M]. 合肥:合肥工业大学出版社,2005.

[2] 北京大学数学系几何与代数教研室. 高等代数[M]. 北京:高等教育出版社,1987.

[3] 罗家洪. 矩阵分析引论[M]. 广州:华南理工大学出版社,1997.

[4] 陈大新. 矩阵理论[M]. 上海:上海交通大学出版社,1997.

[5] 黄有度. 求矩阵到其Jordan标准形的过渡矩阵的新算法[J]. 工科数学,1997,13(3):114-117.

[6] 吴海容. 工程矩阵分析[M]. 哈尔滨:黑龙江科学技术出版社,1998.

[7] 陈祖明,周家胜. 矩阵论引论[M]. 北京:北京航空航天大学出版社,1998.

[8] 蒋正新,施国梁. 矩阵理论及其应用[M]. 北京:北京航空学院出版社,1988.

[9] 戴华. 矩阵论[M]. 北京:科学出版社,2001.

[10] G. H. 戈卢布,C. F. 范洛恩. 矩阵计算[M]. 袁亚湘,等,译. 北京:科学出版社,2001.

[11] R. A. 合恩,C. R. 约翰逊. 矩阵分析[M]. 杨奇,译. 北京:机械工业出版社,2005.